科学出版社"十四五"普通高等教育本科规划教材

国家级一流本科课程配套教材

生 物 化 学

主　编　张灵玲

副主编　赵长江　杨婉莹　贾玉龙　牟少亮　赵伊英

编　委　（按姓氏拼音排序）

艾育芳（福建农林大学）	文安燕（贵州大学）
蔡汉阳（福建农林大学）	许光治（浙江农林大学）
贾玉龙（贵州大学）	杨婉莹（华南农业大学）
林　春（云南农业大学）	易辉玉（华南农业大学）
柳　林（福建农林大学）	于高波（黑龙江八一农垦大学）
楼　轶（福建农林大学）	张灵玲（福建农林大学）
马洪丽（福建农林大学）	赵长江（黑龙江八一农垦大学）
牟少亮（福建农林大学）	赵伊英（石河子大学）
史金铭（东北林业大学）	左照江（浙江农林大学）
王文斐（福建农林大学）	

科学出版社

北　京

内 容 简 介

生物化学是开展生命科学研究的重要理论基础和技术。本教材内容可分为三部分：生物大分子的性质、结构，以及结构和功能之间的关系；核酸、蛋白质、糖和脂质4类大分子物质的新陈代谢；遗传信息的传递和调控。本教材沿着生物大分子结构与功能，以及物质能量代谢历程与调控的主线，全面阐述生物化学的基本理论，同时注重融入最新的科研进展，尤其突出在农林领域的研究情况，让学习内容尽量与农林领域各专业相吻合，使学生能够系统学习本专业涉及的生物化学知识，为今后开展本领域相关的科学研究奠定基础。本教材为国家级一流本科课程配套教材，也是新形态教材，配备教学课件、微课视频、在线习题库、3D模型与3D动画、虚拟仿真实验等丰富的数字资源，读者可通过在线课程、扫描书中二维码等多种形式进行拓展学习。

本教材是生物学相关专业的基础通用教材，适用于高等农业院校、理工院校、师范院校及综合性大学有关专业本科生，也可作为相关专业研究生、教师和科研工作者的参考书。

图书在版编目（CIP）数据

生物化学 / 张灵玲主编. —北京：科学出版社，2022.6
科学出版社"十四五"普通高等教育本科规划教材　国家级一流本科课程配套教材
ISBN 978-7-03-072083-2

Ⅰ. ①生⋯　Ⅱ. ①张⋯　Ⅲ. ①生物化学 -高等学校 -教材　Ⅳ. ① Q5

中国版本图书馆 CIP 数据核字（2022）第060769号

责任编辑：张静秋 / 责任校对：郝甜甜
责任印制：霍　兵 / 封面设计：蓝正设计

科学出版社 出版
北京东黄城根北街16号
邮政编码：100717
http://www.sciencep.com

保定市中画美凯印刷有限公司 印刷
科学出版社发行　各地新华书店经销

*

2022年6月第 一 版　开本：787×1092　1/16
2024年1月第五次印刷　印张：19
字数：511 000

定价：59.80 元
（如有印装质量问题，我社负责调换）

前　言

"生物化学"是我国高等院校生物类相关专业的基础必修课程。本教材的编写以"理论与技术并行，知识与应用并重"的思路为出发点和落脚点，力争做到在夯实生物化学的基本理论和技术的基础上，突出生物化学在农林学科领域的应用，并通过研究前沿和知识拓展培养学生的创新思维和实践能力。

全书共分十五章，除绪论外，总体上可划分为静态生物化学和动态生物化学：核酸、蛋白质、糖、脂质、酶、维生素与辅酶六章为静态生物化学部分；生物氧化与氧化磷酸化、新陈代谢、糖代谢、脂质代谢、核酸代谢、蛋白质代谢、次生代谢、代谢调控八章为动态生物化学部分。除绪论外，每章均按理论、技术、应用、知识拓展和思考题的框架编写，尤其注重介绍生物化学基础知识与农林领域实际研究相结合的应用部分，有助于培养学生发现问题和解决问题的能力；章末的知识拓展有助于学生理论联系实践、拓宽视野并激发对科学的探索精神；各章配套的思考题有助于学生进一步巩固学到的知识，融会贯通、加深理解；书中以二维码形式配备大量 3D 动画和 3D 模型，清晰再现了细胞的显微结构和生命周期中部分重要生命活动事件的过程。

本教材联合了国内 8 个农林领域相关院校 19 位有经验的专任教师共同参与编写，其中，18 位教师全部奋斗在"生物化学"教学一线，1 位化学专业教师（柳林）专门负责本教材化学方程式的编写工作。教材内容及教学课件编写分工为：第一章，文安燕；第二章，林春；第三章，易辉玉；第四章，贾玉龙；第五章，艾育芳；第六章，左照江、许光治；第七章，牟少亮；第八章，赵伊英；第九章，文安燕、楼轶、蔡汉阳；第十章，史金铭；第十一章，马洪丽；第十二章，赵长江、于高波；第十三章，杨婉莹；第十四章，牟少亮、楼轶；第十五章，王文斐。主编张灵玲负责大纲制定、全书统稿及数字资源制作。各位编者均在繁重的教学、科研工作外全力以赴，为本教材付出了辛勤的劳动。同时本教材也得到了兄弟院校同行、同事及科学出版社的大力支持和帮助，在此一并表示衷心感谢！

生物化学学科发展迅速，新成果不断涌现，加之编者水平和经验有限，书中难免有不足之处，恳请读者批评指正，真诚欢迎将宝贵意见发至主编邮箱：biochemistry22@126.com，以便再版时完善。

编　者
2022 年 2 月

在线课程学习方式

本教材配备教学课件、微课视频、在线习题库、3D 模型与 3D 动画、虚拟仿真实验等丰富的数字资源，读者可登录在线课程进行拓展学习。

☆电脑端

注册、登录"中科云教育"平台（www.coursegate.cn），搜索在线课程"生物化学（072083）"后报名学习。

☆手机端

微信扫描下方课程码并注册，再扫描课程码后即可报名学习。

《生物化学》教学课件申请单

凡使用本教材作为授课教材的高校主讲教师，填写以下表格后扫描或拍照发送至联系人邮箱，可获赠教学课件一份。

姓名：	职称：	职务：
手机：	邮箱：	学校及院系：
授课名称：		每年选课人数：
您对本书的评价及修改建议：		

联系人：张静秋 编辑　电话：010-64004576　邮箱：zhangjingqiu@mail.sciencep.com

目　　录

第一章

绪　论

第一节　生物化学的研究内容

生物化学（biochemistry）是研究生物体中化学进程的一门学科，简称为"生化"。虽然生物体存在大量不同的生物分子，但实际上大多数复合物分子（称为聚合物）是由相似的亚基（称为单体）结合在一起形成的。每一类生物聚合物分子都有自己的一套亚基类型，如蛋白质由22种氨基酸组成，脱氧核糖核酸（DNA）由4种核苷酸构成。生物化学研究集中于重要生物分子的化学性质，着重于酶促反应的化学机制。

生物化学的研究对象是有生命的生物体（包括动物、植物及微生物等），按研究对象分类，可以分为动物生物化学、植物生物化学及微生物生物化学。若以生物不同进化阶段的化学特征为研究对象，则称为进化生物化学或比较生物化学。若以生理为研究对象，则称为生理化学。此外，根据不同的研究对象和目的，生物化学还可分为多个分支，如农业生物化学、工业生物化学、微生物生物化学、医学生物化学等。

生物化学是生物学与化学的一个分支学科，主要应用化学的理论和方法研究生物体的化学组成及生命活动过程中的一切化学变化，即生物体的分子结构与功能、物质代谢与调节及其在生命活动中的作用，从分子水平上揭示生命的奥秘。因此，学习生物化学的主要任务有以下3个方面。

一、研究生物体的物质组成、结构及性质

生物体的化学组成非常复杂，从无机物到有机物，从小分子物质到生物大分子。除了水和无机盐外，活细胞主要由各种有机物构成，包括蛋白质、核酸、多糖、脂肪及其他复合物。22种编码氨基酸是构成蛋白质的基本结构单位或构件分子，也参与许多其他结构物质和活性物质的组成，5种碱基［包括2种嘌呤（腺嘌呤、鸟嘌呤）和3种嘧啶（胞嘧啶、尿嘧啶、胸腺嘧啶）］、2种单糖（葡萄糖和核糖）、脂肪酸（甘油和胆碱）及上述前体物质组成了生物体的4大类基本物质：糖、蛋白质、核酸和脂质。除了这4类生物大分子外，还有有机酸、酶、维生素、激素、生物碱及无机离子等物质，它们都是生物体各种生命活动的物质基础。

二、研究生物体的新陈代谢过程及调控

新陈代谢是生物活动的基本特征。新陈代谢又称为物质代谢，是生物与周围环境进行物质交换和能量交换的过程，分为3个阶段：①消化吸收；②中间代谢过程，包括合成代谢、分解代谢、物质互变、代谢调控、能量代谢等；③排泄阶段。

三、研究遗传信息的表达

生物性状之所以能延续不断，是以核酸和蛋白质为物质基础。经过复制，DNA分子的某一区段将亲代细胞所含的遗传信息忠实地传给两个子代细胞。在子代细胞的生长发育过程中，遗传信息经转录传递给RNA，再由RNA经过翻译转变成相应的蛋白质多肽链上的氨基酸序列，由蛋白质执行各种生物学功能，使后代表现出与亲代极其相似的遗传特征。

第二节　生物化学的形成与发展

在尿素被人工合成之前，人们认为非生命物质的科学法则不适用于生命体，并认为只有生命体才能产生构成生命体的分子（即有机分子）。直到 1828 年，化学家 Friedrich Wöhler 用无机物氰酸铵成功合成尿素，才证明有机分子也可被人工合成。

生物化学研究始于 1833 年，Anselme Payen 发现了第一个酶——淀粉酶。1896 年，Eduard Buchner 阐释了一个复杂的生物化学进程——酵母细胞提取液中的乙醇发酵过程。1882 年就已经有人使用"生物化学"（德语 biochemie，希腊语 biochēmeia）这一名词，但直到 1903 年德国化学家 Carl Neuberg 使用后，"生物化学"这一词才被广泛接受。随后生物化学不断发展，特别是 20 世纪中叶以来，各种新技术的出现（如色谱、X 射线晶体学、核磁共振、放射性同位素标记、电子显微学及分子动力学模拟等），促进了生物化学的极大发展。同时，这些技术使得研究许多生物的分子结构和细胞代谢途径（如糖酵解和三羧酸循环）成为可能。

生物化学史上具有重要意义的历史事件是发现基因和它在细胞中传递遗传信息的作用。在生物化学中，与之相关的部分常被称为分子生物学。20 世纪 50 年代，James Watson、Francis Crick、Rosalind Franklin 和 Maurice Wilkins 共同解析了 DNA 双螺旋结构，并提出 DNA 与遗传信息传递之间的关系。George Wells Beadle 和 Edward Lawrie Tatum 因为提出"一个基因产生一个酶"假说而获得 1958 年的诺贝尔生理学或医学奖。1988 年，Colin Pitchfork 成为第一个以 DNA 指纹分析结果作为证据而被判刑的谋杀犯，DNA 技术使得法医学得到了进一步发展。2006 年，Andrew Fire 和 Craig C. Mello 因为发现 RNA 干扰现象对基因表达的沉默作用而获得诺贝尔生理学或医学奖。

生物化学有 3 个主要分支：①普通生物化学，主要研究动植物中普遍存在的生化现象；②食品生物化学，主要研究食品的结构、组成、特性及其在加工、贮运中的生物化学过程；③人类或医药生物化学，主要关注与人类和人类疾病相关的生化性质。

第三节　近代生物化学在农林领域的发展与应用

生物化学对其他各门生物学科的深刻影响，首先体现在与其关系比较密切的细胞学、微生物学、遗传学、生理学等领域。对生物高分子结构与功能的深入研究，揭示了生物体物质代谢、能量转换、遗传信息传递、光合作用、神经传导、肌肉收缩、激素作用、免疫和细胞通信等许多奥秘，使人们对生命本质的认识跃进到一个崭新的阶段。生物学中一些看似与生物化学关系不大的学科，如分类学和生态学，却在探讨世界食品供应、人口控制、环境保护等社会性问题时都需要从生物化学的角度加以考虑和研究。此外，生物化学作为生物学和物理学之间的桥梁，将生命世界中所提出的重大而复杂的问题展示在物理学面前，产生了生物物理学、量子生物化学等学科，从而丰富了物理学的研究内容，促进了物理学和生物学的发展。生物化学是在农业、林业和畜牧业等生产实践的推动下成长起来的，反过来又有效促进了这些行业生产实践的发展。

一、农业

站在新的历史起点，党的二十大做出了全方位夯实粮食安全根基的重要部署。近年来，生物化学的方法与技术不断创新，已被广泛应用于农业生产。我国属于农业生产大国，农业生产技术的创新是农业发展的必然趋势。生物化学在农业生产的作物栽培、农作物品种鉴定、作物优良育种、土壤农业化学处理、植物生长机制、次生代谢产物生成、豆科植物的病害防治技术等多方面都有广泛应用，农业生产也越来越离不开生物化学技术的支撑。生物化学技术增强了农业生产的现代化、有利于提高农业生产的质量，还可以与基因技术相结合，培育新的作物品种、实现粮食作物的固氮等。

农业生产的发展离不开化肥、农药等化学产品的使用，大量使用化肥、农药虽然能够在一定程度上增加农作物的产量，但同时也对生态环境造成一定污染。某些化学农药还会通过作物进入食物链，从而影响人们的身体健康。而生物化学的有效利用，可以将残留在农作物中不容易被降解的有害化学物质进行分解。例如，在化学杀虫剂的使用过程中，有80%以上的氯代烃类药物滞留在作物细胞内，氯代烃类药物不会被植物细胞分解，所以会一直存在于生态链中。利用微生物可以有效地对这类物质进行分解，通过矿化作用将植物体内的农药残留物质逐步分解为二氧化碳和水，这种微生物降解农药有害物质的方法将农药变为农业生产过程中可以进行代谢的中间产物，一般不会有其他不良作用的产生。在生物农药的开发应用上也离不开生物化学技术的应用，如鱼藤酮的开发应用、应用生物技术手段开展转 *Bt* 基因作物的研究与应用等。

二、林业

林业是生态文明建设的主体和基础，也是国民经济发展中的重要内容，对推动国民经济健康发展具有重大促进作用。林业的发展也是建立在生物化学的技术创新和进步的基础上，如生物化学在林业育苗栽培技术、病虫害防治、生物多样性保护、气候变化、森林治理等多方面均有广泛运用。自然系统与人类活动的互动愈加密切，林业研究不再只关注森林生态系统，而是探索人与自然的关系，这一重要转向成为林业科学与政策科学相互融合的"催化剂"。

林业害虫经常被形象地比喻为"无烟的森林火灾"，足以反映其对森林资源的危害。TIT法就是针对防治有害生物设计的，它具有目标准确、持续可控和高效的特点。TIT法，即诱捕（trap）、接菌（inoculated-pathogen）、传染（transmission），是通过使用引诱剂诱捕有害生物，通过使有害生物身体粘染微生物农药并携带微生物农药进入其群体生活空间，互相感染，最终达到防治目的。还可以更换TIT法中的微生物农药，如换为兴奋剂，使害鼠和兔烦躁，造成害鼠和兔的伤亡；或更换为性兴奋剂＋不孕剂，目标害虫疯狂寻找异性交配而不能正常产生后代，使目标害虫密度降低到安全水平。

三、畜牧兽医

我国是畜牧养殖大国，同时也是动物源食品生产和消费大国。畜牧业是农业和农村经济的重要组成部分，关系到粮食安全、食品安全、节能减排、劳动力就业、国际贸易等国家经济、政治的各个方面，是引领中国农业实现现代化和可持续发展的基础性和战略性产业。生物化学在繁育技术、疫病防控技术、饲养选种、饲养方式、饲料营养、畜禽养殖污染处理、草地生态系统等方面均有广泛运用。

我国畜牧业发展迅速，规模化、集约化、工厂化程度极大提高，与此同时，养殖场重大疫病防控技术也引起了越来越多人的重视。例如，禽流感是严重危害养禽业和公众健康的重要动物源性传染病之一，禽流感疫情多次影响我国，每次疫情暴发对当地的家禽养殖业都会造成相当大的经济损失，严重威胁我国的公共卫生安全，同时也给我国禽类产品的出口贸易带来打击。应用生物化学技术可以分析禽流感病毒的病原学、流行特征及检测方法，再根据其特性研发疫苗，可构建养殖场生物安全体系、做好消毒灭源免疫工作，结合加强疫情监测和完善疫情上报制度等方式综合防控禽流感。再如，饲料中霉菌毒素的污染已经大大影响了奶牛养殖业的发展及人类健康，引起人们的高度重视。目前，防止饲料被霉菌污染及降低饲料中霉菌毒素的含量是饲料行业亟待解决的难题。通过生物化学手段可以研究霉菌污染饲料的机制、找出恰当的毒素降解方法来降低饲料中霉菌毒素的含量，从而更好地保证家畜及人类的健康。

目前，生物化学虽然在各个领域都取得了显著成果，但是在技术创新上仍然需要科研人员的潜心研究，通过进一步完善与推广，可使生物化学为更多的领域提供支持，从而发挥最大价值。

第二章 核酸

第一节 概　述

本章彩图

核酸的发现已有 100 多年的历史。1868 年瑞士外科医生 Miescher 首次从脓细胞中分离出核酸，当时称之为"核素"。1889 年德国病理学家 Altmann 创造了"核酸"这一名词。1919 年美籍俄罗斯医生和化学家 Phoebus Levene 首先发现了单核苷酸的磷酸盐、戊糖和含氮碱基 3 个主要成分。1928 年，英国细菌学家 Griffith 发现肺炎双球菌的转化现象，证明了遗传物质的存在。1929 年，Phoebus Levene 发现了核苷酸的基本结构。1944 年，美国细菌学家 Avery 等通过肺炎双球菌转化实验证明 DNA 是遗传物质。1953 年 Watson 和 Crick 提出了 DNA 的双螺旋结构模型，最终阐明 DNA 分子的结构特征。DNA 双螺旋结构模型的确立为遗传学研究进入分子水平奠定了基础，成为现代分子生物学的重要里程碑。

核酸（nucleic acid）在细胞内主要行使储存、传递和表达遗传信息的功能，在生命活动中具有非常重要的作用，是分子生物学研究的重要内容之一。核酸可分为核糖核酸（ribonucleic acid，RNA）和脱氧核糖核酸（deoxyribonucleic acid，DNA）。DNA 是细胞主要遗传物质，是生物遗传信息的储存和携带者；RNA 主要参与遗传信息的传递与表达过程。细胞内还有一些以游离形式存在的核苷酸及其衍生物，它们也具有重要的生物学功能。

细胞器

在真核细胞中，DNA 主要集中在细胞核内，与蛋白质组合成染色体（chromosome）；线粒体和叶绿体也有各自的 DNA，但含量极少。在原核细胞中，通常含有一个双链环状 DNA 分子，主要分布在核区（nuclear region），没有与之结合的染色质蛋白；核区之外还存在能进行自主复制的遗传单位，称为质粒（plasmid），含有小的环状 DNA 分子。真核细胞内的 RNA 主要存在于细胞质中，少量存在于细胞核中。真核与原核细胞中的 RNA 主要包括信使 RNA（messenger RNA，mRNA）、核糖体 RNA（ribosomal RNA，rRNA）、转移 RNA（transfer RNA，tRNA）及一些起调控作用的非编码小分子 RNA。RNA 病毒中的 RNA 具有与细胞中 DNA 相同的功能，是遗传信息的储存者。此外，真核细胞的叶绿体、线粒体中也有与细胞质不同的 mRNA、tRNA 和 rRNA。大多数天然 RNA 分子是一条单链，但可以有局部的配对区域。

第二节　核酸的组成

核苷酸（nucleotide，nt）是核酸水解产物，是核酸最基本的结构单位（表 2-1）。核苷酸可进一步水解为核苷（nucleoside）和磷酸（phosphate），而核苷还可分解为碱基（base）和戊糖（pentose）。因此，核酸在不同水解程度下会获得不同产物。

表 2-1　核酸的组成成分

组成成分	RNA	DNA	组成成分	RNA	DNA
戊糖	D-核糖	D-脱氧核糖	嘌呤	腺嘌呤、鸟嘌呤	腺嘌呤、鸟嘌呤
磷酸	磷酸	磷酸	嘧啶	尿嘧啶、胞嘧啶	胸腺嘧啶、胞嘧啶

一、戊糖

核苷酸中的戊糖主要有两种：β-D-核糖（β-D-ribose）和β-D-2-脱氧核糖（β-D-2-deoxyribose），均以呋喃型存在。RNA中的戊糖为β-D-核糖，DNA中的戊糖为β-D-2-脱氧核糖。另外，RNA中还含有少量的修饰戊糖，如β-D-2-O-甲基核糖（图2-1）。为了与碱基分子中的原子编号相区别，戊糖的C编号都要加上"′"，如1′、2′和5′等均表示戊糖上的C。

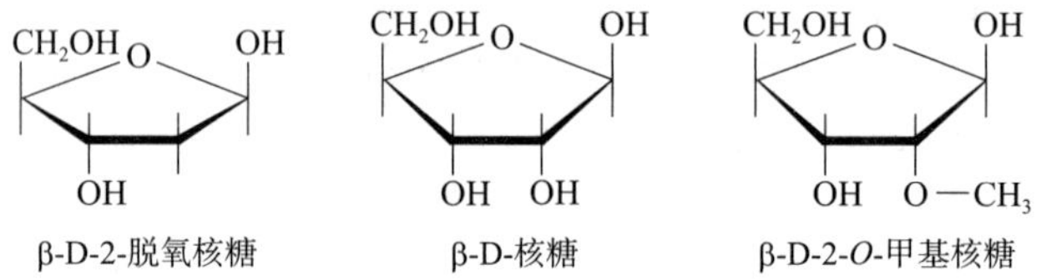

β-D-2-脱氧核糖　　　　β-D-核糖　　　　β-D-2-O-甲基核糖

图2-1　核糖中的戊糖结构

二、碱基

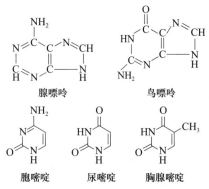

腺嘌呤　　　　鸟嘌呤

胞嘧啶　　尿嘧啶　　胸腺嘧啶

图2-2　5种基本碱基的结构式

核苷酸中的碱基为含氮的杂环化合物，分为嘌呤（purine）和嘧啶（pyrimidine）。常见的嘌呤主要有腺嘌呤（adenine，A）和鸟嘌呤（guanine，G）2种。常见的嘧啶主要有尿嘧啶（uracil，U）、胞嘧啶（cytosine，C）和胸腺嘧啶（thymine，T）3种；参与RNA组成的是C和U，参与DNA组成的是C和T。5种基本碱基的结构式如图2-2所示。

除上述碱基外，核酸中还有一些含量极少的碱基，通常称为稀有碱基。稀有碱基种类很多，大多数是上述5种基本碱基（A，G，U，C，T）环上的某一位置被一些化学基团（如甲基、甲硫基等）修饰后的衍生物，因而将其称为修饰碱基。tRNA含较多稀有碱基，可达10%左右，相应的DNA中少量甲基化碱基可调节基因的表达。

三、核苷

核苷是由戊糖与含氮碱基经脱水缩合而生成的化合物（图2-3，表2-2），通常由核糖或脱氧核糖的$C_{1'}$上的β-羟基与嘧啶N_1或嘌呤N_9上的氢脱水缩合而成，形成的化学键为β-C-N糖苷键。其中由D-核糖生成的称为核糖核苷（ribonucleoside），由脱氧核糖生成的称为脱氧核糖核苷或脱氧核苷（deoxyribonucleoside）。

腺嘌呤核苷　　胞嘧啶脱氧核苷　　假尿嘧啶核苷　　二氢尿嘧啶核苷　　m_2^6A

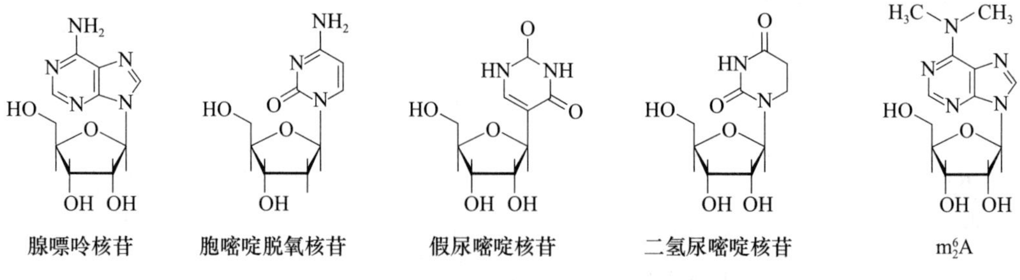

图2-3　主要的核苷结构式

表 2-2　核酸中的主要核苷

碱基	核糖核苷（RNA 中）		脱氧核糖核苷（DNA 中）	
	全称	简称	全称	简称
腺嘌呤	腺嘌呤核苷	腺苷	腺嘌呤脱氧核苷	脱氧腺苷
鸟嘌呤	鸟嘌呤核苷	鸟苷	鸟嘌呤脱氧核苷	脱氧鸟苷
胞嘧啶	胞嘧啶核苷	胞苷	胞嘧啶脱氧核苷	脱氧胞苷
尿嘧啶	尿嘧啶核苷	尿苷	—	—
胸腺嘧啶	—	—	胸腺嘧啶脱氧核苷	脱氧胸苷

四、核苷酸

核苷中的戊糖与磷酸以磷酸酯键连接即形成核苷酸（图 2-4）。生物体内核苷酸大多数是以核糖或脱氧核糖 C_5 上羟基被磷酸化，形成 5′-核苷酸（5′-nucleotide）。核苷酸的核糖有 3 个自由羟基，可以分别酯化生成 2′-、3′-和5′-核苷酸，而脱氧核糖上只有 2 个自由羟基，只能生成 3′-和5′-脱氧核糖核苷酸。常见的核苷酸如表 2-3 所示。

表 2-3　常见的核苷酸

核糖核苷酸（RNA 中）	脱氧核糖核苷酸（DNA 中）
腺嘌呤核苷酸（腺苷酸，AMP）	腺嘌呤脱氧核苷酸（脱氧腺苷酸，dAMP）
鸟嘌呤核苷酸（鸟苷酸，GMP）	鸟嘌呤脱氧核苷酸（脱氧鸟苷酸，dGMP）
胞嘧啶核苷酸（胞苷酸，CMP）	胞嘧啶脱氧核苷酸（脱氧胞苷酸，dCMP）
尿嘧啶核苷酸（尿苷酸，UMP）	胸腺嘧啶脱氧核苷酸（脱氧胸苷酸，dTMP）

核酸中的稀有核苷酸常以其核苷的形式表示，常见的甲基化修饰基团以"m"（methyl）表示。修饰基团在碱基上的写在碱基符号左侧，修饰基团在核糖上的写在碱基符号右侧；修饰基团数写在"m"的右下角（如只有一个可省略），修饰位置写在右上角。例如，m_2^6A 表示腺苷的 6 位有 2 个甲基，即 N^6,N^6-二甲基腺苷；$m_3^{2,2,7}G$ 表示鸟苷的 2 位有 2 个甲基，7 位有 1 个甲基，共 3 个甲基。

细胞内还有一些以游离形式存在的核苷酸及其衍生物，均具有重要的生物学功能。以多磷酸核苷酸、环核苷酸和辅酶类单核苷酸最为重要。

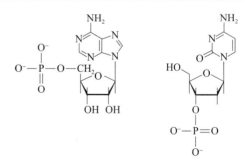

图 2-4　5′-腺嘌呤核苷酸（左）与 3′-胞嘧啶脱氧核苷酸（右）的结构

（一）多磷酸核苷酸

除核苷一磷酸外，生物体内还有核苷的二磷酸酯和三磷酸酯形式。例如，腺苷酸除腺苷一磷酸（AMP）外，还有腺苷二磷酸（ADP）及腺苷三磷酸（ATP）（图 2-5）。这几种核苷酸多为核苷酸有关代谢的中间产物或酶活性及代谢的调节物质，如 ATP 是核酸合成的直接原料，也是细胞内能量传递与转换的主要载体。

此外，某些原核生物（如细菌在缺少营养等条件下）还会在细胞内合成鸟苷-3′-二磷酸-5′-

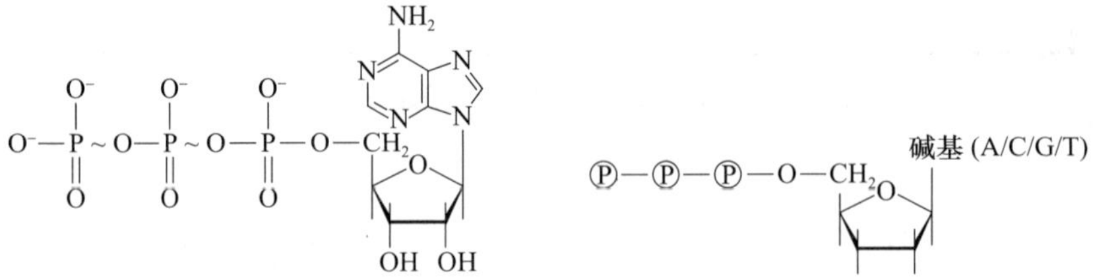

图 2-5　ATP（左）的结构式和双脱氧核苷三磷酸（ddNTP，右）的结构通式

二磷酸（ppGpp）和鸟苷-3′-二磷酸-5′-三磷酸（ppGppp）等形式的多磷酸核苷酸，作为生长抑制信号，促使细菌产生芽孢、降低代谢，以抵御不利环境的影响。

（二）环核苷酸

如果同一个核苷酸的磷酸与戊糖上的 2 个羟基同时以磷酸酯键连接即形成环核苷酸（图 2-6）。生物体内常见的环核苷酸有 3′,5′-环腺苷酸（cAMP）和 3′,5′-环鸟苷酸（cGMP），它们通常作为信号转导中的第二信使起信号转换与放大的作用。

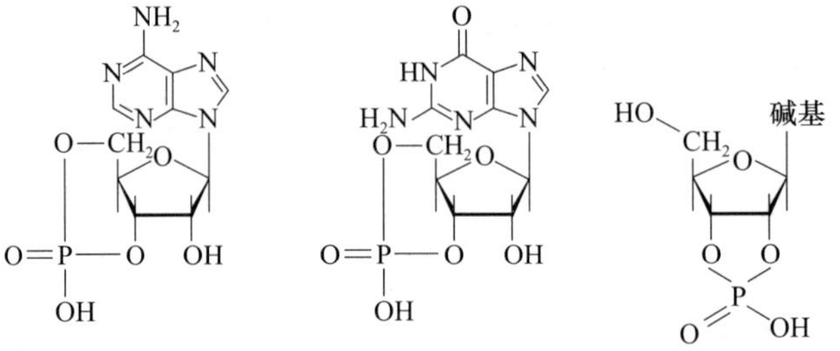

3′,5′-cAMP　　　　　　3′,5′-cGMP　　　　　　2′,3′-环核苷酸

图 2-6　环核苷酸的结构

（三）辅酶类单核苷酸

核苷酸（特别是腺苷酸）是多种辅酶的组成成分。例如，烟酰胺腺嘌呤二核苷酸（NAD）、烟酰胺腺嘌呤二核苷酸磷酸（NADP）、黄素单核苷酸（FMN）、黄素腺嘌呤二核苷酸（FAD）、辅酶 A（CoA-SH）等。

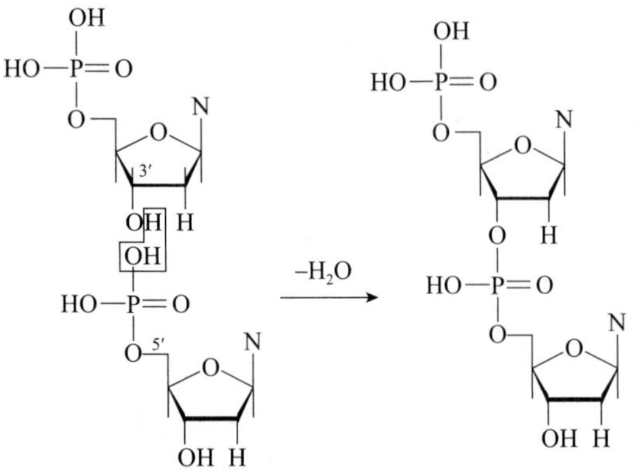

图 2-7　3′,5′-磷酸二酯键的形成

第三节　核酸的结构

一、一级结构

DNA 和 RNA 是由脱氧核苷酸 / 核苷酸聚合而成的链状生物大分子，没有分支结构。核酸中核苷酸是通过 3′,5′-磷酸二酯键相连接，即前一个核苷酸的 3′-OH 与下一个核苷酸的 5′- 磷酸之间脱水形成酯键（图 2-7）。数量巨大的核苷酸通过 3′,5′-磷酸二酯键连接聚合而成的长链分子称为多核苷酸（polynucleotide）。

核苷酸数目为 2～20 个的多核苷酸分子或片段也称为寡核苷酸（oligonucleotide）。多核苷酸链有方向性，两个末端不同：5′ 端指该末端的核苷酸 5′ 位上的磷酸基团不再与另一个核苷酸连接（即游离磷酸基）；3′ 端指该末端的核苷酸 3′ 位上是羟基（游离羟基），不再连接另一个核苷酸。书写时，需要标明多核苷酸链方向。各种简化式的读向是从左到右，表示的碱基序列是从 5′→3′。如双链核酸两条链为反向平行，则同时描述两条链的结构时必须注明每条链的走向。

（一）DNA 的一级结构

DNA 的一级结构是指 DNA 分子中由 3′,5′-磷酸二酯键连接的 4 种脱氧核苷酸的排列顺序（图 2-8 左）。由于脱氧核苷酸之间的差异仅是碱基的不同，故称为碱基排列顺序。生物的遗传信息就蕴藏在 DNA 分子的碱基排列顺序中。组成 DNA 的脱氧核苷酸虽然只有 4 种，但是各种脱氧核苷酸的数量、比例和排列顺序不同，且脱氧核苷酸的总数目巨大，因而可以形成各种特异性的 DNA 片段，从而形成自然界丰富的物种多样性。

（二）RNA 的一级结构

RNA 的一级结构指 RNA 分子中由 3′,5′-磷酸二酯键连接的 4 种核苷酸的排列顺序（图 2-8 右）。RNA 与 DNA 的一级结构相似，区别仅在于核糖和脱氧核糖。

1. tRNA 的一级结构 在蛋白质生物合成过程中，tRNA 主要起转运氨基酸并识别密码子的作用，其相对分子质量一般在 $2.5×10^4～3.0×10^4$，沉降系数约 4S（$1S=1×10^{-13}s$），由 73～93 个核苷酸组成。由稀有碱基组成的核苷为稀有核苷，如假尿嘧啶核苷（ψ）就是由 D-核糖的 $C_{1'}$ 与尿嘧啶的 C_5 相连而生成的核苷。各种甲基化的嘌呤和嘧啶核苷，二氢尿嘧啶（DHU 或 D）和胸腺嘧啶核苷等，均属于稀有核苷。对绝大多数原核细胞和真核细胞的一个 tRNA 分子来说，一般含 10～15 个稀有碱基，同时含约 15 个固定核苷酸，而其他绝大多数核苷酸为可变核苷酸。

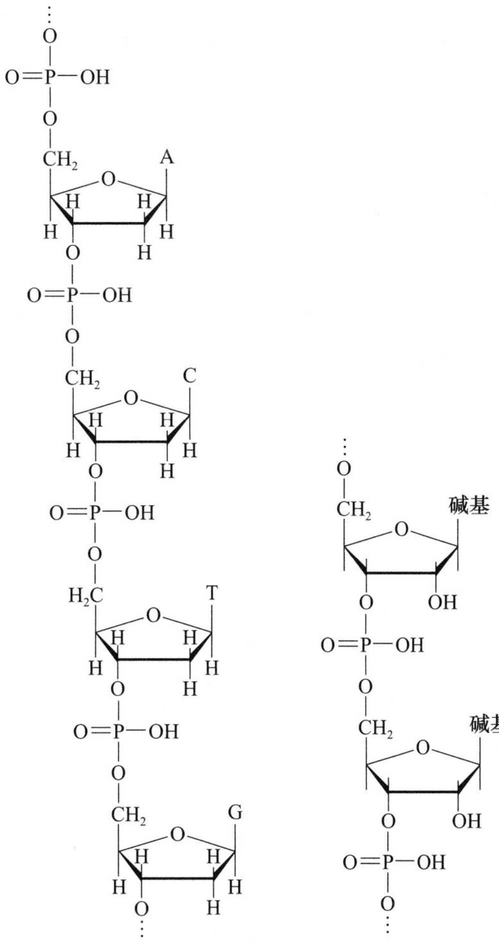

图 2-8 DNA（左）和 RNA（右）的一级结构图

2. rRNA 的一级结构 rRNA 是细胞内含量最多的一类 RNA，约占 RNA 总量的 80%，分子质量较大，但种类较少。rRNA 与蛋白质结合成核糖体（ribosome），作为细胞内蛋白质合成的场所。在核糖体中，rRNA 不仅参与构象的维持，还参与蛋白质合成过程中序列的识别及催化反应过程。有些 rRNA 分子中也含有甲基化形式的修饰碱基，真核细胞 rRNA 中的甲基化修饰碱基远多于原核细胞。

3. mRNA 的一级结构

（1）原核细胞 mRNA 的一级结构　　原核细胞的 mRNA 一般是多顺反子，即一条 mRNA 链上可以包含多个基因。顺反子（cistron）是通过顺反试验确定下来的遗传功能单位，相当于一个结构基因。原核细胞中的一个 mRNA 分子一般包含多个功能相关基因的 mRNA，彼此由一段短的不编码氨基酸的间隔序列隔开。

原核细胞 mRNA 代谢很快，一般只有几分钟的半衰期，在细胞内会被迅速降解。因而，原核细胞转录出的 mRNA 不需要加工就可以直接作为模板进行翻译，具有边转录边翻译的特点，转录与翻译是紧密连锁的。

细胞核

（2）真核细胞 mRNA 的一级结构　　真核生物细胞核内编码蛋白质的 DNA 的原始转录产物为核不均一 RNA（heterogeneous nuclear RNA，hnRNA），是 mRNA 的前体，分子质量比 mRNA 大得多，在核内经过一系列的剪接、修饰和加工，成为成熟的 mRNA 并转移到细胞质中。

真核细胞的 mRNA 为单顺反子（图 2-9），即一个 mRNA 分子上只包含一个编码多肽链的基因，具有很多调节元件。成熟的 mRNA 具有 5′ 帽（5′-cap）、5′ 非翻译区、编码区（翻译区）、3′ 非翻译区和 3′ 端多聚腺苷酸［poly（A）］尾巴等共同的结构特征，也含有一些修饰碱基（图 2-10）。mRNA 的 5′ 帽多数为 7-甲基鸟苷三磷酸，其通式为 m^{7}G-5′-ppp-5′-N-P，其中 N 代表 mRNA 分子原有的第一个核苷酸，m^{7}G（N^7 甲基化的鸟嘌呤）通过焦磷酸与之相连，形成 5′,3′-三磷酸酯键，与一般多核苷酸中的 5′,3′-三磷酸酯键不同。帽子结构是在转录后加上去的，加工过程也常使原 mRNA 分子 5′ 端的几个核苷酸甲基化，形成 m^{7}GpppNmpNp 或 m^{7}GpppNmpNmpNp 形式的结构。

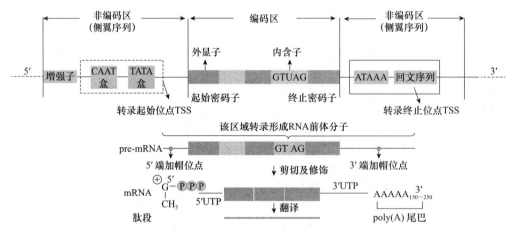

图 2-9　真核生物单顺反子 mRNA 的结构示意图

5′ 帽至少有两种功能：①可以与翻译相关的蛋白质结合，协助翻译的起始；②增加 mRNA 的稳定性，保护 mRNA 5′ 端免遭 5′→3′ 外切核酸酶的攻击。大多数真核生物 mRNA 的 3′ 端都有 50～100 个腺苷酸残基，构成 poly（A）尾巴。poly（A）尾巴不由 DNA 编码，而是转录后当 mRNA 前体未离开细胞核时，在 RNA 末端腺苷酸转移酶催化下连接上的。一般认为 mRNA 前体 3′ 端具有非常保守的 AAUAAA 序列是加尾的信号。mRNA 的 poly（A）结构有助于 mRNA 从核内移出，可抵抗核酸外切酶从 3′ 端降解 mRNA。

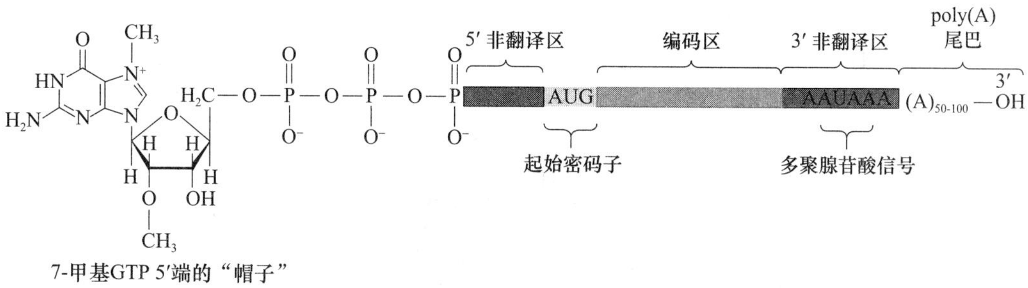

7-甲基GTP 5′端的"帽子"

图 2-10 真核生物 mRNA 的结构示意图

二、二级结构

（一）DNA 的二级结构

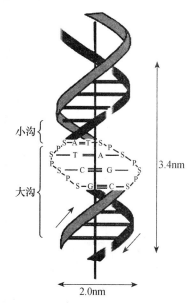

图 2-11 DNA 双螺旋结构

1953 年 Watson 和 Crick 提出了著名的 DNA 双螺旋结构模型（图 2-11），揭示了遗传信息是如何储存在 DNA 分子中，以及遗传性状何以在世代间保持。最终阐明了 DNA 分子的结构特征，指明了 DNA 的结构如何在生物遗传功能中发挥作用。DNA 双螺旋结构模型的确立是生物学发展历史上的里程碑，为分子遗传学、分子生物学、基因组学及基因工程的发展奠定了基础。

1. DNA 双螺旋结构的主要依据

1）1949～1951 年，Chargaff 对不同来源 DNA 进行了碱基定量分析，发现组成 DNA 的 4 种碱基比例不同（表 2-4），这称为夏格夫法则（Chargaff's rules）。该法则不仅为 DNA 能携带遗传信息的论点提供了依据，而且为 DNA 结构模型中的碱基配对原则奠定了基础：①以摩尔浓度表示，[A]＝[T] 和 [C]＝[G]；②不同生物 DNA 的碱基组成不同，主要表现为（A+T）/（G+C）值不同，但同种生物不同组织的 DNA 的碱基组成相同；③嘌呤碱基的总和与嘧啶碱基的总和相等。

表 2-4 几种不同来源的 DNA 分子的碱基比例

来源	碱基的相对含量 /%				来源	碱基的相对含量 /%			
	腺嘌呤	鸟嘌呤	胞嘧啶	胸腺嘧啶		腺嘌呤	鸟嘌呤	胞嘧啶	胸腺嘧啶
人	30.9	19.9	19.8	29.4	小麦（胚）	27.3	22.8	22.8	27.1
牛肝	29.0	21.0	21.0	29.0	扁豆	29.7	20.6	20.1	29.6
牛脾	27.9	22.7	22.1	27.3	酵母	31.3	18.7	17.1	32.9
牛精子	28.7	22.2	22.0	27.1	大肠杆菌	24.7	26.0	25.7	23.6
大鼠（骨髓）	28.8	23.3	21.5	26.4	金黄色葡萄球菌	30.8	21.0	19.0	29.2
蚕	28.4	22.5	21.9	27.2	结核分枝杆菌	15.1	34.9	35.4	14.6
母鸡	28.8	20.5	21.5	29.2	λ 噬菌体	21.3	28.6	27.2	22.9

2）Wilkins 及其同事 Franklin 等用 X 射线衍射技术对高度定向的 DNA 纤维晶体进行测定，获得的信息表明 DNA 结构的螺旋周期性、碱基的空间取向等（图 2-12）对构建 DNA 双螺旋结构模型起了关键性的作用。

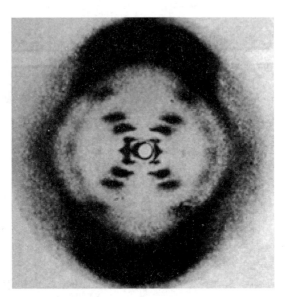

图 2-12   DNA 双螺旋 X 射线衍射结构图（Wilkins，1953）

图中部的交叉点表示存在螺旋结构

2. DNA 双螺旋结构的要点

1）DNA 分子中的 2 条多聚核苷酸链，一条链走向为 3′→5′，另一条链走向为 5′→3′，称为反向平行双链。反向平行双链相互缠绕并沿着同一中心轴（纵轴）按右手定则向上旋转形成右手双螺旋，其双螺旋的直径为 2nm。

2）双螺旋的外侧是 2 条由脱氧核糖和磷酸通过 3′,5′-磷酸二酯键连接构成的主链（骨架），双螺旋的内部是互补配对的碱基。在形成右手螺旋的过程中，反向平行的双链，每个脱氧核苷酸残基沿纵轴旋转 36°，上升 0.34nm（即每对碱基升高 0.34nm），每 10 对脱氧核苷酸残基（即 10 个碱基对）旋转一圈形成一个螺圈，并上升 3.4nm（即螺距 3.4nm），碱基对的平面与纵轴垂直。

3）双螺旋内部的碱基按 Watson-Crick 规则配对（图 2-13 和图 2-14）。一条链中的嘌呤碱基与位于同一平面的另一条链的嘧啶碱基之间以氢键相连，称为碱基互补配对或碱基配对。其中腺嘌呤（A）必须和胸腺嘧啶（T）配对，形成两个氢键（A＝T）；鸟嘌呤（G）必须和胞嘧啶（C）配对，形成 3 个氢键（G≡C），因而，GC 之间的连接比 AT 更稳定。

4）双螺旋的 2 条链是互补关系。由于双螺旋的 2 条链是反向平行，碱基又是按上述规则配对的，因而如果一条链的碱基顺序确定，则另一条链的碱基顺序与其相对应。由于 2 条链的碱基对应关系互补，一般情况下把一条链称为另一条链的互补链。

5）在 DNA 双螺旋结构模型中沿螺旋轴方向观察，配对的碱基在双螺旋的空间。由于碱基对与糖环连接在同侧，因而碱基对的这种方向性使得碱基对占据的空间表现为不对称性，在双螺旋表面形成 2 种凹槽，分别称为大沟（major groove）和小沟（minor groove）（图 2-15），是

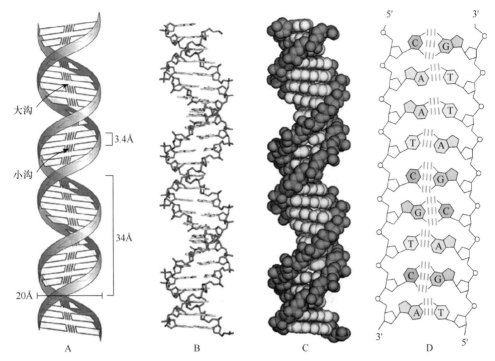

图 2-13　DNA 双螺旋结构及其碱基配对示意图

A. 显示螺旋的大小；B. 显示骨架和碱基；C. DNA 空间填充模型图；

D. DNA 双螺旋中互补反向平行的双链，A 与 T 互补，G 与 C 互补

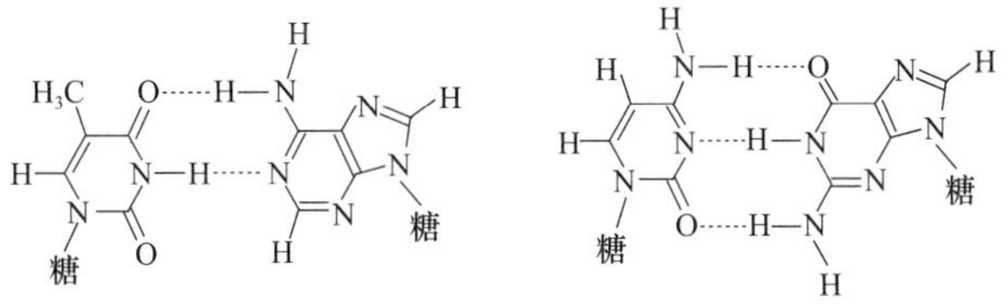

图 2-14　碱基互补配对

A 与 T 连接（左图）的虚线部分的 N 与 H、H 与 O 之间形成氢键，

G 与 C 连接（右图）的虚线部分的 H 与 N、H 与 O、O 与 H 之间形成氢键

蛋白质识别 DNA 的碱基序列、与其发生相互作用的基础。

3. 稳定 DNA 双螺旋结构的因素　　稳定 DNA 双螺旋结构的因素有如下 3 点：①碱基对间形成的氢键。②碱基对疏水的芳香环堆积产生的作用力和堆积的碱基对间的范德瓦耳斯力（即碱基堆积力）。碱基堆积力对维持 DNA 的二级结构起主要作用，是碱基对之间在垂直方向上的相互作用。在结晶态下，碱基平面间相互平行，相邻碱基平面间隔 0.34nm，处于范德瓦耳斯力的距离内，因而可通过这种垂直方向的相互作用而有序堆积起来。在溶液状态下可观察到相互作用的碱基堆积力。③多核苷酸链骨架上带负电荷的磷酸基与介质阳离子或阳离子化合物之间形成的盐键。

4. DNA 二级结构的多态性　　Watson 和 Crick 推测的 B 型 DNA（B-DNA）的双螺旋构

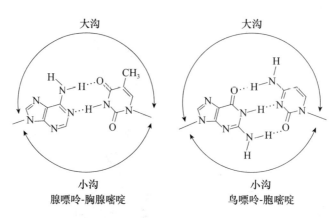

图 2-15   碱基配对形成的大沟与小沟

象在生物学研究中具有深远意义。由于 DNA 结构是动态变化的，在相对湿度 75% 时，DNA 分子的钠、钾或铯盐结晶的 X 射线衍射图给出的是 A 型构象（A-DNA），这种构象不仅出现于脱水的 DNA 中，而且出现在 RNA 分子双螺旋区域的 DNA-RNA 杂交分子中。如果以锂作为反应离子，在相对湿度降为 66% 时，DNA 的锂盐或钠盐构象为 C 型构象（C-DNA）。但是这一构象仅在实验室中观察到，未在生物体中发现。因而，DNA 的分子结构也是动态变化的（表 2-5）。

表 2-5   不同类型的右手双螺旋 DNA 结构参数比较

类型	碱基倾角 /°	碱基夹角 （旋转度数）/°	碱基升高 /nm	螺距 /nm	每个螺旋内的 碱基数对数
A-DNA 钠盐	20	32.7	0.256	2.8	11.0
B-DNA 钠盐	0	36.0	0.340	3.4	10.0
C-DNA 钠盐	6	38.0	0.331	3.1	9.3

以上几种构象均为右手螺旋，DNA 也具有左手螺旋的构象。王连君和 Rich 等在研究人工合成的 CGCGCG 的单晶 X 射线衍射图谱时分别发现了左手双螺旋构象，其主链中各个磷酸根呈锯齿状排列，形如"之"字，因此称为 Z 构象（英文 zigzag 的第一个字母）（图 2-16）。在天然 DNA 中也发现局部有 Z 型 DNA（Z-DNA）构象存在，多数位于嘌呤与嘧啶交替排列的区域。Z-DNA 中带负电荷的磷酸根距离太近，会产生静电排斥，因而，Z-DNA 的形成通常在热力学上是不利的。但是，DNA 链上的局部不稳定区可成为 DNA 复制和转录等过程中潜在的解链位点，所以认为这一构象与基因调节有关。此外，Z-DNA 螺旋沟的特征在其信息表达过程中也起关键作用。

5. 其他类型的 DNA 二级结构   DNA 的二级结构一般均是双螺旋结构，1963 年 Hoogsteen 提出了 3 条链碱基配对方式：TAT 或 CGC＋（C＋指胞嘧啶 N_3 被质子化），就是指在 DNA 三股螺旋中，poly（Py）和 poly（Pu）形成反向平行的双螺旋（Py 代表嘧啶链，Pu 代表嘌呤链），其中的 2 条链按 Watson-Crick 规则配对，而第 3 条链［poly（Py）或 poly（Pu）］则以正向平行结合在上述反向平行双螺旋的大沟中，碱基间通过 Hoogsteen 方式配对。随着实验技术的提高，近年来研究者通过扫描隧道显微镜（STM）相继证实 DNA 分子中存在三链状结构，称为三链 DNA（ternary stranded DNA，tsDNA），由于第 3 条链的胞嘧啶被质子化才能参与配对，故又称为 H-DNA（图 2-17）。

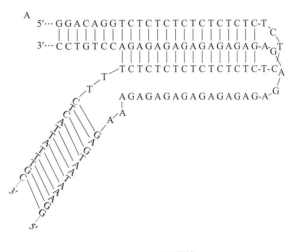

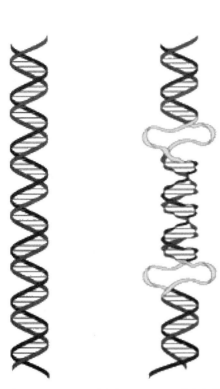

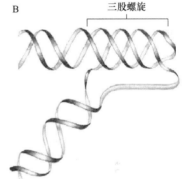

图 2-16 B-DNA（左）和 Z-DNA（右）的
结构比较示意图（Kouzine et al.，2017）

图 2-17 三链 DNA 模型
A. 带有碱基的示意图；B. 三股螺旋示意图

2003 年科学家在人体内又发现了一种新结构——G四联体（G-quadruplex）结构（图 2-18）。在四联体中心有 1 个由 4 个带负电荷的羧基氧原子围成的"口袋"，通过 G四联体的堆积可形成分子内或分子间的右手螺旋。与 DNA 双螺旋结构相比，G四联体螺旋的特征是：①稳定性取决于口袋内所结合的阳离子种类，已知 Li^+、Na^+、K^+ 的结合使 G四联体螺旋最稳定；②热力学和动力学性质稳定。C 与 C 配对，则构成了 i-motif。在人体基因组内至少有 30 万个 DNA 片段可以形成 G四联体和 i-motif 序列。其中，40% 基因调控区含有能形成 G四联体和 i-motif 的 DNA 序列。

（二）RNA 的二级结构

与 DNA 相比，RNA 种类更多，分子质量相对较小，大多数天然 RNA 是单链线性分子。单链 RNA 可以自身回折，通过分子内碱基的互补配对，形成一个或数个短的局部双螺旋区，称为茎区（stem）；茎区间未配对的单链区则突起形成环（loop），这种茎-环结构就是 RNA 的二级结构（图 2-19）。不同的 RNA 分子因碱基序列不同而具有不同比例大小的双螺旋区。RNA 碱基组成的特点是含有尿嘧啶（U）而不含胸腺嘧啶（T），碱基配对发生于 C 和 G、U 和 A 之间，RNA 碱基组成之间无一定的比例关系，且稀有碱基较多。

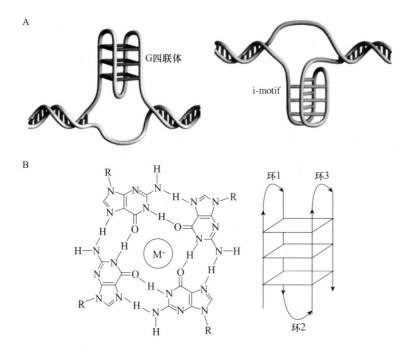

图 2-18　DNA 四联体结构示意图（Chen et al.，2021）

A. 左图表示 DNA 单链上的 G—G 配对形成 G 四联体，红色线表示连接的是 G；右图表示 DNA 单链上的 C—C 交错配对形成
i-motif 结构，绿色线表示连接的是 C。B. 左图和右图分别表示 4 个 G 两两配对形成的四联体的分子结构示意图和 C—C 交错
配对的示意图，M⁺ 表示锂离子、钠离子、钾离子等阳离子

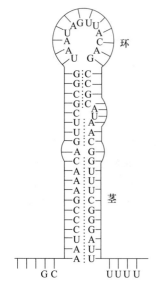

图 2-19　RNA 局部茎-环结构

1. tRNA 的二级结构　　tRNA 单链通过自身配对折叠形成一种形状像三叶草（cloverleaf）的茎-环结构，称为三叶草形结构（图 2-20），是 tRNA 的二级结构。tRNA 三叶草形结构可分为四环四臂（即配对的茎区）：①D 环，因含二氢尿苷（dihydrouridine）而得名，与 D 环相连的臂则相应称为 D 臂；②TψC 环，由于存在保守的 TψC（即胸腺嘧啶核苷酸-假尿嘧啶核苷-胞嘧啶）序列而得名，与之相连的臂称为 TψC 臂；③额外环（即可变环），由 3～21 个核苷酸组成，不同的 tRNA 有不同大小的可变环，可用于 tRNA 的分类；④反密码子环，由 7 个核苷酸组成，环中部为反密码子，由 3 个碱基组成，可与 mRNA 上的相应密码子反平行互补配对结合从而识别密码子；⑤氨基酸臂，由单链的两端经互补配对形成，在 3′ 端有一个保守的 CCA（5′）序列，其中 A 的核糖上的—OH 通过共价结合而接受氨基酸。所有 tRNA 都具有相似的二级结构。

2. mRNA 的二级结构　　mRNA 是蛋白质合成的模板。在细胞内，mRNA 含量很少，只占细胞总 RNA 的 2%～5%，但种类非常多，大小不一。mRNA 单链自身配对折叠也可以形成具有茎-环结构的二级结构，但不具有类似 tRNA 的固定的二级结构。

3. rRNA 的二级结构　　图 2-21 和图 2-22 是大肠杆菌 5S rRNA 和 16S rRNA 的结构示意图，虽然所有生物的核糖体均由 2 个大小不同的亚基组成，但不同生物的亚基和蛋白质均有差异。

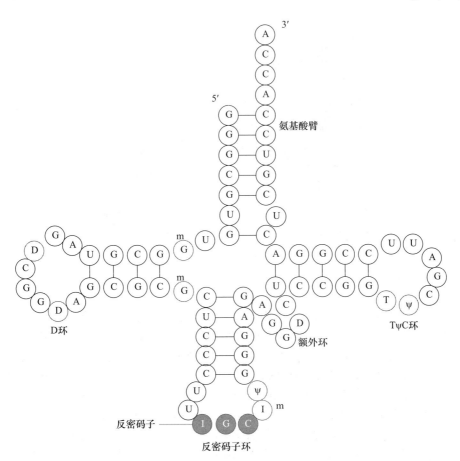

图 2-20　酵母丙氨酸 tRNA 的二级结构

m 表示甲基化

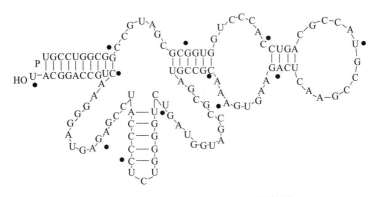

图 2-21　大肠杆菌 5S rRNA 的二级结构模型

三、三级结构

（一）DNA 的三级结构

DNA 的三级结构指双螺旋形式的 DNA 分子进一步扭曲折叠形成的特定空间构象，这种双

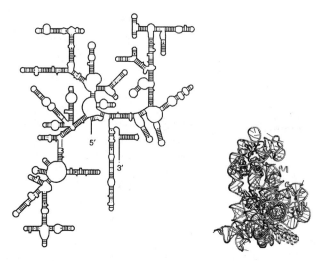

图 2-22　大肠杆菌 16S rRNA 的二级（左）和三级（右）结构示意图

螺旋环状分子再度螺旋化成为超螺旋结构（superhelix 或 supercoil）。其超螺旋是 DNA 三级结构的主要形式（图 2-23）。1965 年 Vinograd 等发现多瘤病毒的环形 DNA 的超螺旋，绝大多数原核生物都是共价闭合环（covalently closed circular，CCC）分子。有些单链环形染色体或双链线形染色体（如噬菌体）在其生活周期的某一阶段，染色体变为超螺旋形式。对于真核生物来说，虽然其染色体多为线形分子，但其 DNA 均与蛋白质相结合，两个结合点之间的 DNA 形成一个突环（loop）结构，类似于 CCC 分子，具有超螺旋形式。超螺旋按其方向分为正超螺旋和负超螺旋两种。其中，负超螺旋是指顺时针右手螺旋的 DNA 双螺旋以相反方向围绕它的轴扭转而成，通过这种方式调整了 DNA 双螺旋本身的结构，松解了扭曲压力，使每个碱基对的旋转减少，甚至可打乱碱基的配对。天然 DNA 均为负超螺旋。正超螺旋指与 DNA 双螺旋内部缠绕相同的方向扭转，使 DNA 的结构更加紧密，天然状态下并不产生正超螺旋结构，但在试管内用溴乙锭处理时可出现正超螺旋。真核生物中，DNA 与组蛋白八聚体形成核小体结构时，存在负超螺旋。研究发现，所有 DNA 超螺旋都是由 DNA 拓扑异构酶产生的。生物体内的 DNA 分子形成超螺旋状态的三级结构，具有重要的生物学意义。对细胞来说 DNA 是庞然大物，许多生物的 DNA 长度从 0.1mm 到 3100mm，如何装进小小的细胞（原核细胞直径为 1～10μm，真核细胞直径为 10～100μm）内呢？只有从结构上进行充分压缩和包装后才有可能。此外，超螺旋可能与对复制和转录的控制有关。

DNA 有
序包装

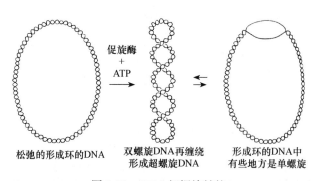

　　松弛的形成环的DNA　　双螺旋DNA再缠绕　　形成环的DNA中
　　　　　　　　　　　　形成超螺旋DNA　　有些地方是单螺旋

图 2-23　DNA 超螺旋结构

（二）RNA 的三级结构

1. tRNA 的三级结构 只有形成三级结构后，tRNA 才发挥特定的生理功能。三叶草形结构中配对的区域形成反平行右手双螺旋，整个分子则折叠形成倒"L"形（图 2-24），即形成 tRNA 的三级结构。其中氨基酸臂 CCA 序列和反密码子环处于倒"L"的两端，二者相距 7nm；D 环和 TψC 环形成了倒"L"的角。稳定 tRNA 三级结构的主要作用力也是氢键和碱基堆积力。所有 tRNA 都具有相似的二级和三级结构。

2. rRNA 的三级结构 rRNA 的三级结构也是通过单链自身配对折叠形成茎-环结构，分子越大茎-环结构越复杂，再折叠盘绕，与核糖体蛋白质结合，不同的 rRNA 分子可形成不同的特定三级结构。大肠杆菌 16S rRNA 的三级结构如图 2-22 右所示。

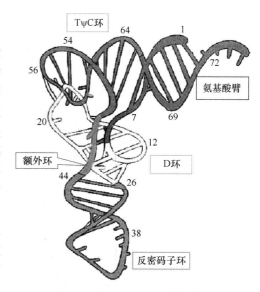

图 2-24　tRNA 的三级结构模型
数字代表核苷酸的排列顺序

四、其他非编码 RNA 的结构与功能

非编码 RNA（non-coding RNA，ncRNA）指不编码蛋白质的 RNA 片段，广泛存在于真核生物中。由于结构不同，ncRNA 可分为线性 ncRNA 和环状 ncRNA。其中线性 ncRNA 根据分子链长短的不同，可分为短链非编码 RNA（small non-coding RNA，sncRNA）和长链非编码 RNA（long non-coding RNA，lncRNA）。与编码蛋白质的 RNA 分子相比，短链非编码 RNA 通常长度小于 300 个核苷酸（nt），因此也被称为小 RNA（small RNA），生物体小 RNA 包括微 RNA（miRNA）、干扰小 RNA（siRNA）、反式作用 siRNA（tasiRNA）、核小 RNA（small nuclear RNA，snRNA）和核仁小 RNA（small nucleolar RNA，snoRNA）等主要类型。

1. 微 RNA miRNA 在真核生物中广泛存在，是一类位于基因组非编码区、具有调控功能、内源性、大小为 21～25nt 的单链小分子 RNA，在进化上具有保守性特征。miRNA 是基因表达的负调控因子，主要通过 RNA 干扰（RNAi）途径结合靶基因 mRNA，通过抑制靶基因表达参与真核生物基因表达调控。2000 年 Reinhart 等从秀丽隐杆线虫（*Caenorhabditis elegans*）中分别发现了 2 种 miRNA：lin-4 和 let-7。通常，miRNA 5′ 端有一个磷酸基团且多为尿嘧啶核苷酸，3′ 端为羟基，这是它与大多数寡核苷酸和功能 RNA 降解片段的区分标志。miRNA 的前体常形成分子内的茎-环结构，而且含有大量 U/G 碱基对，经过核酸酶的加工形成成熟的 miRNA。miRNA 的前体大小在动植物中差别较大：动物 miRNA 前体长 60～80nt，由 RNA 聚合酶 II 转录产生 miRNA 初始转录产物 pri-miRNA，在细胞核内被 Drosha 切割产生 miRNA 前体 pre-miRNA；运输到细胞质后，pre-miRNA 被 Dicer 切割从而产生成熟的 miRNA。而植物 miRNA 前体长度变化很大，一般从几十到几百个核苷酸。miRNA 常来自前体的一条臂，5′ 端或 3′ 端；但有些前体 2 条臂均可被加工为成熟 miRNA。在植物中，上述 2 步切割均由 DCL1 在细胞核内完成。DCL1 具有与 Dicer 相似的结构域（图 2-25）。

miRNA 的表达具有时序性和组织特异性，通过与目标 mRNA 特异互补位点的结合来抑制基因表达，或引导特异性核酸酶降解 mRNA，从而调控生物体的生长发育、新陈代谢、器官发育、生殖生长、细胞分化、凋亡、脂类代谢、蛋白质降解、激素分泌、植物体内各种信号转导

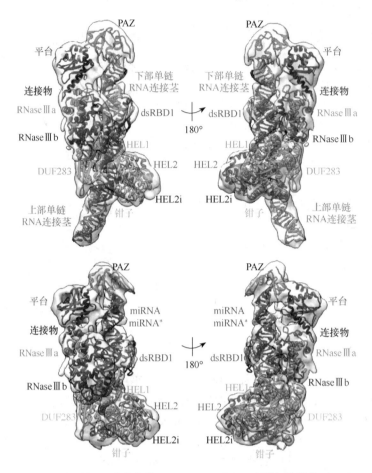

图 2-25　DCL1-pri-miRNA（上）和 DCL1-pre-miRNA（下）的结构（Wei et al.，2021）
RNase Ⅲa. Dicer 核酸内切酶Ⅲa；RNase Ⅲb. Dicer 核酸内切酶Ⅲb；dsRBD1. 双链 RNA 结合结构域 1；
DUF283. Dicer 酶的 DUF283 结构域；HEL. E3 泛素蛋白连接酶；PAZ. 酶的结构域

及响应各种生物和非生物逆境胁迫。在 miRNA 家族中，miR172 是较早被发现也是研究最透彻的，其靶基因主要编码 AP2/ERF 类转录因子。miR172-AP2 模块调控植物花器官发育、时序转换、块茎及果实发育、根瘤形成和胁迫响应等方面的生理活动。

植物 miRNA 加工的模型包括以下几个步骤：首先，DCL1 的 PAZ 识别并结合 pri-miRNA 的单链区；其次，解旋酶结构域和 DUF283 结构域夹住 pri-miRNA 的双链区；然后，pri-miRNA 的切割位点在 dsRBD1 结构域的协助下与 RNase Ⅲ 活性中心对齐，执行第一步切割。完成第一步切割后，生成的 pre-miRNA 由 ATP 提供动力转位到 PAZ，再次将切割位点与 RNase Ⅲ 活性中心对齐，从而执行第二步切割（图 2-26）。

2. 核小 RNA　snRNA 是存在于真核细胞核中的小分子 RNA，在哺乳动物中的长度为 100～215nt，每个细胞中可含有 10^5～10^6 个 RNA 分子。snRNA 参与 mRNA 前体加工，不参与蛋白质合成，但能与蛋白质结合形成核小核糖核蛋白颗粒（small nuclear ribonucleoprotein particle，snRNP）。snRNA 一直存在于哺乳动物细胞核中，与 40 多种核内蛋白质共同组成 RNA 剪接体，剪接体能催化哺乳动物中前体 mRNA 的成熟。snRNA 的二级结构包含一个茎-环结构和保守的蛋白质结合位点。

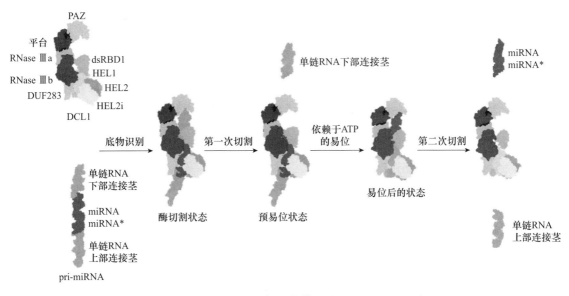

图 2-26 植物 miRNA 加工的模型（Wei et al.，2021）

snRNA 一般分为 Sm 类 snRNA 和 Lsm 类 snRNA。① Sm 类 snRNA 主要剪接内含子使 mRNA 成熟，一般由 U1、U2、U4、U5、U7、U11 和 U12 组成，由 RNA 聚合酶 Ⅱ 转录。前端 snRNA 被转录到细胞核中，通常是 5′端加上 7-甲基鸟苷酸构成帽的结构，通过核孔进入细胞质，在细胞质中，Sm 类 snRNA 由 5′端的 1 个三甲基鸟苷酸（TMG）帽、3′端的茎-环结构和 7 个 Sm 蛋白结合形成异七聚体环结构。3′端的茎-环结构是运动神经元蛋白存活识别所必需的，能将 snRNA 组装成稳定的核糖核蛋白，通过 5′端 1 个三甲基鸟苷酸的类似"帽"结构，将 snRNP 运回细胞核。② Lsm 蛋白是广泛存在的 RNA 结合蛋白。Lsm 类 snRNA 主要由 U6 和 U6ATAC 组成，参与各种与 RNA 代谢相关的信号通路。在真核细胞中，Lsm 类 snRNA 能够特异地识别 U6 的 3′端序列，并帮助 U6 与剪接体其他成员相互作用，催化 RNA 的剪接过程。与 Sm 类 snRNA 不同，Lsm 类 snRNA 由 RNA 聚合酶 Ⅲ 转录。Lsm 类 snRNA 含有 1 个单甲基磷酸（MPG）帽和 1 个 3′端的茎-环结构，终止于一段尿嘧啶形成的 Lsm 蛋白的特异三聚体环的结合位点（图 2-27）。

3. 核仁小 RNA snoRNA 存在于核仁中，由内含子编码，引导 rRNA 或其他 RNA 的化学修饰（如甲基化）作用，是近年来分子生物学研究的热点之一。根据保守序列和结构元件，snoRNA 可分成 3 类：box C/D snoRNA、box H/ACA snoRNA 及线粒体转录 RNA（MRP RNA）。通常，box C/D snoRNA 的功能为指导 rRNA 或 snRNA 中特异位点的 2′-O-核糖甲基化修饰；绝大多数 box H/ACA snoRNA 则指导 rRNA 或 snRNA 分子中某些位点由尿嘧啶向假尿嘧啶的转换；而 MRP RNA 与 RNA 酶组成核蛋白复合体 RNase MRP，在真核生物的 rRNA 前体加工成 28S rRNA 的过程中发挥作用。此外，还有一些 snoRNA 能帮助 rRNA 的前体折叠，具有分子伴侣的功能。

4. 干扰小 RNA siRNA 是一类包含正义和反义 RNA 的双链分子，长度一般为 21～24nt。siRNA 通常由一类称为 DCL1（Dicer-like 1）的 RNase Ⅲ 型核酸酶切割前体 RNA 产生，与 AGO 家族蛋白结合形成沉默复合物，参与靶标基因的表达调控。植物中表达量最高的 siRNA 包括 22nt 的 miRNA 和 24nt 的 siRNA。通常 22nt 的 miRNA 由 DCL1 切割其具有发夹结构的前体产生，与 AGO1 结合后以切割靶标 mRNA 或抑制其翻译的方式调控基因的表达；

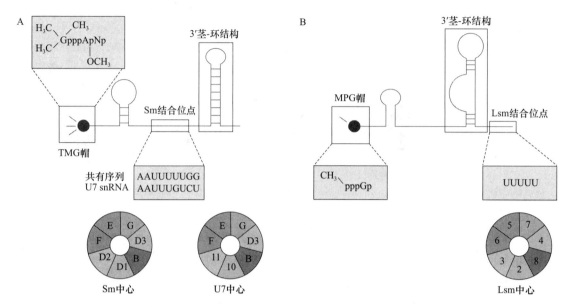

图 2-27　Sm 类 snRNA（A）和 Lsm 类 snRNA（B）结构图（Matera et al.，2007）

而 24nt 的 siRNA 通常来自转座子和重复序列区域，由 RNA 依赖的 RNA 聚合酶 RDR2（RNA dependent RNA polymerase 2）合成的双链 RNA 前体经 DCL3 加工产生，在与 AGO4 结合后通过招募甲基化酶 DRM2，介导 DNA 甲基化，从而抑制转座子活性和重复序列的转录。

　　siRNA 在作用过程与作用机制上与 miRNA 有很多相似之处，但 siRNA 只引起目标 mRNA 的降解，并不参与相关的生长调控过程。siRNA 在作用时先解离成单链，与互补的目标 mRNA 结合，引导特异的核酸内切酶复合物剪切并降解该 mRNA，导致目标 mRNA 水平降低，并引起编码该 mRNA 的基因 DNA 甲基化，即转录后基因沉默（post-transcriptional gene silencing, PTGS）和 转 录 基 因 沉 默（transcriptional gene silencing, TGS），统 称 为 RNA 干 扰（RNA interference，RNAi）。由 siRNA 引起的 RNAi 可以特异性剔除或关闭特定基因的表达，因而，RNAi 技术已被广泛用于探索基因功能和传染性疾病及恶性肿瘤的治疗等领域。在植物中，生物和非生物逆境可以诱导植物产生 siRNA，协调和平衡正常的生长发育与胁迫响应。

　　5. piRNA　　piRNA（Piwi-interacting RNA）是一种调节小 RNA，在大多数动物中与 miRNA 和 siRNA 共同组成小 RNA 干扰。piRNA 主要来源于含有大量转座子和重复序列的基因间区（intergenic region）。piRNA 是与 Piwi 蛋白相互作用的一类小型单链 RNA 分子，一般长度为 29～30nt，5′ 端通常为单磷酸的尿嘧啶核苷酸，3′ 端常被甲基化修饰以增加稳定性。piRNA 通过与 Piwi 亚家族蛋白结合形成 piRNA 复合物（piRC）来调控基因沉默途径。piRNA 主要存在于哺乳动物的生殖细胞和干细胞中，一般具有多种生物学功能，主要在生殖细胞发育过程中对逆转录转座子进行调控，通过诱导 LINE-1 DNA 发生甲基化而抑制其转座，在转录后水平抑制转座子转座、引起转座子基因消除、参与转座子的可变剪接、关闭基因转录过程、维持生殖细胞和干细胞功能、调节 mRNA 的稳定性及翻译过程，通过对转座子的调控来抑制 DNA 损伤、维持 DNA 完整性、参与物种的性别分化及减缓衰老等。

　　6. 长链非编码 RNA　　lncRNA 是一类由 RNA 聚合酶Ⅱ转录产生、长度大于 200nt、不编码蛋白质的 RNA。广泛存在于真核生物中，lncRNA 有较少的外显子、内含子，无可读框（ORF）及起始密码子和终止密码子。大部分 lncRNA 具有 5′ 帽和 3′ 端多聚腺苷酸尾巴。一般

lncRNA 的转录物比 mRNA 短，且外显子少，一般少于 100 个氨基酸。大多数 lncRNA 存在于细胞核的染色质中，lncRNA 的二级结构比较复杂，存在于细胞核和细胞质中，具有明显的时空表达特异性。lncRNA 的形成一般通过 5 种方式：①蛋白质编码基因造成可读框的插入，插入的可读框和之前的编码序列形成新的功能性 lncRNA；②染色体重组后，2 个非转录并且相隔较远的序列区域合并，产生 1 个含有多个外显子的 lncRNA；③非编码基因通过逆转录转座作用，复制产生 1 个具有功能的非编码逆转录基因，或产生 1 个无功能的逆转录基因；④ 2 次连续重复事件在 ncRNA 内部形成相邻的重复序列而产生 lncRNA；⑤转位因子插入产生一个有功能的 lncRNA。

lncRNA 的主要功能是通过调控靶基因，参与调控表观遗传、细胞周期调控、细胞分化调解、发育、激素信号等植物生殖发育及生长发育的生理过程，参与重要的次生代谢产物合成及植物响应（包括干旱、盐碱等非生物胁迫和生物胁迫）。随着高通量测序技术的发展，可通过转录组测序挖掘 lncRNA 对植物生长发育的调控作用。全基因组阵列分析和 RNA-seq 结果显示，植物体内存在大量 lncRNA，通过 DNA 甲基化、组蛋白甲基化和转录干扰等机制介导基因表达，在植物雄性不育、开花、转座子、生物和非生物胁迫等生物过程中起着重要的调节作用。

7. 环状 ncRNA　环状 ncRNA 是一类经反向剪接后、由 3′ 端和 5′ 端共价结合形成的闭合单链非编码 RNA，最初于 20 世纪 70 年代在植物病毒中被发现，2014 年在模式植物拟南芥中首次发现，目前已在单子叶的水稻、大麦、小麦和玉米，以及双子叶的辣椒、大豆、马铃薯、番茄、猕猴桃、沙棘、棉花、枸橘、梨和茶树等植物中被发现。

环状 RNA（circRNA）不具有 5′ 帽和 3′ 端多聚腺苷酸尾，但具有结构稳定、保守性、低表达及细胞或组织特异性等特征。circRNA 的形成由顺式作用元件和反式作用因子共同决定。植物 circRNA 种类丰富，根据来源分为 5 种类型：①外显子来源的 circRNA，由线性转录物的同一条有义链中一个或多个外显子形成；②内含子来源的 circRNA，由线性转录物的内含子环化形成；③外显子-内含子来源的 circRNA，由外显子与保留在外显子之间的内含子形成；④基因间区的 circRNA，来源于线性转录物上与内含子或外显子相隔 1kb 以上的基因间隔区域；⑤反义链的 circRNA，来源于线性转录物的反义链的 1 个或多个外显子。不同物种间各种类型的 circRNA 所占比例不一致，其中外显子来源的 circRNA 的比例相对较大。

植物 circRNA 的主要生理功能为：① miRNA 海绵，circRNA 可以结合 miRNA 来抑制它们对具有相应 miRNA 靶点的 mRNA 的抑制作用，从而调节基因表达；②影响亲本基因的选择性剪接和表达水平，circRNA 可以与其亲本基因的基因座结合形成 R-loop，从而调控 circRNA 亲本基因转录物的可变剪接；③植物 circRNA 参与植物发育调控及生物和非生物胁迫反应过程等多种生物学过程，还参与调节 miRNA 的形成。对动物的研究发现，circRNA 在转录水平和转录后水平均发挥重要功能，但在植物中是否存在一致或者相似的功能仍然需要验证。

第四节　核酸的性质

一、一般理化性质

经过纯化的 DNA 为白色纤维状固体，RNA 为白色粉末状固体，在水中的溶解性差，但其钠盐在水中的溶解度较大。均可溶于稀碱液和中性盐溶液，易溶于 2-甲氧乙醇，但不溶于乙醇、乙醚和氯仿等一般有机溶剂，因而，常用乙醇溶液提取核酸。碱裂解、稀硫酸解、核酸酶解均可以水解核酸。能水解核酸的酶称为核酸酶（nuclease）。所有细胞都含有核酸酶，核酸酶具有特异性。核酸酶催化使磷酸二酯键水解。有的核酸酶作用于多核苷酸链的内部，这样的核酸酶称为核酸内切酶（endonuclease）；有的核酸酶是从多核苷酸链的 3′ 端或 5′ 端水解，称为核酸外切酶（exonuclease）。

生物体中的 DNA 和 RNA 在细胞内常与蛋白质结合成核蛋白，而这两种核蛋白在盐溶液中的溶解度不同。例如，DNA 核蛋白难溶于 0.14mol/L 的 NaCl 溶液，但可溶于 1～2mol/L 的高浓度 NaCl 溶液；RNA 核蛋白则易溶于 0.14mol/L 的 NaCl 溶液。因而，常用以上不同浓度的盐溶液来分离、纯化 DNA 和 RNA。一般，DNA 的黏度大，而 RNA 的黏度小。当核酸发生变性或降解时，其溶液的黏度明显降低。

（一）核酸的沉降性质

溶液中的核酸在普通离心力场中不易沉降，必须超速离心才会沉降。一些核酸分子或核酸蛋白复合体的大小常用其在超速离心力场中的沉降系数（sedimentation coefficient，s）来表示（单位为 S，$1S = 10^{-13}s$），核酸的沉降系数一般为 4～40S，核糖体及其亚基为 30～80S。超速离心方法可用于测定核酸的相对分子质量、沉降系数或浮力密度，也可用于制备及纯化核酸样品。核酸的沉降速率与核酸的相对分子质量、形状（线形、开环或超螺旋结构）、离心场的强度及介质的黏度有关：离心场的强度越大、介质黏度越小则沉降速率越快；核酸相对分子质量越小、形状越伸展则沉降速率越慢，沉降系数相应也越小。而核酸的浮力密度与核酸的碱基组成、高级结构及溶液介质有关：含 GC 碱基对越多、结构越紧密的核酸浮力密度越高，不同介质与核酸结合情况的不同，也会使浮力密度发生变化。

（二）核酸的两性性质与核酸电泳

与蛋白质相似，核酸分子中既含有酸性基团（磷酸基）也含有碱性基团（碱基），因而，核酸也具有两性性质，可发生两性解离。由于磷酸的酸性较强，在核酸中除末端磷酸基团外，全部形成磷酸二酯键的磷酸基团均可解离出一个 H^+，其 pKa 为 1.5；而嘌呤和嘧啶碱基是含氮杂环，又含有各种取代基，既有碱性解离又有酸性解离的性质，解离情况复杂，但呈弱碱性。核酸的解离状态随溶液的 pH 而改变。当核酸分子内的酸性解离和碱性解离程度相等时，所带的正电荷与负电荷相等，即可成为两性离子，此时核酸溶液的 pH 就称为核酸的等电点（pI）。DNA 的等电点一般为 4～4.5，RNA 的等电点为 2～2.5。RNA 的等电点比 DNA 低的原因是 RNA 分子中核糖基 2′—OH 通过氢键作用促进了磷酸基上质子的解离，而 DNA 没有这种作用。根据核酸在等电点时溶解度最小的性质，把 pH 调至相应核酸分子的等电点，可使其从溶液中沉淀下来。

带电质点或离子在电场中向与其所带电荷极性相反的电极移动的现象称为电泳（electrophoresis）。通常用中性或偏碱性的缓冲液使核酸解离成阴离子，置于电场中使它向阳极泳动（迁移），即为核酸的电泳性质。在一定实验条件下，核酸在电泳时的迁移率大小主要由下列几个因素决定：①核酸的分子大小，分子越大，摩擦阻力越大，在电场中迁移也越慢，核酸的迁移率与相对分子质量的对数成反比；②核酸分子的构象，线状开环核酸受到的介质阻力远大于环状超螺旋核酸，迁移更慢；③电泳介质的浓度，凝胶中琼脂糖浓度越大，核酸迁移率越小。因而，电泳技术可用于不同大小和构象的核酸的分离和鉴定。

以琼脂糖（agarose）凝胶为介质的琼脂糖凝胶电泳是一种常见的分离纯化和鉴定核酸的方法。核酸电泳后，需经染色才能显现出带型，最常用的是溴乙锭（ethidium bromide，EB）染色法，其次是银染。EB 是一种荧光染料，可嵌入核酸双链的碱基对之间，在紫外光激发下，发出红色荧光。根据情况可在凝胶电泳液中加入终浓度为 0.5μg/mL 的 EB，也可在电泳后，将凝胶浸入 EB 母液中染色 10～15min。EB 同时也是一种强诱变剂，且观察需要的紫外光可能对操作者产生损伤，因而，EB 染色法正逐渐被花菁染色法等非诱变剂检测法取代。

二、紫外吸收性质

在核酸分子中，由于嘌呤和嘧啶具有共轭双键体系，具有独特的紫外吸收光谱。一般在 260nm 左右有最大吸收峰，其吸光度（absorbance）以 A_{260} 表示。必须注意的是，如果测定体系中还有其他在 260nm 处有吸收峰的干扰物质，必须加以校正。

由于核酸在 260nm 波长的紫外光处有最大的吸收峰，因而，A_{260} 是检测核酸的一个重要指标，常作为对核酸及其组分定性和定量测定的依据：①对核酸进行定量测定，对于纯的核酸溶液，测定 A_{260} 大小，即可利用核酸的比吸光系数[①]计算溶液中核酸的量。②可以鉴定核酸样品的纯度，先测定核酸样品溶液的 A_{260} 和 A_{280}（蛋白质最大吸收峰），然后计算 A_{260}/A_{280} 的值，纯的 DNA 样品该比值为 1.8，纯的 RNA 样品该比值为 2.0。核酸样品中若含有蛋白质或苯酚等杂质，该比值则显著降低。③可以作为核酸变性与复性的指标。

三、变性与复性

变性（denaturation）和复性（renaturation）是核酸的 2 个重要物理特性，也是分子生物学研究技术和理论中最重要的概念之一，双链 DNA、RNA 双链区、DNA-RNA 杂交双链（hybrid duplex）及其他异源双链（heteroduplex）核酸分子都具有该性质。

（一）DNA 变性

DNA 变性是指在某些物理与化学因素（如加热、改变 DNA 溶液的 pH，或乙醇、尿素、甲酰胺及丙酰胺等有机溶剂的处理）的作用下，DNA 的氢键断裂，有规则的双螺旋结构解开，转变为无规则的单链线团，使 DNA 的某些光学性质和流体力学性质发生变化（如黏度下降、沉降速率增加、紫外吸收增加等）。有时，变性后的 DNA 会部分或全部丧失生物学活性，但并不涉及 $3',5'$-磷酸二酯键的断裂。DNA 变性会导致一些理化及生物学性质的改变。例如，DNA 双螺旋是紧密的"刚性"结构，变性后代之以"柔软"而松散的无规则单股线性结构，则 DNA 溶液的黏度明显下降。

由于 DNA 在 260nm 处的最大吸收值与其碱基有关。当 DNA 处于双螺旋结构时其碱基藏于内侧，变性时由于双螺旋解开，碱基外露，导致 260nm 处紫外吸收值增加，这一现象称为增色效应（hyperchromic effect）。一般以 260nm 处的吸光度作为观测增色效应的指标。变性后该指标的观测值通常较变性前有明显增加，但不同来源 DNA 的变化不同，如大肠杆菌 DNA 经热变性后，其 260nm 的吸光度可增加 40% 以上，其他不同来源的 DNA 溶液的 A_{260} 增值范围多在 20%～30%。

以加热为变性条件时，增色效应与温度的关系十分密切。以温度和 DNA 溶液的 A_{260} 作图，得到的典型 DNA 变性曲线呈"S"形（图 2-28）。"S"形曲线下方平坦段表示 DNA 的氢键未被破坏，待加热到某一温度时，次级键会突然断开，DNA 迅速解链，同时伴随吸光度急剧上升，之后由于无链可解，会出现温度效应丧失的上方平坦段。解链温度（melting temperature，T_m）是使被测 DNA 的 50% 发生变性的温度，即增色效应达到一半时的温度，在"S"形曲线上，相当于吸

---

① 核酸的比吸光系数指浓度为 1μg/mL 的核酸水溶液在 260nm 处的吸光度，天然状态的双链 DNA 的比吸光系数为 0.020，变性 DNA（即单链 DNA）和 RNA 的比吸光系数均为 0.022

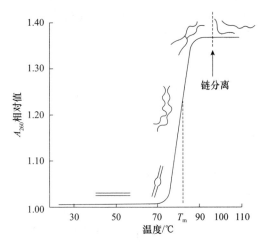

图 2-28　DNA 热变性曲线

光度增加的中点处所对应的横坐标上的温度。

在相同溶剂中，不同来源 DNA 的 T_m 存在差别，主要由于 DNA 存在差异：① DNA 的均一性。DNA 分子中碱基组成的均一性：如人工合成的只含有一种碱基对的多核苷酸片段，与天然 DNA 比较，其 T_m 值范围较窄。待测样品 DNA 的组成是否均一：如样品中只含有一种病毒 DNA，其 T_m 值范围较窄，若混杂有其他来源的 DNA，则 T_m 值范围较宽。总的来说，DNA 均一性高，变性的 DNA 链的氢键断裂所需能量较接近，T_m 值范围就较窄；反之则宽。② DNA 的（G+C）含量。在溶剂固定的前提下，T_m 值的高低取决于 DNA 分子中的（G+C）含量。由于 GC 碱基对之间具有 3 个氢键，而 AT 碱基对只具有 2 个氢键，DNA 中（G+C）含量高显然更能增强结构的稳定性，破坏 GC 间氢键比 AT 氢键需付出更多的能量，故（G+C）含量高的 DNA，其 T_m 也高。T_m 与（G+C）含量百分数的这种关系（图 2-29）可用以下经验公式表示（DNA 溶于 0.2mol/L NaCl 中）：（G+C）% ＝ 2.44 ×（T_m − 69.3）%。

（二）DNA 复性

变性的 DNA 在适当条件下，2 条互补链重新配对，全部或部分恢复到天然双螺旋结构的现象称为复性。这是变性的一

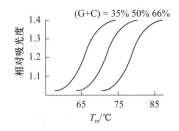

图 2-29　DNA 的（G+C）含量与 T_m 的关系曲线

种逆转过程，此时，DNA 的紫外吸收也随之减少即产生减色效应（hypochromic effect），同时 DNA 其他物理和流体力学性质也随之恢复。热变性 DNA 一般经缓慢冷却后即可复性，此过程称为退火（annealing），这一术语也用以描述杂交核酸分子的形成。DNA 的复性不仅受温度影响，还受 DNA 自身特性等其他因素的影响。

在比 T_m 低 25℃ 的温度下，变性的 DNA 溶液将维持一段时间，其吸光度会逐渐降低。将该 DNA 溶液再加热，其变性曲线可以基本恢复到第一次变性曲线的图形。这表明复性是相当理想的。一般认为，比 T_m 低 25℃ 左右的温度是复性的最佳条件，越远离此温度，复性速率就越慢。在较低的温度（如 4℃ 以下），分子的热运动显著减弱，因而，互补链结合的机会自然大大减少。从热运动的角度考虑，维持在 T_m 以下较高温度更有利于复性。复性时温度下降必须缓慢，若在超过 T_m 的温度时迅速冷却至低温（如 4℃ 以下），则几乎不可能实现复性。核酸实验中经常以此方式保持 DNA 的变性（单链）状态，说明复性中降温时间太短及温差太大均不利于 DNA 的复性。另外，DNA 浓度也是影响复性的条件之一：复性的第一步是两个单链分子间的相互作用"成核"，这一过程进行的速率与 DNA 浓度的平方成正比，即溶液中 DNA 分子越多，相互碰撞结合"成核"的机会越大。

四、分子杂交

不同来源的互补核酸序列（DNA 与 DNA、DNA 与 RNA、RNA 与 RNA 等）通过 Watson-

Crick 碱基配对形成非共价键，从而形成稳定的异源双链分子的过程称为核酸分子杂交（图 2-30）。由于核酸分子杂交是一个高度特异性和灵敏性的过程，因此，可以根据所使用的探针与已知序列进行特异性的靶序列检测，包括分析靶基因及其表达产物（mRNA 等）的性质和数量等，这已广泛地运用于分子生物学领域中克隆基因的筛选、酶切图谱的制作、特定靶基因序列的定性和定量分析、亲子鉴定及各种疾病的早期诊断等。

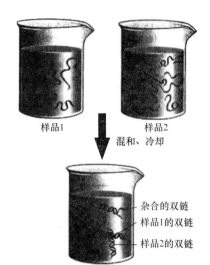

图 2-30　DNA 分子杂交示意图

准备 2 份彻底热变性的 DNA 样品混合并缓慢冷却，如果 2 份 DNA 有显著的序列相似性，它们趋向于形成部分双链杂交分子。2 份 DNA 相似性越高，形成的杂交分子越多

（一）标记物

核酸分子杂交种类很多，分子杂交方法一般都要使用含有标记的核酸探针。传统的标记方法是采用放射性标记，但近年来非放射性标记核酸探针方法得到了广泛的运用。生物素标记的核苷酸是最广泛使用的一种非放射性标记核酸探针，如生物素-11-dUTP，可用缺口平移或末端加尾标记。

光敏生物素有一个连接臂：一端连接生物素，另一端有芳基叠氮化合物。在可见光照射下，芳基叠氮化合物可能变成活化芳基硝基苯，易与 DNA 或 RNA 的腺嘌呤 N_7 位置特异结合。大约每 50bp 结合一个生物素，因而，多用于标记大于 200nt 的片段。这种方法适用于 DNA 和 RNA、抗体和酶等的标记，在原位杂交、斑点杂交和 DNA 印迹法中广泛应用，其特异性和灵敏性较高。生物素-补骨脂素是另一种光敏生物素，在长波长紫外光照射下与嘧啶发生光化学反应，加成到 DNA 中，去除小分子后，得到生物素标记核酸探针。此法可标记单链或双链 DNA 或 RNA 及寡核苷酸，灵敏度与放射性探针相当。

1988 年德国 Boehringer Mannheim 公司推出了一种地高辛标记 DNA 检测试剂盒。先将地高辛苷元连接至 dUTP 上，用随机引物法标记 DNA 制成探针。平均每 20～25nt 标记一个地高辛苷元，然后用抗地高辛抗体的 Fab 片段与碱性磷酸酶的复合物和底物显色检测，灵敏度达 0.1pg[①] DNA，因而，可用于 1μg 哺乳动物 DNA 中单拷贝基因的分析。此种探针有高度的灵敏性和特异性，安全稳定，操作简便，可避免内源性干扰，是一种很有推广价值的非放射性标记探针。此外，还有辣根过氧化物酶和三硝基苯磺酸等非同位素标记方法。

（二）液相杂交和固相杂交

核酸分子杂交技术按其作用方式可大致分为液相杂交和固相杂交：液相杂交是指参加反应的两条核酸链都游离在溶液中，包括吸附杂交、发光液相杂交、液相夹心杂交和复性速率液相分子杂交等；而固相杂交是将参加反应的一条核酸链固定在固体支持物上（常用的有硝酸纤维素滤膜、尼龙膜、乳胶颗粒和微孔板等），另一条参加反应的核酸链游离在溶液中。

---

① 1pg＝1×10^{-12}g

第五节 核酸研究的主要技术

一、分子杂交

（一）DNA 印迹法（Southern blotting）

将一定量的 DNA 样品用适当的限制性内切酶切割成不同长度的 DNA 片段，然后在琼脂糖凝胶上进行电泳分离，电泳后的凝胶须经碱变性处理，使 DNA 解离成单链，然后用毛细管虹吸法或电转移法，使凝胶上的单链 DNA 片段按凝胶上相同的位置转移到硝酸纤维素膜或尼龙膜上，经适当洗涤、晾干后，在 80℃烤箱中加温 2h 或紫外光短暂照射处理，即可用于杂交。纯化的探针 DNA 用放射性同位素 ^{32}P、增强化学发光试剂（enhanced chemiluminescence，ECL）、生物素或地高辛配基等标记。杂交前探针必须升温至 100℃，并变性处理至少 5min。杂交后的膜在暗盒中（-80℃）进行放射自显影后，即在一定的位置显示同标记探针特异结合的阳性 DNA 条带。该方法可检测靶基因的拷贝数、转基因生物中是否成功导入外源基因等，其相关的衍生方法（如限制性酶切片段长度多态性等）也可以用于亲子鉴定和基因定位等研究。

（二）RNA 印迹法（Northern blotting）

Northern blotting 的原理与 Southern blotting 基本相同，主要区别在于其检测对象是 RNA，电泳是在变性条件下进行的，用以去除 RNA 分子中的二级结构，保证其完全按相对分子质量大小分离。通常采用的 Northern blotting 变性电泳有三种：乙二醛变性电泳、甲醛变性电泳和羟甲基汞变性电泳。电泳后的琼脂糖凝胶用与 Southern blotting 相同的方法将 RNA 转移到硝酸纤维素膜或尼龙膜上，然后与探针杂交。Northern blotting 是研究基因表达的最严谨的方法之一，可以定量分析组织中某一特异 mRNA 的表达丰度，根据其迁移的位置也可判断基因分子大小。该技术广泛应用于基因表达调控、基因结构与功能、遗传变异及病理研究。

（三）原位杂交（in situ hybridization）

原位杂交是将分子杂交与组织化学相结合的一种技术，也是研究生物体发育过程的一种重要的分子遗传学研究方法。其原理是两条序列互补的核苷酸单链片段，在适宜的条件下通过氢键结合，形成一个稳定的杂交复合体（DNA-DNA、DNA-RNA 或 RNA-RNA），再以带有标记（如 ^{32}P、生物素、地高辛等）的 DNA 或 RNA 片段作为核酸探针，与组织切片或细胞内待测核酸（RNA 或 DNA）片段进行杂交，之后，用放射自显影或化学染色等方法予以显示，在光学显微镜、荧光显微镜或电子显微镜下观察目的 mRNA 或 DNA 的存在与定位。因而，可在原位研究某种多肽或蛋白质的基因表达。原位杂交不需要从组织中提取核酸，对于组织中含量极低的靶序列有极高的敏感性，可完整地保持组织与细胞的形态，因而能更准确地反映组织细胞的相互关系及功能状态。

（四）斑点杂交（dot hybridization）

斑点杂交是指将待测的 DNA 变性后，点在硝酸纤维素膜或尼龙膜上，用已标记的核酸探针进行杂交，洗膜（除去未杂交的探针），通过放射自显影判断是否有杂交或检查杂交强度。主要用于基因缺失或拷贝数改变的检测。

（五）基因芯片（gene chip）

基因芯片技术又称为 DNA 微阵列（DNA microarray）技术，分为三种类型：①固定在尼龙膜、硝酸纤维素膜、聚丙烯膜、塑料、硅片、微型磁珠等聚合物表面的核酸探针或 cDNA 片段，用同位素标记的靶基因与其杂交，通过放射显影技术检测。②用点样法固定在玻璃板上的 DNA 探针阵列，通过与荧光标记的靶基因杂交进行检测，这种方法点阵密度较大，各个探针在表面上的结合量比较一致。③在玻璃等硬质表面上直接合成的寡核苷酸探针阵列，与荧光标记的靶基因杂交进行检测，该方法把微电子光刻技术与 DNA 化学合成技术相结合，由于可以同时将大量探针固定于支持物上，可以一次性对样品进行大量序列检测和分析，从而解决了传统核酸印迹杂交技术操作繁杂、自动化程度低、操作序列数量少、检测效率低等问题。通过设计不同的探针阵列、使用特定的分析方法可使基因芯片技术具有多种不同的应用价值，如基因表达谱测定、突变检测、多态性分析、基因组文库作图及杂交测序等。

（六）核酸探针标记（nucleic acid probe label）

核酸探针标记是分子杂交技术之一：①根据核酸的性质，可分为 DNA 探针和 RNA 探针，标记有特异性的 RNA 或 DNA 片段，核酸双链分子中具有碱基配对的氢键在解链温度下，将双链解离为单链，而单链探针能与另一条靶序列互补形成双链，使核酸探针具有特异性强、敏感性高、结果可靠等优点。②根据是否存在互补链，分为单链探针和双链探针。③根据是否使用放射性标记物，分为放射性标记探针和非放射性标记探针。④根据放射性标记物掺入情况，分为均匀标记和末端探针标记。

（七）分子标记（molecular marker）

以分子杂交技术为核心的分子标记指能反映生物个体或种群间基因组中某种差异的特异性 DNA 片段，是以个体间核苷酸序列变异为基础的遗传标记，是 DNA 水平遗传多态性的直接反映。主要包括限制性片段长度多态性（restriction fragment length polymorphism，RFLP）标记、DNA 指纹分析（DNA fingerprinting）和小卫星 DNA（minisatellite DNA）标记，又称为可变数目串联重复序列（variable number of tandem repeat，VNTR）。

二、基因编辑

基因编辑技术是一种能够对生物体的基因组及其转录产物进行定点精确修饰或者修改的技术，可完成基因定点突变、片段的敲除或敲入等操作。2012 年，美国科学家首次证实，CRISPR/Cas9（clustered regularly interspaced short palindromic repeats/associated protein-9 nuclease，成簇的规律间隔的短回文重复序列/蛋白质-9 相关核酸酶）系统能靶向精确切割 DNA 片段，并实现动物细胞基因组精准编辑，标志着基因组定点修饰技术的新突破。

（一）ZFN 基因敲除技术

常用的基因编辑工具 ZFN（zinc-finger nuclease）是由 N 端的锌指 DNA 结合结构域、可变肽接头和 C 端的 *Fok* I 切割结构域（*Fok* I cleavage domain，FCD）组成。通过将 *Fok* I 限制性内切核酸酶的非序列特异性切割结构域融合到新的 DNA 结合结构域上，以产生新型的序列特异性识别工具。ZFN 特异性识别 DNA 序列的功能主要是通过锌指结构域与基因组上同源 DNA 序列产生高度保守的相互作用实现的。每个锌指结构域由约 30 个氨基酸组成，包含两个保守的半胱氨酸和两个保守的组氨酸，其保守残基再各自募集锌离子以将肽链折叠成三级构象即反平行的β折叠（含有保守的半胱氨酸）和α螺旋（含有保守的组氨酸）。每个锌指结构的α螺旋再与DNA的大沟相互作用而产生碱基特异性接触，从而识别靶点上的3或4个碱基。一个拥有3个锌指结构的ZFN二聚体可以识别18bp的靶序列，而18bp的DNA序列具有高的特异性，使人类基因组中的特异性序列首次被定位。ZFN作为基因编辑工具的关键点是可以通过人工设计改变锌指结构，以特异性识别广谱的DNA序列。

（二）TALEN技术

植物中致病黄单胞菌（*Xanthomonas*）的转录激活样效应因子（transcription activator-like effector，TALE）是一种特异性DNA位点结合蛋白，通过串联重复的中心域结合靶DNA。研究者将TALE特异性结合DNA的功能用于基因编辑工具中，研发出TALEN技术。TALEN由特异性识别DNA的TALE和介导DNA切割的*Fok* I限制性内切核酸酶构成。TALE蛋白通常由串联排列的33～35个氨基酸组成，除了第12、13个氨基酸位置上的两个高度可变的氨基酸重复可变双残基（repeat variable di-residue，RVD）之外，其重复序列几乎相同。不同的RVD允许TALE识别特定的靶DNA。模块化的TALE重复序列连接在一起以识别连续的DNA序列。然而，在构建长阵列的TALE以靶向基因组中特定位点时，其识别序列不受位点上下游序列影响，因此，可以识别任意目标序列。在特定位点识别和切割DNA的能力是通过将*Fok* I限制性内切核酸酶的催化结构域融合到TALE重复序列，随后产生TALEN，实现基因编辑。

（三）CRISPR/Cas9技术

CRISPR/Cas9技术是一种高效的基因编辑技术，可实现基因敲除和基因的定点突变、单碱基转换等。CRISPR序列由短而保守的重复序列区（repeat region）和间隔区（spacer region）组成。重复序列区含有回文序列，易形成发夹结构。Cas9蛋白具有核酸内切酶活性，能与tracrRNA：crRNA复合物结合，该蛋白含有两个独特的活性位点，分别是位于氨基末端的RuvC和蛋白中部的HNH，这两个位点在crRNA（CRISPR RNA）的成熟及双链DNA的剪接过程中发挥重要作用。反式激活crRNA（trans-activating crRNA，tracrRNA）与pre-crRNA的重复序列互补，在pre-crRNA转录的同时转录出来，且促使Cas9利用其活性位点对pre-crRNA进行加工。且RNaseⅢ核酸酶也参与pre-crRNA的加工剪接过程。加工的crRNA与tracrRNA形成tracrRNA：crRNA复合物，结合于Cas9蛋白组成CRISPR/Cas9系统，tracrRNA：crRNA复合物引导Cas9识别靶序列DNA的PAM序列，随后crRNA与互补链结合形成RNA：DNA杂合链；另一条非互补DNA链游离，最后由Cas9蛋白的RuvC和HNH位点分别切割互补链和非互补链进而引起DNA双链断裂，然后通过体内的DNA修复机制将DNA双链修复完整。因而，CRISPR/Cas9基因编辑系统目前已成为高效、简便、通用、成本低廉的主流基因编辑技术，广泛应用于植物、微生物等细胞和动物模型的快速制备、转录调控及遗传性疾病治疗等。

（四）CRISPR/Cpf1系统

CRISPR/Cpf1系统中的Cpf1蛋白为三角形单体，具有结合crRNA和切割靶序列的能力。CRISPR/Cpf1系统中crRNA的形成不需要tracrRNA和RNaseⅢ核酸酶的参与。成熟crRNA的一部分形成发夹结构紧密结合于Cpf1蛋白的核酸结合结构域，发夹结构对于靶序列的切割过程具有重要意义；另一部分通过碱基互补的方式结合靶序列从而引导Cpf1到达靶序列并进行切割。CRISPR/Cpf1系统识别靶序列DNA的过程同样需要PAM序列的存在，切割靶序列后留下长度为 5nt 的黏性末端，最终通过细胞内的 DNA 进行修复。

CRISPR/Cpf1 系统的优越性：①天然的 CRISPR/Cpf1 系统很简单，仅包含一条 42nt 的 crRNA，且 Cpf1 蛋白小，更易于被设计和输送至细胞内。②CRISPR/Cpf1 系统以一种不同的方式切割靶 DNA。CRISPR/Cpf1 系统在切割靶 DNA 后留下黏性末端，有助于外源 DNA 片段的精确整合，从而实现真正意义上的基因组编辑。③CRISPR/Cpf1 系统对靶 DNA 的识别同样依赖 PAM 序列的存在，Cpf1 系统识别前间隔序列 5′ 端 TTNPAM 序列。④CRISPR/Cpf1 系统会在距离识别位点较远的位置进行切割，为研究人员提供了更多编辑位点。同时，已有研究证明 CRISPR/Cpf1 系统的脱靶率低。CRISPR/Cpf1 被认为是 CRISPR/Cas9 的升级版，在结构组成及切割方式上的优势使其具有很大的潜在应用价值。

（五）Ago/gDNA 技术

Ago（argonaute）是一个高度保守的蛋白家族，广泛存在于生物体中，作为 RNA 诱导沉默复合物（RNA-induced silencing complex，RISC）的主要成分，在 RNA 干扰、miRNA 及 piRNA 介导的转录后沉默等过程中发挥重要作用。Gao 等发现在古生菌中的 Ago 蛋白（NgAgo）与 TtAgo 和 PfAgo 同源性较高，NgAgo/gDNA 能够在人类细胞中发挥 DNA 编辑功能。推测 NgAgo/gDNA 能通过基因敲减而非基因编辑发挥调控作用。目前，Ago/gDNA 系统还无法用于哺乳动物细胞的基因编辑。

第六节　核酸的研究与应用

一、基因组

单倍体细胞中的全套染色体为一个基因组（genome），或单倍体细胞中的全部基因为一个基因组。基因组可以指整套 DNA（如核基因组），也可以指包含自己 DNA 序列的细胞器基因组（如线粒体基因组或叶绿体基因组）。核基因组是单倍体细胞核内的全部 DNA 分子，线粒体基因组是一个线粒体所包含的全部 DNA 分子，叶绿体基因组是一个叶绿体所包含的全部 DNA 分子。基因组中不同的区域具有不同的功能，有些是编码蛋白质的结构基因，有些是复制及转录的调控信号，而有些区域的功能尚不清楚。基因组结构是指不同功能区域在整个 DNA 分子中的分布情况。不同生物具有不同的基因组，其基因组的大小、结构及所储存的遗传信息量也具有显著差别。一般来说，进化程度越高的生物，其基因组的结构与组织形式越复杂（表 2-6）。

表 2-6　生物的基因组大小及预测基因数

生物种类	基因组大小 /bp	预测基因数	生物种类	基因组大小 /bp	预测基因数
噬菌体 λ	4.8×10^{4}	66	意大利蜜蜂	2.2×10^{8}	10 157
支原体	5.8×10^{5}	470	拟南芥	1.19×10^{8}	26 498
产甲烷古细菌	1.66×10^{6}	1 738	中国白菜	2.84×10^{8}	41 174
枯草芽孢杆菌	4.2×10^{6}	4 100	水稻	4.66×10^{8}	约 30 000
大肠杆菌	4.7×10^{6}	4 288	葡萄	4.9×10^{8}	30 434
啤酒酵母	1.35×10^{7}	6 034	人	3×10^{9}	约 30 000
黑腹果蝇	1.8×10^{8}	13 600			

（一）原核生物基因组

原核生物的基因组较为简单，只含有一个环状双链 DNA，大小不超过 10Mb，一般只有单一的复制起点。有些细菌还有其他遗传因子，即质粒 DNA。原核基因组中含有数百至数千个基因。

原核生物基因分为编码区与非编码区。非编码区上的基因决定某些性状是否表达、表达多少次及何时开始表达。编码区能转录为相应的 mRNA，进而指导蛋白质的合成，也就是能够编码蛋白质的区域。大多数核酸序列用于编码多肽和 tRNA、rRNA 等，仅有少量的非编码核苷酸序列构成调控元件，如启动子。基因的编码序列通常是连续的，中间无非编码的内含子成分。非编码区则相反，但是非编码区对遗传信息的表达是必不可少的，因为在非编码区上有调控遗传信息表达的核苷酸序列。在调控遗传信息表达的核苷酸序列中最重要的是位于编码区上游的RNA 聚合酶结合位点。RNA 聚合酶催化 DNA 转录为 RNA，能识别调控序列中的结合位点，并与其结合。原核生物基因组中，功能相关的基因常丛集在基因组的一个或几个特定部位，形成功能单位或转录单元，即操纵子（operon），其转录活性受同步控制。

1. 病毒（噬菌体）基因组 病毒是最简单的生物，完整的病毒颗粒包括衣壳蛋白（capsid protein）和内部的基因组 DNA 或 RNA，有些病毒的外壳蛋白外面还有一层由宿主细胞生物膜构成的被膜（envelope），被膜内含有病毒基因编码的糖蛋白。病毒不能独立复制，必须进入宿主细胞中借助细胞内的一些酶类和细胞器才能复制。外壳蛋白（或被膜）的功能是识别和侵袭特定的宿主细胞并保护病毒基因组不受核酸酶的破坏。病毒的基因组就是病毒所含有的核酸，位于病毒颗粒的中心。

与细菌或真核细胞相比，病毒基因组较小，但是不同的病毒之间相差甚大。例如，乙肝病毒 DNA 只有 3kb，所含信息量也较少，只能编码 4 种蛋白质，而痘病毒的基因组有 300kb，可以编码几百种蛋白质。病毒基因组可以由 DNA 组成，也可以由 RNA 组成，每种病毒颗粒中只含有一种核酸，或为 DNA 或为 RNA，两者一般不共存于同一病毒颗粒中。组成病毒基因组的DNA 和 RNA 可以是单链也可以是双链，可以是闭环分子也可以是线性分子。例如，乳头瘤病毒（papilloma virus）是一种闭环的双链 DNA 病毒，而腺病毒（adenovirus）的基因组则是线性的双链 DNA；脊髓灰质炎病毒（poliovirus）是一种单链 RNA 病毒，而呼肠孤病毒（reoviridae）的基因组是双链的 RNA 分子。

病毒基因组中常存在基因重叠，即同一段 DNA 片段能够编码两种甚至 3 种蛋白质分子，这种现象在其他生物细胞中仅见于线粒体 DNA 和质粒 DNA。病毒基因组的大部分是用来编码蛋白质的，只有非常小的一部分不被翻译，这与真核细胞 DNA 的冗余现象不同，如在 φχ174中不翻译的部分只占不到 5%（217/5375）。不翻译的 DNA 序列通常是基因表达的控制序列，如φχ174 的 *H* 基因和 *A* 基因之间的序列（3906～3973），共 68 个碱基，包括 RNA 聚合酶结合位点、转录的终止信号及核糖体结合位点等基因表达的控制区。

病毒基因组 DNA 序列中功能上相关的蛋白质的基因或 rRNA 的基因往往丛集在基因组的一个或几个特定的部位，形成一个功能单位或转录单元。它们可被一起转录成为含有多个基因的多顺反子 mRNA 前体，然后再加工成各种蛋白质的模板 mRNA。例如，腺病毒晚期基因编码病毒的 12 种外壳蛋白，在晚期基因转录时是在一个启动子的作用下生成一个多顺反子 mRNA，然后再加工成各种 mRNA，编码病毒的各种外壳蛋白，它们在功能上都是相关的；φχ174 基因组中的 *D*、*E*、*J*、*F*、*G*、*H* 基因也转录在同一 mRNA 中，然后再翻译成各种蛋白质，其中 *J*、*F*、*G* 及 *H* 都是编码外壳蛋白的，D 蛋白与病毒的装配有关，E 蛋白负责细菌的裂解，它们在功能上也是相关的。

除了逆转录病毒以外，一切病毒基因组都是单倍体，每个基因在病毒颗粒中只出现一次，而逆转录病毒的基因组有 2 个拷贝。噬菌体的基因是连续的，而真核细胞病毒的基因是不连续的，具有内含子，除了正链 RNA 病毒之外，真核细胞病毒的基因都是先转录成 mRNA 前体，再经加工才能切除内含子成为成熟的 mRNA。更为有趣的是，有些真核病毒的内含子或其中的一部分，对某一个基因来说是内含子，而对另一个基因却是外显子。

2. 大肠杆菌基因组 大肠杆菌的染色体基因组为双链环状 DNA 分子，大小为 4719.4kb，绝大多数 DNA 都编码蛋白质或 RNA，非编码区中大部分都参与基因表达调控。大肠杆菌细胞中 DNA 和 DNA 结合蛋白、RNA 构成一个致密的类核区域，其中 DNA 占 80%，类核中蛋白质具有稳定类核的作用。大肠杆菌中 DNA 分子长度是其菌体长度的 1000 倍，所以 DNA 必须以高度压缩的方式存在于细胞质中。目前认为，类核中 DNA 与蛋白质和少量 RNA 结合，压缩成一种脚手架形式的致密结构。在这种结构中 DNA 形成许多向四周伸展的突环，每个突环的两端都被 DNA 结合蛋白所固定，形成负超螺旋。每个大肠杆菌基因组形成 100 个突环，每个突环约由 40kb 的 DNA 链组成。

3. 质粒 质粒（plasmid）是细菌细胞内一种自我复制的环状双链 DNA 分子，能稳定地独立存在于染色体外，并传递到子代，一般不整合到宿主染色体上。大多数质粒是环状 DNA 分子。目前仅有酵母的杀伤质粒（killer plasmid）为 RNA 分子。质粒 DNA 分子一般有 3 种构型：①共价闭合环状 DNA（covalently closed circular DNA，cccDNA），其两条链都保持完整的环状结构，通常呈超螺旋构型。②开环 DNA（open circular DNA，ocDNA），双链中的一条保持完整的环状结构，另一条单链上有一到几个切口。③线性 DNA，其质粒的双链断裂呈线状。这 3 种构型的同一种质粒在琼脂糖凝胶中电泳时，出现不同的迁移率，最快的是超螺旋构型，其次是线性构型，最慢的是开环构型。实验证明，同一个大肠杆菌细胞里一般不会同时有两种不同的质粒，即质粒不相容性（plasmid incompatibility），但利用不同复制系统的质粒则可以稳定地共存于同一宿主细胞中。质粒通常含有编码某些酶的基因，其表型包括对抗生素的抗性，产生某些抗生素，降解复杂有机物，产生大肠杆菌素、肠毒素及某些限制性内切酶与修饰酶等。质粒也是微生物基因工程中非常重要的分子工具。

（二）真核生物基因组

真核生物的基因分布在许多染色体中，一般真核生物的染色体大小不同。与细菌染色体（环状 DNA 分子）相比，真核染色体一般含有线性双链 DNA 分子。染色体（chromosome）由 DNA 和多种类型的相关蛋白质构成，不含有 RNA 分子。每一种生物细胞内染色体的形态和数目都是恒定的。真核细胞基因大多是不连续的，基因是由编码序列和非编码序列相间排列组成，也就是基因的编码顺序在 DNA 分子上是不连续的，被非编码序列隔开，这样的基因结构称为断裂基因（interrupted gene），其中用于编码的序列称为外显子（exon），是一个基因表达为多肽链或功能 RNA 的组成；非编码序列称为内含子（intron），又称间插序列（intervening sequence，IVS）。基因的初级转录产物（primary transcript）亦称 mRNA 前体，需通过剪接机制除去内含子，拼接外显子，才能形成成熟的 mRNA。一般，每个基因的第一个和最后一个外显子外侧，还各有一段非转录区，不是不同基因的间隔序列，而是旁侧序列（flanking sequence），其中存在一些调控序列，包括启动子、增强子和终止子等，这些序列对基因的表达起着调控作用。

与原核生物基因显著不同，真核生物基因都是由一个可转录序列和与之相关的转录调控序列组成，转录产物为单顺反子（monocistron），即一个编码基因转录生成一个 mRNA，经翻译生成一条多肽链。很多真核生物的蛋白是由几条不同的肽链组成，需要多个基因协调表达。

1. 真核生物基因组的特点

1）染色体数量多，结构复杂，由几个、几十个或更多的双链 DNA 分子组成，如酿酒酵母基因组含有 16 条染色体。

2）基因组大，结构复杂，每个基因组含有数万个基因，DNA 有多个复制起点。

3）通过对真核基因组的复性动力学和密度梯度离心研究，DNA 序列大致可分为以下 4 种：①单拷贝序列，又称非重复序列，基因组 DNA 中只有一个或少数几个拷贝，是复性曲线中最后复性的部分，占基因组 40%～70%，一般为细胞中编码蛋白质和酶的基因。②轻度重复序列，指在基因组中含 2～10 个拷贝的序列，组成串联重复基因，如酵母 tRNA 基因等。③中度重复序列，指在基因组中重复次数为 $10～10^5$ 的序列，序列长 100～5000bp，在基因组中所占比例为 10%～40%。分布于结构基因之间、基因簇中及内含子中。中度重复序列一般具有种特异性，在适当的情况下，可以应用它们作为探针区分不同种哺乳动物细胞的 DNA。有些中度重复序列是编码蛋白质或 rRNA 的结构基因，如 rRNA 基因、tRNA 基因、组蛋白基因和免疫球蛋白基因等。④高度重复序列，在基因组中重复频率可高达 10^6 以上，因而复性速率最快。一般为 10～300bp 的较短序列，大多集中于异染色质部位，特别是中心粒和端粒附近。在基因组中所占比例随种属而异（10%～60%），人基因组中约占 20%。高度重复序列可分为 2 种类型：一种是卫星 DNA，是最主要的高度重复序列，含 G—C 少，A—T 较多，重复单位一般由 2～10bp 组成；另一种是回文序列，是一类特殊形式的序列，又称反向重复序列，这些序列在单倍体基因组内成簇地串联在着丝粒和端粒内，通常不具有转录活性，是组成染色体的结构成分。

4）真核基因都是单顺反子，即一个结构基因转录一个 mRNA 分子，翻译一条多肽链。许多功能相关的基因成套组合形成基因家族（gene family），基因家族可紧密排列成基因簇，也可能分散在同一染色体的不同部位，甚至不同染色体上。

5）真核细胞基因组的大部分序列属于非编码区，不编码具有生物活性的蛋白质或多肽。编码区通常为结构基因，结构基因不仅在两侧有非编码区，而且在基因内部也有许多不编码蛋白质的内含子，因此，真核细胞的基因大多为断裂基因。

6）多基因家族中某些成员并不产生有功能的基因产物，这些基因称为假基因（pseudogene）。假基因与有功能的基因是同源的，由于缺失、倒位或点突变等，使这一基因失去活性，成为无功能基因。推测假基因的来源可能是基因经过转录后生成的 hnRNA 通过剪接失去内含子形成 mRNA，mRNA 逆转录产生 cDNA，再整合到染色体 DNA 中，便有可能成为假基因，因而，假基因没有内含子，在这个过程中可能同时会发生缺失、倒位或点突变等变化，从而使假基因失去表达活性。假基因可能影响生物的进化过程。

2. 线粒体基因组　　线粒体基因组（mitochondrial DNA，mtDNA）为双链共价闭合环状超螺旋 DNA 分子，类似于质粒 DNA，相对分子质量小，大小多为（1～200）$×10^6$，如人类 mtDNA 为 16 569bp。线粒体基因组结构简单稳定，很少受序列重排的影响，呈母系遗传。由于这些特点，线粒体基因组成为研究分子进化的重要材料。mtDNA 的复制属于半保留复制，可以为 θ 型复制、滚环复制或 D 环复制，由线粒体 DNA 聚合酶催化完成。

线粒体基因组主要编码与生物氧化有关的一些蛋白质和酶，可能包括一些抗药性基因，同时，存在由核基因编码的蛋白质。此外，线粒体基因组有自己的 rRNA、tRNA 和核糖体等系统，因而，线粒体本身的一些蛋白质基因也可在线粒体内独立表达。根据线粒体的这些特点，Margulis 提出了线粒体的内共生起源学说（endosymbiotic theory）。在进化过程中原始的厌氧细菌吞噬了其他原核生物（如细菌、蓝藻等）形成共生关系。寄主为共生者提供营养和保护，共生者为寄主提供能量生成系统，最终，共生者演化成线粒体。

3. 叶绿体基因组 叶绿体基因组 DNA（chloroplast DNA，cpDNA）一般为双链环状分子，极少数为线状，如伞藻。叶绿体基因组中含有大量功能基因，主要包括与光合作用有关的基因、与基因表达本身有关的基因及与其他生物合成有关的基因。一些反向重复序列主要分布在编码 rRNA 的基因上，包括编码 16S rRNA 和 23S rRNA 的基因，中间由编码 4.5S 和 5S 两个 tRNA 的基因分开。

叶绿体只能合成自身需要的部分蛋白质，其余的为核基因组编码的蛋白质，在细胞质游离的核糖体上合成后再运送到叶绿体中，来保证叶绿体应有的功能。已知由 cpDNA 编码的 RNA 和多肽包括叶绿体核糖体中的 4 种 rRNA（23S、16S、4.5S 及 5S）、20 种（烟草）或 31 种（地钱）tRNA 和 90 多种多肽。由于叶绿体在形态、结构、化学组成、遗传体系等方面与蓝藻相似，人们推测，叶绿体可能也起源于内共生方式，由寄生在细胞内的蓝藻演化而来。

二、基因组学

1986 年 Roderick 首先提出基因组学（genomics）的概念。基因组学是对所有基因进行基因组作图、核苷酸序列分析、基因定位和基因功能分析的科学，其研究内容主要分为结构基因组学（structural genomics）和功能基因组学（functional genomics）。结构基因组学包括建立各种生物高分辨率的遗传图谱、物理图谱和转录图谱。功能基因组学又称为后基因组学（post-genomics），是后基因时代研究的核心内容，强调发展和应用整体的（基因组水平或系统水平）实验方法分析基因组序列信息、阐明基因功能。其特点是采用高通量的实验方法结合大规模的数据统计计算进行研究，基本策略是从研究单一基因或蛋白质上升到从系统角度研究所有基因或蛋白质。目前生物、医学等方面的研究已经进入后基因组时代，而在植物功能基因组学的研究中，拟南芥和水稻是两种最常用的模式植物。

三、生物信息学

生物信息学（bioinformatics）是指综合应用计算机科学、信息科学、数学的理论、方法和技术，与生物学等学科相互交叉而形成的一门新兴学科。以 DNA 和蛋白质序列等生物信息分析作为源头，破译隐藏在序列信息中的语义规律，阐明海量生物信息的信息实质，在此基础上归纳、整理与遗传语义信息释放及调控相关的转录谱和蛋白质谱的数据，从而认识代谢、发育、分化和进化的规律。生物信息学涉及生命的信息交换和传递的各个层次，如核酸、蛋白质、细胞、组织、器官、系统和生物体等。随着技术的进步，生物分子数据已经不仅限于基因组序列或蛋白质序列数据，微阵列、基因本体论（gene ontology，GO）注释、分子图谱、结构信息等数据也同样具有丰富的内涵。

（一）生物信息的收集、存储、管理与提供

生物信息的收集、存储、管理与提供主要是指通过已建立的国际基本生物信息库及相关的评估与检测系统，提供与生物学研究相关的在线服务。目前，国际上最知名的三大生物信息数据库为美国国立生物技术信息中心（NCBI）的 GenBank（http://www.ncbi.nlm.nih.gov/）、欧洲分子生物学实验室（European Molecular Biology Laboratory，EMBL）的 ENA（European Nucleotide Archive，http://www.ebi.ac.uk/ena）和日本国立遗传学研究所的 DDBJ（DNA Data Bank of Japan，http://www.ddbj.nig.ac.jp/），其中 NCBI 还有提供科研论文检索的 PubMed 数据库。

1988 年建立的 GenBank 包含了所有已知的核酸序列、蛋白质序列和大分子结构信息，以及与它们相关的文献著作和生物学注释。它是由美国国立生物技术信息中心（NCBI）建立和

维护的，其数据直接来源于全世界各地不同测序机构或个人提交的序列，以及与其他数据机构协作交换的数据。GenBank 每天都会与 ENA 和 DDBJ 交换数据，使这三个数据库的数据同步。GenBank 的数据可以从 NCBI 的 FTP 服务器上免费下载，也可利用 NCBI 提供的数据查询、序列相似性搜索及其他分析服务进行在线检索和分析。

（二）蛋白质与核酸的序列比对

序列比对（sequence alignment）主要是通过 BLAST 和 FASTA 算法，比较 2 个或 2 个以上序列的相似性或非相似性。从生物学角度来看，从相互重叠的序列片段中重构 DNA 或蛋白质的完整序列，比较数据库中的 DNA 或氨基酸序列，比较 2 个或多个序列的相似性，在数据库中搜索相关序列和子序列，寻找核苷酸或氨基酸的连续产生模式，找出蛋白质和 DNA 序列中的信息成分等。

（三）蛋白质结构比对

结构比对是比较 2 个或 2 个以上蛋白质分子空间结构的相似性或非相似性。氨基酸的序列决定了蛋白质的三维结构，而蛋白质的结构又与功能密切相关。一般认为，具有相似功能的蛋白质结构相似。直接对蛋白质结构进行比对的原因是蛋白质的三维结构比其氨基酸序列在进化中更趋保守，同时也比氨基酸序列包含了更多的信息。结构比对后可在观察和总结已知结构的蛋白质结构规律的基础上预测未知蛋白质的结构与功能，从而为药物研究寻找靶标提供参考，也可为工业生产合成特定功能的酶提供基础。然而，蛋白质结构预测研究目前发展还相对较滞后，远不能满足实际需要。

（四）分子进化

分子进化是利用不同物种中同一基因序列的同源性来研究生物的进化，既可用 DNA 序列也可用其编码的氨基酸序列来构建进化树，甚至可通过相关蛋白质的结构比对来研究分子进化，其前提是假定相似物种在基因上具有相似性。通过比较可在基因组层面上发现哪些是不同物种中相同的，哪些是不同的。在匹配不同物种的基因时，一般须处理 3 种情况：直系同源（orthologous），即不同物种中相同功能的基因；旁系同源（paralogous），即同一物种中不同功能的同源基因；异源同源（xenologous），指物种间采用其他方式传递的基因，如被病毒注入的基因。

（五）基因组序列信息的提取和分析

利用国际 EST 数据库（dbEST）和各实验室自己测定的表达序列标签（EST），可通过电子克隆的方法发现新基因和新的单核苷酸多态性（single nucleotide polymorphism，SNP）位点及各种功能位点；基因组中非编码区的信息结构分析，提出理论模型，阐明该区域的重要生物学功能；进行模式生物完整基因组的信息结构分析和比较研究；利用生物信息研究遗传密码起源、基因组结构的演化、基因组空间结构与 DNA 折叠的关系，以及基因组信息与生物进化关系等生物学的重大问题。

（六）功能基因组分析

功能基因组分析包括与大规模基因表达谱分析相关的算法、软件研究与开发、基因组比较、基因表达调控网络及相关通道的研究；与基因组信息相关的核酸、蛋白质空间结构的预测和模拟，以及蛋白质功能预测与蛋白质相互作用网络的研究。

知识拓展

　　2015年诺贝尔生理学或医学奖授予中国科学家屠呦呦、爱尔兰医学研究者威廉·坎贝尔及日本学者大村智，以表彰他们在寄生虫疾病治疗研究方面取得的成就。由寄生虫引发的疾病困扰了人类几千年，构成重大的全球性健康问题。中国女科学家屠呦呦从中药材中分离出青蒿素用于疟疾治疗，使患者的病死率显著降低，提升了疾病治疗手段，改善了人类健康。屠呦呦是首位在中国本土进行科学研究而获诺贝尔科学奖的中国女性科学家，这是中国医学界迄今为止获得的最高奖项，也是中医药成果获得的最高奖项。

思考题

1. DNA 分子中 G 与 C 的百分含量会影响 DNA 分子的哪些特性？请举 3 例。

2. 请列出 3 个主要与核酸化学研究有关的国际网站的名称。

3. 请列举 3 种目前已被阐明基因组全序列的植物，并选择其中一种植物，利用核酸化学的相关方法来揭示该植物基因组中序列已知但功能未知的某个基因的功能。

第三章

蛋 白 质

本章彩图

第一节 氨 基 酸

氨基酸是蛋白质的基本单位，赋予蛋白质特定的分子结构形态和生化活性。当前，已发现的参与合成蛋白质的氨基酸共 22 种。

一、蛋白质氨基酸与非蛋白质氨基酸

自然界中已发现的氨基酸有 300 多种，根据是否参与构成蛋白质，可分为蛋白质氨基酸和非蛋白质氨基酸两类。

（一）蛋白质氨基酸

生物体内合成蛋白质的天然氨基酸称为基本氨基酸，已发现的共有 22 种（表 3-1），包括 20 种常见氨基酸及硒半胱氨酸和吡咯赖氨酸，它们均有对应的遗传密码和 tRNA，所以又称为编码氨基酸。20 种常见氨基酸是构成生物体几乎所有蛋白质的主要单元，又称标准氨基酸；硒半胱氨酸和吡咯赖氨酸参与构成少数蛋白质，又称次要编码氨基酸。另外，有些蛋白质中还含有一些不常见的氨基酸，为基本氨基酸在蛋白质合成以后经羟化、羧化、甲基化等修饰衍生而来，称为稀有氨基酸或特殊氨基酸。例如，胶原蛋白的 4-羟脯氨酸和 5-羟赖氨酸，弹性蛋白的锁链素（赖氨酸的衍生物），一些凝血因子的 γ-羧基谷氨酸，组蛋白的甲基化和乙酰化赖氨酸等。

（二）非蛋白质氨基酸

非蛋白质氨基酸的种类很多，大多为基本氨基酸的衍生物，少数为 D-氨基酸、β-氨基酸、γ-氨基酸及 δ-氨基酸。非蛋白质氨基酸常以游离形式存在，有些是生物体重要的代谢物前体或中间产物，例如，瓜氨酸和鸟氨酸是精氨酸合成的中间产物，β-丙氨酸是泛酸的前体，γ-氨基丁酸是传递神经冲动的介质。

二、氨基酸的结构

氨基酸是含有氨基的羧酸，由氨基（—NH$_2$）和羧基（—COOH）及与氨基酸碳原子相连的侧链组成，通式为 H$_2$NCHRCOOH（R 为侧链或基团）。根据氨基连接在羧酸中碳原子的位置，可分为 α-氨基酸、β-氨基酸、γ-氨基酸、δ-氨基酸等。22 种基本氨基酸中，除脯氨酸以外都是 α-氨基酸，它们的氨基都是与离羧基最近的碳原子（α-碳原子）相连（图 3-1）。脯氨酸的侧链 R 与主链 N 原子共价结合，形成一个环状的亚氨基酸，因此，被称为 α-亚氨基酸（详见表 3-1）。

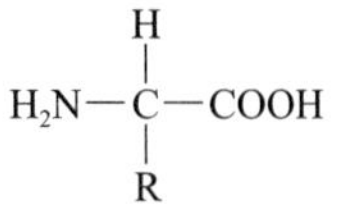

图 3-1　基本氨基酸的结构通式

表 3-1　22 种基本氨基酸的名称、常用符号、遗传密码、解离常数、等电点及结构

中文名称	英文名称	常用符号	遗传密码	解离常数			等电点 (pI)	结构
				pK_1 (—COOH)	pK_2 (—NH$_3^+$)	pK_R (R 基团)		
甘氨酸	glycine	Gly，G	GGU，GGC，GGA，GGG	2.34	9.60	—	5.97	
丙氨酸	alanine	Ala，A	GCU，GCC，GCA，GCG	2.34	9.69	—	6.00	
缬氨酸	valine	Val，V	GUU，GUC，GUA，GUG	2.32	9.62	—	5.96	
亮氨酸	leucine	Leu，L	UUA，UUG，CUU，CUC，CUA，CUG	2.36	9.60	—	5.98	
异亮氨酸	isoleucine	Ile，I	AUU，AUC，AUA	2.36	9.68	—	6.02	
天冬氨酸	aspartic acid	Asp，D	GAU，GAC	2.09	9.82	3.86 (β-羧基)	2.98	
谷氨酸	glutamic acid	Glu，E	GAA，GAG	2.19	9.67	4.25 (γ-羧基)	3.22	

续表

中文名称	英文名称	常用符号	遗传密码	解离常数			等电点 (pI)	结构
				pK_1 (—COOH)	pK_2 (—NH$_3^+$)	pK_R (R 基团)		
天冬酰胺	asparagine	Asn, N	AAU, AAC	2.02	8.80	—	5.41	
谷氨酰胺	glutamine	Gln, Q	CAA, CAG	2.17	9.13	—	5.65	
精氨酸	arginine	Arg, R	CGU, CGC, CGA, CGG, AGA, AGG	2.17	9.04	12.48 (胍基)	10.76	
赖氨酸	lysine	Lys, K	AAA, AAG	2.18	8.95	10.53 (ε-氨基)	9.74	
甲硫氨酸	methionine	Met, M	AUG	2.28	9.21	—	5.74	
半胱氨酸	cysteine	Cys, C	UGU, UGC	1.71	10.78	8.33 (巯基)	5.07	
丝氨酸	serine	Ser, S	UCU, UCC, UCA, UCG, AGU, AGC	2.21	9.15	—	5.68	
苏氨酸	threonine	Thr, T	ACU, ACC, ACA, ACG	2.09	9.10	—	5.60	

续表

中文名称	英文名称	常用符号	遗传密码	解离常数 pK₁ (—COOH)	pK₂ (—NH₃⁺)	pKᵣ (R 基团)	等电点 (pI)	结构
苯丙氨酸	phenylalanine	Phe, F	UUU, UUC	1.83	9.13	—	5.48	
色氨酸	tryptophan	Trp, W	UGG	2.38	9.39	—	5.89	
酪氨酸	tyrosine	Tyr, Y	UAU, UAC	2.20	9.11	10.07 (酚羟基)	5.66	
组氨酸	histidine	His, H	CAU, CAC	1.82	9.17	6.00 (咪唑基)	7.59	
脯氨酸	proline	Pro, P	CCU, CCC, CCA, CCG	1.99	10.60	—	6.30	
硒半胱氨酸	selenocysteine	Sec, U	UGA	1.90	10.00	5.43	5.47	
吡咯赖氨酸	pyrrolysine	Pyl, O	UAG	—	—	—	—	

解离常数 表头下分为 pK₁(—COOH)、pK₂(—NH₃⁺)、pKᵣ(R 基团) 三列

三、基本氨基酸的分类

22 种基本氨基酸的区别主要在 R 侧链（基团），通常可根据 R 侧链（基团）的化学结构或极性的不同进行分类，还可根据营养需求进行分类。

（一）按 R 侧链（基团）的化学结构分类

根据氨基酸 R 侧链（基团）化学结构的不同，22 种基本氨基酸常分为脂肪族和芳香族两类，其中大部分是脂肪族氨基酸。吡咯赖氨酸目前还未有明确分类。

1. 脂肪族氨基酸　共 17 种，其中甘氨酸、丙氨酸、缬氨酸、亮氨酸、异亮氨酸、天冬氨酸、谷氨酸、天冬酰胺、谷氨酰胺、精氨酸、赖氨酸、甲硫氨酸、半胱氨酸、丝氨酸、苏氨酸和硒半胱氨酸为开链氨基酸，脯氨酸为脂环氨基酸。硒半胱氨酸是第 21 种氨基酸，结构和半胱氨酸类似，硒取代硫原子，存在于谷胱甘肽过氧化酶、甲状腺素 5′-脱碘酶、硫氧还蛋白还原酶、甲酸脱氢酶、甘氨酸还原酶及氢化酶等含硒蛋白质中。

2. 芳香族氨基酸　共 4 种，其中苯丙氨酸和酪氨酸为碳环芳香族；色氨酸和组氨酸为杂环芳香族。

3. 吡咯赖氨酸　吡咯赖氨酸是第 22 种氨基酸，目前只在微生物产甲烷菌中发现。其与赖氨酸结构类似，在赖氨酸 R 侧链末端连接一个五元芳杂环吡咯，暂未有明确分类。

（二）按 R 侧链（基团）的极性分类

根据氨基酸 R 侧链（基团）极性的不同，22 种基本氨基酸可分为 2 类：非极性 R 侧链氨基酸和极性 R 侧链氨基酸。根据 R 基团在生理 pH 条件下的电荷性质，极性 R 侧链氨基酸可分为极性不带电荷氨基酸、极性带正电荷氨基酸和极性带负电荷氨基酸 3 类。

1. 非极性 R 侧链氨基酸　共 9 种，包括甘氨酸、丙氨酸、缬氨酸、亮氨酸、异亮氨酸、脯氨酸、苯丙氨酸、色氨酸和甲硫氨酸。除甘氨酸外，这类氨基酸的 R 侧链为非极性，在生理 pH 条件下不能电离，不能与水形成氢键，具有疏水性（这类氨基酸也称为疏水氨基酸），其中苯丙氨酸、亮氨酸和异亮氨酸的疏水性最强。甘氨酸的 R 侧链为—H，介于极性与非极性之间，既表现一定的亲水性（亲水性弱），又具有一定的疏水性（疏水性弱），因此，其既可归为极性氨基酸，又可归为非极性氨基酸。

2. 极性 R 侧链氨基酸　共 13 种，这类氨基酸的 R 侧链为极性基团。

（1）极性不带电荷氨基酸　又称极性中性氨基酸，共 6 种，包括丝氨酸、苏氨酸、酪氨酸、天冬酰胺、谷氨酰胺和半胱氨酸。这类氨基酸的侧链含有—OH 和—CO—NH_2 等极性基团，不发生解离或只有极弱的解离，可作为氢键的供体或受体，与水形成氢键，具有亲水性。

（2）极性带正电荷氨基酸　共 4 种，包括精氨酸、赖氨酸、组氨酸和吡咯赖氨酸。这类氨基酸的 R 侧链为—NH_2、$=NH$ 等碱性基团，可结合 H^+，在生理条件下带正电荷，又称为碱性氨基酸。

（3）极性带负电荷氨基酸　共 3 种，包括天冬氨酸、谷氨酸和硒半胱氨酸。其中天冬氨酸和谷氨酸的 R 侧链含有羧基，pKa 值分别为 3.86 和 4.25，在生理条件下可解离释放 H^+，带负电荷，因此又称为酸性氨基酸。硒半胱氨酸的 R 侧链含有硒醇基，pK_a 为 5.43，在生理条件下也可去质子化释放 H^+。

（三）从营养学角度分类

根据生物体对氨基酸的需求程度，可把氨基酸分成必需氨基酸、半必需氨基酸和非必需氨基酸。其中，人或其他脊椎动物维持体内正常生命活动所不可缺少，但又不能自身合成，必须通过食物补充的氨基酸称为必需氨基酸，如赖氨酸、甲硫氨酸、色氨酸、苏氨酸、亮氨酸、异亮氨酸、缬氨酸和苯丙氨酸；体内可以合成但合成速率较慢，不能满足生命正常需求，部分还须从食物补充的氨基酸称为半必需氨基酸，如精氨酸、酪氨酸和半胱氨酸等；体内能合成的氨基酸称为非必需氨基酸，如丙氨酸、天冬氨酸、天冬酰胺、谷氨酸等。组氨酸对于成人而言是半必需氨基酸，却是婴儿和少儿的必需氨基酸，因为婴儿和少儿几乎不能合成组氨酸。

四、氨基酸的理化性质

（一）一般物理性质

氨基酸都是无色离子晶体；熔点较高，在230～300℃，大多没有确切的熔点；溶于强酸和强碱，除酪氨酸外，其他标准氨基酸均溶于水，它们在水中的溶解度各不相同，主要取决于 R 侧链。另外，除脯氨酸和羟脯氨酸外，其他氨基酸均难溶于乙醇和乙醚。

（二）旋光性

22 种基本氨基酸中，除甘氨酸外，其他氨基酸的α-碳原子都是不对称碳原子，即手性碳，其中苏氨酸和异亮氨酸的 R 侧链也分别具有一个手性碳。手性碳具有旋光性，具有手性碳的氨基酸存在 L-型和 D-型 2 种对映体（enantiomer）（图 3-2）。

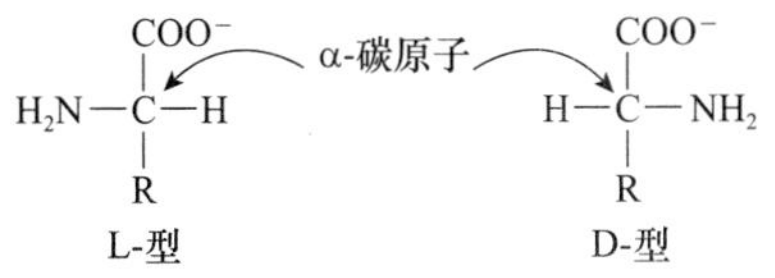

图 3-2 L-型和 D-型氨基酸

22 种基本氨基酸中，具有手性碳的 21 种氨基酸均为 L-型；甘氨酸的立体结构只有一种，没有 L-型和 D-型之分。D-型氨基酸不参与构成蛋白质，主要存在于微生物和一些昆虫，例如，大多数细菌细胞壁的肽聚糖都含有 D-谷氨酸，有些还含有 D-丙氨酸；果蝇肠道上皮细胞含有 D-丝氨酸。

（三）光吸收

22 种基本氨基酸在可见光区都没有光吸收，在远紫外区（<220nm）则均有光吸收。在近紫外区（220～300nm），含苯环的酪氨酸、苯丙氨酸和色氨酸具有光吸收，最大吸收波长分别为 278nm、259nm 和 279nm，这 3 种氨基酸在蛋白质中普遍存在，因此可通过测定在 280nm 处的紫外吸收值来估测溶液中的蛋白质含量。

（四）两性解离与等电点

氨基酸同时带有酸性的羧基（—COOH）和碱性的氨基（—NH$_2$），是两性化合物，也称两性电解质。氨基酸在结晶形态或水溶液中主要以两性离子形式存在，在低 pH 的酸性环境中，氨基酸的—NH$_2$ 能接受质子变成—NH$_3^+$；在高 pH 的碱性环境下，—COOH 能释放质子变成—COO$^-$（图 3-3）。氨基酸的解离性质与α-羧基、α-氨基及 R 侧链上可以解离的基团有关。基团的解离性质常用解离常数 pKa 表示，pKa 是某个基团的一半发生解离时的 pH。每种氨基酸至少有一个羧基和一个氨基，因此，每种氨基酸至少有 2 个 pKa。不同氨基酸中相同基团的 pKa 不同。

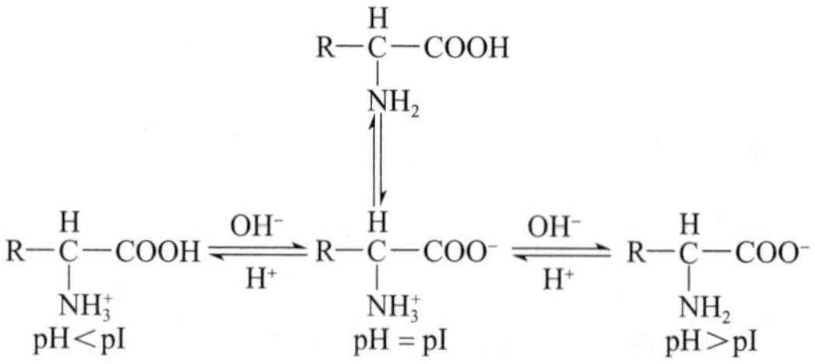

图 3-3　氨基酸在不同 pH 条件下的解离

在不同的 pH 条件下，同种氨基酸所带的电荷不同；在同一 pH 溶液中，不同氨基酸的电荷不同。在特定的 pH 条件下，氨基酸接受或释放质子的程度相等，所带的正、负电荷相等，净电荷为零，这个 pH 就称为该氨基酸的等电点（isoelectric point，pI）（图 3-3）。不同氨基酸的等电点不同（表 3-1）。

（五）化学性质

氨基酸的化学性质主要与其 α-氨基、α-羧基及 R 侧链基团等相关。氨基酸的 α-氨基可与盐酸（图 3-4）、亚硝酸（图 3-5）、甲醛等醛类化合物（图 3-6）、5-二甲氨基萘-1-磺酰氯（DNS-Cl，简称丹磺酰氯）（图 3-7）等酰化试剂，以及 2,4-二硝基氟苯（DNFB）（图 3-8）和异硫氰酸苯酯（PITC）（图 3-9）等环烃发生反应；α-羧基可与碱（图 3-10）、醇（图 3-11）、五氯化磷（图 3-12）、肼和亚硝酸（图 3-13）等发生反应；二者共同参加茚三酮反应产生蓝紫色物质（图 3-14），反应产物颜色的深浅与氨基酸的浓度成正比，常用于氨基酸浓度的测定。另外，氨基酸在生物体内经酶催化可发生脱氨基（图 3-15）和脱羧基（图 3-16）作用。

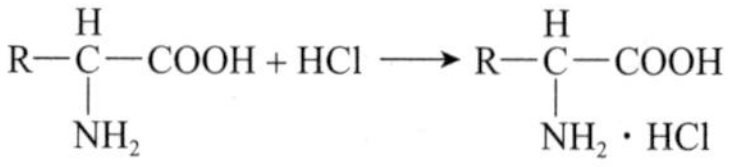

图 3-4　氨基酸氨基的成盐反应

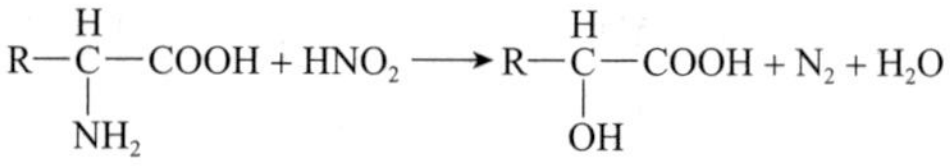

图 3-5　氨基酸氨基与亚硝酸反应
（范斯莱克定氮法）

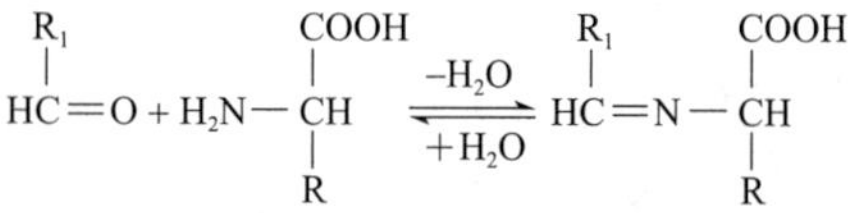

图 3-6　氨基酸氨基与甲醛等醛类化合物
反应生成席夫碱（Schiff base）

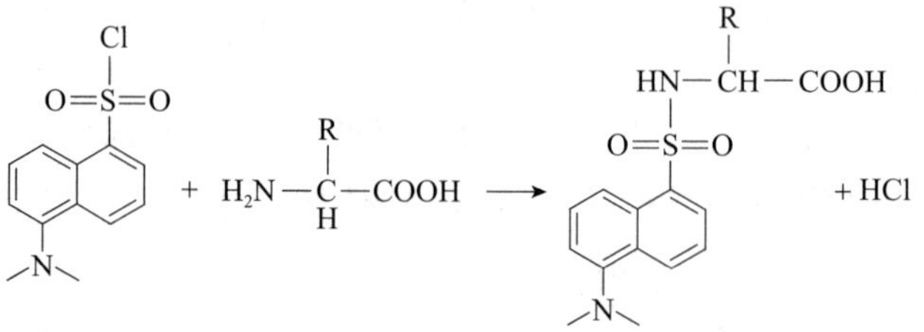

图 3-7　氨基酸氨基与丹磺酰氯反应

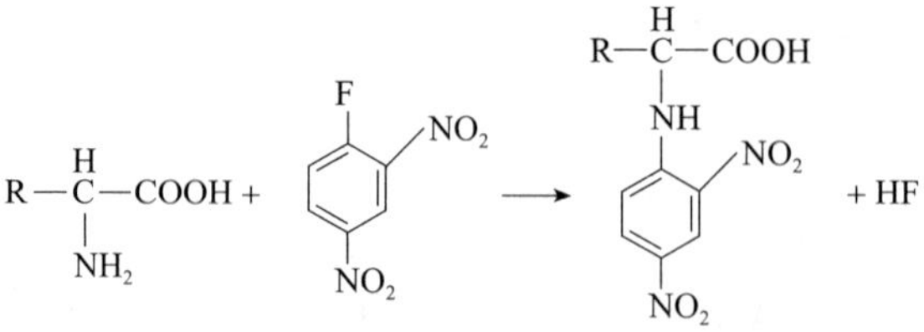

图 3-8　氨基酸氨基与 DNFB 反应（桑格反应）

氨基酸的 R 侧链基团，如酪氨酸的酚基（图 3-17 和 3-18）、组氨酸的咪唑基（图 3-19）、精氨酸的胍基（图 3-20）、甲硫氨酸的甲硫基（图 3-21）、半胱氨酸的巯基（图 3-22～图 3-24）及色氨酸的吲哚基等，也能发生化学反应，其中很多反应是氨基酸和蛋白质化学修饰的基础。

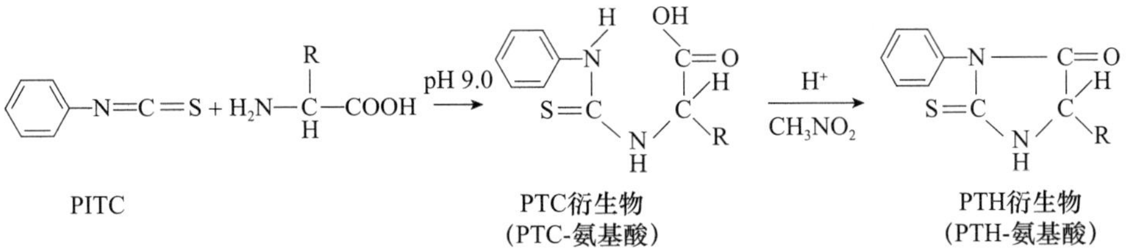

图 3-9　氨基酸氨基与 PITC 反应（Edman 反应）

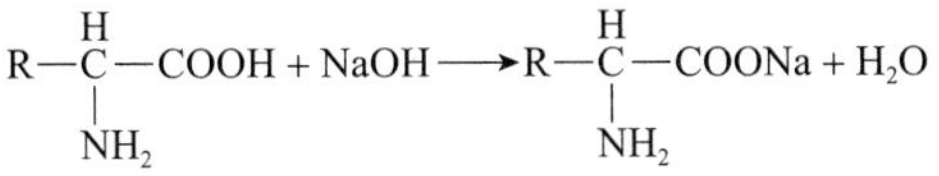

图 3-10　氨基酸羧基的成盐反应 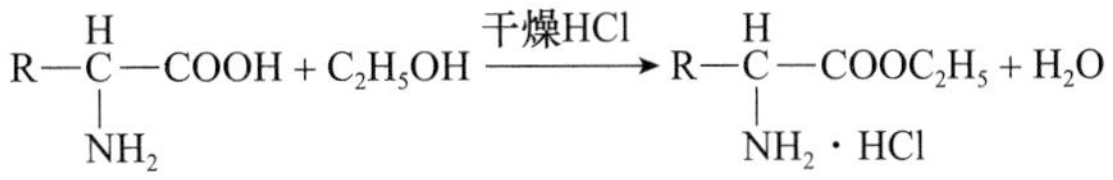　　　　　图 3-11　氨基酸羧基与乙醇的成酯反应

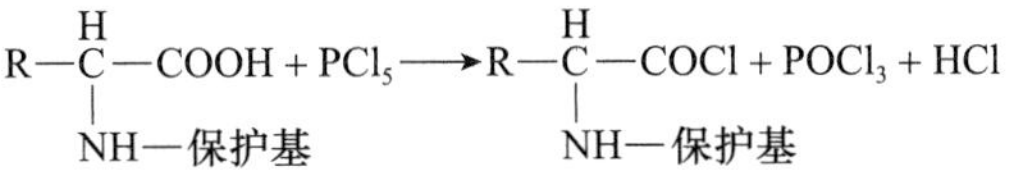

图 3-12　氨基酸羧基与五氯化磷的成酰氯反应

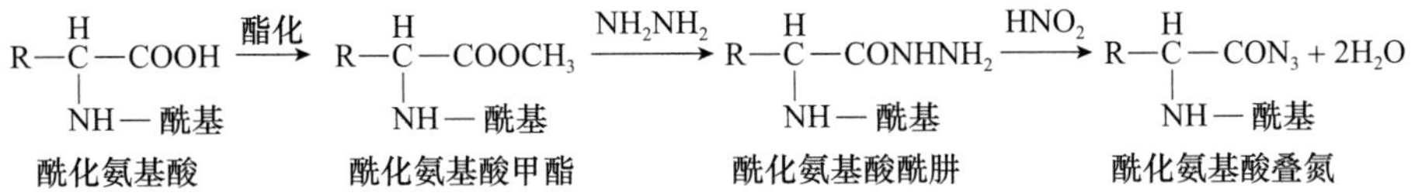

图 3-13　氨基酸羧基与肼和亚硝酸发生叠氮反应

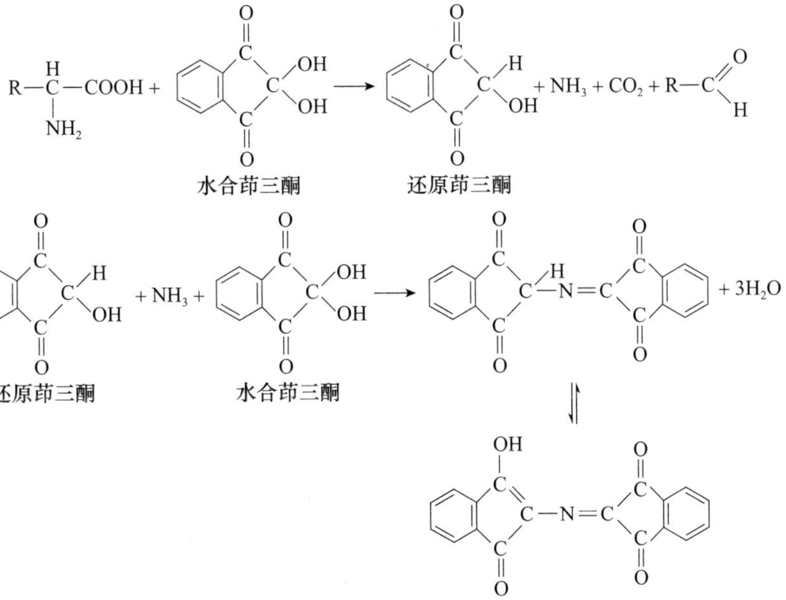

图 3-14　氨基酸的茚三酮反应

图 3-15　氨基酸的脱氨基反应

图 3-16　氨基酸的脱羧基反应

图 3-17　酪氨酸的碘化和硝化产物

A. 一碘、二碘酪氨酸；B. 一硝基、二硝基酪氨酸

图 3-18　酪氨酸与对氨基苯磺酸重氮盐
反应（Pauly 反应）生成的橘黄色产物

图 3-19　组氨酸与对氨基苯磺酸重氮盐反应
生成的棕红色产物

图 3-20　精氨酸与环己二酮的反应

图 3-21　甲硫氨酸与甲基碘的反应

半胱氨酸　　　　碘乙酸　　　　　羧甲基半胱氨酸

图 3-22　半胱氨酸与碘乙酸的反应

图 3-23　半胱氨酸与对氯汞苯甲酸（p-chloromercuribenzoic acid）的反应

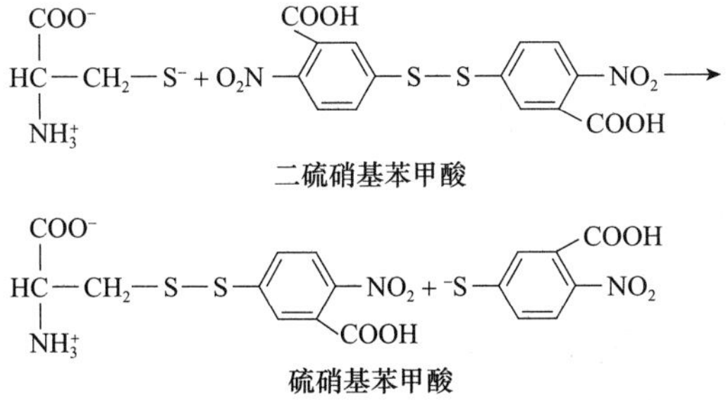

图 3-24 半胱氨酸与二硫硝基苯甲酸（dithionitrobenzoic acid，DTNB）的反应

第二节 肽

氨基酸通过若干个肽键（peptide bond）连接而成的分子称为肽（peptide）。氨基酸通过肽键相连成长链，称为肽链（peptide chain）。

一、肽键

一分子氨基酸的 α-羧基（—COOH）与另一个氨基酸的 α-氨基（—NH₂）脱水缩合形成的酰胺键（—CO—NH—）称为肽键。在肽键生成时，一个氨基酸失去 α-羧基上的一氢一氧，另一个氨基酸失去 α-氨基的一氢，结合生成一分子水（H₂O）（图 3-25）。肽键的形成需要消耗能量，在生物体内由 ATP 提供。肽键是连接 2 个单体氨基酸的共价键。组成肽键的 4 个原子（C、O、N、H）和 2 个相邻的α 碳原子（Cα）位于同一平面，称为酰胺平面或肽键平面（peptide bond plane）。肽键不能自由旋转，具有局部双键性

图 3-25　肽键的形成

质，键长 0.132nm，介于 C—N 单键（0.146nm）和 C＝N 双键（0.124nm）之间。肽链中的肽键一般都呈稳定的反式构型，相邻 2 个氨基酸的 Cα 呈对角分布。脯氨酸的氨基参与形成的肽键中，四氢吡咯环引起的空间位阻消去了反式构型的优势，所以既可为反式，也可为顺式。

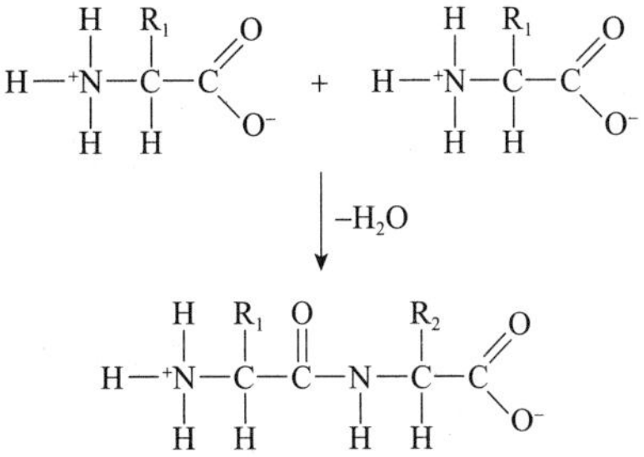

二、肽与肽链

氨基酸通过肽键相连形成肽。肽是介于氨基酸和蛋白质之间的生物分子，其中由 2 个氨基酸缩合而成的称为二肽，3 个氨基酸缩合成的为三肽，依次类推。一般将由 2~20 个氨基酸缩合而成的肽统称为寡肽（oligopeptide），20 个以上氨基酸缩合形成的肽统称为多肽（polypeptide）。

肽链中的氨基酸因为部分基团参与形成肽键，已不是完整的氨基酸，因此被称为氨基酸残基（amino acid residue）。由肽键连接氨基酸残基形成的 N—Cα—C 重复单位组成的长链骨架，称为多肽主链；各氨基酸残基的侧链基团连接在 Cα 上，称为多肽侧链。各种肽链的主链结构一致，但侧链氨基酸残基的排列顺序不同。每个肽链都有一个游离的 α-氨基末端（称氨基末端或 N 端）和一个游离 α-羧基末端（称羧基末端或 C 端）。

肽的命名根据组成的氨基酸残基确定，从 N 端开始按氨基酸顺序称为某氨酰-某氨酰-某氨基酸。肽的书写也由 N 端开始，如 H₂N-Ala-Tyr-Gly-COOH。

三、肽的理化性质

小肽的理化性质与氨基酸类似，也是离子晶体。肽具有与氨基酸相似的化学反应，但也具有某些特殊的化学反应，如双缩脲反应等。

（一）旋光性

除甘氨酸外，其他基本氨基酸均具有旋光性。短肽的旋光度一般约等于组成该肽的各个氨基酸的旋光度之和；长链多肽的旋光度则一般大于组成该多肽的各个氨基酸的旋光度之和。

（二）两性解离与等电点

肽在水溶液中以两性离子形式存在。在 pH 0～14 范围内，肽键的亚氨基不能解离，其酸碱性主要取决于肽链 N 端的 α-氨基、C 端的 α-羧基及侧链上可解离的基团。肽链中游离的 α-氨基与 α-羧基之间的间隔比氨基酸的大，它们之间的静电引力相对较弱。与氨基酸相比，肽链 C 端 α-羧基的 pKa 偏大，N 端 α-氨基的 pKa 偏小，侧链基团的 pKa 相似。

多肽在溶液中所带的电荷既取决于其分子组成中碱性和酸性氨基酸的含量，也受溶液的 pH 影响。在某一特定 pH 的溶液中，多肽以兼性离子的形式存在，其解离成正、负离子的趋势相等，所带净电荷为零，该 pH 即为多肽的等电点。不同多肽分子所含碱性氨基酸残基和酸性氨基酸残基的数目不同，它们的等电点也各不相同。碱性氨基酸残基含量较多的多肽，其等电点偏碱性，为碱性多肽，如赖氨酸、精氨酸、组氨酸；酸性氨基酸残基含量较多的多肽，其等电点偏酸性，为酸性多肽，如谷氨酸和天冬氨酸。

（三）呈色反应

肽的 α-氨基、α-羧基及侧链上的活性基团都能发生与游离氨基酸相似的反应，如茚三酮反应和黄色反应等。与氨基酸一样，肽 N 端的 α-氨基可与水合茚三酮反应生成紫色化合物，常用于检测多肽的水解程度。另外，肽中含有的苯丙氨酸残基、色氨酸残基，以及酪氨酸残基的苯基可与硝酸反应生成硝基苯衍生物而显黄色。

两分子的尿素经加热失去一分子 NH_3 形成双缩脲，其与碱性硫酸铜作用产生蓝色的铜-双缩脲络合物。肽键具有与双缩脲相似的结构特点，因此，也可发生双缩脲反应，生成紫红色或蓝紫色络合物（图 3-26）。双缩脲反应是多肽和蛋白质特有的颜色反应。多肽水解加强时，氨基酸浓度升高，双缩脲呈色的深度下降，因此，借助分光光度计可测定多肽的含量及多肽的水解程度。

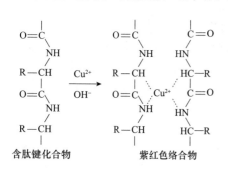

含肽键化合物　　紫红色络合物

图 3-26　肽的双缩脲反应

四、天然存在的活性肽

蛋白质通过酸、碱或蛋白酶等部分水解可以产生各种简单的多肽。生物体中自然存在多种长短不等的小肽，它们具有特殊的生理功能，称为生物活性肽。例如，谷胱甘肽全称为 δ-谷氨酰半胱氨酰甘氨酸，含有一个非标准肽键，由谷氨酸侧链的羧基（δ-COOH）与半胱氨酸的氨基缩水形成，具有维持机体免疫、抗氧化及整合解毒等作用；肌肽，由 β-丙氨酸和 L-组氨酸两种氨基酸组成，具有很强的抗氧化能力。

第三节　蛋白质的组成与性质

蛋白质是由一条或多条由氨基酸构成的肽链组成的生物大分子，具有与氨基酸相同或相似的理化性质，也有一些特有的理化性质。通常，蛋白质由 50 个以上氨基酸组成的肽链构成。多肽是蛋白质的初级结构形式，一般无活性。蛋白质则具有一定的空间结构和生物活性。

一、蛋白质的分类

蛋白质的分类方法有多种，一般多按分子形状和分子组成进行分类。根据分子形状，蛋白质可分为球状蛋白质（globular protein）和纤维状蛋白质（fibrous protein）。①球状蛋白质的外形接近球状或椭球状，分子对称性好，多溶于水且具有活性，包括酶、转运蛋白、蛋白激素、抗体等大多数蛋白质。②纤维状蛋白质外形细长，类似细棒或纤维，分子对称性差，分子质量大，多为结构蛋白，可分为可溶性与不溶性纤维蛋白两类：前者包括血液中的纤维蛋白原、肌肉中的肌球蛋白等；后者包括胶原蛋白、弹性蛋白、角蛋白及丝心蛋白等结构蛋白。

根据分子组成，蛋白质可以分为单纯蛋白质（simple protein）与复合蛋白质（complex protein）两大类。①单纯蛋白质完全由氨基酸组成，不含非蛋白成分。根据溶解性，单纯蛋白质又可分为 7 类：清蛋白（albumin）、球蛋白（globulin）、组蛋白（histone）、精蛋白（protamine）、谷蛋白（glutelin）、醇溶蛋白（prolamine）和硬蛋白（scleroprotein）。②复合蛋白质是指除了由氨基酸构成的肽链以外，还含有非蛋白质成分的蛋白质，其中的非蛋白质成分统称为辅基。根据辅基的差异，复合蛋白质又可分为核蛋白（nucleoprotein）、脂蛋白（lipoprotein）、糖蛋白（glycoprotein）、磷蛋白（phosphoprotein）、色蛋白（chromoprotein）、黄素蛋白（flavoprotein）和金属蛋白（metalloprotein）7 类。

二、蛋白质的理化性质

蛋白质具有与氨基酸相同或相似的理化性质，如两性解离、等电点、紫外吸收、游离氨基和羧基及侧链基团的反应等。但是，蛋白质是生物大分子，所以具有一些氨基酸所没有的理化性质，如高分子质量、胶体性和变性等。

（一）两性解离与等电点

同氨基酸一样，蛋白质也是两性电解质。除 N 端的氨基和 C 端的羧基可解离外，蛋白质分子中氨基酸残基侧链的一些基团，如谷氨酸、天冬氨酸残基中的 γ- 和 β- 羧基，赖氨酸残基中的 ε- 氨基、精氨酸残基的胍基和组氨酸残基的咪唑基等，在一定 pH 的溶液条件下也可解离成带负电荷或正电荷的基团。

当蛋白质溶液处于某一 pH 时，蛋白质为兼性离子形式，其解离成正、负离子的趋势相等，净电荷为零，此时溶液的 pH 称为蛋白质的等电点。等电点的大小取决于蛋白质分子中所有可解离基团的种类和数量。当溶液的 pH 大于某一蛋白质的等电点时，该蛋白质的酸性基团释放质子，带负电荷；当溶液的 pH 低于某一蛋白质的等电点时，该蛋白质的碱性基团接受质子，带正电荷。

不同蛋白质的等电点不同。生物体内大多数蛋白质的等电点接近于 6.0，在人体生理条件（pH 7.4）下，大多数蛋白质解离成阴离子，带负电荷。一些蛋白质中含碱性氨基酸较多，等电点偏碱性，被称为碱性蛋白质，如鱼精蛋白和组蛋白等；少量蛋白质含酸性氨基酸较多，等电点偏酸性，被称为酸性蛋白质，如胃蛋白酶和丝蛋白等。

（二）光吸收

同氨基酸一样，蛋白质不能吸收可见光，但对一定波长的紫外光具有吸收性。大多数的蛋白质都含有酪氨酸残基和色氨酸残基，在 280nm 波长处有特征性吸收峰，吸光度 A_{280} 与蛋白质浓度成正比，因此，可通过测定 A_{280} 进行蛋白质定量分析。

（三）呈色反应

同多肽一样，蛋白质可发生茚三酮反应和双缩脲反应。当蛋白质与铜离子生成复合物后，其分子中的酪氨酸残基和色氨酸残基可还原福林-酚试剂中的磷钼酸及磷钨酸而生成蓝色化合物（钨蓝和钼蓝的混合物），这一反应称为福林-酚反应（Folin-酚反应）。该反应灵敏度很高，常用来测定蛋白含量，最初由 Folin 先生建立，之后 Lowry 先生对其进行了改进，所以也称 Lowry 法。

含有酪氨酸残基的蛋白质与米伦试剂（亚硝酸汞、硝酸汞及硝酸的混合液）反应后，蛋白质发生沉淀，经加热后生成砖红色物质（图 3-27），这一反应称为米伦反应（Millon reaction），是酪氨酸及含酪氨酸残基的蛋白质所特有的反应。

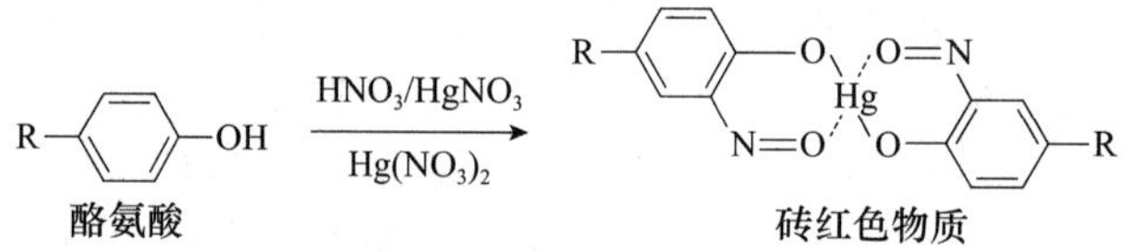

图 3-27　米伦反应

含有酪氨酸和色氨酸残基的蛋白质在溶液中遇到硝酸后，苯环被硝化，产生硝基苯衍生物，加热后变黄，加入碱后颜色继续加深，变为橙黄色（图 3-28），称为蛋白质的黄色反应。

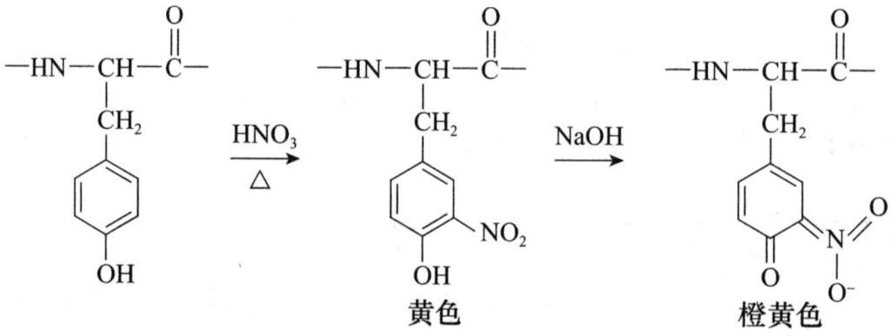

图 3-28　黄色反应

在氢氧化钠溶液中，含有精氨酸残基的蛋白质与次氯酸钠（或次溴酸钠）和 α 萘酚发生反应产生红色物质（图 3-29），这一反应称为坂口反应（Sakaguchi reaction），可用来鉴定含精氨酸的蛋白质，也可用于定量测定精氨酸含量。

（四）沉淀

蛋白质的相对分子质量为 $6 \times 10^3 \sim 6 \times 10^6$，分子直径 1~100nm，属于胶体直径范围。一般情况下，蛋白质分子能均匀地分散于水溶液中，形成比较稳定的亲水性胶体溶液，这主要是因为蛋白质分子表面分布的亲水基团结合水分子形成一层水化膜，从而阻断了蛋白质的相互聚集和沉淀析出。另外，蛋白质分子表面带有电荷，分子之间发生同性相斥而不能聚集。若去除蛋

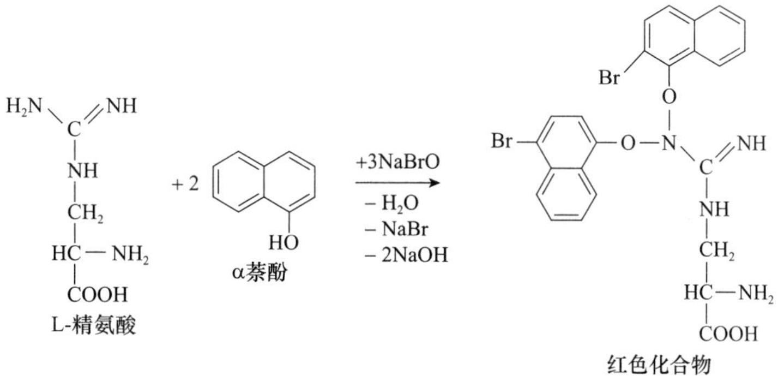

图 3-29 坂口反应

白质胶体颗粒表面电荷和水化膜，蛋白质则易从溶液中析出而发生沉淀（precipitation）。引起蛋白质沉淀的主要方法有盐析（salting out）、重金属盐、生物碱、有机溶剂及加热沉淀等。

（五）变性与复性

蛋白质因受某些物理或化学因素的影响，天然构象被破坏，理化性质改变并失去原有的生物学活性的现象称为蛋白质变性（denaturation）。能使蛋白质变性的因素很多，如强酸、强碱、重金属盐、尿素、胍、去污剂、三氯乙酸、有机溶剂、高温、射线、超声波、剧烈振荡或搅拌等。蛋白质变性后分子性质改变，黏度升高，溶解度降低，但并不一定沉淀，变性蛋白质在等电点条件下才发生沉淀。

当蛋白质的变性程度较轻时，在去除变性因素后，蛋白质可恢复或部分恢复其原有的构象和功能，称为蛋白质的复性（renaturation）。一般认为，蛋白质在复性过程中，涉及两种疏水相互作用：一是分子内的疏水相互作用；二是部分折叠的肽链分子间的疏水相互作用。前者促使蛋白质正确折叠，后者导致蛋白质聚集而无活性。

第四节　蛋白质的结构

每一种天然蛋白质都有自己特有的结构。蛋白质的结构一般分为一级结构（primary structure）、二级结构（secondary structure）、三级结构（tertiary structure）和四级结构（quaternary structure）。其中，一级结构是由氨基酸组成的线性多肽链，是蛋白质最基础、最稳定的结构；二级、三级和四级结构是一级结构即线性多肽链折叠成的三维空间结构，统称为蛋白质空间结构，包括多肽链在空间上的走向及所有原子和基团在空间中的排列与分布。

一、一级结构

蛋白质的一级结构是指构成蛋白质多肽链的氨基酸残基的排列顺序，包括蛋白质多肽链的数目、氨基酸残基顺序，以及多肽链之间或内部二硫键的数目和位置等。肽键是维持蛋白质分子一级结构的主要化学键，有些蛋白质还包括二硫键。每一种蛋白质分子都具有由基因决定的、特异的氨基酸序列。物种之间蛋白质的差异主要表现为一级结构即氨基酸序列的差异。

氨基酸序列是蛋白质结构与功能的基础，一级结构的测定是进行蛋白质相关研究的重要基础。1953 年，英国科学家 Frederick Sanger 首次测定了牛胰岛素的一级结构，其由 A 和 B 两条肽链构成，分别含有 21 和 30 个氨基酸残基；具有 3 个二硫键，一个位于 A 链内，其余两个

位于 A 和 B 两链之间（图 3-30）。迄今，大量蛋白质的一级结构被确定并保存于蛋白质数据库
（Protein Data Bank，PDB）。

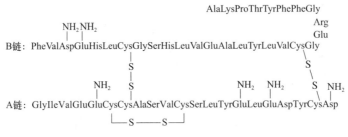

图 3-30　牛胰岛素一级结构示意图

二、二级结构

蛋白质的二级结构是指蛋白质多肽链中主链卷曲和折叠形成的规则重复的构象，是肽链主
链骨架原子的空间排布，不包括侧链上各原子的空间构象。蛋白质的二级结构主要包括 α 螺旋、
β 折叠、β 转角和无规卷曲 4 种形式。蛋白质的二级结构是不同构象形式的组合，不同的肽段可
形成不同的二级结构。肽链中氨基酸残基亚氨基（—NH—）的氢原子和羰基上的氧原子形成的
氢键是稳定蛋白质二级结构的主要作用力。不同二级结构的蛋白质往往具有不同的生理活性。

（一）α 螺旋

α 螺旋（α-helix）是指蛋白质多肽链主链环绕中心轴呈螺旋排列的空间构象，是蛋白质最
常见的二级结构形式之一。蛋白质的 α 螺旋主要为右手型（图 3-31），每圈螺旋包含 3.6 个氨
基酸残基，螺距约 0.54nm，即每个氨基酸残基环绕螺旋轴 100°，沿轴上升 0.15nm。α 螺旋的
稳定主要依赖肽链骨架上第 n 位氨基酸残基的羰基氧（C=O）与第 $n+4$ 氨基酸残基的酰胺氢
（N—H）之间形成的链内氢键，氢键与螺旋轴平行，每个氢键环包含 13 个原子，因此，α 螺旋
也被称为 3.6_{13} 螺旋。蛋白质的 N 端和 C 端各有 2 个氨基酸残基一般不能形成螺旋内氢键，主
要通过与水分子或蛋白质内部其他基团形成氢键而稳定。

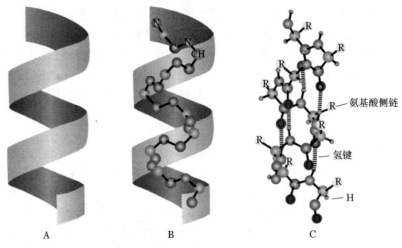

图 3-31　α 螺旋（Clark et al.，2019）
A. 整体结构；B. 多肽链骨架；C. 螺旋内氢键

蛋白质肽链中氨基酸残基的 R 侧链分布于螺旋外侧，不参与形成 α 螺旋，但其大小、形状、电荷等可影响螺旋的形成和稳定。一般而言，R 侧链较小且不带电荷的氨基酸（如丙氨酸等）有利于 α 螺旋的形成；酸性或碱性氨基酸，以及 R 侧链较大的苯丙氨酸、色氨酸和异亮氨酸等集中的区域，不利于 α 螺旋形成。另外，脯氨酸为亚氨基酸，不易形成氢键，且其 α-碳原子参与形成吡咯环，C_α—N 键不能旋转而阻断 α 螺旋的形成；甘氨酸的 R 侧链为 H，空间占位小，α-碳原子的自由度大，也不利于螺旋的形成，二者多位于 α 螺旋的起点或终点。

根据组成氨基酸残基的性质不同，α 螺旋可分为亲水性、疏水性和两亲性。两亲性 α 螺旋中一侧为非极性氨基酸残基，疏水，常朝向蛋白的疏水中心；另一侧为极性和带电荷的氨基酸残基，亲水，常朝向蛋白的亲水表面。例如，植物油体中特有的油质蛋白，羧基末端（约 33 个氨基酸残基）形成两亲性 α 螺旋，带正电荷的氨基酸残基朝向油体核心的磷脂层，带负电荷的氨基酸残基则朝向外，这种结构方式可以作为氧和反应性氢过氧化物的屏障，避免油体内油质蛋白所稳定的组分发生氧化和变质（Wijesundera and Shen，2014）。

大多数蛋白质都具有 α 螺旋结构，纤维状蛋白中的角蛋白、肌球蛋白和纤维蛋白的多肽链都呈 α 螺旋，球状蛋白中的肌红蛋白和血红蛋白均含有多个 α 螺旋。在一些特异蛋白质中也存在左手 α 螺旋，如嗜热菌蛋白酶中的 Asp-Asn-Gly-Gly（226～229）肽段。

（二）β 折叠

β 折叠（β-pleated sheet）是由 2 条或 2 条以上几乎完全伸展的多肽链或同一肽链的不同肽段平行排列而形成的构象，又称 β 折叠片。β 折叠常与 α 螺旋一起构成蛋白质的基本骨架，是最常见、最主要的 2 种蛋白质二级结构。在 β 折叠中，若干多肽链或肽段平行排列，每个残基占 0.32～0.34nm，肽键的羰基氧（C═O）和位于同一个肽链或相邻肽链的另一个酰胺氢（N—H）之间形成氢键，氢键与肽链的长轴接近垂直，形成锯齿状的折叠片。肽链的 R 侧链基团交替分布于 β 折叠片的上方和下方，方向与片层垂直（图 3-32）。

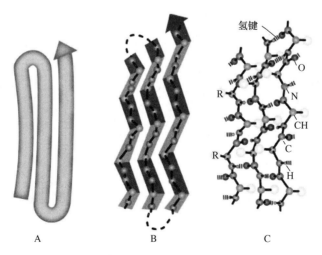

图 3-32 β 折叠（Clark and Pazdernik，2019）
A. 整体结构；B. 多肽链骨架；C. 折叠内氢键

根据肽链方向的异同，β 折叠可分为平行式和反平行式 2 种类型。平行式 β 折叠中，所有肽链或肽段的氨基位于同一端，肽链方向相同，2 个氨基酸残基间的重复距离是 0.65nm；

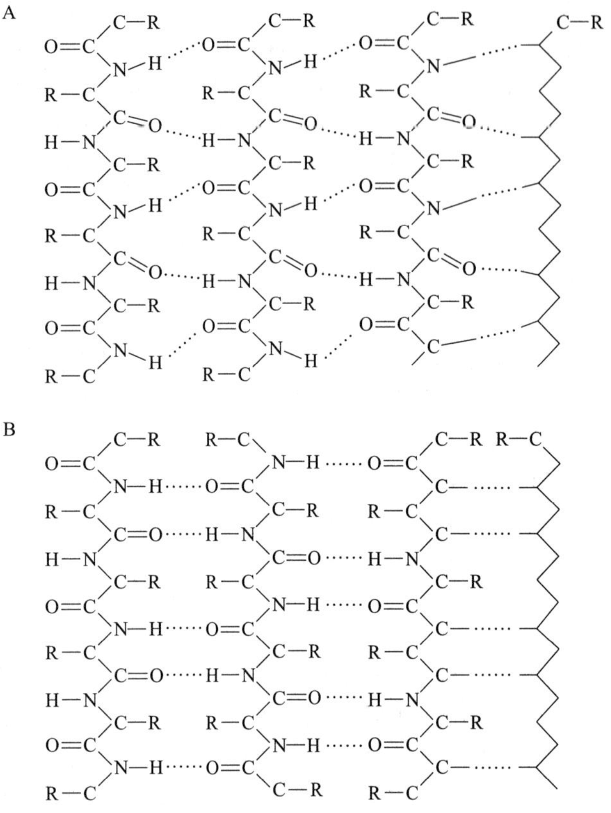

图 3-33 平行式（A）和反平行式（B）β 折叠

反平行式 β 折叠中，肽链的氨基端按正反方向交替排列，肽链方向相反，2 个残基间的重复距离为 0.7nm（图 3-33）。从能量上看，反平行式 β 折叠更为稳定。丝心蛋白及多聚甘氨酸形成反平行式 β 折叠，α 角蛋白拉伸后则形成平行式 β 折叠。

一般认为侧链基团越小越易形成 β 折叠，如果肽链中侧链基团过大，或者带有同种电荷，就很难形成 β 折叠。因此，β 折叠中甘氨酸和丙氨酸残基出现的频率较高。例如，丝心蛋白中，每隔一个氨基酸就是甘氨酸，片层的一侧都是氢原子，另一侧则多为丙氨酸的甲基。

（三）β 转角

β 转角（β-turn）是指多肽链形成的 180° 回转结构，是一种小巧的二级结构单元，也称 β 回折或 β 弯曲。它由多肽链上 4 个连续的氨基酸残基构成，其中第 1 个氨基酸残基的羧基与第 4 个氨基酸残基的氨基形成氢键（图 3-34）。

常见的 β 转角主要有 Ⅰ、Ⅱ 两种类型。中间肽键的氧原子与侧链 R_2、R_3 呈反式位置的为 Ⅰ 型 β 转角，与 R_2、R_3 呈顺式的为 Ⅱ 型 β 转角。β 转角多由亲水氨基酸残基组成，第 2 个氨基酸常为脯氨酸；Ⅱ 型 β 转角的第 3 个氨基酸残基常为甘氨酸。

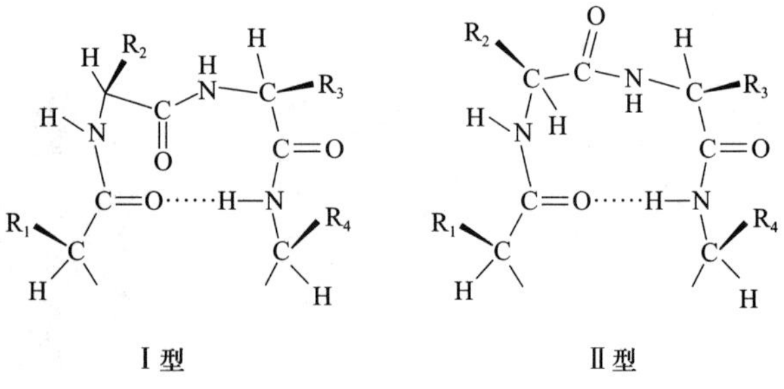

β 转角广泛存在于球状蛋白中，位于其表面或空间位阻较小处，使多肽链具有弯曲、转角和自然改变方向的能力，以产生

图 3-34　β 转角

紧凑的球状结构。研究发现，蛋白质抗体识别、糖基化、磷酸化和羟基化的位点多位于或邻近 β 转角。

（四）无规卷曲

无规卷曲（random coil）是多肽链中形成的无一定规律的松散结构，是一种比较特殊的二级结构单元，看起来杂乱无章，没有固定的结构参数，但在特定蛋白中是有序的非重复结构，构成其活性和特异功能部位。无规卷曲具有高度的特异性，与蛋白质的生物活性密切相关，对外界的理化因子非常敏感。例如，酶的活性中心常为无规卷曲结构；球状蛋白中含有大量无规卷曲，倾向于产生球状构象。

（五）超二级结构

相邻的二级结构单元组合在一起，相互作用，形成规则排列的、在空间上能够辨认的二级结构组合体，称为超二级结构（supersecondary structure）。超二级结构是一种介于二级结构与三级结构之间的层次，是进一步构成三级结构的基础。常见的超二级结构主要由 α 螺旋和 β 折叠组成，包括 α 螺旋组合 αα、β 折叠组合 βββ 及 α 螺旋 β 折叠组合 βαβ（图 3-35）。

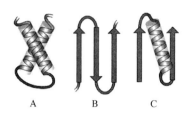

图 3-35　三种超二级结构示意图
A. αα；B. βββ；C. βαβ

α 螺旋组合 αα 是由两股平行或反向平行排列的右手 α 螺旋彼此缠绕形成的左手超螺旋。除 αα 外，蛋白质中还存在三股螺旋（ααα）和四股螺旋（αααα）。纤维状蛋白质如 α-角蛋白、肌球蛋白及原肌球蛋白的超螺旋由不同多肽链的 α 螺旋相互缠绕而成；球状蛋白质如蚯蚓血红蛋白、烟草花叶病毒外壳蛋白的超螺旋由同一条多肽链上邻近的 α 螺旋缠绕而成。

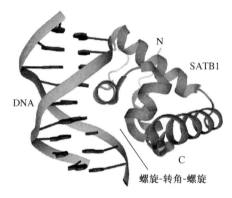

图 3-36　转录因子 SATB1 与 DNA
结合的 α 螺旋-β 转角-α 螺旋模体
左. DNA；右. SATB1

（六）motif

基序（motif）是蛋白质特征性的空间构象，与超二级结构相似，但不限于二级结构组合。例如，在细胞黏附过程中发挥重要作用的 RGD motif，仅由 Arg-Gly-Asp 三肽构成。常见的结构模体形式有 α 螺旋-β 转角（或环）-α 螺旋模体（图 3-36）、链-β 转角-链模体、链-β 转角-α 螺旋-β 转角-链模体等。

三、结构域与三级结构

（一）结构域

多肽链在二级结构及超二级结构的基础上进一步卷曲折叠，形成空间上可以明显区分的三维折叠结构，称为结构域（domain）。结构域通常由 100～200 个连续或不连续的氨基酸残基组成，是二级结构和超二级结构的特定组合，也是结构上能独立稳定折叠和发挥功能的三级结构基本单元。很多简单的蛋白质分子，其结构域即等同于三级结构，属于单结构域蛋白质。较大的复杂蛋白质分子往往由 2 个或 2 个以上的结构域缔合成三级结构，为多结构域蛋白质。结构域之间常由一段肽链即铰链区相连，铰链区柔性较强，使结构域之间发生相对运动而实现蛋白质的生物功能。例如，酶的活性中心常位于结构域之间。

通常，蛋白质中不同的结构域执行不同的功能。例如，很多脱氢酶具有 2 个结构域，一个负责结合辅酶，另一个负责催化；转录因子通常都含有 DNA 结合和转录激活 2 个结构域。许多研究表明，某个种属内由多个蛋白质完成的生物学功能在另一个种属内可以由一个蛋白质来完成。例如，脂肪酸的合成需要 7 种不同的催化反应，在植物叶绿体中，这些反应由 7 种不同的酶催化；而在哺乳动物中，这些反应则是由一个蛋白质的 7 个结构域所完成。

（二）三级结构

蛋白质的三级结构是指蛋白质分子中每一条多肽链主链和侧链所有原子和基团的构象，是在二级结构、超二级结构和结构域的基础上进一步盘曲、折叠形成的空间结构，主要依赖各氨基酸残基侧链的相互作用，包括疏水作用、氢键、盐键（离子键）、范德瓦耳斯力和二硫键等。二硫键是维持三级结构唯一的一种共价键，能把肽链的不同区段牢固地连接在一起，对整体构象的稳定起重要作用；二硫键改变引起的失活一般也被认为是变性。疏水作用、氢键、盐键和范德瓦耳斯力是非共价键，统称为次级键（主键为肽键）。蛋白质分子中，次级键总体数目庞大，彼此协同，是维持三级结构的主要力量，受外力作用（如加热等）容易断裂，导致蛋白质变性失活。

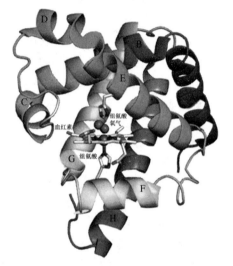

图 3-37　肌红蛋白三级结构（Richards，2013）
A~H 依次为形成的 8 个螺旋

疏水性较强的氨基酸一般通过疏水键和范德瓦耳斯力聚集成紧密的疏水核，极性残基之间以氢键和盐键相互结合。水介质中，球状蛋白质如肌红蛋白（图 3-37）的折叠总是倾向于把多肽链的疏水性侧链或基团埋藏在分子的内部，极性基团分布于外侧与水形成氢键，这一现象称为疏水作用或疏水效应。疏水作用是维系蛋白质三级结构最主要的动力。

四、四级结构

许多蛋白质都是由 2 条或 2 条以上多肽链通过非共价键结合而成的，其中每条肽链都有完整的三级结构，称为一个亚基或亚单位（subunit）。蛋白质分子中各亚基的空间排布及相互作用称为蛋白质的四级结构。一个蛋白质分子的几个亚基可以相同，也可以不同。例如，烟草斑纹病毒的外壳蛋白由 2200 个相同的亚基组成；天冬氨酸转氨甲酰酶由 6 个调节亚基和 6 个催化亚基组成。在一定条件下，具有四级结构的蛋白质可以解聚成单个亚基。每个亚基都有自己的一、二、三级结构。亚基单独存在时没有完整生物活性，只有相互聚合成特定构象时才具有完整的生物活性。例如，正常的血红蛋白 A（hemoglobin A，HbA）是由 2 个 α 亚基和 2 个 β 亚基聚合形成的四面体构型（图 3-38）。

然而，有的蛋白质虽由 2 条以上肽链构成，但肽链之间是通过共价键（如二硫键）连接的，不属于四级结构。例如，胰岛素的单体形式包含两条肽链，但二者之间以二硫键相连，且具有完整的生物功能。

图 3-38　血红蛋白 A 的四级结构
红色表示 α 亚基；蓝色表示 β 亚基；绿色表示血红素

第五节　蛋白质结构与功能的关系

蛋白质的功能是以其氨基酸组成和三维结构为基础。蛋白质的一级结构决定其空间结构，空间结构直接决定其功能。只有具有高级结构的蛋白质才能表现出生物学功能。

一、蛋白质一级结构与功能的关系

蛋白质的一级结构决定其空间结构和功能。一级结构相似的蛋白质一般来源于同一个祖先，一级结构异常可引发分子疾病。

（一）一级结构是蛋白质空间结构和功能的基础

一级结构是蛋白质空间结构形成的基础。一级结构决定蛋白质的二级、三级和四级等高级结构，但并不是唯一因素。生物体内，很多蛋白质在合成后需要经过复杂的加工而形成天然高级结构和构象。除一级结构和溶液环境外，很多新生肽链需要分子伴侣、折叠酶等其他分子的辅助才能正确折叠。此外，一级结构决定生物学功能。一级结构相似的多肽或蛋白质，其空间构象相似，功能也相似；一级结构不同，生物学功能一般也不同。例如，动物垂体分泌的多肽类激素促肾上腺皮质激素（adrenocorticotropic hormone，ACTH）和促黑素（melanocyte stimulating hormone，MSH），二者有连续 7 个氨基酸残基完全一致（ACTH 的 4～10 位氨基酸与 MSH 的 11～17 位氨基酸相同，所以二者具有相同的功能），过量的 ACTH 亦能导致色素沉着。

（二）一级结构与分子进化

存在于不同物种的同种蛋白质，一般只在一级结构上有极少差别。例如，人、猪、牛和羊等哺乳动物胰岛素分子 A 链中第 8、9、10 位及 B 链中第 30 位的氨基酸残基各不相同，具有种属差异，但它们降低生物体血糖浓度的生理功能一致。一级结构相似的蛋白质往往具有共同的起源，因此可根据蛋白质一级结构的相似性来研究生物的进化。一般而言，如果两种生物亲缘关系越近，它们的基因和蛋白质一级结构越相似。不同或同种生物体内来源于某一共同祖先的蛋白质称为同源蛋白质（homologus protein）。不同物种之间的同源蛋白质为种间同源或直系同源，同一物种内的同源蛋白质为种内同源或旁系同源。同源蛋白质一般都具有相似的功能，蛋白质同源关系的强弱可反映物种间的亲缘关系，一般同源蛋白质越相似物种亲缘关系越近。

（三）一级结构与分子病

蛋白质一级结构的改变引起其功能的异常或丧失所引发的疾病，称为分子病。分子病的本质是基因突变使蛋白质分子的一级结构或者蛋白质的合成量异常。处于蛋白质活性部位或特定构象关键部位的氨基酸残基，哪怕只发生一个残基异常，也会影响蛋白质的功能。人体中已发现很多由蛋白质异常或缺失引发的分子病，主要有血红蛋白病、血浆蛋白病、受体病、膜转运蛋白病、结构蛋白缺陷病及免疫球蛋白缺陷病等。血红蛋白病镰状细胞贫血是 HbA 的一个氨基酸发生变化而引起的一种遗传性疾病。正常 HbA 中，2 条 β 链的第 6 位为谷氨酸残基，当它们突变为缬氨酸残基后，形成镰刀状血红蛋白（sickle hemoglobin，HbS）（图 3-39）；低氧张力下，脱氧 HbS 因分子表面的疏水或静电作用，分子构象改变，线性聚合，从而使红细胞扭曲成镰刀状，严重影响与氧气的结合和运输。

二、蛋白质空间结构与功能的关系

蛋白质需要形成一定的空间结构才能具有正常的生物学活性，功能随构象发生变化。生物体内，常通过蛋白质的别构效应来调节和控制生命活动的进行。某些蛋白质空间构象的变化会引发构象病。

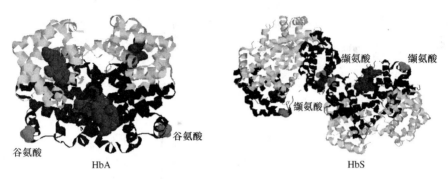

图 3-39　正常血红蛋白（HbA）与镰刀状血红蛋白（HbS）（http://helicase.pbworks.com）

黄色表示 α 亚基；蓝色表示 β 亚基

（一）蛋白质的空间结构与功能密切相关

只有具有特定空间结构的蛋白质才表现出生物学功能，蛋白质的功能与其特定的空间构象密切相关。蛋白质的构象发生变化，其功能也常随之改变。蛋白质的变性和复性就是构象的改变和复原。在生物体内，很多蛋白质常出现多种构象，但往往只有一种构象表现正常的功能活性。因而，常通过调节构象来调节蛋白质的活性，从而调控物质的代谢和生理功能。

（二）蛋白质的别构效应

当某种物质特异地与蛋白质分子的某个部位可逆结合后，触发该蛋白质的空间构象发生变化，从而导致其功能发生改变，这种现象称为蛋白质的别构或变构效应（allostery）。引起蛋白质构象变化的物质称为别构效应物或配体。别构效应在生物体内普遍存在，其与蛋白质的生理功能密切相关。例如，很多控制物质代谢反应速度的蛋白酶都属于别构蛋白，称为别构酶。血红蛋白是由 4 个亚基 $\alpha_2\beta_2$ 聚合形成的四面体球形结构，每个亚基都含有一个血红素辅基，可与一分子氧发生可逆结合。当 1 个亚基与氧分子结合后，亚基间的结合变松，4 个亚基的相对空间位置发生变化而促进第 2 亚基的变构并发生氧合，后者又促进第 3 亚基的氧合，并使第 4 亚基对氧的亲和力达到第 1 个的 300 多倍。反之，当氧合血红蛋白的一个亚基发生解离时，也会使其余亚基更容易解离。血红蛋白的别构效应（图 3-40）极有利于它在肺部与氧结合及在周围组织释放氧。一个亚基的别构作用影响另一个亚基发生变构的现象，称为亚基间的协同效应（cooperativity）。像血红蛋白的这种促进作用称为正协同效应（positive cooperativity），反之，如果是抑制作用则称为负协同效应（negative cooperativity）。

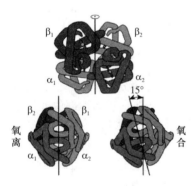

图 3-40　血红蛋白的别构效应

（Bellelli and Brunori，2011）

（三）蛋白质的构象病

蛋白质一级结构不变，但空间构象发生改变，从而影响其正常生理功能而引发的疾病，称为蛋白质构象病（protein conformational disease）。结构学研究发现，由相应蛋白的异常构象转换引起的不同构象病，都具有蛋白质积聚及组织沉积的特征。蛋白质结构变化引起的疾病，如朊病毒病和阿尔茨海默病（Alzheimer's disease，AD）等，都与蛋白质聚集产生淀粉样纤维沉积有关。朊病毒病是朊病毒蛋白（prion protein，PrP）由正常的 α 螺旋结构转变成异常的 β 折叠并相互聚集成淀粉样纤维沉积而引起的人和动物神经系统退行性病变。阿尔茨海默病的发生与β-淀粉样蛋白（amyloid β-protein）及 Tau 蛋白形成的神经纤维缠结在脑内的积聚密切相关。

第六节 蛋白质研究的主要技术

蛋白质研究技术是蛋白质科学发展的基础和力量，蛋白质科学的成果推动了蛋白质研究技术的发展和革新。21 世纪是生命科学的世纪，随着现代生物技术的不断发展，新的蛋白质技术也不断涌现。

一、蛋白质的分离纯化

蛋白质的分离纯化是蛋白质结构和功能等研究的基础。基于蛋白质在溶解度、分子大小、电荷、疏水性、吸附性，以及对配体分子的生物学亲和力等方面的差异和特点，发展了多种分离纯化技术，主要有沉淀法、双水相萃取、离心、超滤、透析、电泳、等电聚焦、凝胶层析、离子交换层析、亲和层析及疏水层析等。

高效液相色谱（high performance liquid chromatography，HPLC）是在经典液相色谱的基础上，引入气相色谱的理论和研究方法，采用高压泵输送流动相及高效固定相和灵敏检测器等发展而成的分离分析技术。HPLC 能有效分离和检测各种蛋白质或多肽混合物，包括反相高效液相色谱、高效离子交换色谱、高效凝胶过滤色谱、高效亲和色谱和高效疏水色谱等多种分离技术，它们常被串联使用，以使蛋白质的分离更加快速高效，如离子交换常与反相色谱耦合串联。HPLC 还可与其他蛋白质研究技术联用，如高效液相色谱-质谱（HPLC-MS）、高效液相色谱-毛细管电泳（HPLC-CE）、高效液相色谱-等速电泳（HPLC-ITP）、高效液相色谱-电感耦合-等离子体原子发射光谱（HPLC-ICP-AES）等。其中 HPLC-MS 联用可以实现对蛋白质的自动分离检测，是现今蛋白质分离检测及蛋白质组学研究最有力的技术。

二、蛋白质的分子质量计算

分子质量是蛋白质的主要特征参数之一。当发现新的蛋白质时，首先应测定其分子质量。蛋白质分子质量测定的方法有多种，目前常用的有 SDS-PAGE 法、超速离心沉降法、凝胶过滤层析法、凝胶渗透色谱法及质谱法（mass spectrometry，MS）。其中，质谱是物质鉴定最有力的工具之一，基本原理是使待测样品中的组分在离子源中离子化，按离子质荷比分离后检测，获得质谱图，分析测得物质的分子量和化学结构等。常用的质谱技术主要有基质辅助激光解吸电离质谱技术（MALDI-MS）和电喷雾离子化质谱技术（ESI-MS）。

三、蛋白质结构测定

正确且完整的结构是蛋白质功能的基础，蛋白质结构的测定与解析是蛋白质研究的重要领域之一。蛋白质的结构测定包括一级结构（氨基酸顺序）的测定和空间结构的解析。

（一）一级结构的测定

蛋白质一级结构的测定又称蛋白质氨基酸序列分析，有直接测序和间接推断两种。直接测序就是蛋白质氨基酸序列的测定，包括多肽链的分离和降解、肽段的分离和测序及二硫键的定位等步骤。虽然蛋白质序列分析已经自动化，但仍然耗时长、流程复杂且成本昂贵。蛋白质的氨基酸序列是由 DNA 决定的，随着重组 DNA 技术的出现，也可从 cDNA 或基因序列直接推导蛋白质的氨基酸序列，该方法速度快且经济，已成为最常用的测定蛋白质一级结构的方法。

（二）空间结构的解析

根据蛋白质的状态，测定蛋白质空间结构的方法可分为两大类：一类用于测定晶体蛋白质的构象，包括 X 射线晶体衍射技术（X-ray）和中子衍射法；另一类用于测定溶液中的蛋白质构象，包括核磁共振波谱技术（NMR）、圆二色性光谱法、激光拉曼光谱法、荧光光谱法、紫外差光谱法和氢同位素交换法等。目前最常用的方法是 X 射线晶体衍射技术和核磁共振波谱技术。近年来，冷冻电子显微术（Cryo-EM）在蛋白质结构解析上的应用越来越多，已成为测定蛋白质及其复合物结构的关键技术。其主要包括单颗粒冷冻电子显微术（single particle cryo-electron microscopy）、电子晶体学（electron crystallography）和电子断层成像术（electron tomography，ET）3 种三维重构技术。单颗粒冷冻电子显微术是最主要、发展最快的冷冻电镜技术，其无须使用晶体样品，通过大量单颗粒的二维投影图进行三维重构，基本步骤是将样品置于超低温下冷冻并固定于很薄的乙烷（或水）薄冰内，然后将样品转移至电子显微镜样品池进行成像，通过图像分析和重构获得目的蛋白三维结构图（图 3-41）。

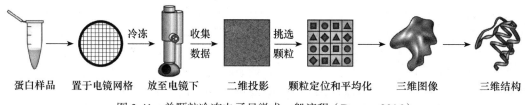

蛋白样品　置于电镜网格　放至电镜下　　二维投影　颗粒定位和平均化　　三维图像　　三维结构

图 3-41　单颗粒冷冻电子显微术一般流程（Doerr，2016）

四、蛋白质互作

蛋白质与蛋白质之间的相互作用，也称蛋白质互作（protein-protein interaction，PPI），是很多蛋白质发挥功能的基础。蛋白质互作研究技术已成为蛋白质研究的基本技术之一，主要包括酵母双杂交（Y_2H）、荧光共振能量转移技术（FRET）、双分子荧光互补（BiFC）和细胞骨架的蛋白质互作技术（CAPPI）（Lv et al.，2017）等体内研究技术，以及免疫共沉淀（Co-IP）、谷胱甘肽巯基转移酶融合蛋白沉降技术（GST pull-down）、噬菌体展示技术（PDT）、表面等离子共振技术（SPR）和 Far-Western blotting 等体外研究技术。

免疫共沉淀（图 3-42）是以抗体和抗原之间的专一性作用为基础的用于研究蛋白质相互作用的经典方法，既可以用来确定胞内蛋白质的结合，也可以用于发现新的蛋白质互作；一般用于蛋白间互作的验证，也可与液相色谱-质谱联用技术（LC-MS）结合用于大规模检测。目前，

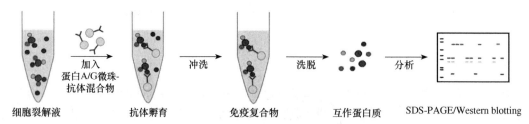

细胞裂解液　　　　抗体孵育　　　　免疫复合物　　　互作蛋白质　　　SDS-PAGE/Western blotting

图 3-42　免疫共沉淀技术一般流程（仿自 http://www.people.vcu.edu）

常利用表面固定蛋白 A 或蛋白 G 与抗体的结合分离免疫复合物。Co-IP 对低亲和力的蛋白质互作检测效率低，且不能证明蛋白间的相互作用是直接还是间接的。

pull-down 技术是一种体外验证蛋白质互作的技术，既可验证已知蛋白质的互作，也可筛选与已知蛋白质互作的未知蛋白质。其基本原理为用固相化的、已标记的诱饵蛋白或标签蛋白，如生物素、多聚组氨酸标签（poly-His tag）或谷胱甘肽-S-转移酶（GST）融合标签等，从细胞裂解液中"钓"出与之相互作用的蛋白。目前最常用的是 GST pull-down（图 3-43）。

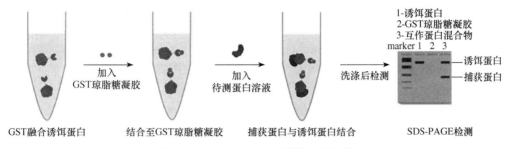

图 3-43　GST pull-down 技术一般流程

五、蛋白质组学

蛋白质组学是高通量、大规模、系统化地研究细胞、组织或器官中所有蛋白质组成和功能的科学，包括表达蛋白质组学、结构蛋白质组学和功能蛋白质组学。随着质谱技术的发展，在组织或器官蛋白质表达谱分析技术的基础上，发展了单细胞的蛋白质组分析技术，并相应发展了相互作用蛋白质组分析技术、翻译后修饰蛋白质组分析技术和靶向蛋白质组分析技术。

（一）定性蛋白质组学

定性蛋白质组学就是大规模的蛋白质检测，最基本的研究内容即为蛋白质表达谱分析，主要采用自顶向下（top-down）和自底向上（bottom-up）两种策略（Picotti and Aebersold，2012）。自顶向下是以蛋白质分子整体为对象，利用肽质量指纹（peptide mass fingerprinting，PMF）对蛋白进行鉴定，常采用二维凝胶电泳（two-dimensional gel electrophoresis，2-DE）分离与基质辅助激光解吸电离-飞行时间质谱仪/质谱技术（MALDI-TOF/MS）分析结合的方法；适于进行翻译后修饰及特殊的蛋白质异构体的分析，较难分析大分子量的蛋白质。自底向上策略又称鸟枪法（shotgun sequencing），利用串联质谱数据-肽碎片指纹（peptide fragment fingerprinting，PFF）鉴定肽段序列后，再推导样品中所包含的蛋白质，是目前常用的高通量检测策略，多用于对复杂样品进行高通量分析。

（二）定量蛋白质组学

定量蛋白质组学是对一个基因组表达的全部蛋白质或一个体系内的所有蛋白质进行精确鉴定和定量，可用于筛选样本之间的差异表达蛋白，也可对某些关键蛋白进行定性和定量分析。目前，应用较广泛的定量蛋白质组学技术有非标记定量（label free）技术和标记定量技术 2 种。非标记定量技术不需对样本进行标记处理，通过分析质谱数据，比较特定肽段在不同样品间的信号强度对蛋白质进行相对定量，常用于大样本量的定量比较及无法采用标记定量技术的实验。现有的标记定量技术主要有同位素标记相对和绝对定量（isobaric tags for relative and absolute quantitation，iTRAQ）技术、串联质谱标签（tandem mass tag，TMT）技术和细胞培养中的氨基酸稳定同位素标记（stable isotope labeling by amino acids in cell culture，SILAC）技术。

（三）相互作用蛋白质组学

相互作用蛋白质组学（interaction proteomics）是对蛋白质-蛋白质、蛋白质-核酸、蛋白质-药物/小分子化合物的互作进行大规模定性或定量研究的蛋白质组学方法。目前，高通量蛋白质互作研究方法主要有两类：①遗传学方法，主要有膜酵母双杂交技术、蛋白质片段互补分析技术、共振能量传递技术、噬菌体展示技术、蛋白质微阵列技术，以及发光标记哺乳动物相互作用组定位技术和哺乳动物蛋白质-蛋白质相互作用链和变异技术等，常用于分析成对的相互作用。②生物化学方法，包括免疫共沉淀法、串联亲和纯化法及基于质谱的各种生化方法，如蛋白质芯片技术（protein chip technique）和串联亲和纯化-质谱分析技术（tandem affinity purification-mass spectrometry，TAP-MS），常用于鉴定多蛋白质之间的互作。

（四）翻译后修饰蛋白质组学

生物体内的很多蛋白质都存在翻译后修饰（post-translational modification，PTM），其与蛋白质的理化性质、结构、活性、亚细胞定位及蛋白质-蛋白质相互作用等密切相关。目前研究较多的蛋白翻译后修饰主要包括磷酸化、乙酰化、甲基化和泛素化4类。

翻译后修饰蛋白质具有丰度低和不均一等特点，因此翻译后修饰蛋白质组研究的第1步是对修饰蛋白质或肽段进行富集分离。目前，富集磷酸化蛋白质的方法主要有基于抗体的亲和捕获和磷酸化氨基酸的化学衍生、基于金属离子的亲和捕获和离子交换层析及用于磷酸化酪氨酸研究的免疫沉淀技术，最常用的是固定化金属亲和层析（immobilized metal affinity chromatography，IMAC）和金属氧化物亲和层析（metal oxide affinity chromatography，MOAC）。针对糖基化蛋白质的分离富集技术主要有亲水相互作用液相色谱法（hydrophilic interaction liquid chromatography，HILIC）、肼化学富集法、凝集素亲和技术和硼酸亲和层析等，HILIC和凝集素亲和技术最常用。对泛素化蛋白质的富集则主要利用泛素化抗体或特异性泛素结合域（ubiquitin binding domain，UBD）。2005 年，Cell Signaling Technology（CST）公司开发的 PTMScan® 技术问世，其利用基序抗体（motif antibody）在肽段水平免疫亲和富集带有不同翻译后修饰的肽段，再利用 LC-MS/MS 进行定量分析（图 3-44）。至今，

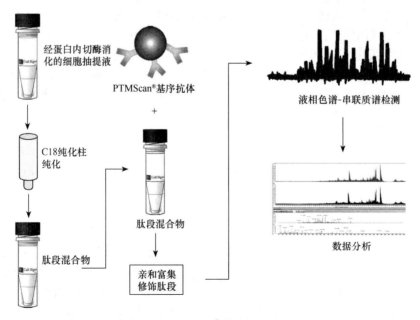

图 3-44　PTMScan® 技术的基本流程

CST 已开发了富集磷酸化（PhosphoScan® 和 PTMScan Direct®）、乙酰化（AcetylScan®）、泛素化（UbiScan®）和甲基化（MethylScan®）等修饰多肽的特异性基序抗体。

（五）靶向蛋白质组

靶向蛋白质组技术是一种基于高分辨、高精度质谱的蛋白质靶向定量技术，是对高通量筛选差异目标蛋白的验证，被广泛应用于肿瘤标志物、翻译后修饰和信号转导通路等研究。目前，靶向蛋白质组技术主要包括多重反应监测技术（multiple reaction monitoring，MRM）和平行反应监测技术（parallel reaction monitoring，PRM）。MRM 也称选择反应监测技术（selected reaction monitoring，SRM），可与多种定量策略联用，常用于对标志蛋白的高通量监控。PRM 技术是由 MRM 衍生的质谱扫描方法，可在复杂生物样品中同时对多个目标蛋白进行相对或绝对定量检测。

第七节　蛋白质的研究与应用

蛋白质是细胞功能的载体和承担者，是生物体生命活动的直接执行者。随着人们对植物、动物、微生物等生命体内蛋白质研究的逐渐深入，很多蛋白质已被广泛应用于食品、农业、工业、生物工程及生物医药等各个行业和领域。

一、蛋白质研究简史

蛋白质参与生物体遗传、发育、繁殖、代谢及应激等几乎所有生命活动，蛋白质研究贯穿科学研究的各个领域且至关重要，其核心内容是揭示生物体内各种蛋白质的结构、功能及作用机制。1926 年，Sumner 从刀豆中提取出脲酶的结晶，Abel 成功制备胰岛素结晶。之后，科学家们通过一系列的试验证据证明蛋白质是一类基本结构相同、分子质量均一的大分子。20 世纪 30～40 年代，蛋白质研究的核心是纯化、分子大小、形状及带电性等理化性质。1951～1953 年，Sanger 完成了对牛胰岛素一级结构的解析；1960 年，Perutz 和 Kendrew 分别测定了血红蛋白和肌红蛋白的晶体结构；1965 年，我国生化学者首次合成了具有生物活性的胰岛素。蛋白质研究的这些重大突破，为分子生物学的产生奠定了基础，蛋白质的研究成为分子生物学的重要内容。

随着人类基因组计划的实施和推进，传统的对单个蛋白质进行研究的方式已无法满足后基因组时代的要求。20 世纪 90 年代中期，蛋白质组学技术应运而生，该技术以细胞内全部蛋白质的存在及其活动方式为研究对象。2001 年，国际人类蛋白质组组织（Human Proteome Organization，HUPO）成立；2002 年，人类蛋白质组计划（Human Proteome Project，HPP）宣布启动。

二、蛋白质的应用

对蛋白质结构与功能、相互作用和动态变化的深入研究，不仅有助于揭示生命现象的本质，还催生了一系列新的生物技术，带动医药、农业和绿色产业的发展，很多蛋白质已被广泛应用于以动物、植物及微生物等为对象的食品加工、农业生产、生物工程、生物医药等领域。

（一）在生命科学研究中的应用

很多蛋白质，尤其是酶，是生命科学研究的重要手段。例如，基因工程中使用的 DNA 聚合酶、限制性内切酶和连接酶及蛋白质测序使用的胰酶等；来源于水母的绿色荧光蛋白（green fluorescent protein，GFP）示踪已被广泛应用于生物研究的各个方面。

（二）在食品生产中的应用

蛋白质是食品工业的四大原料之一，是人类和其他动物食品的主要成分。高蛋白膳食是人们生活质量提高的重要标志。肉类、水产类和蛋奶类动物蛋白是营养价值最高的一类蛋白，几乎含有人体所有的必需氨基酸。植物蛋白是不同于动物蛋白的人类所需的另一类蛋白质，植物多肽具有抗氧化、抑菌等多重功效，在食品、医药等领域都具有巨大的应用空间。近年来，昆虫活性蛋白的功能和优点被不断发掘，昆虫蛋白食物的种类不断增多。

（三）在农业生产中的应用

蛋白质在农业生产中的一个非常重要的应用就是蛋白质生物农药的使用。蛋白质生物农药是由微生物产生的蛋白激发子类药物，其本身对病原物无直接杀死作用，而是通过激发农作物自身的抗病防虫等相关基因的表达，以增强农作物的免疫力并促进生长。蛋白质生物农药主要包括苏云金杆菌杀虫晶体蛋白、细菌源蛋白质生物农药和真菌源蛋白质生物农药等。此外，蛋白质作为饲料的重要成分，在畜牧业和水产养殖业中的应用也非常广泛。近年来，随着无抗健康养殖的需要，昆虫抗菌肽已成为绿色饲料添加剂的重要来源。

（四）在工业生产中的应用

蛋白质酶广泛应用于纺织、化工等工业生产中。动物毛和蚕丝的主要成分是蛋白质，它们是重要的纺织原料。动物的皮经过药剂鞣制后，其中所含蛋白质变成不溶于水、不易腐烂的物质，可以加工制成柔软坚韧的皮革。动物胶是一种比较简单的蛋白质，由骨和皮等熬煮而得，主要用作工业胶黏剂、乳化剂和乳化稳定剂等，其中无色透明的动物胶称为白明胶，可用来制造照相感光片和感光纸。牛奶里的酪蛋白除用作食品外，还能跟甲醛合成酪素塑料。近年来，微生物产蛋白酶已成为蛋白酶制剂的主要来源，工业上超过三分之二的蛋白酶来自微生物发酵生产。

（五）在生物医药中的应用

在临床检验方面，酶等蛋白质活力或量的变化是一些疾病的诊断指标。例如，甲胎蛋白是早期肝癌的诊断指标之一，谷丙转氨酶和谷草转氨酶是乙肝的诊断指标。有很多蛋白质或酶是治疗相关疾病的有效药物，例如，胰岛素、人丙种球蛋白及淀粉酶、凝血酶等酶制剂；人 β 干扰素和白细胞介素-2 是两种具有抗癌作用的蛋白。此外，很多蛋白质酶可被应用于药物生产。近年来，以蛋白质为材料的3D打印技术被广泛应用在医疗领域，明胶和胶原蛋白是广泛用于生物打印的"天然油墨"。

> **知识拓展**
>
> 2002年，日本科学家田中耕一因发明了生物大分子的质谱分析法与美国科学家约翰·芬恩共享了诺贝尔化学奖一半的奖金。田中耕一是日本岛津制作所电气部的工程师，其发明的离子化方法——基质辅助激光解吸电离（MALDI）使对蛋白质等生物高分子化合物的质谱分析成为可能，是蛋白质组学发展的基础。
>
> 据报道，田中耕一发明该方法的起因是源于一个错误——早年在从事质谱分析装置的研发时，他错误地加入了甘油，因为当时他并没有太多化学、生物化学知识，也不知道当时的理论认为蛋白质大分子不大可能被离子化，所以他认为他发现了"可能分析生物高分子质量的方法"而继续按想法设计了分析仪器，并连同分析方法一起申请了专利。当收到获得诺贝尔奖的电话时，他还以为遇到了骗子或是弄错了。

思考题

1. 22种基本氨基酸的英文名称、三字符号、单字符号和结构式分别是什么？

2. 氨基酸的氨基、羧基和侧链基团的化学性质及应用分别有哪些？

3. 肽键有哪些结构特点？肽的双缩脲反应过程是？

4. 蛋白质分子在溶液中的主要理化性质及其在分离纯化中的应用有哪些？

5. 什么是蛋白质的二级结构？主要作用力是什么？

6. 迄今已知的蛋白质结构与功能的关系有哪些？

7. 目前常用的蛋白质互作研究技术有哪些？它们的原理分别是？

8. 什么是蛋白质组学？蛋白质组学的主要研究方法有哪些？

第四章 糖

第一节 概 述

糖通常被认为是一类含有多羟基的醛或酮，包括含有该结构的聚合物和衍生物或者水解后能生成这些结构的物质。在自然界中糖被认为是应用最广泛的能量物质，主要由碳、氢和氧三种常见元素组成，分子通式可以写为 $C_x(H_2O)_y$，因为其中氢元素与氧元素恰好比例是 2：1，与水的氢氧元素比例完全相同，所以在营养学等学科过去的知识体系中也称糖为碳水化合物（carbohydrate），但值得提出的是，如乳酸 $C_3H_6O_3$ 等物质中的氢氧元素比例也为 2：1，所以碳水化合物这一名称并不准确。

近几十年来，研究人员除了对糖本身的性质研究愈发全面和深入之外，对于糖蛋白中糖链的结构及功能关系也进行了大量深入的研究，发现多数具有生物活性的糖蛋白中，糖链在酶催化、激素调节、免疫控制、细胞信号识别等方面具有关键作用。因此糖蛋白近年来也成为生物化学领域的研究热点。

一、分布

糖类是在生物界分布最为广泛的一种生物能源性物质，在动物、植物及微生物中都含量较高，在植物中尤甚，糖类通常情况下约占植物干重的 80%。在大多数植物的结构中，如树木、牧草、蔬菜等，主要支撑结构为纤维素，即属于糖类的一种。在植物的种子中，糖类扮演着重要的贮存能量的角色，大部分根茎、种子的胚乳都富含淀粉，同样属于糖类。在动物的新陈代谢中，糖类是主要的供能物质，在哺乳动物体内糖的存在形式是糖原，这也是动物体内主要的储能和功能物质。哺乳动物体内组织器官特别是肌肉和肝中所含的糖类一般少于身体干重的 2%，却在代谢中供应 50% 以上的能量。微生物细胞中的糖类物质大多属于游离态，有不同的类型和功能，特别是细菌的荚膜多糖对于细菌具有重要的意义。

二、意义

（一）生物体的重要结构成分

单糖中的核糖是生物界遗传物质的结构组成部分。学术界对于单糖的公认定义是指在分子内含有 3~7 个碳原子的多羟基醛或多羟基酮，典型的单糖有葡萄糖、果糖、核糖、半乳糖等，其中核糖是非常重要的一种单糖类物质，分为核糖和脱氧核糖，核糖是 RNA 的主要组成部分，而脱氧核糖是 DNA 的重要组成成分。

甲壳质是自然界中广泛存在的一种常见的多糖，是甲壳类动物（如虾蟹）的介壳和绝大多数昆虫外骨骼的结构成分。细胞壁是植物、细菌的细胞膜外特有的一种坚韧、具有弹性的结构类物质，主要由一类黏质复合物构成，分为胞间层（中层）、初生壁和次生壁 3 层。其中胞间层是在细胞分裂产生新细胞时形成的一层细胞间共有薄膜，它的主要成分是胶粒柔软的果胶质，果胶类物质本身就是一种糖类。细菌的细胞壁外具有一层由多糖组成的荚膜结构，起保护和储备营养的作用，危急时能被细胞所利用。

（二）生物体的主要能源物质

糖类物质中，无论是属于多糖类的淀粉类物质，还是属于单糖类的葡萄糖、半乳糖，都是大部分哺乳动物新陈代谢中最主要的能源物质。其中葡萄糖作为一种最重要的糖可作为生物能源，如肌肉收缩、神经传导等。根据营养学领域的研究，大多数生物无法充分利用所有糖类物质来供能，葡萄糖是大多数生物的能源性物质，在人体中特别是大脑只能由葡萄糖来供能。许多生物都有能力把其他单糖及二糖代谢成能量，但以葡萄糖为首选，也最易被消化。

在如今丰富的食品种类中，包括面包、饼干、豆制品、薯类、大米制品及市面上风靡一时的奶茶、调味咖啡等饮料中均含有不同程度的糖类物质。通常情况下，糖类的能量密度为 15.8kJ/g（相当于 3.75kcal/g），而相同条件下，蛋白质的是 16.8kJ/g（4kcal/g），脂肪则是 37.8kJ/g（9kcal/g）。

（三）代谢反应的重要参与者

纤维素等多糖对于大多数生物来说是无法进行消化代谢的，只能由产生纤维素酶的原生生物进行分解消化，如白蚁及大多数反刍动物都会利用消化道内的菌群来帮助消化纤维素类的物质。这些类型的多糖类物质在被消化的过程中同时影响了菌群的变化，在人体的营养学发展中，发现这些多糖类物质虽然不能被人体直接消化，但能被与人类共生的肠道菌群所消化，称之为膳食纤维，其通过影响肠道菌群来调节人体的多种代谢反应。众所周知，DNA 和 RNA 是人类遗传物质的核心，而作为 DNA 和 RNA 构成核心的核糖，在遗传代谢调控中具有重要的意义。众多新陈代谢的调控中枢也需要糖类物质的参与，如 ATP、FADH 和 NADH 的生成。

（四）细胞信号传递的重要部分

杂多糖一般指 2 种或者 2 种以上单糖组成的多糖分子，在自然界中种类很多，常见的是糖蛋白，它们的结构和功能与免疫反应、疾病应激反应和生物体的生长发育等有极大的关联，杂多糖正是通过细胞信号的传递来影响多种生物体的生理特性。例如，脂多糖（lipopolysaccharide，LPS）是一种典型的广泛存在于革兰氏阴性菌表面的信号分子，可被昆虫识别而启动相应免疫机制，如抗菌肽的生成等。

第二节　糖的组成与结构

一、单糖

单糖（monosaccharide）是指无法被继续水解成更小分子质量单糖的糖类分子，通常可以根据分子中羰基所处位置的差异分为醛糖（aldose）和酮糖（ketose）两类，也可根据碳原子的个数将其进行分类命名，如丁糖、戊糖等。自然界中最广泛存在的单糖是戊糖，在人体中一般指核糖，对于生命体来说是非常重要的单糖。单糖中的葡萄糖也是人体新陈代谢最重要的能源物质。单糖中最简单的两种分别是甘油醛和二羟丙酮，结构如图 4-1 所示。

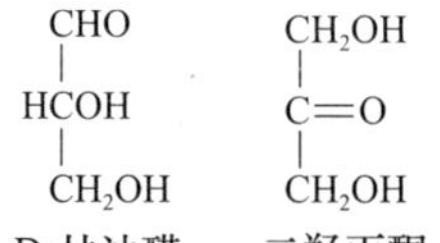

```
CHO          CH₂OH
|            |
HCOH         C=O
|            |
CH₂OH        CH₂OH
D-甘油醛      二羟丙酮
```

图 4-1　常见简单单糖

二、寡糖

寡糖（oligosaccharide）或少糖类，是一种新型功能性糖源，其具有的保健、食疗功能被高度重视，因其具有升糖指数低、甜味可控等优良特点，已被广泛应用于食品代糖、特种功能保健品、医疗健康、新型饲料等领域，愈来愈受到科学界的重视。寡糖通常也称为低聚糖，学术界公认的定义为由 2～10 个糖苷键进行聚合得到的糖聚物，经常发现其与蛋白质或脂类物质结合，以糖蛋白或糖脂等不同的化合物形式存在。随着对寡糖的研究逐渐深入，发现其可被分为功能性寡糖和普通寡糖，一般情况下认为这些寡糖难以被人体或动物的消化道直接消化吸收，产生很少的热量、升糖指数较低。

二糖是寡糖中较为常见的一种，通常仅由 2 个单糖结合而成。结合的化学键类型大多数为 *N*-糖苷键型和 *O*-糖苷键型两类。*N*-糖苷键型是指二糖上的寡糖链与肽链上的氨基进行连接，而这一类型的寡糖链已被发现有高甘露糖型、复杂型和杂合型；*O*-糖苷键型是指二糖上的寡糖链与肽链上的羟基进行连接，或与膜脂的羟基相连。

寡糖的系统命名法因其是非还原糖还是还原糖而不同。①非还原糖的寡糖通常按照糖苷命名，如蔗糖为非还原二糖，可命名为葡糖苷或果糖苷，糖苷键由 2 个半缩醛羟基间形成。含有三糖以上的非还原寡糖的命名法也与二糖相似，按糖基-糖基-糖苷方式进行。用 2 个数字标明糖苷键连接的有关碳原子，置于糖基名之间，在一个括号内，用箭头分隔开，箭头的方向是由半缩醛羟基碳原子指向醇羟基碳原子。例如，α-乳糖的系统命名为 4-*O*-β-D-六环半乳糖基-α-D-六环葡萄糖。②还原二糖的系统命名则是按照糖基取代另一个单糖醇羟基的方式进行，从非还原糖基开始，用数字标明被取代醇羟基的位置，随后再加上被取代的糖名。另一种情况也会使用两个数字标明糖苷键连接的有关碳原子，置于括号内，用箭头分隔开，箭头的方向是由半缩醛羟基碳原子指向醇羟基碳原子。对于单糖单元在两个以上的还原寡糖，系统命名法与二糖相似。按照糖基-糖基-糖方式进行。从非还原糖基名开始，按顺序列另一糖基名，最后为还原糖名，糖基名和糖名之间用括号和数字标明连接碳原子的位置。例如，α-麦芽三糖的系统命名为 *O*-α-D-六环葡糖基-（1→4）-α-D-六环葡糖基-（1,4）-α-D-六环葡萄糖。

寡糖的功能主要有两大类。一类的典型代表为低聚麦芽糖，本身甜度低，具有一定的低渗特点，已有研究证据表明其能够增强体力，特别是在大量体力消耗后人体出现血糖降低伴随肌肉在高温条件下出现一系列生理反应时，低聚麦芽糖等物质能够很好地调节血糖，同时降低肌肉在无氧代谢下的乳酸反应。另一类的典型代表为低聚异麦芽糖，这类寡糖能够明显增加哺乳动物肠道中有益菌-双歧杆菌的菌群密度，因此也被称为双歧因子。已有大量研究证据表明，低聚异麦芽糖能够抑制肠道中的腐败菌，对于多种肠道相关肿瘤的发生发展具有明显抑制作用，还能通过刺激肠道菌群生产短链脂肪酸来影响肝的代谢功能，促进多种矿物质营养素的吸收，具有良好的营养学功能。

三、多糖

通常所述的多糖（polysaccharide）是指由糖苷键连接的较长糖链，是包含至少 10 个单糖分子的一类聚合高分子糖类化合物。水解后只能产生相同单糖的多糖习惯上称为同多糖，典型的代表有纤维素、淀粉和糖原；水解后产生不同单糖分子的一般称为杂多糖，杂多糖在自然界中广泛存在，并具有生物活性，如果胶质和阿拉伯胶等。需要明确的一点是，多糖并不是一种化合物，而是一类相同或相似但聚合度不同的混合物。大多数多糖不易溶于水，基本没有甜味，鲜少表现还原性，也不具有旋光性改变。因为大部分多糖都属于糖苷，往往能够通过水解生成一系列不同的过程产物，完全水解可以得到不同类型或相同类型的单糖。

多糖在生物体内具有重要的意义：纤维素是植物细胞和部分微生物细胞细胞壁的主要成分；糖原和淀粉分别是动物和植物贮存利用的重要能源性物质；肝素和硫酸软骨素对于很多生

物而言具有重要的生理学意义。

（一）同多糖

1. 淀粉 淀粉广泛分布于植物体内，特别是块状茎、种子等，是主要的储能形式，也是人类从食品中获取糖类的主要形式。按聚合物结构是否为线性，可以将其分为直链淀粉和支链淀粉（图4-2）。①直链淀粉：严格按照α-1,4糖苷键形成线性糖链的葡萄糖聚合物。较为典型的是上千个葡萄糖分子组成线性聚合物，根据来源不同分子质量差异较大，绝大多数能够形成不规则弯曲盘旋的螺旋空间结构。②支链淀粉：在直链淀粉总体结构的基础上每隔20个左右葡萄糖残基就有一个分支，分支点由α-1,6糖苷键与主链连接。通常可以用碘试剂来鉴定直链淀粉和支链淀粉：直链淀粉呈紫蓝色，支链淀粉呈紫红色。

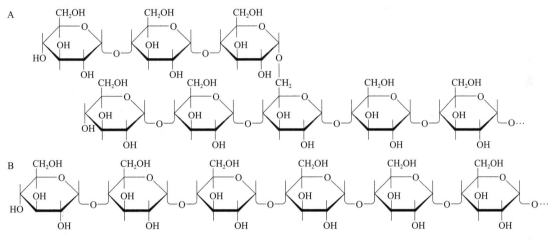

图4-2 支链淀粉（A）和直链淀粉（B）

2. 糖原 糖原是动物细胞中主要用于贮存能量的多糖，也有人称其为动物淀粉。值得注意的是，糖原在和碘试剂反应时会显红褐色。糖原结构上跟支链淀粉很相似，但是其分支无论是数量还是结构都更为复杂，结构更加紧凑，能够更高效地贮存能量。在糖原中含有非常多的非还原性残基，可以迅速被动员水解，高效供能。

3. 纤维素 纤维素可能是世界上存量最多的多糖类物质，几乎所有植物细胞壁都含有纤维素，通常情况下纤维素在整个植物总重中占很大比例，堪称自然界存在最广泛的有机物。纤维素一般结构很像直链淀粉，具有不分支的线性多糖链，不同的是直链淀粉是通过α-1,4糖苷键连接，而纤维素是10 000个葡萄糖分子通过β-1,4糖苷键进行连接（图4-3）。纤维素会形成大型的线性分子链，分子链之间通过氢键连接形成平面，平面之间又通过其余氢键和环内疏水键的范德瓦耳斯力形成微纤维，微纤维纵横交错，在显微镜下看起来就像是网状结构。虽然绝大部分动物都不含有消化纤维素的酶（反刍动物除外），但纤维素的摄入对于动物的健康是必要且有益的。

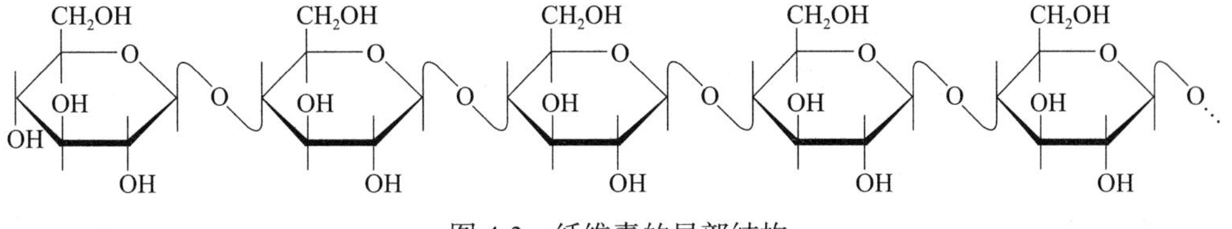

图4-3 纤维素的局部结构

此外，还有少数不同的纤维素，如 *N*-乙酰-D-葡糖胺通过糖苷键连接形成线性分子的几丁质（壳多糖）、存在于菊科植物根部的菊糖（多聚果糖）、琼脂等均一性多糖。

（二）杂多糖

典型的杂多糖有硫酸软骨素、透明质酸。在多细胞生物组织的胞外间隙充满胶状物质，这些物质属于杂多糖，也称为糖胺聚糖或黏多糖、氨基多糖等。已被发现并解析结构的糖胺聚糖有 6 类（图 4-4）。

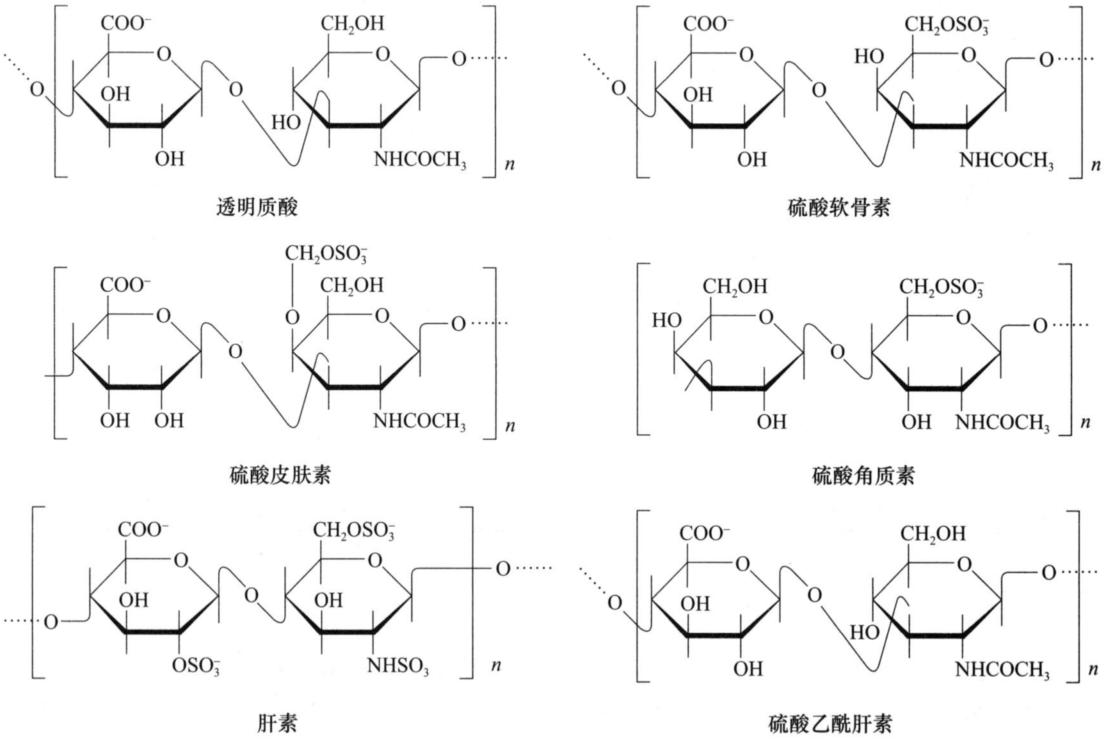

图 4-4　糖胺聚糖的种类

四、糖缀合物

除上文所述的多糖之外，在生物体内还有一类与其他多糖性质和结构不同的大分子糖类物质，称为糖缀合物（glycoconjugate）。这类物质通常表现为糖和蛋白质、脂质、核酸或抗体等生物大分子物质进行连接。已被发现并鉴定结构的糖缀合物有如下几种。

（一）蛋白聚糖

蛋白聚糖（proteoglycan，PG）是一种典型的糖缀合物。与糖胺聚糖共价结合的多肽链称核心蛋白（core protein），有些蛋白聚糖属于膜内蛋白质，主要分为多配体蛋白聚糖和磷脂酰肌醇蛋白聚糖，分布较为广泛。蛋白聚糖是几乎所有细胞基质的主要成分。

（二）糖蛋白

糖蛋白（glycoprotein）是一类糖与蛋白质的缀合物。糖蛋白常作为膜蛋白或分泌蛋白，并具有两种寡糖链糖苷键类型，一种是 *N*-糖苷键型糖蛋白，另一种是 *O*-糖苷键型糖蛋白。黏蛋白也属于糖蛋白的一种，富含 *O*-糖苷键型寡糖链，寡糖链赋予了黏蛋白特殊的理化特性，最早被发现的黏蛋白是血型糖蛋白 A。糖组学研究也基于糖蛋白独有的生理学特性。

（三）糖脂

除了糖蛋白外，某些脂质也含有通过共价键结合的寡糖，习惯性将其称为糖脂。代表为神经节苷脂（ganglioside），属于膜糖脂，也称为鞘脂或鞘糖脂。部分细菌表面含有脂多糖，对于细菌的生理生化功能具有重要的意义，细菌的革兰氏染色分类即是基于细菌表面脂多糖的染色差异，脂多糖也属于一种糖脂。

第三节 糖 的 性 质

不同糖类具有完全不同的物理性质，大多数单糖都具有旋光性，多糖一般在水解后表现为其所含单糖的化学性质。本节主要简述常见单糖的部分化学性质和涉及单糖的官能团化学性质，以及寡糖的特殊化学性质。

一、单糖的化学性质

（一）氧化反应

醛糖、酮糖都可以被弱氧化剂氧化，能够使费林（Fehling）试剂和本内迪克特（Benedict）试剂还原成砖红色氧化亚铜沉淀，能将托伦（Tollen）试剂还原成银镜。不同条件下单糖的氧化产物不同，葡萄糖被氧化的情况也不同，常见发生氧化反应的单糖如图 4-5 所示。

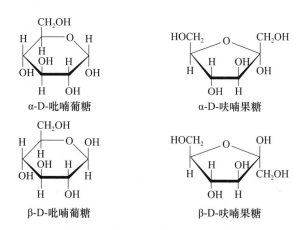

图 4-5　常见发生氧化反应的单糖

（二）酯化作用

单糖为多元醇，可以与酸反应生成酯，生物化学上较为重要的酯是磷酸酯，它们是糖代谢的关键中间产物，常见发生酯化作用的单糖如图 4-6 所示。

α-D-葡糖-1-磷酸

α-D-葡糖-6-磷酸

α-D-果糖-6-磷酸

α-D-果糖-1,6-二磷酸

图4-6 常见发生酯化作用的单糖

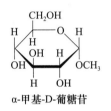

α-甲基-D-葡糖苷

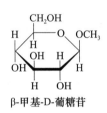

β-甲基-D-葡糖苷

图4-7 常见的糖苷

（三）成苷作用

糖的半缩醛羟基与酚或醇的官能团能够发生羟基反应，脱水后再生成缩醛形式的衍生物，通常称之为糖苷。非糖部分称为苷元（又称配糖体）。α 和 β 甲基糖苷是常见的糖苷，自然界中天然存在的糖苷多为 β 糖苷，如图4-7 所示。

二、寡糖的性质

寡糖由单糖组成，因此具有与单糖相似的物理和化学性质，但也具其特点。常见寡糖具有如下特点：①寡糖都可形成晶体，可溶于水，有甜味。②都具有旋光性。③根据其分子是否具有还原性可分为还原糖及非还原糖。还原糖具有与单糖相同的性质，如在水溶液中有变旋现象，可形成糖苷，可形成糖脎，可还原 Fehling 试剂等，而非还原糖不具有这些性质。④可被酸或酶水解，水解产物是组成该寡糖的单糖。一般来说，由两个半缩醛羟基结合的糖苷键最易水解。例如，用弱酸水解棉子糖时，产生果糖和蜜二糖，用强酸水解则产生果糖、葡萄糖及半乳糖，这就说明了蔗糖的糖苷键更易于水解。

第四节 糖 的 功 能

一、生物体能量的主要来源

糖类物质是生物体的主要能源物质，植物富含的淀粉和动物体内的糖原都是能量的贮存形式，葡萄糖是大多数羧基生物能量代谢的重要中间单位。葡萄糖的分解代谢途径基本上有三种：①在缺氧、厌氧或无氧时发生的无氧氧化，也称为糖酵解；②在消耗氧气的同时常进行的有氧氧化，并进一步通过三羧酸循环完全分解产生能量；③通过戊糖磷酸途径生成 NADPH 和核糖-5-磷酸这两种重要的中间代谢产物。

糖在生物体中主要的任务是为机体提供能量。从化学角度解析，每克葡萄糖在人体内完全发生氧化反应能够产生约 4kcal 能量，人类进行新陈代谢的 70% 以上的能量由葡萄糖提供。

二、体内遗传物质的主要组成

糖类中的核糖和脱氧核糖是构成 DNA 和 RNA 即遗传物质的主要成分。核糖是一种含有 5 个碳的醛糖，常见的存在形式是 D-核糖，核糖是 RNA 组成的重要物质，也为 ATP 等物质提供合成原料——赤藓糖。RNA 完全水解能够得到大量 D-核糖，其是一种单糖，主要存在于细胞质中，为核酸代谢提供原料。在细胞核中存在的主要是脱氧核糖，特别的是其 H、O 元素含量比并不符合 2∶1，对于 DNA 的合成和结构性质具有重要的意义。

三、物质代谢的骨架物质来源

在生物体常见的三大主要物质代谢：糖类代谢、脂类代谢和蛋白质代谢中，很大一部分物质的碳骨架均由一些糖类提供，细胞骨架的合成代谢也离不开糖类物质。此外，多糖中纤维素、木质素构成了植物细胞的细胞壁，肽聚糖构成了部分微生物的细胞壁。

四、特殊功能

多糖中的糖脂、糖蛋白及糖胺聚糖在生物体中的细胞信号转导过程中具有非常重要的意义，大多数细胞信号的转导都离不开糖类物质的参与和作用，如细胞膜表面的糖分子和差异化的寡糖链就直接参与细胞信号转导的物质过程。

第五节　糖研究的主要技术

一、微阵列技术

根据聚糖分子能够和蛋白质或凝集素结合的技术原理，寡糖微阵列技术出现了，与 DNA 微阵列物质具有相似的原理，通过用荧光标记的凝集素对寡糖进行检测，再对产生的荧光进行定性和定量的分析。

要进行糖的微阵列技术分析，首先要将目标分析的寡糖溶液在载玻片上通过惰性间隔进行固定，在载玻片表面滴加不同标记荧光的混合凝集素，充分反应达到平衡状态后，在荧光显微检测设备中鉴定是否产生荧光——代表寡糖与蛋白质凝集素物质结合，并根据荧光强度来定量分析其相互结合力。

二、组学技术

糖组学目前是生物化学中较为热门的领域，主要关注于使用多种质谱核磁技术来解析与寡糖编码有关的活性、亚细胞定位及细胞信号转导的研究。越来越多的研究表明，病毒的蛋白糖基化与其毒性及宿主特异性具有密切关系。糖组学的研究方法类似于蛋白质组学，但因为糖代谢的动态进程，糖组学的研究数据并不稳定，研究结果的好坏取决于研究对象的细胞等环境条件。糖组学研究在全面系统了解生物体生命活动的过程中不可或缺，几乎所有的微生物和病毒都是通过附着于细胞表面的糖链对人类造成感染，糖组学未来将对研究传染性疾病的诊断和预防产生极大的影响。

目前对于糖蛋白及其糖基化位点上糖链结构的分析新技术在不断发现，但在研究糖链的过程中还要保护结合蛋白，所以研究难度很大。总体来说，糖组学与基因组和蛋白质组学一样，已成为全面了解生命基础的重要一环，这一方面的研究在国际学术界正在受到越来越多的关注。

第六节　糖的研究与应用

一、植物领域

植物糖蛋白广泛存在于细胞膜、细胞壁和细胞质中，包括许多酶、结构蛋白质、凝集素、受体及贮存蛋白，在植物的幼苗生长、种子萌发、生殖和应激等生命过程中均起重要作用。目前已鉴定得到多个重要的植物糖蛋白家族，如富含羟脯氨酸糖蛋白和阿拉伯半乳糖蛋白（在被子植物受精过程中起作用）等。尤其是细胞表面糖蛋白，其往往是最先接受外界信号的受体，负责细胞与外界的信息交换。

二、微生物领域

基于微生物的代谢和生物转化的糖代谢往往是研究、解析微生物抗原特异性的重点。例如，青霉素类通过干扰细菌肽聚糖之间的肽交联桥来杀伤细菌；脂多糖是哺乳动物免疫应答的抗体原型靶标，对人体和动物有毒；细菌外壳的荚膜多糖是细菌是否具有病原性的主要原因。微生物的糖代谢一方面决定了部分病原微生物的致病性，另一方面也为调控工程菌的发酵工程起到了重要的作用。

三、动物领域

作为生物体的一类重要生物大分子，糖类物质可作为能源物质，在机体免疫调控过程中通过改变代谢途径进行能量的重新分配，从而有效优化免疫供能，因此对动物体内糖的研究及应用一直是重要方向。研究还发现，海洋动物多糖具有独特的结构和免疫调节的重要功能，脉红螺、纵条肌海葵等中的粗多糖对小鼠脾淋巴细胞转化率及大鼠睾丸支持细胞增殖率有作用。动物来源的糖胺聚糖也是近些年的研究重点，目前已被证实具有降糖、降血压、平喘等多种生物活性。当前有越来越多的酶解低聚木糖被加入饲料中，还有研究将黄芪多糖、芦荟多糖及其他中药多糖应用于畜牧兽医中。

因此，随着对糖类物质的不断深入研究，生物体越来越多的糖类分子将会得以研究与应用，为人类带来更多的生物价值。

> **知识拓展**
>
> ### 甜菊糖的发家路
>
> 甜菊糖（stevia）是一种从菊科植物甜叶菊（*Stevia Rebaudia*）叶中提取出来的天然甜味剂，其甜度是蔗糖的250～400倍之多，热量又比蔗糖低，具有明显的优势。甜菊糖现已被广泛应用于食品领域。
>
> 甜菊糖最早起源于南美地区，被作为一种甜味剂来使用，使用量并不大。人类寻找甜味取代物质的时间较长，从最初的糖精，到后来James M. Schlatter无意间发现并至今仍广泛使用的阿斯巴甜，阿斯巴甜的甜度为蔗糖的200倍，在市场上风靡一时。然而在后来发生的阿斯巴甜的公关危机让民众重新审视了这一典型的人工合成甜味剂，这给了甜度较阿斯巴甜更高，本身又是天然提取产物的甜菊糖很大的机会。
>
> 中国并不是最早发现甜菊糖的国家，国内使用甜菊糖的食品并不多，但中国是世界甜菊糖产业链中非常重要的一环。中国20世纪70年代末就引进种植甜叶菊，目前是世界上

甜菊糖产量和出口量最大的国家。甜菊糖的发展也充满争议，虽然其属于天然提取物，但也是高度精炼提取物，其安全性一直是科学界争论的话题，这是所有代糖物质的相似发展历程。目前甜菊糖主要用于改善食品的甜度和风味，然而甜菊糖天然具有一定的苦味，通常也需要和蔗糖或其他甜味剂混用，部分饮料为宣传甜菊糖而标榜的"天然代糖低卡低糖健康饮品"的口号，似乎也不完全正确。

 思考题

1. 请简述支链淀粉和直链淀粉的结构区别。
2. 核糖对于生物体来说有什么重要的意义？请举例说明。
3. 糖缀合物主要有哪几种？请列举。

第五章 脂 质

第一节 概 述

脂质（lipid，也译为脂类）就是动植物的油脂，是一切动植物都含有的一类物质。各种动植物食用油，以及工业、医药上用的蓖麻油、麻仁油等都属于脂质。脂质种类多，化学结构差异很大，功能也各不相同。

一、定义

脂质是生物体内的一类不溶于水而易溶于乙醚、氯仿、苯等非极性有机溶剂的重要有机分子。脂质主要由碳、氢、氧元素组成，有些也含有氮、磷和硫元素。对大多数脂质而言，其化学本质是脂肪酸（多是4碳以上的长链一元羧酸）和醇［包括甘油（即丙三醇）、鞘氨醇、高级一元醇和固醇］所形成的酯类及其衍生物。

二、发现

1769年法国医生François Poulletier de la Salle鉴定了能溶解胆石的松节油成分，发现它是一种不可皂化的脂类物质，1815年法国化学家Michel-Eugène Chevreul将其命名为"cholesterine"（胆固醇）。1779年瑞典药剂师Scheele在进行橄榄油与一氧化铝反应时，发现了具有甜味的油状物质——甘油。1812年Uauquelin从人脑中发现了卵磷脂，1844年科学家Golbley将其从蛋黄中分离出来，并于1850年根据希腊文"lekithos"（蛋黄）把它命名为"lecithin"（卵磷脂）。法国化学家Michel-Eugène Chevreul是第一个测定油脂化学成分的人，他于1828年提出脂肪由甘油和脂肪酸组成。1881年德国医生Johann Ludwig Thudichum发现了鞘脂的功能，提出Tay-Sachs病系由脑苷脂降解缺陷引起。1904年Franz Knoop用苯环标记实验推导出了饱和脂肪酸的β氧化途径。1927年德国专家Adolf Windaus证明麦角固醇是维生素D的前体。1942年德国生化学家Konrad Emil Bloch和同事证明了胆固醇所有碳原子皆来自乙酰辅酶A。1951年德国生化学家Feodor Lynen分离了乙酰辅酶A，提出脂肪酸生物合成多酶复合体系的观念，并证明生物素是辅因子，同时阐明丙二酰辅酶A在脂肪酸合成中的关键地位。此后二三十年，随着薄层层析和气-液层析技术的迅速发展，科学家们陆续揭示了脂类在储能、生物膜、转运、受体和信息转导中的作用。

三、分类

生物体内的脂质按化学组成可分为单纯脂（simple lipid）、复合脂（complex lipid）和衍生脂（derived lipid）三类：①单纯脂是脂肪酸与醇所形成的酯，包括三酰甘油（triacylglycerol，脂肪）和蜡（wax）；②复合脂除含有醇和脂肪酸以外，还含有其他非脂成分，如磷脂（phospholipid）、糖脂（glycolipid）等；③衍生脂是上述两种脂的衍生物，包括类固醇（steroid）、萜类（terpenoid）等。此外，脂质还可与其他大分子结合形成如脂蛋白、脂多糖等复合物。

第二节　脂质的结构与性质

一、单纯脂

（一）三酰甘油

1. 脂肪酸　生物组织和细胞中的脂肪酸（fatty acid）绝大部分以结合形式存在，极少以游离状态存在。脂肪酸是一种含有一条长的碳氢链（即"尾"）和一个末端羧基（即"头"）的有机羧酸。

（1）脂肪酸的种类和结构　　根据碳氢链是否饱和，脂肪酸分为饱和脂肪酸（如硬脂酸、软脂酸等）和不饱和脂肪酸（如油酸、亚油酸等）。不同脂肪酸之间的区别主要在于碳氢链的长度（碳原子数目）、不饱和双键的数目和位置。从动植物和微生物中分离出的脂肪酸已有上百种，常见的如表 5-1 所示，它们有通俗名和系统名。在通俗命名法中，羧基后的第一个碳为 α 碳原子，之后依次为 β、γ 等碳原子，离羧基最远的为 ω 碳原子。按照系统命名原则，羧基碳为碳 1，其余碳依次编号。脂肪酸常用简写符号表示，其原则是先写出脂肪酸碳原子的数目，再写出双键的数目，之间用冒号隔开，最后标明双键的位置（用 $\triangle$ 右上角的数字表示）。例如，软脂酸可写为 16：0，表明具有 16 个碳原子，无双键；油酸可写为 18：1（9）或 $18：1\triangle^9$，表明有 18 个碳原子，在第 9 和第 10 碳原子之间有一个不饱和双键。

表 5-1　常见的天然脂肪酸

通俗名	系统名	简写符号	结构简式	熔点 /℃
饱和脂肪酸				
月桂酸	n-十二烷酸	12：0	$CH_3(CH_2)_{10}COOH$	44.2
豆蔻酸	n-十四烷酸	14：0	$CH_3(CH_2)_{12}COOH$	53.9
棕榈酸（软脂酸）	n-十六烷酸	16：0	$CH_3(CH_2)_{14}COOH$	63.1
硬脂酸	n-十八烷酸	18：0	$CH_3(CH_2)_{16}COOH$	69.6
花生酸	n-二十烷酸	20：0	$CH_3(CH_2)_{18}COOH$	76.5
不饱和脂肪酸				
棕榈油酸（软脂油酸）	9-十六碳烯酸	$16：1\triangle^9$	$CH_3(CH_2)_5CH=CH(CH_2)_7COOH$	$-0.5\sim0.5$
油酸	9-十八碳烯酸	$18：1\triangle^9$	$CH_3(CH_2)_7CH=CH(CH_2)_7COOH$	13.4
亚油酸	9,12-十八碳二烯酸	$18：2\triangle^{9,12}$	$CH_3(CH_2)_4CH=CHCH_2CH=CH(CH_2)_7COOH$	-5
亚麻酸	9,12,15-十八碳三烯酸	$18：3\triangle^{9,12,15}$	$CH_3CH_2(CH=CHCH_2)_3(CH_2)_6COOH$	-11
花生四烯酸	5,8,11,14-二十碳四烯酸	$20：4\triangle^{5,8,11,14}$	$CH_3(CH_2)_4(CH=CHCH_2)_4(CH_2)_2COOH$	-49.5

天然脂肪酸有以下结构特点。

1）多数链长为 14～24 个碳原子，且均是偶数。最常见的为 16 或 18 个碳原子。饱和脂肪酸中最普遍的是软脂酸和硬脂酸。12 个碳原子以下的饱和脂肪酸主要存在于哺乳动物的乳脂中。不饱和脂肪酸中最普遍的是油酸。动物和细菌中以饱和脂肪酸为主，植物则是不饱和脂肪酸含量高。

2）单不饱和脂肪酸（含一个双键）的双键位置一般在第 9 和第 10 碳原子之间。多不饱和脂肪酸中的一个双键一般位于第 9 和第 10 碳原子之间，其他双键位于 $\triangle^9$ 和碳氢链的末端甲基之间，且两双键之间往往隔着一个甲烯基（—CH_2—），如亚油酸等，但也有少数植物的不饱和脂肪酸中含有共轭双键（—CH=CH—CH=CH—）。

3）饱和脂肪酸与不饱和脂肪酸的空间构象有很大差异：饱和脂肪酸因碳骨架中的每个单键可以自由旋转，比较灵活，能以各种构象形式存在，完全伸展形式几乎是一条直链；而不饱和脂肪酸因有不能旋转的双键，故只能具有一种或少数几种构象。双键的顺式构象可使脂肪酸的碳氢链发生大约 30° 的弯曲。不饱和脂肪酸大多具有顺式结构（氢原子分布在双键同侧），只有极少数属于反式结构（氢原子分布在双键两侧）。

（2）脂肪酸的性质　　脂肪酸具有亲水的极性羧基和疏水的非极性烃基，所以是两亲化合物。脂肪酸的溶解度随碳氢链的延长而减小，但与双键无关。饱和脂肪酸分子质量越大熔点越高；不饱和脂肪酸双键越多熔点越低。相同链长的不饱和脂肪酸熔点比饱和脂肪酸的熔点低（表 5-1）。

2. 甘油　　甘油（glycerol）的化学名为丙三醇，是一种无色、透明、无臭的黏稠液体，比水密度大，可与水、乙醇混溶，不溶于氯仿、醚、苯等有机溶剂。甘油分子本身没有不对称碳原子，若它的 2 个 α 碳原子（—CH_2OH 基团）中的任何一个羟基被酯化，β 碳原子就成为不对称碳原子，就有 L-构型和 D-构型之分。由于甘油衍生物有可能成为手性分子，为统一名称，1967 年国际理论与应用化学联合会-国际生物化学联合会（IUPAC-IUB）的生物化学命名委员会规定：甘油分子中的 3 个碳原子依次指定为 1、2、3 碳位即 α、β、α′ 位，第 2 位羟基写在左边，上为第 1 碳位，下为第 3 碳位。生化中常采用立体专一编号（stereospecific numbering）或称 sn-系统来表示，如 sn-甘油-1-磷酸、sn-甘油-3-磷酸（图 5-1）。

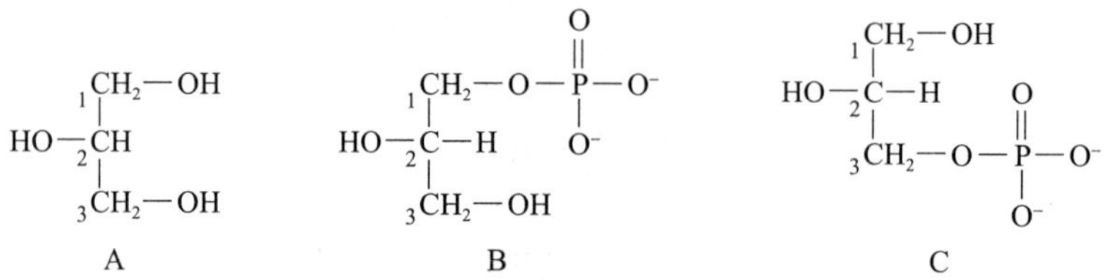

图 5-1　甘油及其衍生物
A. 甘油；B. sn-甘油-1-磷酸；C. sn-甘油-3-磷酸

3. 脂肪

（1）结构　　脂肪（fat）也称三酰甘油或中性脂肪，是由 3 分子脂肪酸和 1 分子甘油经醇羟基脱水形成的化合物，有 L-型和 D-型 2 种构型，其化学结构通式如下所示。

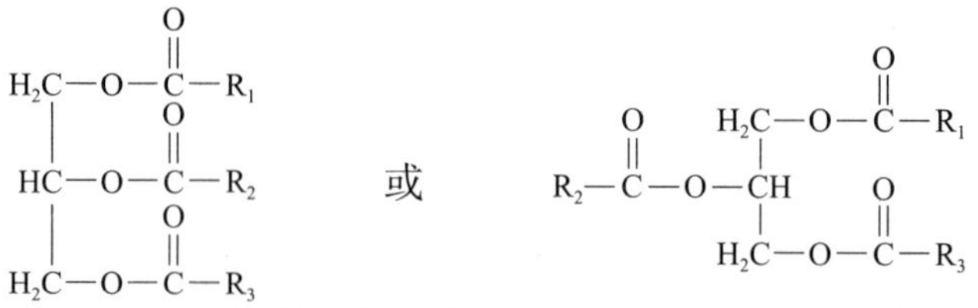

结构通式中的 R_1、R_2 和 R_3 是脂肪酸的碳氢链，如 R_1、R_2、R_3 相同就称为单纯甘油三酯，如 R_1、R_2、R_3 有 2 个或 3 个不同则称为混合甘油三酯。多数天然脂肪都是由单纯甘油三酯和混合甘油三酯组成的复杂混合物。

（2）物理性质　天然脂肪是无色、无臭、无味的稠性液体或蜡状固体，不溶于水，易溶于乙醚、苯、石油醚和氯仿等非极性有机溶剂，故可用有机溶剂提取脂质。脂肪的熔点是由其脂肪酸成分决定的，一般随不饱和脂肪酸数目和低分子质量脂肪酸的比例增高而降低。动物脂肪不饱和脂肪酸含量低，熔点比较高，常温下呈固态，俗称脂；植物脂肪不饱和脂肪酸含量高，熔点低，常温下呈液态，俗称油，故脂肪又称为油脂。

（3）化学性质

1）水解（hydrolysis）和皂化（saponification）。甘油三酯与酸或碱共煮或与脂肪酶（或称脂酶）作用时，都可逐步水解成甘油二酯、甘油单酯，最终水解为甘油和脂肪酸。酸水解可逆，而碱水解不可逆，原因是当有过量碱存在时脂肪酸的羧基全部处于解离即负离子状态，故没有和甘油发生作用的可能性。因碱水解生成的产物之一——脂肪酸盐类（如钠盐、钾盐）俗称皂，故脂肪的碱水解称为皂化作用。完全皂化 1g 油或脂所消耗的氢氧化钾（KOH）的毫克数称为皂化值。皂化值是脂肪平均分子量（M_r）的量度。

$$皂化值 = 3 \times 56.1 \times 1000 / 脂肪的平均分子量$$

式中，56.1 是 KOH 的平均分子量；3 表示一般中和 1mol 脂肪需要 3mol KOH。

2）氢化（hydrogenation）和卤化（halogenation）。脂肪中的不饱和键可在催化剂的作用下与氢进行加成反应，称为脂肪的氢化反应。金属镍催化的氢化反应可使液态植物油转变为固态或半固态脂即氢化油。氢化油具有奶油的起酥性和口感，也可防止脂肪酸败，通常被作为人造奶油广泛用于食品加工。但氢化易产生反式脂肪酸，反式脂肪酸摄入过多会增加患动脉硬化和冠心病的风险，故不可食用过多人造奶油。

脂肪中的不饱和键可以与卤素（多为氯化碘或溴化碘）发生加成作用，生成卤代脂肪酸，称为脂肪的卤化反应。卤化反应中吸收卤素的量常用碘值来表示，即 100g 脂肪卤化时吸收碘的克数，可表示脂肪不饱和程度。碘值越大，表示脂肪中不饱和脂肪酸含量越高。

3）氧化（oxidation）与酸败（rancidity）。油脂在空气中暴露过久、因氧化而产生难闻的臭味，称为油脂的酸败作用（哈喇味）。其主要原因是油脂水解释放游离的脂肪酸，脂肪酸再氧化成醛或酮，低分子脂肪酸（如丁酸）的氧化产物都有臭味。脂肪酶可加速此反应，暴露在日光下也可加速此反应。酸败的程度一般用酸值来表示，酸值是指中和 1g 油脂中的游离脂肪酸所消耗的 KOH 毫克数，其值越高，说明油脂的酸败程度越重。

$$油脂的酸值 = 0.1 \times A \times 56.1 / W$$

式中，0.1 为测定酸值过程中的 KOH 溶液浓度（0.1mol/L）；A 为测定酸值过程中消耗的 KOH 溶液体积（mL）；56.1 为 KOH 的平均分子量；W 为油脂的重量。

脂肪酸的不饱和成分先氧化为过氧化物，进而降解为醛或酮，它们可聚合成胶状的化合物，桐油等可用作油漆即是根据此原理。

（二）蜡

蜡是长链（16 或 16 个碳以上）脂肪酸和长链一元醇或固醇形成的酯，通常是多种蜡酯的混合物。简单蜡酯的结构通式为 RCOOR′，由于含一个很弱的极性酯基头和一个长长的非极性烃链尾，因此不溶于水，但能溶于苯、氯仿等有机溶剂。它室温下为固体，不易水解和皂化，其硬度由碳氢链长度和饱和度决定。天然蜡按来源可以分为动物蜡和植物蜡。动物蜡多存在于分泌物中，植物蜡主要存在于植物器官的表面，几种常见蜡的成分及熔点见表 5-2。

表 5-2　几种常见蜡的成分及熔点

名称	成分	熔点 /℃	名称	成分	熔点 /℃
蜂蜡	$C_{15}H_{31}COOC_{31}H_{63}$	60～82	鲸蜡	$C_{15}H_{31}COOC_{16}H_{33}$	41～47
白蜡	$C_{25}H_{51}COOC_{26}H_{51}$	80～83	棕榈蜡	$C_{25}H_{51}COOC_{30}H_{61}$	86～90

二、复合脂

按非脂成分的不同,复合脂可分为磷脂和糖脂两种。

(一)磷脂

磷脂的非脂成分包括磷酸和含氮碱化合物(如胆碱、乙醇胺)。根据醇成分的不同,磷脂又可分为甘油磷脂(如磷脂酸、磷脂酰胆碱等)和鞘氨醇磷脂(简称鞘磷脂)。

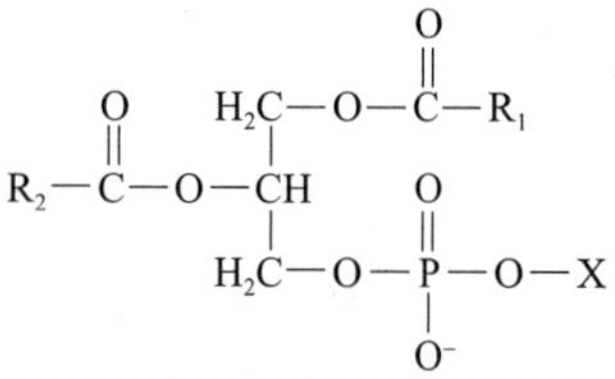

图 5-2　甘油磷脂的结构通式

1. 甘油磷脂　甘油磷脂(glycerophosphatide)中,甘油的 2 个醇羟基(—CH$_2$OH)被脂肪酸酯化,而第 3 个醇羟基被磷酸酯化,磷酸再与含羟基的氮碱等化合物脱水形成磷酸二酯键,其结构通式如图 5-2 所示,通式中 R$_1$ 通常为饱和脂酰基,R$_2$ 为不饱和脂酰基,X 表示含羟基化合物。常见的甘油磷脂如表 5-3 所示。

表 5-3　常见的甘油磷脂

名称	—OX* 结构式
磷脂酸	—OH
磷脂酰胆碱(卵磷脂)	—OCH$_2$CH$_2$N$^+$(CH$_3$)$_3$
磷脂酰乙醇胺(脑磷脂)	—OCH$_2$CH$_2$N$^+$H$_3$
磷脂酰丝氨酸	—OCH$_2$CHCOO$^-$ 〡 NH$_3^+$
磷脂酰甘油	—OCH$_2$CH(OH)CH$_2$OH
二磷脂酰甘油(心磷脂)	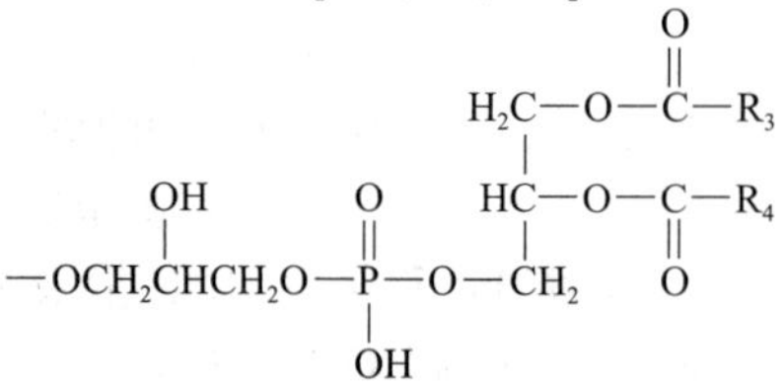
磷脂酰肌醇	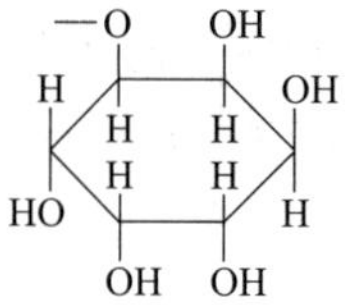

* X 表示与氧原子结合的不同基因

甘油磷脂所含的 2 个长的碳氢链构成分子疏水性的非极性尾,而甘油磷酸基与高极性或带电荷的醇酯化后构成分子亲水性的极性头,因此这种分子称为两性脂质或极性脂质。在水中甘油磷脂的极性头指向水相,而非极性尾由于对水的排斥而聚集在一起形成双分子层的疏水区。这种脂质双分子层结构在水中处于热力学的稳定状态,是构成生物膜结构的基本特征之一。纯的甘油磷脂是白色蜡状固体,大多溶于含少量水的非极性溶剂中,故可用氯仿-甲醇混合液从组织中提取。

生物体内常见的甘油磷脂有磷脂酸(phosphatidic acid)、磷脂酰胆碱(phosphatidylcholine,

也称卵磷脂）、磷脂酰乙醇胺（phosphatidylethanolamine，也称脑磷脂）、磷脂酰丝氨酸（phosphatidylserine）、磷脂酰甘油（phosphatidylglycerol）、磷脂酰肌醇（phosphatidylinositol）和心磷脂（cardiolipin）等。卵磷脂和脑磷脂是细胞膜中含量最丰富的脂质：①卵磷脂是含不同脂肪酸（软脂酸、硬脂酸、油酸、亚油酸等）的磷脂酰胆碱的混合物，为白色蜡状物质，极易吸水，其不饱和脂肪酸很快被氧化，变成棕黑色胶状物。不溶于丙酮，溶于乙醇和乙醚，各种动物组织、脏器中含量都相当高。经水解后可得脂肪酸、甘油磷酸和胆碱。胆碱是一种碱性很强的季铵离子，为代谢中的甲基供体，乙酰化的胆碱即乙酰胆碱是一种神经递质，与神经兴奋的传导有关。②脑磷脂分子的脂肪酸与卵磷脂相似。性质也相似，均不稳定、易吸水氧化成棕黑色物质。不溶于丙酮和乙醇，但能溶于乙醚，脑组织中富含脑磷脂，神经、心、肝等组织中也有。水解后产生脂肪酸、甘油磷酸和乙醇胺。

2. 鞘磷脂　鞘磷脂（sphingomyelin）也是生物膜的重要组分，在动物神经组织特别是髓鞘（延展的质膜）中含量丰富，是鞘氨醇而非甘油的衍生物。鞘氨醇是一个含有 18 个碳的氨基二醇，第 2 个碳的氨基与一长链脂肪酸（18～26 个碳）羧基脱水形成具有 2 个非极性尾部的神经酰胺。鞘氨醇第 1 个碳上的羟基进一步与磷脂酰胆碱或磷脂酰乙醇胺反应形成酯键，构成了具有极性头的鞘磷脂。由于鞘磷脂有 2 条长的碳氢链：一条是鞘氨醇组成的 14～18 个碳的碳氢链；另一条是连接在氨基上的长脂肪酸，因此，它们在结构上类似于甘油磷脂（图 5-3）。鞘磷脂为白色晶体，对光和空气稳定，不溶于丙酮和乙醚，但溶于热乙醇，在水中呈乳状液，有两性解离性质。

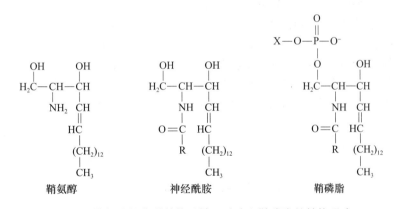

图 5-3　鞘氨醇的化学结构及神经酰胺和鞘磷脂的结构通式

（二）糖脂

糖脂的非脂成分是糖（单己糖、二己糖等），并因醇成分不同又分为鞘糖脂（如脑苷脂、神经节苷脂）和甘油糖脂（如半乳糖二酰甘油、二半乳糖二酰甘油）。鞘磷脂和鞘糖脂合称为鞘脂类，神经酰胺是它们共同的基本结构。

1. 鞘糖脂　鞘糖脂（glycosphingolipid）也叫神经酰胺糖脂，是糖基或糖链通过糖苷键与神经酰胺连接而成的糖脂。鞘糖脂包括脑苷脂、神经节苷脂等。

（1）脑苷脂　脑苷脂（cerebroside）也叫中性鞘糖脂，是含一个糖（如半乳糖、葡萄糖、岩藻糖、N-乙酰葡糖胺等）残基的鞘糖脂，不含唾液酸成分（图 5-4）。例如，半乳糖脑苷脂是以 β-D-半乳糖作为极性头基团，通过其半缩醛羟基与神经酰胺羟基连接形成 β-糖苷键，主要存在于脑神经组织细胞的质膜和髓鞘中。葡萄糖脑苷脂不同于半乳糖脑苷脂的地方就是其极性头

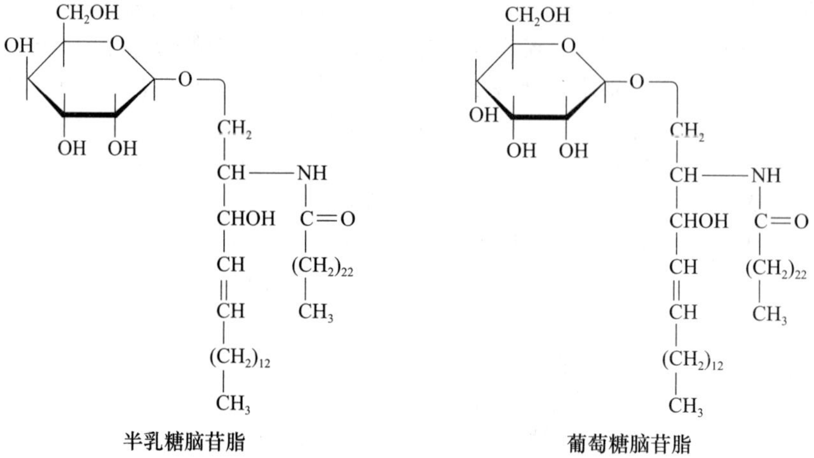

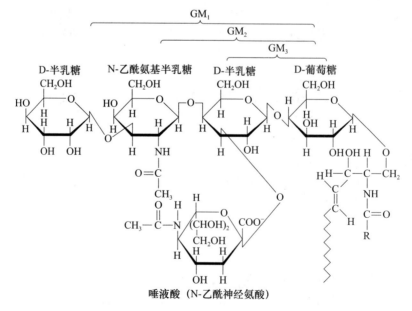

图 5-4　半乳糖脑苷脂和葡萄糖脑苷脂的化学结构

含的是葡萄糖，主要存在于非神经组织细胞的质膜中。脑苷脂一般呈粉末状，少量呈蜡状，不溶于水、乙醚及石油醚，溶于苯、吡啶、热乙醇及热丙酮，极稳定，不被皂化。

（2）神经节苷脂　　神经节苷脂（ganglioside）也叫唾液酸鞘糖脂，是由至少含一个唾液酸（N-乙酰神经氨酸）的寡糖链通过糖苷键与神经酰胺连接而成，它以寡糖链作为极性头。根据唾液酸的数目，神经节苷脂分为单唾液酸神经节苷脂（GM）、二唾液酸神经节苷脂（GD）、三唾液酸神经节苷脂（GT）和四唾液酸神经节苷脂（GQ），其中 G 代表神经节苷脂，M、D、T、Q 分别表示寡糖链上含有 1、2、3、4 个唾液酸。因寡糖基序列的不同，GM 又可分为 GM_1（单唾液酸四己糖神经节苷脂）、GM_2 和 GM_3，下标 1、2、3 表示与唾液酸相连的寡糖链序列不同（图 5-5）。神经节苷脂在脑灰质和胸腺中含量特别丰富，也存在于红细胞、神经节细胞、脾、肾、肝等组织中。神经节苷脂不溶于乙醚和丙酮，微溶于乙醇，易溶于氯仿和乙醇的混合液中，

图 5-5　神经节苷脂 GM_1、GM_2 和 GM_3 的化学结构

在水中成胶态溶液，不能透过半透膜，左旋，可被酸、碱、神经酰胺酶水解。

2. 甘油糖脂　甘油糖脂（glyceroglycolipid）与甘油磷脂结构相似，由二酰甘油与己糖（主要为半乳糖、甘露糖或脱氧葡萄糖）通过糖苷键结合而成。有的含一分子己糖，有的含两分子己糖。常见的有半乳糖甘油酯（MGDG）和双半乳糖甘油酯（DGDG），它们是构成叶绿体类囊体膜最重要的膜脂成分，也存在于微生物的细胞膜中，糖基部分是它们的极性头（图5-6）。

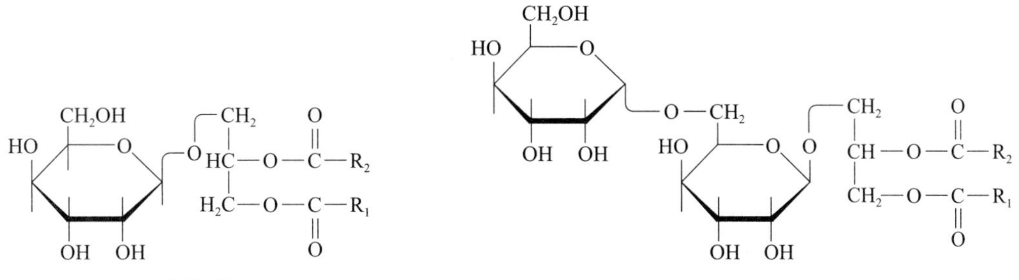

图 5-6　甘油糖脂的化学结构

三、衍生脂

类固醇和萜类与前述的各类脂质不同，一般不含脂肪酸，属不可皂化脂质，但在生物体内也是以乙酸（乙酰 CoA 形式）为前体合成的。它们在生物体内含量虽然不多，但具有重要的生物功能。

（一）类固醇

类固醇又称为甾类，广泛存在于各种生物中，以环戊烷多氢菲（由 3 个六元环和 1 个五元环稠合而成）为核心结构。其中胆固醇（cholesterol）是动物组织中含量最丰富的一类固醇类化合物，存在于动物细胞膜及少数微生物中。胆固醇在脑、神经组织和肾上腺中含量特别丰富，肝、肾和表皮组织含量也相当多。生物体内的胆固醇有游离型和酯型两种形式，其中与长链脂肪酸形成的胆固醇酯是血浆脂蛋白和细胞外膜的重要组分。

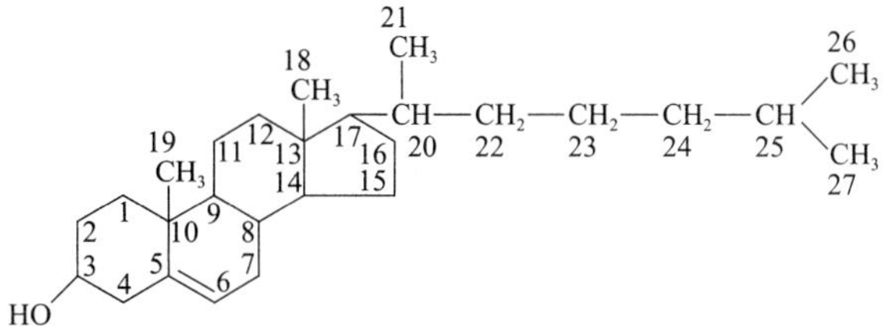

胆固醇是环戊烷多氢菲的衍生物，其 C_{17} 位上连接一个 8 碳氢链，C_3 位上有一个羟基，C_5、C_6 位间有一个双键（图5-7）。胆固醇分子的一端有一亲水的极性头部（羟基），另一端具有疏水的非极性尾部（由碳氢链和 4 个环组成），与磷脂相似，也属于两性

图 5-7　胆固醇的结构

分子。胆固醇为白色晶体，无臭无味，熔点为 148.5℃，不溶于水、酸或碱，易溶于胆汁酸盐溶液，溶于乙醚、氯仿、苯、热乙醇等溶剂中。胆固醇 C_3 羟基易与高级脂肪酸（如软脂酸、硬脂酸等）形成酯键。胆固醇与毛地黄糖苷容易结合而沉淀，可利用这一特性定量测定溶液中胆固醇的含量。胆固醇的氯仿溶液与乙酸酐及浓硫酸结合产生蓝绿色，利用这一颜色反应可鉴定胆固醇。植物很少含胆固醇，但含有豆固醇、菜油固醇等其他固醇，称植物固醇。真菌类如酵母和麦角菌可产生麦角固醇、酵母固醇。

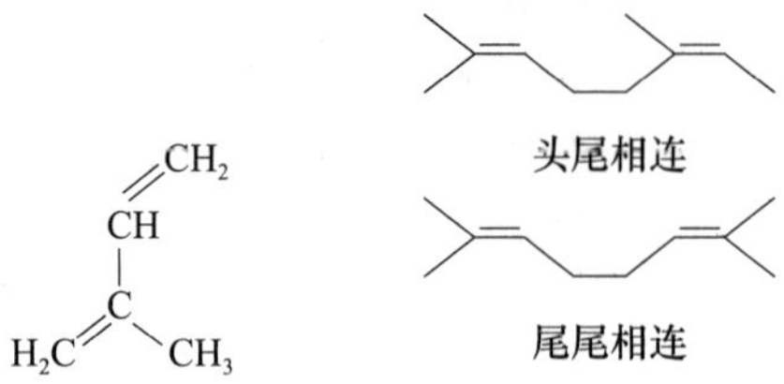

图 5-8　异戊二烯的结构及其在萜类中的连接方式

（二）萜 类

萜类由两个或两个以上异戊二烯单位连接而成，连接的方式主要是头尾相连，也有尾尾相连（图 5-8）。形成的萜类有的是线状，有的是环状（单环、双环或多环），有的两者兼有。多数线状萜类的双键都是反式的，但是 11-顺-视黄醛第 11 位上的双键为顺式（图 5-9）。

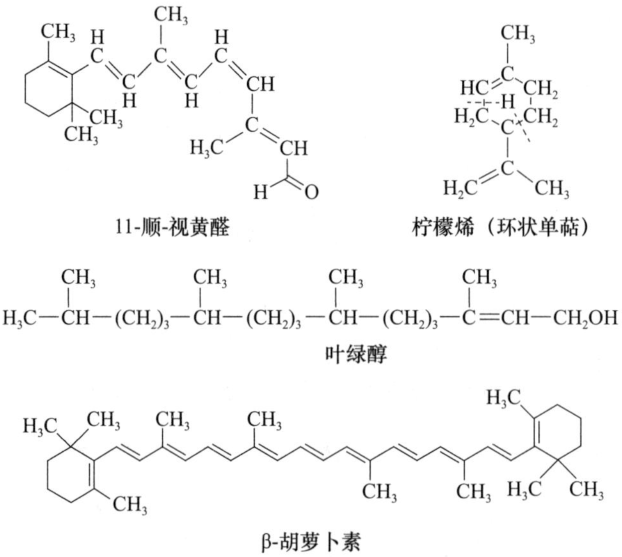

11-顺-视黄醛　　　　　　柠檬烯（环状单萜）

叶绿醇

β-胡萝卜素

图 5-9　动植物中几种重要的萜类

根据异戊二烯的数目，萜类可以分为单萜、倍半萜、二萜、三萜、四萜等。由两个异戊二烯构成的萜称为单萜，由三个异戊二烯构成的萜称为倍半萜，由四个异戊二烯构成的萜称为二萜，依次类推。许多单萜是植物精油，倍半萜存在于某些中草药中，叶绿素中的叶绿醇和赤霉酸属于二萜，三萜是胆固醇和其他类固醇的前体，四萜可合成类胡萝卜素，多萜存在于天然橡胶中。脂溶性维生素 A、D、E、K 等都属于萜类。植物中多数萜类都具有特殊臭味，是各类植物特有油类的主要成分。例如，柠檬苦素、薄荷醇、樟脑等依次是柠檬油、薄荷油、樟脑油的主要成分。

第三节　脂质的功能

脂质功能多样，可分为贮存脂（storage lipid）、结构脂（structural lipid）和活性脂（active lipid）3 大类。

一、贮存脂

（一）脂肪

1. 贮存和供给能量　　脂肪是很多生物中能量的主要贮存者和供应者，1g 脂肪在体内完全氧化可产生 38.9kJ 能量，是 1g 葡萄糖或蛋白质氧化产生的能量（17kJ）的两倍多。人体正常生命活动所需能量的 20%～30% 来自脂肪的氧化，空腹时所需的能量 50% 以上由脂肪供给，因此脂肪是机体空腹、饥饿或禁食时的主要能量来源。肥胖者的脂肪组织中积储的脂肪可达 15～20kg，足以供给一个月所需的能量，而以糖原形式贮存的能量不够 24h 的需要，这是因为脂肪疏水，含结合水极少，贮存体积仅为 1.2mL/g，只有亲水性糖原所占体积的 1/4，这样单位体积内贮存的能量就更多。因此脂肪是动物贮存能量的主要形式。当动物摄入的糖超过其所需时，就会以脂肪的形式贮存起来；反之，当摄入的糖不能满足其生理活动需要时，就会动用贮存的脂肪氧化提供能量。

除了供能，脂肪还能供水。与糖、蛋白质相比，脂肪分子中含氢原子数较多，因而氧化时生成的水也多。1g 脂肪产生 1.07g 水，而 1g 蛋白质和 1g 糖则分别产生 0.41g 与 0.55g 的水。生物体内这种因物质氧化所产生的水称为组织内生水，其中脂肪所产生的水占主要部分，这一特点对常处在严重缺水状况的动物来说意义重大。例如，鸡蛋孵化期间所需的水分，约有 90% 来自胚体中的脂肪代谢；骆驼在沙漠中可若干天无须饮水，是因为它靠脂肪代谢产生了大量的内生水；生活在大海中的逆戟鲸不喝海水而是依靠内生水生存。此外，迁徙的候鸟、冬眠动物、面粉蛀虫的幼虫等都靠消耗贮存脂肪供给能量与水分。

2. 保护和御寒作用　人和动物的皮下及内脏器官周围的脂肪组织具有润滑与软垫作用，可以减少器官间的摩擦，保护和固定内脏，还能缓冲外界的机械撞击，使内脏免受机械损伤。另外，脂肪不易导热，皮下组织可防止体内热量散失而保持体温，起到御寒的作用。例如，海豹、海象、企鹅等温血动物皮下都填充着大量的脂肪；熊等冬眠动物在冬眠前积累大量脂肪，除了用作储能，也是为了御寒。

3. 提供必需脂肪酸　脂肪分子中有些多不饱和脂肪酸是人和动物生长发育所不可缺少的，但其自身又不能合成，或者自身合成的数量远远不能满足其身体需要，只能从食物中摄取，通常把这类脂肪酸称为必需脂肪酸（essential fatty acid，EFA），主要有两种：亚油酸和 α-亚麻酸。如果机体长期缺乏必需脂肪酸，就会出现生长缓慢、毛发稀疏、皮肤粗糙等症状。

4. 其他功能　食物中的脂肪可以溶解维生素 A、D、E、K 及类胡萝卜素等脂溶性物质，并促进人及动物吸收它们。一旦食物中缺乏，就容易导致脂溶性维生素不足或缺乏。脂肪还可以作为合成其他化合物的原料，如构成血浆脂蛋白、磷脂、胆固醇等。

（二）蜡

蜡是海洋浮游生物代谢燃料的主要贮存形式。由于具有疏水和高稠度的性质，蜡还有其他功能。例如，蜂蜡是蜜蜂的分泌物，也是蜂巢的主要材料，其防水性和硬度适合蜂类筑巢。白蜡是白蜡虫的分泌物，对其本身有保护作用。脊椎动物的某些皮肤腺分泌蜡以保护毛发和皮肤使之柔韧、润滑并防水。鸟类，特别是水禽的尾羽腺分泌蜡，使其羽毛能防水。冬青、杜鹃花等植物的器官表面覆盖着一层蜡以防病菌侵袭和细胞水分的过度蒸发。

二、结构脂

结构脂主要指磷脂、糖脂和固醇等，它们参与组成细胞结构。

（一）构成生物膜的重要组分

构成细胞的所有膜统称为生物膜（biomembrane），包括细胞膜和各种细胞器膜，主要由脂质、蛋白质和糖类组成，其中脂质占 25%～40%。生物膜的脂质有磷脂、糖脂和固醇等，但以

细胞膜

磷脂为主，包括甘油磷脂（多为卵磷脂和脑磷脂）和鞘磷脂。生物膜是一种具有高度选择性的半透性屏障，在细胞的生命活动中具有十分重要的作用，主要体现在以下几个方面。

1. 屏蔽和保护作用   生物膜的屏障作用使细胞内含物与外界环境分开，使之具有相对独立稳定的内环境，保证其生命活动不受环境变化干扰。同时，由于生物膜具有半透膜性质，因而可维持细胞的渗透压，并控制物质的出入。真核细胞的内膜系统将整个细胞内部区域化，即形成各种细胞器，使不同的代谢反应在同一细胞中"按室"有序进行，互不干扰。

2. 转运作用   物质的跨膜运输是生物膜的重要功能之一。生物膜对不同物质的透过是有选择性的，其机制是可将细胞和细胞器所需的物质从膜外运输到膜内，也可将细胞内含物运出到细胞外，即分泌作用。根据被运输物质分子的大小，物质运输可分为大分子的运输与小分子的运输。大分子和颗粒物质的运输主要依靠内吞和胞吐作用，而小分子和离子的转运方式主要为主动运输与被动运输。

3. 能量转换作用   生物体内经常发生不同能量形式（如化学能、光能等）之间的转换，较重要的能量转换都是通过膜的不对称性来完成的。例如，真核生物线粒体膜或原核生物质膜上的氧化磷酸化，通过生物氧化作用先将食物分子中存储的化学能转变为膜两侧的氧化还原电势能，再利用膜两侧的电势差推动 ATP 酶合成 ATP，进而形成可供生物体使用的化学能。

4. 信息传递作用   不管是单细胞还是多细胞生物，在生长过程中都需要将感受到的外界信息传递到细胞内，而且多细胞生物的不同组织器官之间还要传递信息，这些信息的传递主要在细胞膜上进行。细胞膜上有很多专一受体，可识别和接受外界各种信息，然后将其传递给有关靶细胞并产生相应的效应以调节细胞代谢和其他生理活动。

5. 细胞识别与防御作用   细胞识别是指细胞间通过各自表面的信号分子、受体、糖蛋白、糖脂等相互甄别，诱发细胞的相容、相斥、吞噬、融合等过程。生物细胞间的识别很重要，尤其是生殖细胞和免疫细胞。在生物繁殖过程中，只有经过生殖细胞（如植物花粉和柱头、动物精子和卵细胞）的识别，才能保证同种生物的性细胞结合，从而维持物种的稳定。这种识别来自细胞膜表面的特异性糖蛋白。细胞识别在免疫防御中具有重要作用。动物的白细胞要识别细菌及外来的细胞，产生免疫反应或形成抗体，清除异己。

（二）构成其他组分

1）磷脂、鞘脂和胆固醇是神经髓鞘的主要成分，具有绝缘作用，对于神经兴奋的定向传导有重要意义。

2）磷脂和胆固醇都是血浆脂蛋白的组成成分，并参与脂肪的运输。

3）胆固醇是合成胆汁酸盐、维生素 D_3、肾上腺皮质激素及性激素等的原料，对于调节机体脂质的吸收及钙磷代谢等均起重要作用。

4）磷脂分子中的花生四烯酸是合成前列腺素、血栓素等的原料，参与细胞的代谢调节。

三、活性脂

相比上述 2 类脂质，活性脂是小量的细胞成分，但具有专一的重要生物活性。它们有数百种之多，主要是类固醇激素和萜类。

（一）类固醇激素

类固醇激素是一类很重要的类固醇，包括肾上腺皮质激素（adrenal cortical hormone）和性激素（sex hormone）。

1. 肾上腺皮质激素　肾上腺皮质激素是由肾上腺皮质分泌的一类激素，具有升高血糖浓度和促进肾"保钠排钾"的作用。肾上腺皮质激素有 30 多种，其中皮质醇（又称氢化可的松）和皮质酮对血糖的调节作用很强，因而称为糖皮质（激）素；而醛固酮可较强地调节盐和水的平衡，故称为盐皮质（激）素。

2. 性激素　性激素包括雄性激素和雌性激素两类，可通过促进蛋白质的合成调节性器官的发育。

（1）雄性激素　主要由睾丸和肾上腺皮质分泌，卵巢也分泌一些。其中睾酮是活性最强、最重要的雄性激素，可促进雄性器官和第二性征（如声音、体型等）发育、生长及雄性特征的维持。

（2）雌性激素　分为雌激素和孕激素两种。①雌激素由卵巢中成熟的卵泡和黄体分泌，肾上腺皮质网状带也会分泌少许。雌二醇是活性最强的雌激素，可促进雌性副性器官的发育和第二性征的发生，还可拮抗甲状旁腺素，减少骨质吸收。②孕激素有很多种，人体内主要是孕酮（又称黄体酮），由卵巢中的黄体分泌，主要是抑制排卵和月经，促进受精卵着床并在子宫中发育。

（二）萜类

1. 脂溶性维生素　包括维生素 A、D、E、K，是人体和动物正常生长所必需的。维生素 A 参与构成视网膜内的感光物质，促进生长发育和维持上皮组织的功能；维生素 D 促进钙、磷吸收，调节钙磷代谢，促进牙齿和骨骼的钙化；维生素 E 具有抗衰老和改善血液循环、促进卵巢功能的作用，是生物体内重要的抗氧化剂；维生素 K 促进凝血因子的合成，加速血液凝固，而且对骨代谢有重要作用。

2. 光合色素　即叶绿体色素，各类植物叶绿体中所含有的色素多达数十种。高等植物的光合色素有两类：叶绿素和类胡萝卜素。叶绿素以电子传递及共振传递的方式参与能量的传递，少数特殊状态的叶绿素 a 分子具有将光能转换为化学能的作用，绝大部分叶绿素 a 分子和全部叶绿素 b 分子具有吸收和传递光能的作用。类胡萝卜素也具有吸收和传递光能的作用，还能防止多余光照伤害叶绿素。在动物及人体内，β-胡萝卜素经水解可转化为维生素 A，故称为维生素 A 原。

3. 其他萜类　是挥发油（又称精油）的主要成分，具有祛痰止咳、祛风发汗、驱虫镇痛等生理活性。

（三）其他活性脂

其他活性脂：有的是酶的辅助因子，如磷脂酰丝氨酸为凝血因子的激活剂；有的是糖基载体，如细菌细胞壁肽聚糖合成中的十一异戊二烯醇磷酸和真核生物糖蛋白糖链合成中的多萜醇磷酸；有的是细胞内信使，如肌醇-1,4,5-三磷酸、甘油二酯等；有的是激素，如前列腺素、白三烯等。

第四节　脂质研究的主要技术

脂质存在于细胞、细胞器和细胞外的体液中。欲研究某一特定部分的脂质，首先须将其从组织或细胞中分离出来。由于脂质不溶于水，从组织中提取和随后的分级分离都要求使用有机溶剂和某些特殊技术。一般来说，脂质混合物的分离是根据它们的极性差别或在非极性溶剂中的溶解度差异进行。通过酯键或酰胺键连接的脂肪酸可用酸或碱处理，水解成可用于分析的成分。

一、提取

用乙醚、氯仿或苯等很容易从组织中提取非极性脂质（脂肪、蜡和色素等），用乙醇或甲醇等极性有机溶剂可提取膜脂（磷脂、糖脂、固醇等）。常用的提取剂是氯仿、甲醇和水（$1:2:0.8$，$V/V/V$）的混合液。组织在此混合液中被匀浆，而后通过离心或过滤除去形成的不溶物（包括蛋白质、核酸和多糖），再向所得的提取液加入过量的水使之分层，上层是甲醇/水相，下层是氯仿相。取出氯仿相并蒸发浓缩，取一部分干燥、称重。

二、分离

采用色谱（层析）方法对被提取的脂质混合物进行分级分离，常见的有硅胶柱层析、薄层层析（TLC）、高效液相层析（HPLC）等方法。例如，硅胶柱层析可把脂质分成非极性、极性和带电的多个组分。硅胶是一种极性的不溶物，当脂质混合物通过硅胶柱时，由于极性和带电的脂质与硅胶结合紧密被留在柱上，非极性脂质则直接通过柱子，出现在最先的氯仿流出液中，不带电的极性脂质可用丙酮洗脱，极性大的或带电的脂质可用甲醇洗脱。分别收集各个组分，再在不同系统中层析，以分离单个脂质组分。

还可采用更快速、分辨率更高的 HPLC 和 TLC 进行脂质分离。由于染料罗丹明与脂质结合会发荧光，因而可在 TLC 层板上喷上它以检测被分离的脂质组分；检测含不饱和脂肪酸的脂质可用碘蒸气熏层析板，因为碘与脂肪酸中双键反应会生成黄色或棕色物质。

三、分析

气液色谱（GLC）是用气体作为流动相，以高沸点液体作为固定相的柱层析法，可用于分析分离混合物中的挥发性成分。除某些脂质具有天然挥发性外，大多数脂质沸点很高，因而分析前需要将其转变为衍生物以增加它们的挥发性（即降低沸点）。为分析脂肪或磷脂样品中的脂肪酸，首先需要在甲醇/HCl 或甲醇/NaOH 混合物中加热，使脂肪酸成分发生转酯作用，从甘油酯转变为甲酯。然后将甲酯混合物进行气液色谱分析。洗脱的顺序取决于柱中固定液的性质及样品成分的沸点和其他性质。利用该技术，具有各种链长及不饱和程度的脂肪酸都可以被完全分开，而且可获得它们准确的相对分子质量、碳氢链长度和双键的位置。

目前，在脂质分离分析中除了使用溶剂萃取、薄层色谱分离等常规方法外，还出现了几种新的提取方法和脂肪酸的测定方法，如微波辅助提取法、超临界流体提取法、原位脂肪酸甲酯合成技术及复合银离子络合技术等，这些方法有的可以简化操作，有的可以提高实验效率，有的可以提高所提脂质的产量和纯度。

四、结构的测定

某些脂质如脂肪、甘油磷脂和固醇酯，它们的所有酯键只要用温和的酸或碱处理，脂肪酸就会被释放出来；鞘脂中的酰胺键则需要较强的水解条件，连接的脂肪酸才能被释放。正因如此，需要一些专一性酶（如磷脂酶 A_1、A_2、C、D 等）水解某些脂质，使之产生具有特别溶解度和层析行为的产物，并以此鉴定脂质的结构。例如，磷脂酶 C 作用于甘油磷脂后，会释放一个水溶性的磷酰醇（如磷酰胆碱）和一个溶于氯仿的甘油二酯，分别鉴定这些成分就可确定完整甘油磷脂的结构。因此，常用专一性水解酶与其产物的薄层层析（TLC）或气液色谱（GLC）相结合的技术来测定一个脂质的结构。

第五节 脂质的研究与应用

一、脂肪酸

α-亚麻酸在人体内可以衍生出二十碳五烯酸（EPA）和二十二碳六烯酸（DHA），EPA 和 DHA 对婴幼儿视力和大脑发育、成人改善血液循环有重要意义；亚油酸可以转化为 γ-亚麻酸及花生四烯酸，后者是维持细胞膜结构和功能所必需的。许多常用的食用油（如花生油、菜籽油、豆油、葵花籽油、棉籽油、芝麻油）中含有大量亚油酸，故人体一般不缺。最近研究表明，大脑中缺少 α-亚麻酸会引起记忆力丧失。α-亚麻酸主要存在于植物油中，EPA 和 DHA 在深海鱼类中含量较为丰富，因而可以通过摄取鱼油来补充包括 α-亚麻酸在内的必需脂肪酸。另外，脂肪酸还可在橡胶生产中作为乳化剂、表面活性剂、润滑剂、光泽剂，是生产高级香皂、透明皂、硬脂酸及各种表面活性剂的中间体。

二、甘油

甘油用途广泛，可用于医药、食品、日用化学、纺织、造纸、油漆等行业，例如，用作飞机和汽车液化染料的抗冻剂，玻璃纸的增塑剂，以及化妆品、皮革、烟草、纺织品的吸湿剂等。三硝酸甘油酯还是治疗心绞痛的急救药物。

三、脂肪

洗涤剂肥皂是由脂肪碱水解后通过盐析获得的；将植物油如棉籽油、菜籽油、豆油等部分氢化可制成半固体脂肪，如人造猪油、植物奶油或黄油等，植物奶油在面包、蛋糕、饼干等食品烘焙领域广泛使用；高度不饱和油类如桐油暴露在空气中，可得一层坚硬而有弹性的固体薄膜，起到防雨防腐的作用。

四、蜡

蜡主要存在于一些动植物的表层，有防水、保温、防辐射等保护作用，在工业上用途颇大。例如，蜂蜡、虫蜡可作涂料、绝缘材料、润滑剂，羊毛蜡可制作高级化妆品，巴西棕榈蜡可用作高级抛光剂，如汽车蜡、鞋油等。

五、磷脂

磷脂的用途非常广泛：在食品工业领域，被用作乳化剂、抗氧化剂、食品添加剂或起酥剂等；在保健品、化妆品和药品领域，被用作生产健脑益智、补血护肝、降胆固醇、防胆结石的保健品，护肤、洁肤、发用、浴用、美容的化妆品，以及调理剂、治病的活性成分等；在动物饲料领域，被用作制备提高营养、增强免疫力、促进脂肪消化的动物饲料；在纺织工业领域，被用作柔顺剂、稳定剂、分散剂、抗静电剂、润湿渗透剂；在皮革工业领域，起润滑、增塑、增厚、疏水作用。

六、糖脂

随着很多新的糖脂被提取或合成，糖脂在食品医药、化妆品中的应用被逐渐关注。糖脂可作为性能优良的食品添加剂，制成保湿、防皱、防粗糙的美容保健食品，改善冷冻生面团质量，用于延缓大米淀粉凝胶的老化，以及加工制成保健营养品；糖脂在日化中应用很广泛，尤其是用于护肤品和洗发洗浴用品，目前已有不少应用神经酰胺及其脂质体作为活性添加剂的高功能护肤品；糖脂在医药工业中也有广泛应用，糖脂能增强免疫力、预防动脉硬化，糖脂衍生物还可作为细胞粘连的抑制剂。

七、胆固醇

胆固醇是制备普通载药脂质体必需的添加物。在一定范围内，脂质体的粒径、氧化稳定性、物理稳定性与胆固醇添加量成正相关。另外，胆固醇作为乳化剂可用于化妆品和局部用药制剂中，以增加软膏的吸水能力。

八、萜类

萜类在自然界特别是植物中分布广泛，有很多用途。例如，青蒿素可以治疗疟疾；柠檬烯是重要的防癌化合物；β-胡萝卜素、番茄红素等类胡萝卜素具有很高的营养价值；薄荷醇、香柏酮、香紫苏醇等可作为食品和化妆品中的香料，如制作玫瑰油；一些单萜烯类衍生物如杀虫菊酯、α-蒎烯、柠烯等具有杀虫效果；萜类还是重要的工业原料，如可用于制作橡胶。

知识拓展

咸蛋黄为什么会流油？

为什么鲜蛋黄不会流油？盐究竟对鸭蛋做了什么，变出了这样香到流油的咸蛋黄？

（1）油一直都在、只是存在方式不同

1）咸蛋黄的油不是在腌制过程中凭空出现的。蛋黄本身就含有丰富的脂质，鸭蛋黄中的脂质含量为30%～33%。

2）在蛋黄中，油脂不是游离在表面，而是以小油滴的形式均匀分散在水溶液中——也就是说，它形成了一个乳剂系统。帮助油脂稳定分散的是蛋黄中的蛋白质与磷脂，它们起到了乳化剂的作用。油脂、磷脂和蛋白质等成分共同组成了脂蛋白的结构。同样都含有很多油脂，但乳剂与分离的油脂外观和质感都很不相同。尤其是新鲜生蛋黄这样油脂藏在里面的水包油型乳剂，它的油腻感明显比分离的油脂要低很多。

（2）加盐再加热、造就一颗流油的蛋黄

1）新鲜的蛋黄可以看成油脂均匀分散的乳剂，而餐桌上的咸蛋黄则有很多油脂从中分离了出来，这说明原本的乳剂结构遭到了破坏，也就是"破乳"。

2）造成乳剂结构破坏的首要因素自然是腌制过程中进入鸭蛋的盐。盐腌一方面会造成蛋黄中水分的减少，另一方面也会改变蛋白质的溶解性。随着腌制时间延长，生蛋黄会逐渐凝固，并开始出现分离的油脂。

3）加热可以使脂蛋白结构进一步破坏，将更多油脂释放出来。有实验显示，在用25%的盐水腌制35d之后，生咸鸭蛋的蛋黄油脂渗出率大约为20%，而将它煮熟可以使油脂渗出率增加到40%左右。

4）把鲜蛋煮熟其实也可以使蛋黄的油脂渗出率增加一些，但程度远没有煮熟咸蛋黄那么明显，也达不到肉眼可见的流油效果。总之，加盐和加热改变了蛋黄中油的存在方式，主要是破坏了蛋黄中的脂蛋白结构，脂蛋白就像是油脂的房子，房子被破坏之后，油就流出来了。

思考题

1. 列举常见的脂肪酸，何为必需脂肪酸？哪些是哺乳动物所需的必需脂肪酸？

2. 概述脂肪酸的结构和性质。

3. 什么是皂化值、碘值、酸值？这些常数各说明什么问题？

4. 单纯脂和复合脂在结构上的区别是什么？复合脂的分类依据是什么？磷脂和糖脂在结构上有无相似之处？试用结构式加以说明。

5. 磷脂分子结构上有何特点？

6. 鞘磷脂和鞘糖脂有何共同之处？

7. 脂质按功能分为哪几类？各执行哪些生理功能？

第六章 酶

本章彩图

第一节 概 述

一、酶是生物催化剂

新陈代谢是生命活动的最基本特征，此过程通过复杂而有规律的生化反应以进行物质和能量转化。在这些生化反应过程中，酶发挥着至关重要的催化作用。可以说，如果没有酶的参与，生命活动将无法顺利进行。酶是生物细胞产生的生物催化剂。除核酶与脱氧核酶外，其余绝大部分均以蛋白质为主要成分。在催化反应过程中，酶只能催化热力学上允许进行的反应，并且反应前后酶本身不被消耗。在一个反应过程中，大多数酶对正逆两个方向具有相同的催化作用，从而缩短反应时间但不改变反应平衡点。与一般催化剂相比，酶又具有一些独特性质。

（一）高效性

在生物体内，绝大多数的生化反应都需要酶的催化，哪怕是 CO_2 的水合反应这样简单的反应也需要碳酸酐酶催化完成。

$$CO_2 + H_2O \longleftrightarrow H_2CO_3$$

在同一个生化反应过程中，酶催化反应的速率比非催化反应的速率高 $10^8 \sim 10^{20}$ 倍，比一般催化剂催化的反应速率高 $10^7 \sim 10^{13}$ 倍。例如，在 $20\,^\circ\mathrm{C}$ 下脲酶（urease）催化反应的速率是非催化反应速率的 10^{14} 倍，β-淀粉酶（β-amylase）催化反应的速率是非催化反应的 10^{18} 倍，果糖-1,6-双磷酸酶（fructose-1,6-bisphosphatase）催化反应的速率是非催化反应的 10^{21} 倍。Fe^{3+}、血红素和过氧化氢酶（catalase）都可催化 H_2O_2 分解，三者在相同条件下的催化反应速率分别为 6×10^{-4}、6×10^{-1} 和 $6\times10^6\mathrm{mol/s}$。由此可见，过氧化氢酶的催化效率分别为 Fe^{3+} 和血红素的 10^{10} 和 10^7 倍。

（二）专一性

酶的高度专一性是指酶对所催化的反应和反应底物一般具有严格的选择性。酶通过与反应物之间的相互作用或通过结构互补以识别反应底物，从而作用于某一类或某一种物质，催化某一类或某一种反应。对于一般催化剂而言，则没有严格的选择性。例如，H^+ 可催化蛋白质、脂肪、淀粉等发生水解，而蛋白酶（protease）只催化蛋白质肽键水解、脂肪酶（lipase）只催化脂肪酯键水解、淀粉酶（amylase）只催化淀粉糖苷键水解。

（三）易失活

除核酶和脱氧核酶外，其余的酶均为蛋白质。因此，高温、强酸、强碱、重金属等能引起蛋白质变性的因素都会导致酶的活性丧失，同时抑制剂也会导致酶活性丧失。此外，温度和溶液 pH 变化都会改变酶的活性。

（四）活性受调节

在生命体的生长发育过程中，其内部的生化反应历程也随之发生有序变化。在此过程中，生物体通过多种机制和形式调节和控制酶活性，从而使生命体的代谢活动有条不紊地进行。对于酶活性的调节，细胞主要通过以下方式。

1. 调节酶浓度 例如，乳糖可以与乳糖操纵子的阻遏物结合，从而解除抑制，促使β-半乳糖苷酶（β-galactosidase）、半乳糖苷通透酶（galactoside permease）和硫半乳糖苷转乙酰酶（thiogalactoside transacetylase）合成加速，提高酶浓度。

2. 调节酶活性 酶活性可通过反馈抑制、激素、抑制剂、激活剂等进行调节。反馈抑制是指在一系列的反应过程中，催化此物质生成的酶会被末端形成的产物所抑制的现象。例如，在三羧酸循环过程中，琥珀酰 CoA 可抑制柠檬酸合酶（citrate synthase）活性。激素作为信号分子，与细胞膜或细胞内受体相结合，通过细胞信号转导最终调控酶的活性。细胞内的一些有机物和无机离子可作为抑制剂或激活剂，从而调剂酶的活性。例如，Cl^- 对唾液淀粉酶（salivary amylase）具有激活作用，而 Cu^{2+} 则具有抑制作用。此外，酶活性还可通过别构调节、酶原激活、共价修饰等进行调节。

3. 某些酶活性与辅因子有关 细胞内的许多酶都是复合蛋白质，由酶蛋白和对热稳定的非蛋白小分子物质组成，后者称为辅因子。若将这些辅因子去除，酶的活性将消失，如维生素就是典型的辅因子。

二、酶的化学本质

在 1926 年，Sumner 从刀豆中获得脲酶结晶，并证明为蛋白质，从而结束了长达 10 年的酶的化学本质之争。到目前为止，除了具有催化功能的核酶（ribozyme）和脱氧核酶（deoxyribozyme）外，其余的酶均为蛋白质。人们通过对数千种酶的分离提纯与理化性质分析研究，获得了证明酶是蛋白质的主要依据：①酶的水解终产物为氨基酸，并可被蛋白酶水解而失活；②酶具有两性性质，是两性电解质；③酶具有空间结构，蛋白质的变性因素都可导致酶变性失活；④酶和蛋白质一样都不能通过半透膜；⑤酶也具有化学呈色反应。

第二节 酶的组成及分类与命名

一、单纯酶和结合酶

作为具有催化功能的蛋白质，酶相对分子质量较大，可从一万到几十万甚至百万以上。根据化学组成，酶可分为单纯酶和结合酶。

对于单纯酶而言，其不含其他非蛋白成分，如脲酶、核糖核酸酶、胃蛋白酶等。对于结合酶，除含有蛋白成分外，还含有其他对热稳定的非蛋白小分子化合物或金属离子，如转氨酶、羧化酶、脱氢酶、氧化还原酶等。结合酶也称为全酶，其中蛋白成分称为酶蛋白，非蛋白小分子化合物称为辅因子，即全酶＝酶蛋白＋辅因子。只有酶蛋白与辅因子结合成完整的全酶分子才有催化活性，两者单独存在时，则不具催化活性。

酶的辅因子可根据与酶蛋白结合的紧密程度分为辅酶和辅基两类。一般而言，辅酶与酶蛋白结合较为松弛，可通过透析去除，如辅酶Ⅰ和辅酶Ⅱ。辅基通过共价键与酶蛋白结合，结合紧密，不能通过透析去除，如需去除，需要通过一定的化学处理。例如，丙酮酸氧化酶（pyruvate oxidase）中的黄素腺嘌呤二核苷酸（FAD）和细胞色素氧化酶（cytochrome oxidase）中的铁卟啉都是辅基。

在结合酶中，每种酶蛋白需要结合特定的辅因子才能具有催化功能，而更换辅因子则会导致酶活性丧失。例如，谷氨酸脱氢酶（glutamate dehydrogenase）的辅酶为辅酶 I，若换成辅酶 II 则丧失活性。然而，对于同一辅因子而言，其可与不同的酶蛋白结合而发挥不同的催化功能。例如，NADH 可与不同的酶蛋白结合成苹果酸脱氢酶（malate dehydrogenase）和乳酸脱氢酶（lactate dehydrogenase）等，从而催化苹果酸和乳酸脱氢。由此可见，酶蛋白决定了酶催化的专一性，而辅因子则在酶的催化过程中发挥电子、原子或化学基团的转移与传递功能。

二、单体酶、寡聚酶与多酶复合体

（一）单体酶

单体酶一般由一条肽链构成，如溶菌酶（lysozyme）、牛胰核糖核酸酶（bovine pancreatic ribonuclease）、羧肽酶 A（carboxypeptidase A）等。有的单体酶可由多条肽链组成，例如，由 3 条肽链构成的胰凝乳蛋白酶（chymotrypsin），肽链间构成一个共价整体。单体酶种类较少，一般多为催化水解反应的酶，相对分子质量在 $1.3 \times 10^4 \sim 3.5 \times 10^4$（表 6-1）。

表 6-1　单体酶

中文名称	英文名称	氨基酸残基数	相对分子质量
核糖核酸酶	ribonuclease	124	1.37×10^4
溶菌酶	lysozyme	129	1.46×10^4
木瓜蛋白酶	papain	203	2.30×10^4
胰蛋白酶	trypsin	223	2.38×10^4
羧肽酶	carboxypeptidase	307	3.46×10^4

（二）寡聚酶

寡聚酶是由 2 个或 2 个以上相同或不同亚基组成的酶，其中绝大部分寡聚酶含偶数个亚基，但个别寡聚酶含有奇数个，如嘌呤核苷磷酸化酶（purine nucleoside phosphorylase）含有 3 个亚基。寡聚酶相对分子质量一般大于 3.5×10^4。构成寡聚酶的亚基之间依靠次级键相结合，彼此易于分开。对于大多数寡聚酶，亚基聚合时具有活性而解聚时则失活（表 6-2）。

表 6-2　寡聚酶

中文名称	英文名称	亚基 数量	亚基 相对分子质量	相对分子质量
己糖激酶	hexokinase	4	2.75×10^4	1.10×10^5
果糖磷酸激酶	phosphofructokinase	2	7.80×10^4	1.56×10^5
醛缩酶	aldolase	4	4.00×10^4	1.60×10^5
烯醇化酶	enolase	2	4.10×10^4	8.20×10^4
乳酸脱氢酶	lactate dehydrogenase	4	3.50×10^4	1.40×10^5
丙酮酸激酶	pyruvate kinase	4	5.72×10^4	2.29×10^5
苹果酸脱氢酶	malic dehydrogenase	2	3.75×10^4	7.50×10^4
过氧化氢酶	catalase	4	5.75×10^4	2.30×10^5

续表

中文名称	英文名称	亚基		相对分子质量
		数量	相对分子质量	
果糖-1,6-双磷酸酶	fructose-1,6-bisphosphatase	2A	$2\times(2.9\times10^4)$	1.32×10^5
		2B	$2\times(3.7\times10^4)$	
RNA 聚合酶	RNA polymerase	2α	$2\times3.9\times10^4$	1.43×10^6
		$\beta\beta'$	1.55×10^5、1.65×10^5	
		σ	9.50×10^5	

（三）多酶复合体

多酶复合体是几种酶通过非共价键彼此嵌合而成的复合体，其所催化的一系列反应依次连续进行，既提高了酶的催化效率，又有利于细胞对酶进行调控。多酶复合体相对分子质量很高，一般都大于百万。例如，大肠杆菌中的丙酮酸脱氢酶复合体相对分子质量约为 4.6×10^6，酵母中脂肪酸合成酶复合体相对分子质量约为 2.2×10^6。

三、核酶与脱氧核酶

1981 年，Cech 等在研究嗜热四膜虫时发现，核糖体 RNA（rRNA）的前体可通过自我剪接的方式切去间插序列（内含子），这表明 RNA 也具有催化功能，被称为核酶。核酶可根据分子质量大小分为大分子核酶（几百个核苷酸）和小分子核酶（少于 100 个核苷酸）两种。大分子核酶包括 I 型内含子、II 型内含子和 RNase P 的 RNA 部分，其中 I 型内含子已发现有上千种，分布广泛；II 型内含子已发现有上百种。最常见的小分子核酶有 4 种类型，分别为锤头状核酶、发夹状核酶、肝炎 δ 病毒（HDV）核酶、Vs 核酶。

1994 年，Breaker 等研究发现，单链 DNA 分子除了可催化 RNA 磷酸二酯键水解外，还具有连接酶活性，因此这类具有催化功能的单链 DNA 分子被称为脱氧核酶。脱氧核酶一般通过体外选择获得，主要有 3 种类型：①以 RNA 和 DNA 为底物并具有酯酶活性的脱氧核酶；②具有 N-糖基化酶活性的脱氧核酶；③具有连接酶、激酶和氧化酶活性的脱氧核酶。

四、酶的分类、编号与命名

（一）分类

为了对酶进行分类，国际生物化学会酶学委员会（Enzyme Commission，EC）制定了国际系统分类法，并依据所有酶催化反应的性质将酶分为以下 6 大类。

1. 氧化还原酶类 此类酶催化氧化还原反应，从而转移 H 或 e，包括氧化酶类、脱氢酶（dehydrogenase）、过氧化氢酶、过氧化物酶（peroxidase）等。

$$A\cdot2H+B\longleftrightarrow A+B\cdot2H$$

式中，B 为辅酶，可为 O_2、NAD^+、FAD、$NADP^+$ 和细胞色素等，是电子或氢的受体。

2. 转移酶类 此类酶催化化合物分子间转移功能基团。例如，谷丙转氨酶（glutamic-pyruvic transaminase）、转乙酰基酶（transacetylase）、己糖激酶等。

$$A\text{-}R+B\longleftrightarrow A+B\text{-}R$$

3. 水解酶类 此类酶催化化合物的水解反应。例如，磷酸二酯酶（phosphodiesterase）、蛋白酶、淀粉酶、脂肪酶等。

$$A\text{-}B+H_2O\longleftrightarrow AOH+BH$$

4. 裂合酶类　此类酶催化底物化学键的断裂并形成双键的非水解反应，或在双键上添加一个基团使之成为单键。例如，醛缩酶、脱氨酶（deaminase）、脱羧酶（decarboxylase）等。

$$A \cdot B \longleftrightarrow A + B$$

5. 异构酶类　此类酶催化同分异构体间的相互转化，即在分子内转移基团。例如，葡糖异构酶（glucose isomerase）、磷酸变位酶等。

$$A \longleftrightarrow B$$

6. 连接酶类　此类酶也称为合成酶类，在水解 ATP 情况下催化两种物质合成一种物质。例如，天冬酰胺合成酶（asparagine synthetase）、丙酮酸羧化酶（pyruvate carboxylase）等。

$$A + B + ATP \longleftrightarrow AB + ADP + Pi$$

（二）编号

氧化还原酶类、转移酶类、水解酶类、裂合酶类、异构酶类和连接酶类分别对应编号 1、2、3、4、5、6。对于每一大类的酶，根据底物中被催化反应的基团或键可再分为若干亚类，每个亚类再用数字 1、2、3…进行编号。每一个亚类可再分成亚亚类，仍然用数字 1、2、3…进行编号。在每一亚亚类中，用数字 1、2、3…对具体的酶进行编号。因此，每一种酶由 4 个数字进行编号，数字间用"."进行间隔，同时数字前冠以"EC"（酶学委员会缩写）。例如，乳酸脱氢酶（EC1.1.1.27）：第 1 个"1"表示第 1 大类，即氧化还原酶类；第 2 个"1"表示第 1 亚类，被氧化的基团为 CHOH；第 3 个"1"表示第 1 亚亚类，氢受体为 NAD^+；"27"表示乳酸脱氢酶在此亚亚类中的顺序号。

（三）命名

1. 习惯命名法　1961 年前酶的名称都沿用习惯方法命名，即惯用名。惯用名较简短，一般根据酶作用的底物或催化反应的性质与类型进行命名，但所反映的底物名称或作用方式并不十分精确。

（1）根据酶作用的底物命名　例如，催化淀粉水解的酶称为淀粉酶，催化蛋白质水解的酶称为蛋白酶，催化脂肪水解的酶称为脂肪酶。有时为了区分，还可加上酶的来源，如唾液淀粉酶、胃蛋白酶等。

（2）根据催化反应的性质与类型命名　例如，水解酶、氧化酶、转移酶等。

此外，有些酶还会综合上述两点进行命名，如草酰乙酸脱羧酶（oxaloacetic decarboxylase）。

2. 系统命名法　1972 年酶学委员会发布的《酶命名法》中规定要按酶促反应进行命名，即系统名。在此规定中明确，每种酶的名称应当明确标明酶的底物与酶催化反应的性质；如果是催化 2 种底物反应，应在名称中包含 2 种底物，并用"："进行间隔；如果底物之一为水，则可略去不写。酶的系统名一般很长，使用起来很不方便，因此一般多采用惯用名进行叙述。例如，催化下列反应的乙醇脱氢酶（ethanol dehydrogenase），其系统名为乙醇：NAD^+氧化还原酶。

$$乙醇 + NAD^+ \xrightarrow{\text{乙醇脱氢酶}} 乙醛 + NADH$$

催化下列反应的谷丙转氨酶，其系统名为丙氨酸：α-酮戊二酸转氨酶。

$$丙氨酸 + α\text{-}酮戊二酸 \xrightarrow{\text{谷丙转氨酶}} 谷氨酸 + 丙酮酸$$

催化下列反应的脂肪酶，其系统名为脂肪：水解酶。

$$脂肪 + H_2O \xrightarrow{\text{脂肪酶}} 脂肪酸 + 甘油$$

第三节　酶的结构特征

一、酶的活性中心

在酶促反应过程中，酶分子直接与底物结合并催化底物生成产物，这一区域就是酶的活性中心，也称为活性部位。对于单纯酶而言，其活性中心一般是由一些氨基酸残基的侧链基团组成。对于结合酶而言，活性中心除包括氨基酸残基的侧链基团外，还包括辅酶或辅基上的某一部分结构。在酶蛋白的一级结构中，构成活性中心的这些基团可能相距很远，甚至不在同一条肽链上。然而，在蛋白质进行空间折叠形成成熟酶蛋白后，这些基团相互靠近，并形成具有特定空间结构的区域，即活性中心。此活性中心是由几个氨基酸或某些基团组成的三维实体，位于酶分子表面的疏水凹穴内（图6-1），具有柔性和可运动性，通过诱导契合过程并利用次级键与底物分子进行结合。

酶的活性中心可按照功能作用分为结合部位和催化部位（图6-2）。结合部位负责结合底物分子，由一些参与底物结合的特定基团组成，此结合过程决定了酶的专一性。催化部位负责催化底物分子进行化学反应，由一些参与催化反应的基团组成，此过程决定酶的催化能力。对于酶活性中心的判定，可利用化学修饰、基因位点突变等方法，使活性中心基团（如 Ser 的烃基、His 的咪唑基、Cys 的巯基、Asp 和 Glu 的侧链羧基）经修饰或突变后丧失酶活性进行判定。例如，二异丙基氟

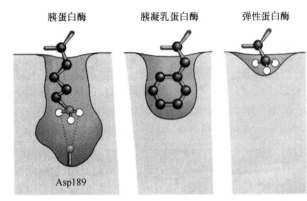

图 6-1　酶与底物结合的疏水口袋

磷酸（DIFP/DFP）可修饰酶活性中心的 Ser 羟基，碘乙酰胺可修饰酶活性中心的巯基。对甲苯磺酰-L-苯丙氨酸乙酯（TPE）是胰凝乳蛋白酶的底物，对甲苯磺酰-L-苯丙氨酰氯甲基酮（TPCK）是 TPE 的结构类似物，可诱导胰凝乳蛋白酶活性中心 His 的咪唑基烷化，从而导致酶活性丧失。在酶分子中有些基团并不位于活性中心，也不与底物直接作用，但它参与维持酶分子的空间构象，是酶表现活性所必需的部位，这些基团称为酶活性中心之外的必需基团。例如，胰凝乳蛋白酶由 3 条肽链组成，相对分子质量为 2.5×10^4，3 条肽链通过 2 个链间二硫键连接成一个椭球形分子。在此酶分子中，活性中心为 His57、Asp102 和 Ser195 三个氨基酸残基。在活性中心之外，Ile16 的氨基和 Asp194 的羧基之间通过静电吸引维持活性中心的正确构象，因此是维持酶活性的必需基团（图6-3）。

二、酶的专一性

在酶促反应中，酶对底物的选择性十分严格，一种酶仅能作用于一种底物或一类结构相近的底物，催化其发生特定的化学反应，这种选择性称为酶的专一性，其主要取决于酶活性中心的构象与性质。

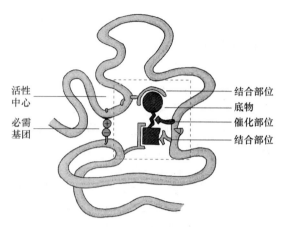

图6-2　酶的活性中心与必需基团

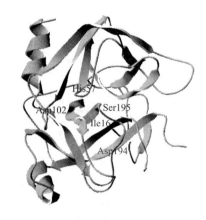

图6-3　胰凝乳蛋白酶的活性中心与必需基团

（一）结构专一性

1. 绝对专一性　有些酶只作用于一种底物，而对其他任何物质都不起作用，这种专一性称为绝对专一性。例如，脲酶只催化尿素发生水解，而对尿素的衍生物则不起作用；麦芽糖酶（maltase）只催化麦芽糖水解，而对其他的双糖则不起作用。

2. 相对专一性　有些酶对底物的要求低于绝对专一性，可作用于一类结构相似的底物，这种专一性称为相对专一性。根据酶对底物化学键两端基团的要求程度，又可分为基团专一性与键专一性。

1）具有相对专一性的酶，当对底物化学键两端的某一基团要求严格、对另一基团要求不严格时，这种专一性称为基团专一性或族专一性。例如，α-D-葡糖苷酶（α-D-glucosidase）催化α-葡糖苷水解时，要求α-糖苷键的一端必须有葡萄糖残基，而对另一端的基团则不作要求。

$$\text{α-葡糖苷} + H_2O \xrightarrow{\text{α-D-葡糖苷酶}} + ROH$$

2）键专一性的酶只要求作用于一定的键，而对键两端的基团并无严格要求。例如，酯酶催化酯键水解时，对酯键两端的基团均无要求。因此，其既能水解甘油酯类、简单脂类，也能催化丙酸胆碱、丁酸胆碱或乙酸胆碱等水解。然而，对于不同的酯类，其水解速率不同。

$$R_1\!\!-\!\!\overset{\displaystyle O}{\overset{\|}{C}}\!\!-\!\!O\!\!-\!\!R_2 + H_2O \underset{\text{酯酶}}{\overset{}{\rightleftharpoons}} R_1COOH + R_2OH$$

（二）立体异构专一性

当底物具有立体异构体时，酶只作用于其中的一种异构体，这种专一性称为立体异构专一性。几乎所有的酶都具有高度的立体异构专一性。

1. 旋光异构专一性　当底物具有旋光异构体时，酶只能作用于其中的一种，这种专一性称为旋光异构专一性。例如，L-氨基酸氧化酶（L-amino acid oxidase）只催化L-氨基酸发生氧化作用，而对 D-氨基酸无作用。

$$\text{L-氨基酸}+H_2O+O_2 \xleftrightarrow{\text{L-氨基酸氧化酶}} \alpha\text{-酮酸}+NH_3+H_2O_2$$

2. 几何异构专一性　当底物存在几何异构体时，酶只能作用于其中的一种，这种专一性称为几何异构专一性。例如，延胡索酸水化酶（fumarate hydratase）只能催化延胡索酸（反-丁烯二酸）水合生成苹果酸及其逆反应，而对顺-丁烯二酸则没有催化作用。

$$\begin{array}{c} \text{HCCOOH} \\ | \\ \text{HOOCCH} \end{array} + H_2O \xleftrightarrow{\text{延胡索酸水化酶}} \begin{array}{c} \text{CH}_2\text{COOH} \\ | \\ \text{CHOHCOOH} \end{array}$$

三、酶催化专一性学说

为了阐明酶促反应的高度专一性，出现了不同的假说。1894 年，Fischer 提出了锁钥学说，认为酶和底物在结构上互补，就如同锁和钥匙的关系。底物分子或其一部分如同钥匙一样，可专一性地嵌入酶活性中心部位（图 6-4）。虽然此学说可很好地解释酶的立体异构专一性，但不能解释酶活性中心所催化的可逆反应，不适用于可逆反应中的底物和产物，也不能解释酶专一性中的所有现象。1958 年，Koshland 提出了诱导契合学说，认为酶分子是高柔性的动态构象分子。当酶与底物靠近时，酶蛋白受到底物分子诱导后构象发生变化，从而与底物分子相契合而发生催化作用（图 6-5）。反应结束后产物从酶上脱落下来，酶活性中心又恢复成原来构象。

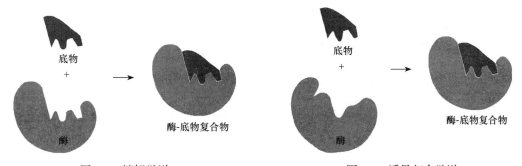

图 6-4　锁钥学说　　　　　　　　　　图 6-5　诱导契合学说

近年来，利用 X 射线晶体衍射法、核磁共振、差示光谱等技术研究酶催化过程中的构象变化，均支持诱导契合学，从而证明了酶与底物结合时，确实会发生明显的构象变化。例如，己糖激酶在与葡萄糖结合时，其构象发生明显改变（图 6-6）。

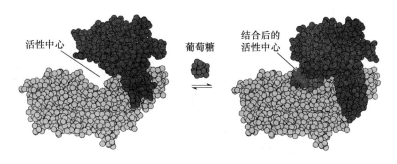

图 6-6　己糖激酶与葡萄糖结合时的构象变化

第四节 酶的催化机制

生物体内几乎所有的物质和能量转换、信息传递都是在酶的催化下完成的，糖类、氨基酸和脂类等小分子的代谢，遗传物质复制与细胞分裂，神经传递、肌肉收缩，甚至人的情感变化都和酶的催化作用有关系。酶的催化和其他催化剂的催化反应有何差异？酶介导的高效催化如何实现？这些都和酶的作用机制密不可分。

一、酶高效性的实质是降低反应的活化能

对任何一个化学反应而言，反应平衡和反应速率都是最重要的参数。自由能的变化（ΔG）决定了化学反应平衡的方向。化学反应过程（如 S $\rightleftharpoons$ P）自由能的变化可以用图 6-7 所示的坐标轴来描述：体系的自由能为纵坐标，反应过程为横坐标。正向或者反向反应的起始点的自由能定义为基态（ground state），代表特定状态下系统中反应分子（S 或者 P）对系统自由能的贡献。化学反应的 ΔG 受反应物浓度、pH 和温度等因素的影响。为了准确描述自由能变化，化学上将标准状态（温度为 298K，气体分压为 101.3kPa，溶液浓度为 1mol/L）下，反应体系自由能的改变定义为标准自由能变化（standard free energy change，ΔG^0）。而生物体系中的 H^+ 浓度通常远小于 1mol/L，生物化学家定义了一个生化标准自由能变化（biochemical standard free energy change，$\Delta G^{0'}$），它指在 pH 为 7.0 的条件下标准自由能的变化。S 和 P 之间的平衡反映了它们基态自由能的差异。在图 6-7 的例子中，化合物 P 基态的自由能低于化合物 S，因此反应的 $\Delta G^{0'}$ 是负值，反应平衡偏向于 P。

热力学上可行的反应并不意味着反应一定发生，ΔG 大的反应也不代表反应速率一定快。例如，葡萄糖与 O_2 反应可生成 H_2O 和 CO_2，ΔG 很大，但日常生活中很少见到葡萄糖氧化变质。究其原因，是因为化学反应过程中反应基团相互作用、形成短暂的不稳定的带电中间体、化学键重排等过程需要能量，只有活化分子之间的碰撞才能发生有效碰撞，这就是化合物产生化学反应的能量障碍。能量障碍对化学反应是不利的，但另一方面却保障了高自由能分子的化学稳定性。图 6-7 中，反应过程中当化合物 S 或 P 处于能量顶峰，这种自由能状态被称为过渡态（transition state），此状态下 S 和 P 的能量状态相同，理论上反应可以沿着任何一个方向进行。基态和过渡态之间的能量差异称为活化能（activation energy，AG）。反应物分子必须克服能量障碍，反应才能进行，活化分子比例越高反应速率越快。

为使反应物克服能量障碍，增加活化分子比例，可通过两条途径来实现：①改变反应条件，如提高反应温度或施加辐射能，增加能够克服"能障"的反应分子数量，从而提高反应速率；②使用催化剂，降低活化能，加快反应速率。

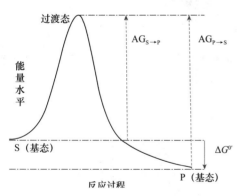

图 6-7 化学反应过程自由能变化

二、过渡态稳定与酶催化效率

化学反应过程中底物不是直接转化为产物的，活化的底物会产生分子、原子甚至亚原子水平的变化，形成所谓的过渡态。过渡态的存在时间极其短暂，只有 $10^{-14} \sim 10^{-13}$ s。现代催化理

论认为催化剂的作用是通过稳定过渡态来提高反应速率的。我们可以简单假设底物和各种过渡态之间在不停转换，当没有获得足够活化能时这种转换的频率极低，分子间很难出现有效碰撞。催化剂可以捕获这种瞬间出现的过渡态分子，释放结合能，形成稳定复合物，增加了分子间有效碰撞的频率，使反应在低于活化能的情况下发生。

　　酶和一般化学催化剂一样也是通过稳定过渡态来提高反应速率的。酶催化过渡态学说首先由 Michael Polanyi（1921 年）和 John B.S. Haldane（1930 年）提出，Linus Pauling（1946 年）和 William P. Jencks（20 世纪 70 年代）又对其进行了详细阐述，认为酶与过渡态的亲和力比底物强很多，酶的催化作用源自其对过渡态的稳定作用。以最简单的单底物和单产物反应 S ⇌ P 为例，其酶促反应自由能变化如图 6-8 所示：如果没有酶参与反应需要获得 AG1 活化能才能克服能力障碍，而酶存在时可以使活化能降低至 AG2；反应中形成两个过渡态复合物 ES 和 EP，两者之间为亚稳态的中间产物，能量高的过渡态决定了反应速率。实际上，酶可通过提供多步骤的反应途径（可产生有一个或多个中间产物），使反应沿着一条低活化能途径进行，使反应速率加快百万倍以上。

　　弱键相互作用是酶稳定反应过渡态的关键。酶催化反应过程中，底物和酶活性部位的功能基团（特定的氨基酸侧链、金属离子和辅酶）之间形成短暂的共价键使底物活化，或者底物上的某个基团暂时转移到酶分子的某个基团上。另外，氢键、疏水键和离子键等非共价键也参与了酶与底物的相互作用。酶和底物通过短暂共价键和非共价键这样的弱键结合并释放结合能（binding energy），降低了反应的活化能。据计算，在生理条件下将一个一级反应加速 10 倍必须降低约 5.7kJ/mol 的活化能，而单个弱相互作用形成的能量通常为

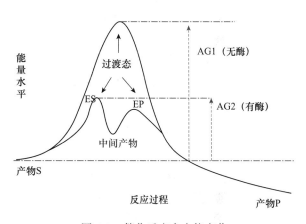

图 6-8　催化反应自由能变化

4～30kJ/mol。许多酶和底物相互作用的总结合能可降低 60～100kJ/mol 的活化能，这是酶提高反应速率的原因。当然，结合能也不是越高越好，高的结合能意味着过渡态分子和酶结合更加稳定，需要更多的活化能才使过渡态分子重新活化，这显然会降低反应速率。

三、酶高效催化的化学机制

（一）酸碱催化

　　酸碱催化是有机化学中最常见的催化形式，是通过催化质子转移来实现反应加速。狭义的酸碱催化仅指 H^+ 和 OH^- 催化的反应。蛋白质分子上的某些氨基酸侧链基团在接近中性 pH 条件下可提供或接受质子，起到和溶液中酸碱类似的作用，这种水分子以外其他分子作为质子受体和供体催化质子转移的形式称为广义酸碱催化。通常用 B：表示共轭碱或质子受体，$BH^{\oplus}$ 表示共轭酸或质子供体（也可写成 $HA/A^{\ominus}$）。广义酸碱催化参与了绝大多数酶的催化，是酶促反应中重要的催化方式之一。酶促反应中，广义碱 B：可以通过以下 2 种方式催化反应。

　　1）通过夺取质子断裂 O—H、N—H 甚至一些 C—H 键。

$$-X-H \quad :B \rightleftharpoons -X: \quad H-B \atop \ominus \quad \oplus$$

2）在中性溶液中，通过夺取水分子中的质子生成相当于 OH— 的化合物，参与 C—N 键等碳相关键的断裂。

广义酸 $BH^{\oplus}$ 也可以参与键的断裂，一个共价键如果被质子化，断裂就变得更容易。如下反应，$BH^{\oplus}$ 通过向原子（如下式中 R—OH 的氧）提供质子来催化键断裂，从而使与该原子连接的键更不稳定。

$$R + HO^{\ominus} \xleftarrow{\text{慢}} R-OH \rightleftharpoons R-OH_2^{\oplus} \xrightarrow{\text{快}} R^{\oplus} + H_2O$$

蛋白质中很多氨基酸（如 Asp、Glu 和 His）带有活性侧链，可作为质子供体和受体参与酸碱催化。其中 His 的咪唑基在大多数蛋白质中的解离常数 pKa 为 6～7，在中性 pH 下既可接受质子也可提供质子，是最理想的酸碱催化剂，在很多酶中 His 是活性中心的催化残基。

（二）共价催化

共价催化（covalent catalysis）是指一些化学反应中底物需要和催化剂形成不稳定共价中间体的一种催化方式。带负电荷或有孤对电子的基团称为亲核基团，缺少电荷的基团称为亲电基团。在共价催化中，亲核基团攻击亲电基团形成共价物，因此共价催化又称亲核攻击或亲核取代。许多氨基酸残基的侧链可作为共价催化剂，例如，Ser、Thr 和 Tyr 羟基中的氧原子，Cys 巯基中的硫原子，Lys 的 ε 氨基和 His 去质子化咪唑基中的氮原子、Asp 和 Glu 羧基中的氧原子，此外一些辅酶或辅基也可以作为共价催化剂，例如，硫胺素焦磷酸（thiamine pyrophosphate，TPP）和磷酸吡哆醛（pyridoxal phosphate，PLP）。

共价催化过程中，酶分子上的亲核基团（X^-）给底物提供电子，先形成带部分共价键的过渡态中间物，共价中间物的形成将反应系统带向过渡态，然后再形成真正的共价中间物。酶通过共价催化将反应分成共价中间物的形成和共价中间物的断裂这两步，有利于克服活化能能障。

底物　　　　　过渡态　　　　共价中间物

共价催化反应的速率取决于进攻性的亲核基团的亲核性（供电子能力）和底物对进攻基团的活化的敏感性（亲电性）。以如下反应为例，好的亲核反应应该是：Y 是比 X 更好的离开基团（leaving group），X 是比 Z 更好的进攻基团，共价中间物的反应性应该比底物强。

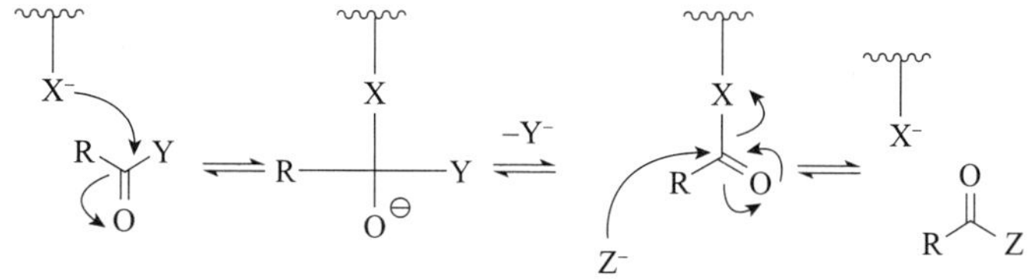

β-半乳糖苷酶（β-galactosidase）催化的乳糖水解就是一个典型的共价催化反应：第一步，酶分子羧基上的氧原子亲核攻击糖苷键，形成半乳糖基-酶中间体，并释放葡萄糖；第二步，水分子的氧原子作为亲核基团攻击半乳糖基-酶中间体，释放半乳糖（图6-9）。

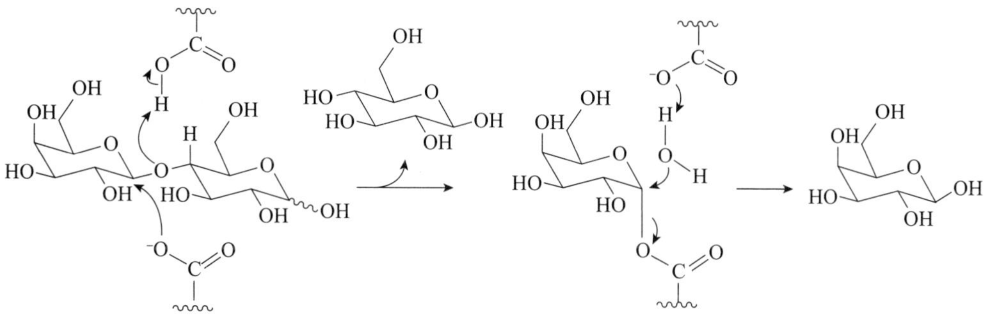

图 6-9 乳糖水解过程

（三）金属催化

有近三分之一已知酶的催化反应需要一个或多个金属离子参与，称为金属催化（metal catalysis），金属离子是很多酶催化反应的必需因子。根据金属离子与酶结合的牢固程度，这些酶分为两类：一类为金属离子与酶紧密结合，称为金属酶（metalloenzyme），金属离子多数为过渡金属，如 Fe^{2+}、Fe^{3+}、Cu^{2+}、Zn^{2+}、Mn^{2+} 或 Co^+；另一类为溶液中的金属离子松散地与酶结合，称为金属激活酶（metal-activated enzyme），通常是碱金属或碱土金属，如 Na^+、K^+、Mg^{2+} 或 Ca^{2+}。金属离子可以以多种方式参与催化反应。金属结合酶与底物通过离子键相互作用可以帮助底物在酶中的正确定向或稳定带电反应过渡态；Fe^+、Cu^{2+} 等金属离子可通过价态的可逆变化，作为电子受体或电子供体参与氧化还原反应；金属离子还与酶分子的稳定性有关。

（四）邻近和定向效应

酶与底物高度亲和，可以从溶液中吸附高度流动的底物，增加活性中心底物浓度，有利于提高反应速率。特别在双底物或多底物酶促反应中，底物同时与酶活性中心结合，酶分子通过次级键与底物结合使敏感键与酶活性部位的催化基团靠近，采取有利于反应发生的空间取向（定向），这使原来的分子间反应变为近似分子内反应。酶可认为是熵的陷阱，反应基团在活性部位的正确定位降低了它们的自由度，并产生了巨大熵减。邻近和定向效应（proximity and orientation effect）可将酶反应速率提至约 10^4 倍。

下文以酯与羧酸基团反应形成酸酐（非酶促）为例来说明邻近和定向效应的作用（图6-10）：反应 A 为两个分子间的反应，属于二级反应，其反应速率常数 k 的单位为 $[(mol/L)\cdot s]^{-1}$；反应 B 为两个反应基团位在分子内的单分子反应，反应基团运动自由度减小，反应速率加快，

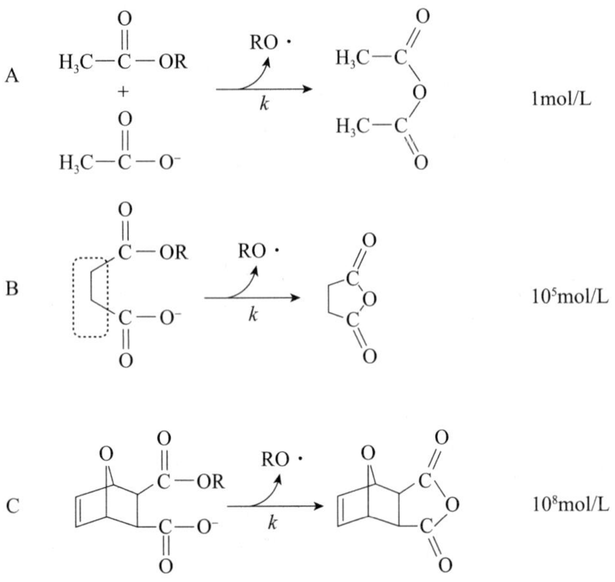

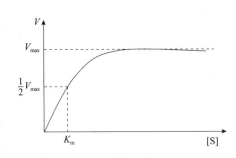

A   1mol/L

B 10^5mol/L

C 10^8mol/L

图 6-10   邻近和定向效应对非酶促反应的影响

为一级反应，其反应速率常数 k 的单位为 s^{-1}。反应 B 的反应速率常数除以反应 A 的反应速率常数比值为 10^5mol/L，反应 B 中的反应物浓度为 1mol/L，则反应 B 的反应速率和反应 A 中底物浓度为 10^5mol/L 时一样。但反应 B 中的反应物有 3 个键的旋转自由度（图 6-10 虚线框表示），而反应 C 中底物分子键的旋转受到限制，其反应速率常数与反应 A 的比值为 10^8mol/L。

第五节   酶促反应动力学

酶作用机制的研究通常有多种方法，其中对蛋白质三维结构的了解为此提供了重要信息，而传统的蛋白质化学及现代定点突变技术（通过遗传工程改变蛋白质中的单个氨基酸残基）又进一步验证了这些结构信息。生物化学家用这些方法来验证酶的结构和功能中单个氨基酸所起的作用。酶促反应研究的核心问题是确定反应速率及引起反应速率改变的试验参数，即酶促反应动力学（enzyme kinetics）。下文介绍最基本的酶促反应动力学。

一、底物浓度对酶促反应速率的影响

（一）底物浓度

底物浓度 [S] 是影响酶促反应的关键因素。但在反应中，底物随着反应的进行不断转化为产物，难以准确测定底物浓度。因此在酶动力学实验中通常采用测定其初速率（initial rate）的方法研究底物浓度对酶促反应的影响。反应时间足够短，此时 [S] 的变化可以忽略不计。在酶的浓度、pH、温度等条件固定不变的情况下，[S] 对反应速率 V 的影响如图 6-11 所示。

1903 年 Wurtz 和 Henri 根据底物浓度与反应速率动力学曲线（图 6-11），提出酶-底物中间产物学说。1913 年 Michaelis 和 Menten 对该学说进行了补充：酶（E）首先和底物（S）结合形成中间产物（ES），该结合可逆，即 E+S $\rightleftharpoons$ ES，随后 ES 迅速分解生成产物（P）并释放酶（E），即 ES $\rightleftharpoons$ E+P。由于第 2 步反应较慢而限制了整个反应速率，故 ES 的浓度决定整个反应速率。

酶促反应中酶以 2 种形式存在：游离酶 E 和与底物结合的 ES。当底物浓度较低时，大多数酶以游离形式存在。此阶段当底物浓度增加时，反应平衡向 ES 方向移动，反应速率与底物浓度成正比。当底物浓度较高时，随着底物浓度增加，反应速率仍然加快，但不显

图 6-11   底物浓度对反应速率的影响

著。如果底物浓度继续增大，酶被底物饱和，因此进一步增加［S］对反应速率无影响，所有酶以 ES 的形式存在，反应速率趋于极限值，可得出酶促反应最大速率 V_{max}。

（二）米氏方程

1913 年 Michaelis 和 Menten 根据酶-底物中间产物学说推导出能够表示底物浓度和反应速率关系的数学方程，即米氏方程。1925 年 Briggs 和 Haldane 又对米氏方程做了重要修正，但为表达对 Michaelis 和 Menten 开创性工作的敬意，该方程仍被称作米氏方程或 M-M 模型。为了简化反应系统，通常以最简单的单底物和单产物为例来推导米氏方程。

1. 米氏方程成立的前提　米氏酶促动力学必须满足 3 个条件：①反应速率为初速率，因此此时反应速率和酶浓度成正比，避免了反应物和其他因素的干扰；②底物浓度显著超过酶的浓度，即［S］≫［E］，因此 ES 的形成不会明显减低底物的浓度；③酶-底物复合物处于稳态，即酶-底物复合物浓度不变。

2. 米氏方程的推导　根据酶-底物中间产物学说，酶的反应分成 2 步进行，即 ES 的形成和分解。反应早期产物的浓度［P］可忽略，故反应式可简化为 $E+S \underset{k_{-1}}{\overset{k_1}{\rightleftharpoons}} ES \overset{k_2}{\longrightarrow} E+P$。

反应速率 V 由 ES 分解成产物的速率决定，而后者取决于［ES］，即 $V=k_2$［ES］。式中，［ES］无法通过实验直接测定，必须要有一种表示［ES］的形式。在此引入［E_t］，即酶的总浓度（底物结合酶与游离酶之和）。游离酶可以用［E_t］－［ES］表示。同样，由于［S］远大于［E_t］，所以在给定的时间内同酶结合的底物的量与总的［S］相比可以忽略不计。基于以上假定，经以下推导便可以用几个容易测定的参数来表示 V。

第 1 步：ES 生成和分解的速率取决于速率常数 k_1（生成）和 $k_{-1}+k_2$（分解）所决定的反应步骤：ES 生成速率=k_1（［E_t］－［ES］）［S］，ES 分解速率=k_{-1}［ES］+k_2［ES］。

第 2 步：根据稳态理论，反应处于稳态中，［ES］恒定，即 ES 生成的速率和分解的速率相等。因此方程转化为 k_1（［E_t］－［ES］）［S］=k_{-1}［ES］+k_2［ES］。

第 3 步：对第 2 步的方程进行几步数学转化。首先把左边乘开把右边化简：k_1［E_t］［S］－k_1［ES］［S］=（$k_{-1}+k_2$）［ES］。式两边都加上 k_1［ES］［S］并化简得：k_1［E_t］［S］=（$k_{-1}+k_2$）［ES］+k_1［ES］［S］。整理为 k_1［E_t］［S］=（$k_{-1}+k_2+k_1$［S］）［ES］。进一步简化为 $[ES] = \dfrac{k_1[E_t][S]}{k_{-1}+k_2+k_1[S]} = \dfrac{[E_t][S]}{[S]+(k_{-1}+k_2)/k_1}$。将（$k_{-1}+k_2$）/$k_1$ 定义为米氏常数（Michaelis constant）K_m，K_m 代入上式，简化为 $[ES] = \dfrac{[E_t][S]}{K_m+[S]}$。

第 4 步：用［ES］表示 V 后代入上式，并经整理得 $V = \dfrac{k_2[E_t][S]}{K_m+[S]}$。当所有酶被底物饱和，即［$E_t$］=［ES］时，反应达到最大速率，将方程 $V_{max}=k_2$［E_t］代入上式，此方程进一步简化为 $V = \dfrac{V_{max}[S]}{K_m+[S]}$。

这就是米氏方程，即单底物酶促反应的速率方程（rate equation）。它是对反应速率 V、最大速率 V_{max} 和起始底物浓度［S］之间关系的定量描述，上述参数都与米氏常数 K_m 有关。

3. 米氏常数的意义和测定

（1）意义

1）当酶促反应速率 $V=\frac{1}{2}V_{max}$ 时，带入米氏方程可求得 $K_m=[S]$，由此可知米氏常数就是最大速率一半时的底物浓度，单位和底物浓度一样是 mol/L。

2）K_m 是酶的一个特性常数：K_m 大小只与酶的性质有关，而与酶浓度无关。K_m 值随测定的底物、反应的温度、pH 及离子强度而改变。因此，K_m 值作为常数只是相对一定的底物、pH、温度和离子强度等条件而言。故对某一酶促反应而言，在一定条件下都有特定的 K_m 值，可用来鉴别酶。

3）K_m 值可以判断酶的专一性和天然底物，有的酶可作用于几种不同底物，因此它就有几个 K_m 值，其中 K_m 值最小的底物称为该酶的最适底物也就是天然底物。K_m 值随不同底物而异的现象可以帮助判断酶的专一性，并且有助于研究酶的活性部位。

4）当 $k_2 \ll k_{-1}$ 时，ES 解离常数 $K_d=k_{-1}/k_1$，即 $K_m=K_d$。K_m 等于 ES 复合物的解离常数（底物常数），可以作为酶和底物结合紧密程度的一个度量，表示酶和底物结合的亲和力大小。

5）若已知某个酶的 K_m 值，就可以计算出在某一底物浓度时，其反应速率相当于 V_{max} 的百分率。例如，当 $[S]=4K_m$ 时，代入米氏方程式得到：$V=\dfrac{V_{max}\cdot 4K_m}{K_m+4K_m}=0.8V_{max}$，即达到最大反应速率的 80% 时，底物浓度相当于 $4K_m$。

6）K_m 值可以帮助推断某一代谢反应的方向和途径：催化可逆反应的酶，对正逆两向底物的 K_m 值往往是不同的，如谷氨酸脱氢酶（glutamate dehydrogenase，GDH），NAD^+ 的 K_m 值为 2.5×10^{-5} mol/L，而 NADH 为 1.8×10^{-5} mol/L。测定这些 K_m 值的差别及细胞内正逆两向底物的浓度，可以大致推测该酶催化正逆两向反应的效率，这对了解糖酵解在细胞内的主要催化方向及生理功能有重要意义。

（2）测定　直接用反应速率 V 和底物浓度 $[S]$ 作图得到是一条曲线。虽然也可以求出 K_m 和 V_{max}，但由于试验测试误差，很难得到一条完美的曲线。而在同样条件下画直线更容易。因此将米氏方程转化为直线作图是有必要的。直线作图的方法有很多，其中 Lineweaver-Burk 作图法（又称双倒数作图法）是最常用的方法。将米氏方程两侧取双倒数，得到如下方程式：

$\dfrac{1}{V}=\dfrac{K_m}{V_{max}}\cdot\dfrac{1}{[S]}+\dfrac{1}{V_{max}}$。以 $\dfrac{1}{V}$ 对 $\dfrac{1}{[S]}$ 作图即可得到直线（图 6-12），此直线在纵坐标轴上的截距为 $\dfrac{1}{V_{max}}$，在横坐标轴上的截距为 $-\dfrac{1}{K_m}$，直线的斜率为 $\dfrac{K_m}{V_{max}}$，通过这条直线可以方便地计算出 K_m 和 V_{max}。

二、温度对酶促反应速率的影响

温度可以增加分子运动速率，提高分子碰撞机会，因而酶促反应的速率会随温度升高而加快。通常把温度提高 10℃ 后的反应速率与原温度下反应速率的比值称为反应的温度系数，用 Q_{10} 表示，

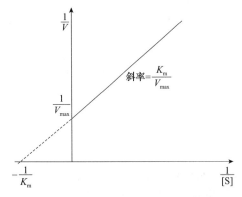

图 6-12　酶促动力学双倒数作图

大多数酶的 Q_{10} 为 1～2。但大部分酶的化学本质为蛋白质，随着温度上升其高级结构极易破坏，使酶失活。即使是核酶也会因为温度的原因而变性丧失活性。

在温度较低时，酶促反应的速率随温度升高而加快，但超过一定温度时，反应速率反而随温度上升而急速下降，形成倒 "V" 形曲线（图 6-13）。曲线顶点所对应的温度下，反应速率最大，称为酶的最适温度（optimum temperature）。大部分酶最适温度在 30℃～50℃，

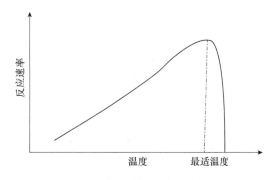

图 6-13 温度对酶促反应速率的影响

但一些来源于湿热微生物的酶最适温度很高，例如，PCR 中使用的 *Taq* DNA 聚合酶来自火山温泉细菌，最适温度超过 70℃，可在 90℃下保存几小时仍保持高活力。干燥和低温能有效维持酶活力，因此，酶通常贮存在 4℃ 或更低的温度下或以冻干粉保存。酶的最适温度会受到离子种类、离子强度、pH 等影响，不是一个固定的值，因此不是酶的特征性常数。

三、pH 对酶促反应速率的影响

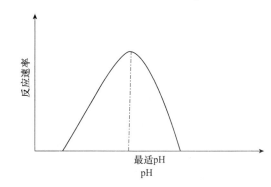

图 6-14 pH 对酶促反应速率的影响

pH 会影响酶分子一些氨基酸侧链（主要是 Lys、Arg、Glu、Asp 等）或辅酶（或辅基）的解离程度，对酶的稳定性和活性都会产生重要影响。反应速率与 pH 的关系通常是钟形曲线（图 6-14），在曲线的顶部时，最适于酶、底物和辅酶（或辅基）相互结合，并发生催化作用，酶活性最高，这时的 pH 称为酶的最适 pH（optimum pH）。但最适 pH 和酶的最稳定 pH 不一定相同。

根据 pH 对酶反应速率的影响，可以推测酶活性中心有哪些可电离的氨基酸残基参与了催化反应。例如，木瓜蛋白酶（papain）的 pH 与酶促反应速率曲线在 pH 4.2 和 pH 8.2 处有拐点，表明木瓜蛋白酶的活性取决于两个活性位点氨基酸残基（pKa 分别为 4 和 8）。这两个可电离残基是亲核半胱氨酸（Cys25）和组氨酸的供质子咪唑基（His159）。曲线上的拐点与 Cys25 和 His159 的 pKa 并不完全对应，Cys 侧链的 pKa 通常为 8～9.5，但在木瓜蛋白酶的活性部位，Cys25 的 pKa 被干扰变为 3.4；His159 残基的 pKa 变为 8.3。最适 pH 也不是酶的特征性常数，它受底物浓度、缓冲液的种类及酶的纯度等因素的影响，测定酶的活性时，应选用适宜的缓冲液，以保持酶活性的相对恒定。

四、激活剂对酶促反应速率的影响

凡是能提高酶催化活性的无机离子或简单的有机化合物称为激活剂（ activator ）。金属离子可直接参与酶的催化反应，如 Mg^{2+}、Ca^{2+}、Zn^{2+}、K^+、Na^+ 及 Fe^{2+} 等金属离子都可以作为激活剂。其中，Mg^{2+} 可以屏蔽 ATP 的磷酸根负离子的电荷，是多数激酶、核酸酶、DNA 或 RNA 聚合酶的激活剂。另外，无机阴离子如 Cl^-、Br^-、I^-、PO_4^{3-} 等也具有酶激活作用，如 Cl^- 是唾液淀粉酶的激活剂。再如一些金属离子，特别是重金属对酶有抑制，金属螯合剂如 EDTA（乙二胺四乙酸）等能除去重金属离子，也可视为酶的激活剂。然而，激活剂对酶的作用具有一定选择性，

其只会对特定的酶起激活作用。有些激活剂对某种酶起激活作用而对另一种酶可能起抑制作用。另外，激活离子只在合适的浓度下对酶起激活作用。

有些小分子有机化合物可作为酶的激活剂，酶分子中的巯基很容易被氧化影响酶的催化活性、半胱氨酸、还原型谷胱甘肽等还原剂使酶中二硫键还原成巯基，对某些含巯基的酶有激活作用。另外，酶原可被一些蛋白酶选择性水解肽键而被激活，有些酶只有被磷酸化等共价修饰后才有活性，这些蛋白酶或共价修饰酶也可看成激活剂。

五、抑制剂对酶促反应速率的影响

酶的抑制剂（inhibitor）泛指干扰催化作用，降低或阻止酶促反应的物质。抑制剂对酶促反应的影响是研究酶催化机制的重要手段。细胞内的化学反应一般都要酶的催化，而医药和农业生产上使用的很多药物（如抗生素、杀虫剂和除草剂等）都是酶的抑制剂（表6-3）。例如，草甘膦化学名为 N-（膦酸甲基）甘氨酸，作用靶点是 5-烯醇丙酮莽草酸-3-磷酸合成酶（5-enolpyruvyl shikimate-3-phosphate synthase，EPSPS），该酶是植物、动物和微生物合成莽草酸的必需酶，草甘膦可通过抑制莽草酸的合成使植物色氨酸、苯丙氨酸和酪氨酸合成受阻。

表 6-3　几种常见酶抑制剂及其靶点

中文名称	英文名称	靶点	用途
草甘膦	glyphosate	5-烯醇丙酮莽草酸-3-磷酸合成酶	除草剂
青霉素	penicilin	肽聚糖转肽酶	抗菌剂
利托那韦	ritonavir	HIV 蛋白酶	抗 HIV
甲氨蝶呤	methotrexate	二氢叶酸还原酶	抗肿瘤
抑蛋白酶多肽	aprotinin	丝氨酸蛋白酶	抗流感病毒
帕拉米韦	peramivir	神经氨酸酶	抗流感病毒

根据抑制机制，酶的抑制剂可分为可逆性抑制剂（reversible inhibitor）和不可逆性抑制剂（irreversible inhibitor）。可逆性抑制剂以次级键与酶结合，这些键的键能低，容易断裂，用透析或超滤就可去除它们，让酶恢复活性，不能使酶永久性失活。不可逆性抑制剂也被称为酶灭活剂（inactivator），它们以强的化学键（通常是共价键）与酶不可逆结合，导致酶失活，一旦失活就不可逆转。

（一）可逆性抑制剂

可逆性抑制剂又可分为竞争性抑制剂（competitive inhibitor）、非竞争性抑制剂（noncompetitive inhibitor）和反竞争性抑制剂（uncompetitive inhibitor）。

1. 竞争性抑制剂　　竞争性抑制剂是一类与底物在结构和化学上具有很强相似性的化合物，能与底物竞争酶活性中心，导致酶催化活性降低。但抑制剂与酶活性中心结合不能转化为产物，仅是封闭了酶的活性中心。因此，竞争性抑制剂和底物不能同时与活性中心结合，二者存在竞争。当底物浓度增加时，底物和酶结合的概率增加，减少了酶和抑制剂的结合，抑制作用减弱。其中，磺胺（sulfanilamide）类药物是最典型的例子。磺胺类药物在体内分解形成对氨基苯磺酰胺，是对氨基苯甲酸（p-aminobenzoic acid，PABA）的类似物，能竞争性抑制细菌二氢叶酸合成酶的活性，从而阻止 PABA 作为原料合成细菌所需要的四氢叶酸，进而抑制细菌核酸的合成而起抗菌作用。

在医疗上利用竞争活性部位的原理可以治疗吸收了甲醇的患者。甲醇是油管中的抗冻剂，被人体吸收后能被肝内的乙醇脱氢酶转化成甲醛，而甲醛对许多组织都有损害。因为眼睛对甲醛特别敏感，所以吸收甲醇最常见的后果是致盲。作为乙醇脱氢酶的另一种底物，乙醇可以有效地与甲醇竞争。乙醇的这种作用非常类似于竞争性抑制，区别只是乙醇也是一种底物，它在酶的作用下被转变成乙醛，其浓度随作用时间的推移而降低。对甲醇中毒的治疗方法是以一定速率向静脉内灌输乙醇，在几个小时内将血液中的乙醇控制在一定的浓度，从而减缓甲醛的形成，最终通过肾滤过作用将甲醇随尿无害地排出体外，从而减轻对身体的危害。

竞争性抑制剂（I）和底物（S）共同存在的情况下，酶既能与抑制剂结合形成酶抑制剂复合物（EI），也能与底物结合形成酶与底物复合物（ES）。竞争性抑制剂在底物浓度较低时，几乎所有的酶分子都与抑制剂形成 EI 复合物，能显著降低反应速率；随着底物浓度上升，酶分子与底物形成的 ES 复合物数量增加，抑制剂对速率改变减弱；底物浓度达到一定值时，抑制几乎完全解除（图 6-15）。

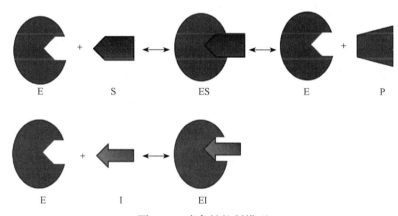

图 6-15　竞争性抑制模型

有竞争性抑制剂的情况下存在下述平衡：

$$
\begin{array}{l}
\mathrm{E+S} \rightleftharpoons \mathrm{ES} \longrightarrow \mathrm{E+P} \\
+ \\
\mathrm{I} \\
\updownarrow K_i \\
\mathrm{EI}
\end{array}
$$

竞争性抑制剂存在情况下的米氏方程：

$$
V = \frac{V_{\max}[\mathrm{S}]}{K_m\left(1+\dfrac{[\mathrm{I}]}{K_i}\right)} + [\mathrm{S}]
$$

式中

$$
K_i = \frac{[\mathrm{E}][\mathrm{I}]}{[\mathrm{EI}]}
$$

设 K'_m 为表观 K_m

$$K'_m = K_m \left(1 + \frac{[I]}{K_i}\right)$$

则米氏方程可表示为

$$V = \frac{V_{max}[S]}{K'_m + [S]}$$

将上述公式做双倒数处理得下式

$$\frac{1}{V} = \frac{K_m}{V_{max}}\left(1 + \frac{[I]}{K_i}\right)\frac{1}{[S]} + \frac{1}{V_{max}}$$

从上述修改后的米氏方程可以看出，有竞争性抑制剂存在，酶与底物的表观 K'_m 比原来提高了 $\frac{[I]}{K_i}$ 倍。当 $[S] \gg K_m\left(1 + \frac{[I]}{K_i}\right)$ 时，方程式 $K_m\left(1 + \frac{[I]}{K_i}\right)$ 项可忽略不计，此时 $V = V_{max}$。所以在抑制剂浓度 $[I]$ 和酶浓度 $[E]$ 固定情况下，增加底物浓度可解除抑制作用。由 $K'_m = K_m\left(1 + \frac{[I]}{K_i}\right)$ 可知，抑制作用解除率与抑制剂浓度 $[I]$ 和抑制剂与酶的结合常数有关，抑制剂浓度越高或 K_i 越小，越难解除。

上述修改后的米氏方程，用 $\frac{1}{V}$ 和 $\frac{1}{[S]}$ 作 Lineweaver-Burk 双倒数图（图 6-16）。从双倒数图可见，有抑制剂和无抑制剂的直线在纵坐标轴上交叉于同一点，加竞争性抑制剂后与横坐标截距变小为 $-\frac{1}{K'_m}$，斜率变大。V_{max} 不变，表观 K_m 变大，是竞争性抑制剂的特点。

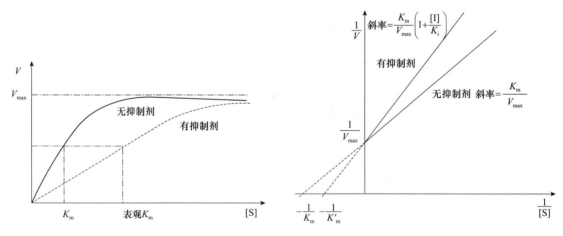

图 6-16　竞争性抑制的米氏方程图（左）和 Lineweaver-Burk 双倒数图（右）

2. 非竞争性抑制剂　非竞争性抑制剂是一类与酶活性中心以外的位点结合，引起活性中心构象改变，但不影响底物和酶结合的化合物。非竞争性抑制剂与酶或酶-底物复合物结合形成酶-底物-抑制剂三元复合物 EIS（图 6-17）。一旦形成三元复合物，就会阻止底物转变成产物，抑制催化反应，抑制剂能够在高浓度或低浓度底物下等效地发挥抑制作用。

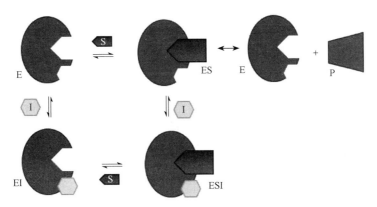

图 6-17　非竞争性抑制示意图

在非竞争性抑制剂存在下，酶促反应存在以下平衡：

$$
\begin{array}{ccc}
\text{E+S} & \underset{}{\overset{K_m}{\rightleftharpoons}} & \text{ES} \longrightarrow \text{E+P} \\
+ & & + \\
\text{I} & & \text{I} \\
{\Big\Updownarrow}{\scriptstyle K_i} & & {\Big\Updownarrow}{\scriptstyle K_i} \\
\text{EI} & \underset{}{\overset{K_m}{\rightleftharpoons}} & \text{ESI} \longrightarrow \text{无产物}
\end{array}
$$

有非竞争性抑制剂情况下的近似米氏方程：

$$
V = \frac{V_{max}[\text{S}]}{K_m + [\text{S}]\left(1 + \dfrac{[\text{I}]}{K_i}\right)}
$$

将上述公式做双倒数处理得下式：

$$
\frac{1}{V} = \frac{K_m}{V_{max}}\frac{1}{[\text{S}]}\left(1 + \frac{[\text{I}]}{K_i}\right) + \frac{1}{V_{max}}\left(1 + \frac{[\text{I}]}{K_i}\right)
$$

表观 V_{max} 为 V'_{max}：

$$
V'_{max} = \frac{V_{max}}{1 + \dfrac{[\text{I}]}{K_i}}
$$

用 $\dfrac{1}{V}$ 和 $\dfrac{1}{[\text{S}]}$ 作 Lineweaver-Burk 双倒数图，结果显示典型的非竞争性抑制剂不影响酶与底物的亲和力，因此 K_m 不变，V_{max} 变小（图 6-18）。然而这样的非竞争性抑制剂较少见，更多的是会降低酶与底物的亲和力，从而导致 K_m 升高。鉴于后者同时具有竞争性和非竞争性的部分性质，这样的非竞争性抑制剂又称为混合型抑制剂（mixed inhibitor）。无论是典型的非竞争性抑制剂，还是混合型抑制剂，它们在任何底物浓度下都有抑制作用，因此都会降低 V_{max}。

3. 反竞争性抑制剂　　反竞争性抑制剂是一类只能与酶和底物复合物（ES）结合，但不能与游离的酶结合的抑制剂。一旦它们与 ES 结合，将导致与活性中心结合的底物不能再转变为产物（图 6-19）。反竞争性抑制剂之所以只能与 ES 结合，可能是因为底物本身直接参与抑制剂

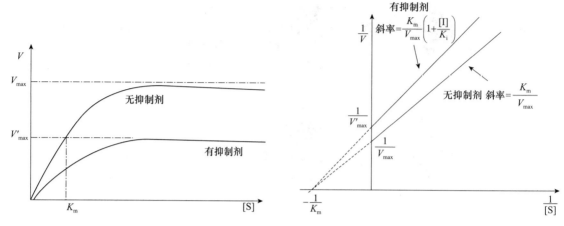

图 6-18　非竞争性抑制的米氏方程图（左）和 Lineweaver-Burk 双倒数图（右）

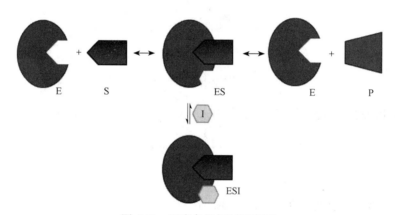

图 6-19　反竞争性抑制示意图

的结合，也可能因为是底物结合导致原来不能结合抑制剂的位点构象发生改变，转向能够结合抑制剂的构象。抑制剂抑制的机制可能是因为它的直接作用，也可能是因为其结构导致活性中心的构象发生了变化。然而，反竞争性抑制剂的存在可能只是理论上的，因为到现在为止还没有关于酶受到反竞争性抑制剂作用的文献报道。由于反竞争性抑制剂只能与 ES 结合，所以在底物浓度很低的时候，其抑制作用可以说是微乎其微，因为这时候的酶几乎都处于游离的状态。如果底物浓度很高，则大多数酶都处于 ES 状态，这时候抑制剂是有效的。

在反竞争性抑制剂存在下，酶促反应存在以下平衡：

$$E+S \rightleftharpoons ES \longrightarrow E+P$$
$$+$$
$$I$$
$$\Updownarrow K_i$$
$$ESI$$

有反竞争性抑制剂情况下的近似米氏方程：

$$\frac{1}{V} = \frac{K_m}{V_{max}} \frac{1}{[S]} + \frac{1}{V_{max}}\left(1+\frac{[I]}{K_i}\right)$$

其曲线作图和双倒数作图结果如图 6-20 所示，反竞争性抑制剂的存在能降低酶的表观 K'_m，可能是因为抑制剂有效地与 ES 复合物结合，形成 EIS 三元复合物，从而减少了 ES 浓度。这相当于把酶与底物结合反应的平衡拉向右边，有利于酶与底物的结合，从而导致酶与底物结合的亲和力的增加，即表观 K'_m 降低。大量底物的存在并不能"压倒"抑制剂，反而有利于抑制剂与 ES 的结合，从而抑制酶促反应，所以反竞争性抑制剂会降低 V_{max}。

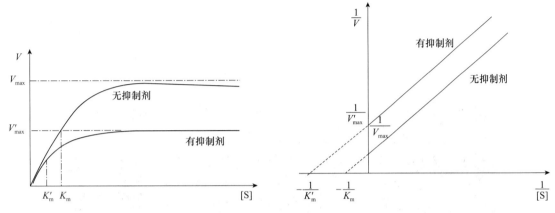

图 6-20　反竞争性抑制的米氏方程图（左）和 Lineweaver-Burk 双倒数图（右）

（二）不可逆性抑制剂

不可逆抑制剂可以分为 3 类，即基团特异性抑制剂（group specific inhibitor）、底物类似物抑制剂（substrate analogue inhibitor）和自杀型抑制剂（suicide inhibitor）。

1. 基团特异性抑制剂　这类抑制剂结构上与底物无相似之处，但能共价修饰酶活性中心必需氨基酸的侧链基团而导致酶不可逆地失活。常见的有重金属、氰化物、有机汞化合物、有机砷化合物、有机磷化合物、碘代乙酸和环氧化物等。二异丙基氟磷酸（DIPF）能修饰多种酶活性中心 Ser 残基上的—OH，但不与活性中心以外的 Ser 反应。例如，胰凝乳蛋白酶 Ser195 残基与 DIPF 形成共价键并失活（图 6-21）。利用 DIPF 这一特性，可分析酶活性部位氨基酸残基。

2. 底物类似物抑制剂　这类抑制剂结构上与底物相似，可与酶活性中心结合，同时带有修饰基团可与酶活性中心上的必需基团形成共价键，导致酶活性的丧失。酶作用机制的研究中，这类抑制剂常被用于对酶分子的活性中心进行亲和标记（affinity labeling），以确定酶的必需基团。例如，甲苯磺酰基-L-氨基联苯氯甲基酮（TPCK）是一种带有亲和基团的胰凝乳蛋白酶底物类似物，可与酶活性中心的 His57 形成共价键，导致酶失活。

3. 自杀型抑制剂　自杀型抑制剂是一类底物结构类似物，但本身不能直接修饰酶，与酶结合后，在酶的催化作用下形成高度反应性的中间物，转而修饰酶的必需基团导致酶活性的丧失。由于它们依赖于酶正常的催化机制而导致酶失活，因此被称为机制型抑制剂

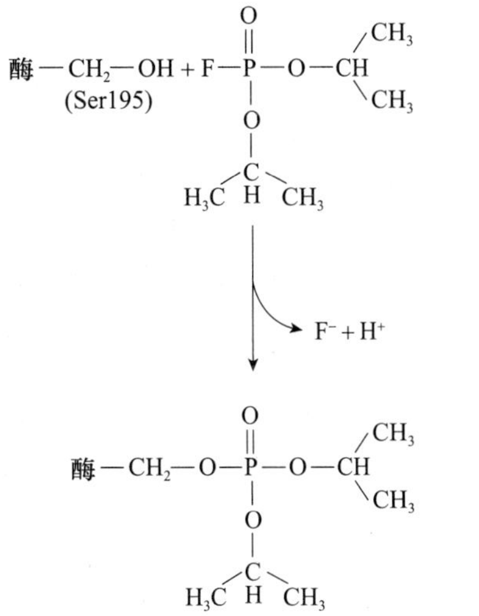

图 6-21　DIPF 抑制胰凝乳蛋白酶示意图

（mechanism-based inhibitor）；又因为它们"冒充"底物与酶结合并受到酶的激活而抑制酶活性，因此又被称为特洛伊木马（trojan horse）抑制剂；还因为它们依赖于酶的催化而激活，所以被称为 kcat 抑制剂。此类抑制剂具有 3 个重要的特征：①没有酶，无化学活性；②必须受到靶酶的激活；③与酶反应的速率快于它与酶解离的速率。

青霉素的抑菌机制是抑制细菌细胞壁肽聚糖的交联，作用靶点是肽聚糖转肽酶，是一类自杀型抑制剂。青霉素的 β-内酰胺环被转肽酶的活性中心的 Ser 亲核攻击，两者形成共价键，酶活性被抑制。丝氨酸蛋白酶抑制蛋白（serpin）是一类广泛分布于真核生物的丝氨酸蛋白酶抑制剂，分子质量 40～60kDa，属于自杀型抑制剂。胰蛋白酶（trypsin）水解丝氨酸蛋白酶抑制剂过程中，活性中心 Ser195 亲核攻击丝氨酸蛋白酶抑制剂，丝氨酸蛋白酶抑制剂水解氨基酸残基（Met358）的羧基与 Ser195 形成共价键，胰蛋白酶活性被抑制（图 6-22）。

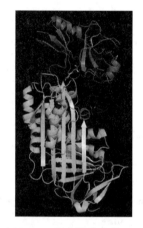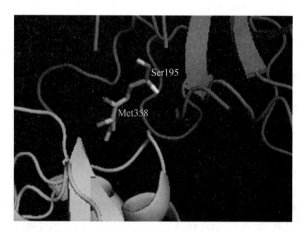

图 6-22   serpin（绿色）和 trypsin（红色）复合体 X-衍射晶体结构（PDB 数据库编号：1EZX）

（Huntington et al.，2000）

左图表示酶和抑制剂复合物晶体结构，右图表示两者形成共价键

第六节   酶活力调节

生物细胞是物质和能力转化"机器"，代谢错综复杂。另外，细胞还需对环境的改变（如营养、温度及其他胁迫条件）做出及时快速的响应。这些生命活动的有序进行都离不开对代谢的精准调控。代谢调控的核心是对酶的调控，细胞主要通过酶量或酶活力（又称酶活性）改变来实现对酶的调控。其中，酶活力直接调节具有响应快速的特点，是细胞代谢的主要调控方式，主要包括别构调节、共价修饰、酶原激活和同工酶等。

一、别构调节

别构调节酶也称变构酶（allosteric enzyme），是一种重要的调节酶，有以下特点。

1）别构调节酶反应速率 / 底物浓度曲线为"S"形：前面关于酶动力学的讨论都是基于米氏方程，所涉及的酶促反应速率对底物浓度的作图都呈双曲线。然而，别构调节酶的曲线为"S"形（图 6-23）。"S"形曲线与双曲线的区别是："S"形曲线在底物浓度较低的情况下，提高底物浓度只能引起反应速率极小的增加，这时候曲线的斜率很低；在稍高的底物浓度下，底物浓度的增加会导致反应速率的急剧升高；底物浓度继续增加、反应速率缓慢增加，最后达到

最大反应速率 V_{max}。

2）别构调节酶是寡聚酶：目前已知的别构调节酶一般具有2个或2个以上亚基，具有四级结构，多亚基结构对别构机制至关重要。每个酶分子除了与底物结合的活性中心外，还有一个或者多个与别构物或调节物结合的别构中心。别构物与别构中心就像酶的活性部位与底物一样具有结合专一性。别构中心和活性中心可能处在同一亚基不同部位也可能在不同亚基上。亚基之间通过次级键结合，所以它们之间既容易解离，也容易重新聚合。大多别构调节酶在溶液中有完整的

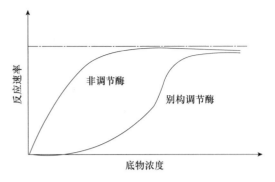

图6-23　别构调节酶反应动力学

多亚基酶和单个亚基两种形式，两者处于动态平衡之中。在多数情况下，单个亚基可能无催化活性。而一些复杂的别构调节酶在完整的多亚基酶和单个亚基之间还存在某些中间物。各种配体与酶的结合通常会改变上述平衡。

3）具有别构效应：类似于氧分子与非酶蛋白血红蛋白的结合，别构调节酶上先结合的底物影响后续底物的结合，因而别构调节酶底物本身也是别构物。底物或别构效应物与酶结合会引起别构调节酶的构象变化而引起酶催化活性的改变，这种效应称为别构效应（图6-24）。调节物与底物相同的别构调节酶称为同促酶；如果效应物不同于底物，则称别构调节酶为异促酶。起激活酶活性的别构物被称为别构激活剂；相反，起抑制作用的被称为别构抑制剂。

4）除了别构抑制剂以外，别构调节酶还可能像其他非别构调节酶一样受到竞争性抑制剂的作用。典型的竞争性抑制剂通过模拟底物的化学结构起作用。但对于一个具有正底物协同性的别构调节酶来说，它的一种竞争性抑制剂可能在结构上与底

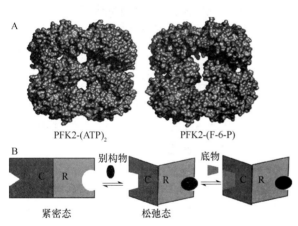

图6-24　别构调节酶活性调节示意图

A. 磷酸果糖激酶2（PFK2）是糖酵解代谢重要的别构调节酶，ATP为别构抑制剂，果糖-6-磷酸（F-6-P）是底物和激活剂；
B. 别构调节示意图

物过分相似，结果像底物一样也能诱发正协同效应的发生。在这样的情况下，低浓度的竞争性抑制剂能够提高酶与底物的结合能力，结果反而提高反应速率（似乎作为激活剂）；而高浓度的抑制剂则以通常的方式阻断底物与酶的结合，从而减慢反应速率。这样的竞争性抑制剂对别构调节酶活性的双面影响被称为双相反应（biphasic response）。

5）别构调节酶常是多步骤酶促反应的第一个酶，或处于代谢途径分支点上的酶。

6）别构调节酶一般分子质量大，结构更复杂，往往表现出一些与一般酶不同的性质，如某些别构调节酶于0℃下可能还没有室温稳定。

天冬氨酸转氨甲酰酶（ATCase）是一个研究得比较透彻的别构调节酶，它催化嘧啶核苷酸从头合成系列反应的第1步（图6-25），是嘧啶核苷酸合成的限速酶，受终产物CTP反馈抑制，ATP则是别构激活剂。

ATCase分子质量是310kDa，由12条多肽链组成，其中6条多肽链C（分子质量为34kDa）

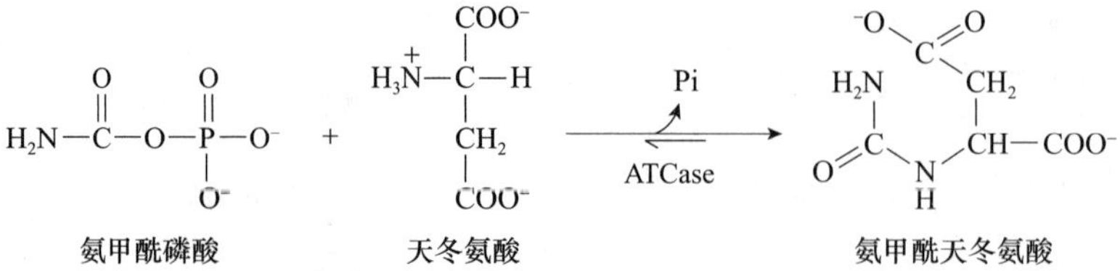

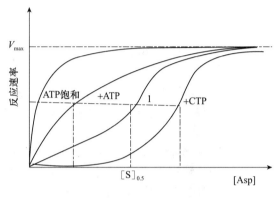

图 6-25   ATCase 催化的反应

反应速率

V_{max}

ATP饱和   +ATP   1   +CTP

$[S]_{0.5}$ [Asp]

图 6-26   ATCase 反应动力学

组装成 2 个三聚体形成催化亚基，6 条多肽链 R（分子质量为 17kDa）组装成 3 个二聚体形成调节亚基（图 6-26）。每个催化亚基有 3 个天冬氨酸底物结合部位；每个调节亚基上有 2 个别构剂（CTP 和 ATP）的结合部位。当底物氨甲酰磷酸的浓度达到饱和时，ATCase 催化的反应速率仅与另一底物 Asp 的浓度有关，其反应动力学曲线如图 6-26 曲线"1"所示，曲线为"S"形，在底物浓度很低的时候，只有少数 ATCase 酶活性中心与底物 Asp 结合，这时底物与酶的亲和性很低，即使提高底物浓度，也只能导致反应速率很小地增加；随着更多的底物与酶结合，致使酶与底物的亲和性大增，反应速率随之猛升，这种效应称为正协同效应；当 Asp 浓度提高到一定水平的时候，别构酶就像双曲线酶一样被底物饱和，速率接近与底物浓度的关系曲线。CTP 是天冬氨酸转氨甲酰酶 ATCase 的反馈抑制剂。若上述反应体系中一开始就有 CTP 存在，CTP 与 ATCase 调节亚基结合，改变构象，降低酶对底物的亲和力，反应速率减慢，"S"形曲线向右移，这时需要更高的 Asp 浓度才能使酶有效起作用，这种效应称为负协同效应。ATP 是 ATCase 的别构激活剂。若曲线"1"反应体系中加 ATP 不加 CTP，ATP 与 ATCase 调节亚基结合，改变构象使酶对底物的亲和力增强，反应速率加快，"S"形曲线向左移，使曲线"S"形特征减弱。当 ATP 浓度达到足够高时，曲线呈现与非调节酶一样的双曲线。

二、共价修饰

共价修饰是另一类酶活性的调节方式。这类调节酶的活性是通过酶分子的共价修饰来调节的。但与别构调节只是"微调"酶的活性不同，共价修饰往往是对酶活性"有"或"无"的控制。修饰的基团包括磷酸基、腺苷酸、尿苷酸、腺苷二磷酸核糖基和甲基等。这些基团通过各自的酶催化与调节酶共价连接和去除。

甲基化的例证之一就是细菌的甲基受体趋化性蛋白（MCP）。这种蛋白质是促使微生物在溶液中移向诱导剂（如糖）而远离排斥性化学成分的组分。ADP-核糖基化（ADP-ribosylation）是仅发生在少数蛋白的有趣反应。ADP-核糖来源于烟酰胺腺嘌呤二核苷酸（NAD），这种修饰发生在细菌的固氮酶还原酶上，是调控生物固氮的重要过程。另外，白喉毒素和霍乱毒素都是通过催化细胞内关键酶或蛋白质发生 ADP-核糖基化（失活）而产生细胞毒性。

磷酸化是目前已知最主要的共价修饰方式；真核细胞中蛋白质的 1/3～1/2 处于磷酸化状态。其中一些蛋白质只有一个磷酸化残基，另外一些则有几个，少数蛋白质的磷酸化位点可达几十个。蛋白激酶负责催化蛋白质的磷酸化修饰，而磷酸化酶负责催化蛋白质分子中磷酸基团的去除，两者可协同控制酶的磷酸化修饰从而实现对酶活性的精准调控。磷酸基团修饰使蛋白质分子中原本具有一定极性的区域增加了一个带有大量负电荷的磷酸基团。磷酸基团的氧原子能够与蛋白质精氨酸侧链的带电胍基或α螺旋起始端的肽链氨基形成氢键。若修饰的侧链基团是蛋白质维持三维结构的关键残基，则磷酸化会影响蛋白质构象，进而改变其与底物的结合能力及酶的催化活性。磷酸化调节的典型例证是肌肉和肝中的糖原磷酸化酶，该酶催化糖原水解产生葡糖-1-磷酸，在肌肉中用于 ATP 的合成或在肝中转化为葡萄糖。糖原磷酸化酶存在两种形式：高活力的糖原磷酸化酶 a 和低活力的糖原磷酸化酶 b（图 6-27）。糖原磷酸化酶 a 由两个亚基组成，每个亚基上有一个特定的丝氨酸残基的羟基被磷酸化。这些丝氨酸残基的磷酸化是酶发挥最大活性所必需的。蛋白激酶和蛋白磷酸酶分别催化了糖原磷酸化酶的磷酸修饰和磷酸基团去除，两者协同调控体内糖原代谢。

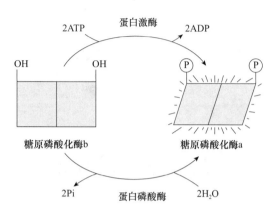

图 6-27 磷酸化对糖原磷酸化酶活性的调节

三、酶原激活

生物体中有些酶是蛋白质翻译后的蛋白质原（proprotein），没有酶活性，称为酶原（zymogen 或 proenzyme）。它们需要通过蛋白酶水解（由其他蛋白酶催化或自我催化）去除一些氨基酸序列以后才具有催化活性，这种调节酶活性的方式被称为酶原激活。蛋白酶水解激活酶原活性的原因主要有：①酶原被水解的多肽与酶活性中心结合，阻碍了底物与活性中心的结合；②多肽水解导致酶分子构象重排，获得稳定有功能的活性中心。

酶原激活是生物体内许多酶，特别是蛋白酶最主要的活性调节方式。例如，人体消化系统参与蛋白质消化相关蛋白酶（如胃蛋白酶、胰蛋白酶、胰凝乳蛋白酶等），免疫反应中的补体，血液凝固"级联"反应的蛋白酶，细胞外基质水解的基质金属蛋白酶（matrix metalloproteinases，MMPs）等，均通过该方式活化。酶原激活在体内受到严格调控，如果它们在细胞内提前激活，会导致细胞自溶，如胰蛋白酶原的提前活化会导致急性胰腺炎。胰凝乳蛋白酶原和胰蛋白酶原的激活过程如图 6-28 所示。胰凝乳蛋白酶原由 245 个氨基酸组成。在胰蛋白酶的作用下 Arg15 和 Ile16 之间的肽键断开，胰凝乳蛋白酶被激活，这种胰凝乳蛋白酶称为 π-胰凝乳蛋白酶。π-胰凝乳蛋白酶不稳定，在其他 π-胰凝乳蛋白酶的作用下切除 Thr147-Asn148 二肽，形成的 A、B 和 C 三条多肽之间通过二硫键相连，获得稳定的 α-胰凝乳蛋白酶。胰蛋白酶原由 229 个氨基酸残基组成，肠肽酶在 Lys6 和 Ile7 之间切除酶原 N 端 6 个氨基酸残基，激活胰蛋白酶。

与共价修饰一样，酶原激活也是一种"有"或"无"的调节方式，但与共价修饰不同的是，酶原激活是不可逆的，即一旦被激活就不可能回到原来非活性的酶原状态。为有效控制这些酶的活性，生物体存在酶抑制剂使酶失活。例如，胰腺中的胰蛋白酶抑制剂（分子质量为 6kDa）可抑制胰蛋白酶活性。

四、同工酶

同工酶（isozyme 或 isoenzyme）是指催化相同的化学反应，但其蛋白质分子结构、理化性

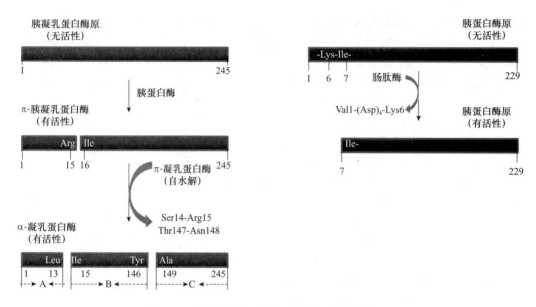

图 6-28　胰凝乳蛋白酶原和胰蛋白酶原的激活过程

质、免疫性能、酶动力学参数等方面都存在明显差异的一组酶。自 1959 年 Markert 首次发现动物乳酸脱氢酶（lactate dehydrogenase，LDH）同工酶以来，目前已陆续发现了数百种具有不同分子形式的同工酶。

同工酶可能存在于同一个体的不同发育阶段、不同组织器官、同一组织的不同细胞，甚至是细胞的不同亚细胞结构中。同工酶之间的差别可能是编码基因、基因可变剪接、蛋白质翻译后加工修饰等一级结构差异，也可能是不同亚基组合的差异。例如，高等动物乳酸脱氢酶由 2 个基因编码 2 种不同亚基，即肌肉型（M）和心脏型（H）亚基，形成 4 个亚基组成的四聚体，共有 5 种同工酶，其中 LDH1 由 4 个 H 组成，在心肌中相对含量最高；而 LDH5 由 4 个 M 组成，在肝、骨骼肌中相对含量高。

同工酶在亚细胞器、细胞和组织器官间及发育阶段的相对丰度差异，以及它们底物特异性和动力学的差异，决定了同工酶在体内功能的不同，是生物体一种重要的代谢调节方式。氨甲酰磷酸合成酶（carbamyl phosphate synthetase，CPS）催化了 NH_3、CO_2 和 ATP 形成氨甲酰磷酸的反应，两种同工酶为 CPS-Ⅰ和 CPS-Ⅱ：CPS Ⅰ 主要在肝线粒体表达参与尿素循环，而 CPS-Ⅱ所有细胞的胞质表达参与嘧啶碱基的合成。

同工酶在疾病诊断中可作为判断病变组织、器官、细胞及功能损害程度的依据。例如，乳糖脱氢酶同工酶 LDH1 在心肌中的相对含量最高，如果血液中 LDH1 含量上升，且 LDH1＞LDH2，说明可能有心肌疾病。

第七节　酶的研究与应用

一、酶活力的测定

酶活力（enzyme activity）又称酶活性，是指酶催化某一化学反应的能力，通常用在一定条件下催化某一化学反应的速率来表示。酶促反应速率受到多种因素的影响，在检测酶活力的时候应尽可能减少不利因素对酶活力的影响，一般在底物浓度过量、最适条件（pH、温度、离子强度等）下测定。反应速率可用单位时间内底物的减少量或产物的增加量来表示。但底物一般过量，而产物量的变化是从无到有、检测更为敏感，所以酶活力一般用产物增加量来测定。

（一）酶活力测定的方法

1. 直接测定法　产物或底物有可检测信号，可利用专门的仪器直接测定反应过程产物或底物量的变化。例如，产物在特定的波长具有光吸收，可使用分光光度计检测；产物发出的荧光可用荧光光谱测定法测定。

2. 间接测定法　产物和底物都无可检测信号，但酶促的产物可以和某特定化合物发生非酶促反应，产生一个有可检测信号的化合物，通过检测该化合物的变化可间接测定酶促反应速率。例如，ATPase 能水解 ATP 产生 ADP 和磷酸，钼酸铵与磷酸盐反应生成黄色的磷钼杂多酸，再用抗坏血酸还原成在 710nm 处有最大吸收波长的磷钼蓝，可用分光光度法测定。

3. 偶联测定法　产物和底物都无可检测信号，但产物可与另一个酶促反应偶联产生有可检测信号的化合物。例如，己糖激酶（hexokinase）的产物葡糖-6-磷酸可作为葡糖-6-磷酸脱氢酶的底物，脱氢转变成葡糖-6-磷酸-δ-内酯，同时 $NADP^+$ 被还原成 NADPH，NADPH 在 340nm 处有吸收峰，所以可以通过分光光度计测定 340nm 处光吸收的增加来间接测定己糖激酶的活性。

（二）酶活力表示方法

1. 国际单位　酶的纯度通常不高，且部分酶会在分离纯化和保存中失去活性，因此，酶的重量或体积不能代表酶的催化能力。1964 年，国际生物化学协会酶学委员会推荐使用国际单位（IU，简称 U）来表示酶活力大小。1 个酶活力单位（IU）指在特定条件下，1min 转化 1μmol 底物所需的酶量。特定条件一般指温度 25℃、最佳 pH 和底物浓度。

因为分钟不是时间的国际标准单位，为与国际标准单位制一致，国际生物化学协会推荐了一个新的酶活力单位 katal（简称 Kat），但实际应用中这个单位使用很少。1 个 katal 单位定义为每秒转化 1mol 底物所需的酶量。IU 和 katal 的换算关系为：$1katal = 6 \times 10^7 IU$。

2. 特殊酶活力单位

1）蛋白酶活力单位通常用 AU（anson unit）表示：在特定条件下，1min 水解酪蛋白或血红蛋白释放 1μg Folin 试剂检测当量的酪氨酸所需的酶量。

2）多聚糖水解酶活力单位通常用 FBG（fungal β-glucanase unit）表示：在特定条件下，1min 水解聚糖底物释放 1μg 还原糖当量葡萄糖或其他单糖所需的酶量。

3）中温 α-淀粉酶活力单位：特定条件下，1h 水解 1g 可溶性淀粉至与碘无蓝色反应产物（短链糊精、麦芽糖和葡萄糖），即为 1 个酶活力单位，以 U/g 表示（GB/T 24401—2009）。

4）基因工程工具酶都有特定的活力单位。例如，DNA 连接酶的活力单位定义为：在 16℃ 条件下，在最适连接酶反应缓冲液中，在总反应体积为 20μl 的 30min 内，对 λDNA 的 *Hind* Ⅲ 片段（5′端浓度为 0.12μmol/L）完成 50% 连接所需的酶量。DNA 聚合酶活力单位定义为：在最适条件下 30min 内将 10nmol dNTP 掺入酸不溶性物质的酶量。

3. 比活力　比活力（specific activity）是指每单位（通常是每毫克）蛋白质中酶的活力单位数，即酶活力单位为 U/mg，根据实际需要也用酶活力单位 /g 或酶活力单位数 /mL 表示。酶的比活力越高，表示酶在单位重量蛋白质中占比越高，即酶纯度就越高。比活力是评价酶制品纯度和酶分离纯化效果的一个指标。

4. 酶催化常数　　酶催化常数（catalytic constant，k_{cat}）指酶被底物完全饱和的条件下，在单位时间内每一活性中心或每分子酶所能转换的底物分子数，其单位一般是 s^{-1}。酶催化常数可以用以下公式表示：$k_{cat}=V_{max}/[E_t]$。式中，k_{cat} 表示酶转化特定底物的能力，k_{cat} 越大表示转化能力越强。米氏常数 K_m 代表酶对底物的亲和力和 $\frac{1}{2}V_{max}$ 时的底物浓度，K_m 越小达到最大速率所需的底物浓度越低。若底物 A 和 B 是某酶的底物，K_m 分别是 10^{-3}mol/L 和 10^{-5}mol/L，催化常数 k_{cat} 相同，底物浓度低于 10^{-3}mol/L 时转化 A 的反应会低于最大速率，转化 B 的反应还是最大速率。因此，常用 k_{cat}/K_m 来衡量酶的催化效率。

二、酶的分离纯化

酶理化性质研究和酶的应用都需要对酶进行分离纯化。大多数酶是蛋白质，因此酶的分离纯化方法和策略与蛋白质纯化基本一致。但酶具有催化活性，通过动态监测纯化过程中酶活性的变化可提高纯化效率。酶的分离纯化主要包括以下几个步骤。

第 1 步：粗酶的提取。酶可分为胞内酶和胞外酶，二者的提取方法不同。胞内酶一般在适当溶液或缓冲液中通过碾磨、捣碎、超声破碎等方法裂解细胞，使酶释放。如果是植物、细菌或真菌等有细胞壁的细胞，还可以加果胶酶、溶菌酶、蜗牛酶等酶解处理，水解细胞壁。胞外酶，如发酵液，去除杂质后可直接进行纯化。

第 2 步：初步去除杂蛋白。根据目标酶的等电点、分子质量大小等特性，通过调节 pH、盐析、有机溶剂（丙酮、乙醇、异丙醇、聚乙二醇等）等分级沉淀去除部分杂蛋白。盐析处理温和，不会导致酶失活，是最常使用的方法。硫酸铵、硫酸镁、硫酸钠等是常用的盐析试剂，其中硫酸铵较常见。如果目标酶的理化性质与细胞其他蛋白存在明显差异，可根据这些特性设计去除杂蛋白的方法，有时甚至能去除绝大部分杂蛋白。例如，溶菌酶与蛋清中其他蛋白相比，分子质量小（约 16kDa）、能耐受 100℃高温等，70～80℃预处理或低截留分子量滤膜过滤等处理可使大部分杂蛋白去除。

第 3 步：酶的纯化。可根据酶分子电荷、分子质量等差异，采用离子交换、凝胶过滤等方法纯化。酶与底物、辅因子或某些抑制剂可以专一、可逆结合，利用这一特性，可将酶与底物、辅因子、抑制剂作为配体做成亲和层析柱，从而大大提高酶的纯化效率。亲和层析在酶的纯化中发挥越来越重要的作用，特别是随着基因工程的发展，很多酶都是通过大肠杆菌、芽孢杆菌、酵母等生物工程菌异源表达获得的。异源表达酶氨基酸序列的 N 端或 C 端往往带有可用于亲和纯化的序列，如 6×His 标签（利用镍离子可以和咪唑形成配位键的原理纯化）、谷胱甘肽巯基转移酶 GST 标签（利用其与谷胱甘肽特异结合原理纯化）等。

第 4 步：酶的保存。纯化后的酶一般需要做浓缩、干燥等处理，并保存于合适的环境。若酶以溶液形式保存一般要浓缩，超滤和真空浓缩是采用的方法，也可以采用盐析或硅胶、聚乙二醇等吸水剂去除水分。酶溶液一般需加 10%～50% 的甘油在 −20℃以下温度保存。为了便于保存、运输和使用，可通过冷冻干燥、真空干燥等方法制成固体酶制剂。固体酶制剂可在 4～8℃甚至室温条件下保存。

酶纯化的评价：每完成一步纯化都需要测定比活力、总活力的回收率，并用蛋白质凝胶电泳观测目标酶和杂蛋白条带的变化，可按表 6-4 评价纯化的效果。一个好的纯化方法要有高的比活力和总活力的回收率，并且重复性好。回收率是某纯化操作后的总活力和提取粗酶液总活力的比值，有时也可以是某操作后和操作前酶总活力的比值，用于评价某纯化操作的效果。回收率＝纯化后酶的总活力 / 粗酶液的总活力。式中，总活力＝比活力 × 总回收体积。

表 6-4　酶纯化效果评价表

纯化步骤	酶活力 /（IU/mL）	回收体积 /mL	蛋白质浓度 /（mg/mL）	总活力（IU）	回收率 /%
提取	150	100	5	15 000	—
盐析	400	30	10	12 000	80.0
离子交换	1 000	5	5	5 000	33.3
凝胶过滤	1 200	2	3	2 400	24.0

三、酶工程简介

酶工程（enzyme engineering）是酶催化理论与工程技术结合形成的新技术，以酶结构与功能研究为指导，通过生物工程改造、化学修饰等方法改善其催化特性，并使其在工业、农业、医学等方面发挥作用的一门应用技术。酶工程主要包括：①酶资源的发掘与利用；②酶的生产与纯化；③酶的改造与修饰。酶的应用经过近一个世纪发展，特别是近 60 年的发展，已在食品工业、轻化工、医药、新能源开发、环境工程等领域广泛应用。例如，蛋白酶已应用于皮革软化脱毛、肉类嫩化、多肽制备等领域，脂肪酶应用于脂类合成、化工原料生产、洗涤剂等。但天然酶在开发和应用中受到一定限制，酶催化反应对温度、pH、离子强度等均有特定要求，限制了酶的应用范围，医学上使用酶还存在抗原性强、不良反应大等问题。研究人员一直在想方设法利用各种手段去修饰或改造酶，改善酶的性质，提高催化效率，降低成本。修饰和改造的手段可以是化学的，也可以是生物学的，前者为化学酶工程，后者为生物酶工程。

（一）化学酶工程

1. 化学修饰酶　　化学修饰酶就是利用化学的手段对酶分子上的氨基酸侧链基团进行修饰，以改善酶的性能。很多氨基酸带有活性侧链基团，如巯基、咪唑基、氨基和羧基等，可以通过脂酰化、烷基化等方法修饰。化学修饰的方式分为两类：一类是非特异性修饰；另一类是位点特异性修饰。前者对被修饰的氨基酸残基无选择性，后者选择性作用于特定的氨基酸残基。充当化学修饰物的主要是小分子，也有高分子化合物，如葡聚糖、聚乙二醇和肝素。化学修饰不仅增加了酶的稳定性，有些酶修饰后还会改变底物稳定性，甚至获得新的活性。

2. 固定化酶　　固定化酶是采用物理或化学的方法将一种可溶性酶与不溶性的有机或无机基质结合，或者将其包埋到特殊的具有选择透过性的膜内，以提高酶的稳定性一种方法。固定化酶具有方便、经济和稳定等优点，很好地解决了直接使用产生的不易回收等问题。酶的固定化方法有载体结合、交联和包埋等。

3. 其他化学修饰酶　　化学人工酶是模拟酶的生物催化功能，用化学半合成或全合成法合成的具有催化活性的人工酶，许多化学人工酶是通过模拟天然酶与底物的结合和催化过程而得到的，这些酶也被称为模拟酶。催化性抗体也就是抗体酶（abzyme），是抗体的高度特异性与酶的高效催化性巧妙结合的产物，其本质上是一类在可变区赋予了酶活性的免疫球蛋白。

（二）生物酶工程

生物酶工程又称高级酶工程，是酶学基本原理与 DNA 重组技术等现代分子生物学技术相结合的技术，包括基因水平对酶进行优化改造和新酶设计。其基本步骤包括：①确定改造目标，针对特定酶在应用领域的不足，根据酶结构与功能关系分析和计算机模拟分析，确定改造方案；②利用DNA重组技术对酶进行改造，可采用DNA定点突变、酶体外进化、基因直接合成等方法；③酶功能评价，完成改造的酶表达纯化，评价改造效果；④优化改造方案，若改造的酶未达到目标，需要根据改造效果和酶结构信息进一步优化改造方法。

　　生物酶工程改造的关键是设计符合目标的优质酶，但目前对生物体内蛋白质折叠的详细机制还不完全清楚，根据氨基酸序列预测酶的高级结构及功能还不够精确。但随着蛋白质结构生物学和计算机技术的发展，生物酶工程将是未来酶工程的主要研究领域。

知识拓展

丙酮酸激酶同工酶与瓦尔堡效应

　　大多数分化细胞在有氧条件下主要通过线粒体三羧酸（TCA）循环将糖酵解产生的丙酮酸氧化为二氧化碳，最大限度地合成ATP。只有在厌氧条件下，分化细胞才会通过糖酵解途径产生大量的乳酸（图6-29，具体代谢过程详见本书第10章）。1924年德国生理学家Warburg发现：肿瘤细胞与大多数正常组织细胞不同，即使在氧气充足条件下，也倾向于将葡萄糖"发酵"成乳酸，这种现象被称为瓦尔堡效应（Warburg effect）或有氧糖酵解。

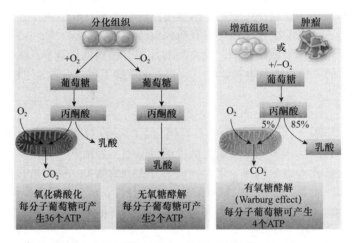

图6-29　氧化磷酸化、无氧糖酵解和有氧糖酵解示意图（Vander et al., 2009）

　　Warburg最初猜测肿瘤细胞的线粒体存在发育缺陷，从而导致有氧呼吸功能受损，故而依赖于糖酵解代谢。但最近的研究表明，大多数肿瘤细胞中线粒体功能并未受损，基因差异表达分析研究也表明肿瘤细胞中丙酮酸激酶（pyruvate kinase，PK）等糖酵解代谢相关基因的表达增强。丙酮酸激酶催化了糖酵解的最后一步反应，将磷酸烯醇丙酮酸（phosphoenolpyruvic acid，PEP）中的高能磷酸键转移至ADP，产生ATP和丙酮酸。人体内有4种丙酮酸激酶同工酶：PK-L、PK-R、PK-M1和PK-M2，其中PK-L和PK-R主要存在于肝和红细胞中，PK-M1主要存在于大部分成年组织中，PK-M2在胚胎和肿瘤细胞中大量表达。最近研究发现，用PK-M1取代肿瘤细胞中的PK-M2可抑制瓦尔堡效应。同时，许多癌基因是酪氨酸激酶，与其他丙酮酸激酶亚型不同，PK-M2的活性受酪氨酸磷酸化蛋白负调节。不仅如此，PK-M2还可被表皮生长因子（EGF）受体信号激活，从胞质转移至细胞核内，直接磷酸化修饰组蛋白H3的Thr11（H3T11p）残基，并使组蛋白去乙酰化酶HDAC3与组蛋白

H3解离，调节H3的Lys9残基乙酰化修饰（H3K9ac），诱导细胞周期蛋白D1（CCND1）表达，参与细胞周期调控（图6-30）。

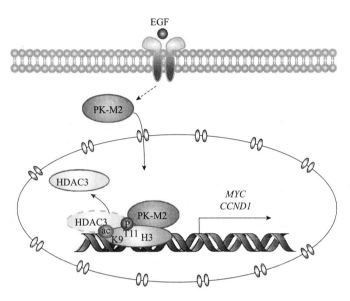

图6-30　PK-M2参与肿瘤细胞基因表达调控（Yang et al.，2012）

MYC. 骨髓细胞瘤病毒癌基因同源物

思考题

1. 酶分哪几大类？举例说明酶的国际系统命名法及酶的编号方法。
2. 简述酶作用专一性和高效性的作用机制。
3. 酶高效催化的机制有哪些？
4. 简述酶活力调节的主要方式和特点。
5. 什么是米氏方程？米氏常数K_m的意义是什么？
6. 什么叫酶的活力和比活力？举例说明酶活力测定的方法。

第七章　维生素与辅酶

第一节　概　　述

一、维生素的发现

维生素（vitamin）的发现是一个漫长的过程，也是 19 世纪的伟大发现之一。在第一种维生素被发现之前，人们就发现特定食物对某些特殊的疾病有预防作用。最早的当数 3000 多年前的古埃及人，他们发现了一些可治愈夜盲症的食物，虽然并不清楚具体是食物中的什么物质起医疗作用，但这是人类对维生素最朦胧的认识。1897 年，艾克曼在爪哇发现只吃精磨的白米可患脚气病，而食用未经碾磨的糙米能治疗这种病，并发现可治脚气病的物质能用水或乙醇提取。1906 年，英国生物化学家霍普金斯用纯化后的饲料喂食老鼠，饲料中含有蛋白质、脂类、糖类和矿物质微量元素，然而老鼠依然不能存活；而向纯化后的饲料中加入哪怕只有微量的牛奶后，老鼠就可以正常生长了。这一试验证明食物中除了蛋白质、糖类、脂类、微量元素和水等物质外，还存在一种被他称为辅助因子的特殊物质，也就是后来发现的维生素。

二、维生素的作用

维生素是生命体维持正常生命活动必不可少的一类小分子有机化合物。虽然需求量少，但由于它们不能在体内合成，或者虽能合成但合成的量难以满足有机体的需要，所以必须通过饮食等手段获取。维生素在体内既不是构成细胞组织的原料，也不是能量物质，但是在调节代谢、促进生长发育和维持生理功能等方面却发挥着重要作用。人体犹如一座极为复杂的化工厂，不断进行着各种生化反应。其反应与酶的催化作用密切关联。在第六章酶的介绍中我们已经知道全酶包括酶蛋白和辅因子，而已知许多维生素即作为酶的辅酶或辅酶的组成分子。人体如果长期缺乏某种维生素，就会出现相应的维生素缺乏症，且缺乏不同维生素会表现出不同的缺素症状。植物和微生物一般可合成自身所需的维生素。

三、维生素的性质

维生素种类多、来源广，其化学结构差别也很大，不宜根据分子特点进行分类。通常根据溶解性质可将其分为水溶性维生素和脂溶性维生素两大类。水溶性维生素包括 B 族维生素（B_1、B_2、B_6、B_{12}、维生素 PP、泛酸、生物素、叶酸等）和维生素 C，它们在生物体内能直接作为辅酶或辅基，或者转变为辅酶或辅基，参与物质代谢和能量代谢。脂溶性维生素包括维生素 A、维生素 D、维生素 E、维生素 K 等，它们在食物中多与脂质共存，在机体内的吸收通常与肠道中的脂质密切相关，可随脂质吸收进入人体并在体内储存（主要在肝），排泄率不高。另外，脂溶性维生素大多稳定性较强。

第二节　水溶性维生素

在水溶性维生素中，B 族维生素种类最多，包括维生素 B_1、维生素 B_2、维生素 PP、维生素 B_6、泛酸、生物素、叶酸、硫辛酸和维生素 B_{12}。B 族维生素在自然界经常共同存在，最丰富的来源有酵母、蔬菜和动物肝，在生物体内主要作为辅酶或辅基参与代谢，易溶于水，对酸稳定，易被碱或热破坏。

一、维生素 B_1

维生素 B_1 是第一个被发现的维生素，又称硫胺素（thiamin），由一个含氨基的嘧啶环和一个含硫的噻唑环通过亚甲基桥连接而成。在生物体内维生素 B_1 经硫胺素激酶催化可以转变为硫胺素焦磷酸（thiamine pyrophosphate，TPP）（图 7-1）来充当脱羧酶（如丙酮酸脱羧酶）的辅酶。

维生素 B_1 是糖代谢的重要辅助因子，在醛基和糖基的主动运输中起辅酶作用，在神经传导和神经元传导中起辅助作用。缺乏维生素 B_1 会导致脚气病，表现出多发性神经炎、皮肤麻木、下肢水肿等症状。维生素 B_1 广泛存在于酵母、胚芽、瘦肉、肝、蔬菜、谷物等中，许多细菌、真菌和植物可自身合成。

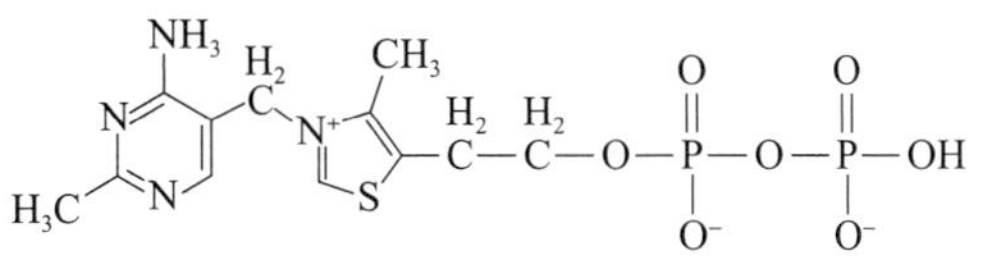

图 7-1 硫胺素焦磷酸

二、维生素 B_2

维生素 B_2 又称核黄素，是 7,8-二甲基异咯嗪与一分子核糖醇构成的黄色物质。有机体中以黄素单核苷酸（flavin mononucleotide，FMN）和黄素腺嘌呤二核苷酸（flavin adenine dinucleotide，FAD）两种氧化型（图 7-2）存在，接收两个氢原子后转变成还原型 $FMNH_2$ 和 $FADH_2$，因此可作为一些氧化还原酶的辅酶，参与体内很多氧化还原反应。维生素 B_2 广泛存在于动植物中，牛奶、水果、蔬菜等含量较高。植物和许多微生物在体内可以合成。缺乏维生素 B_2 时，机体代谢强度降低，碳水化合物、脂肪和蛋白质等物质不能被转化成能量来维持身体正常功能，表现为口角炎、舌炎等症状。

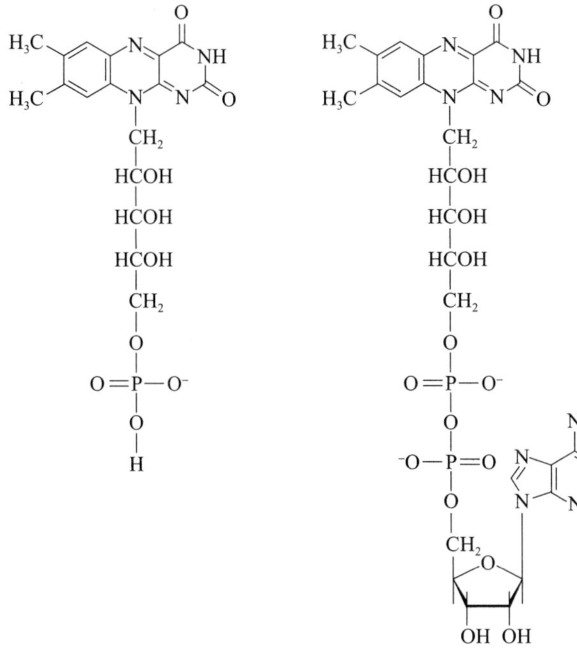

三、维生素 B_3

维生素 B_3 又称泛酸，是分布广泛的有机酸，由 α,γ-二羟基-β,β-二甲基丁酸和一分子 β-丙氨酸缩合而成。辅酶 A（coenzyme A，CoA）是细胞中维生素 B_3 的主要辅酶形式（图 7-3），活性基团是巯基，作为典型的酰基载体，长期以来一直被认为是各种有机体生化反应的基本辅助因子，参与许多中间代谢反应，尤其在葡萄糖、脂肪酸、氨基酸进入三羧酸循环和脂肪酸生物合成中起着关键作用。维生素 B_3 在酵母、小麦、花生、米糠、豌豆、蛋、肝中含量丰富（尤其是蜂王浆中）。

四、维生素 B_5

图 7-2 FMN（左）和 FAD（右）

维生素 B_5 也叫维生素 PP，包括均

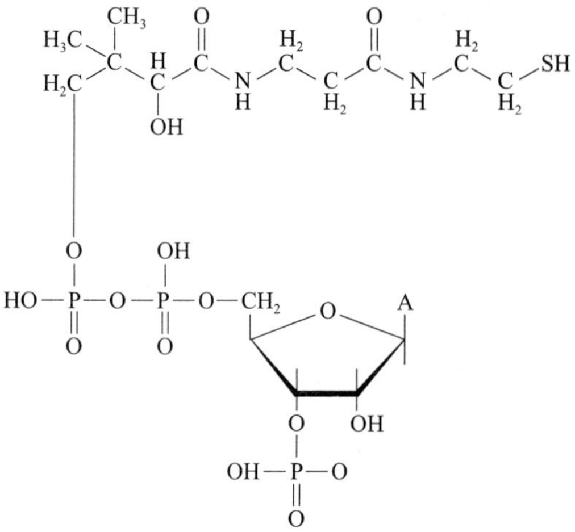

图 7-3 辅酶 A

属于吡啶衍生物的尼克酸（烟酸）和尼克酰胺（烟酰胺），主要以尼克酰胺的形式存在。维生素 PP 在生物体中转变成烟酰胺腺嘌呤二核苷酸（NAD^+，辅酶 I）和烟酰胺腺嘌呤二核苷酸磷酸（$NADP^+$，辅酶 II）发挥作用，参与各种酶促氧化还原反应（图 7-4）。维生素 PP 在自然界广泛存在，酵母、花生、豆类、谷类、肝、肉类、茶叶和咖啡中的含量较高，其在新陈代谢、DNA 修复及神经系统中发挥重要作用。

五、维生素 B_6

维生素 B_6 属于吡叮衍生物，包括吡哆醛、吡哆醇和吡哆胺三个成员（图 7-5）。

维生素 B_6 在生物体内的存在形式是磷酸酯——磷酸吡哆醛（pyridoxal phosphate，PLP）和磷酸吡哆胺（pyridoxamine phosphate，PMP）（图 7-6），是氨基酸代谢、脂肪酸代谢中多种酶的主要辅酶。缺乏维生素 B_6 会导致蛋白质代谢紊乱。细菌、真菌和植物中可以合成维生素 B_6，而包括人类在内的大多数动物对维生素 B_6 的需求来源于饮食，蔬菜、谷物、豆类、坚果、葵花籽、蘑菇等中含量丰富。

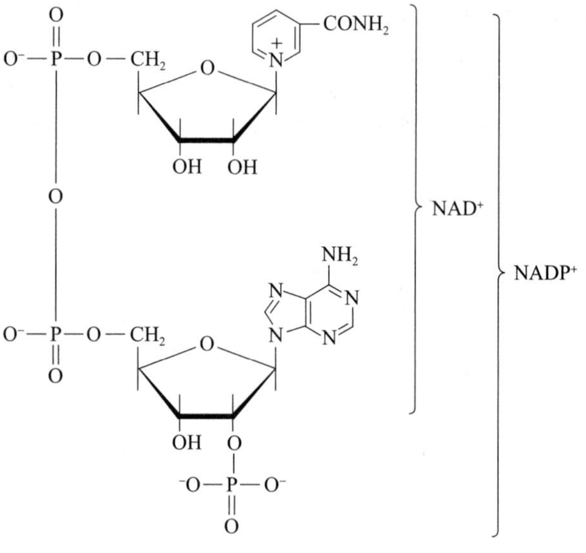

六、维生素 B_7

维生素 B_7 又称生物素、维生素 H，结构为带有戊酸侧链的噻吩环和一分子脲基环（图 7-7）。维生素 B_7 本身就是羧化酶的辅酶，在糖异生、氨基酸代谢和脂肪酸合成中发挥重要作用。生物素的主要来源是蛋制品、酵母、肝、肾和花生，在各种农作物生物质、水果中也有发现，如小麦、玉米、马铃薯、甜菜、甘蔗糖蜜和葡萄等。

图 7-4 NAD^+ 和 $NADP^+$

七、维生素 B_{11}

维生素 B_{11} 又称叶酸，因广泛存在于绿叶植物中而得名，对酸、光和温度敏感，由 6-甲基蝶呤、对氨基苯甲酸和 L-谷氨酸残基组

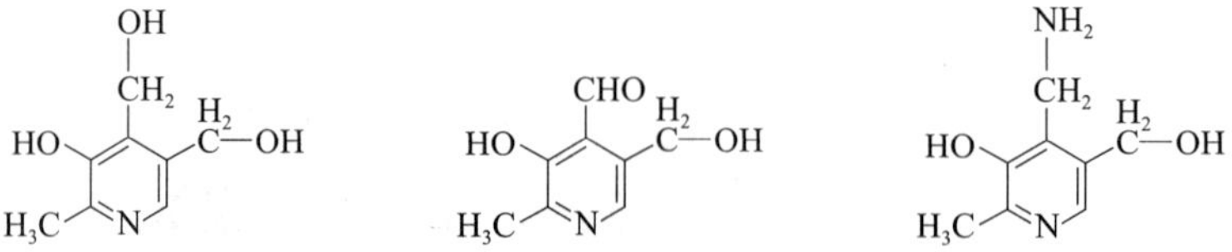

图 7-5 吡哆醛（左）、吡哆醇（中）和吡哆胺（右）

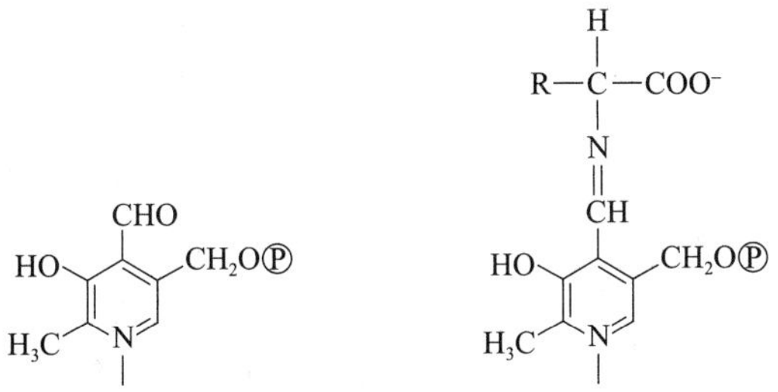

图 7-6 磷酸吡哆醛（左）和磷酸吡哆胺（右）

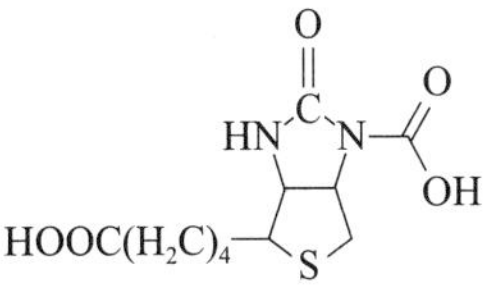

图 7-7 羧基生物素

成。四氢叶酸（图 7-8）是叶酸的辅酶形式，是转一碳基团酶系的辅酶，可作为甲基、亚甲基、甲酰基等的载体。细菌、真菌和植物体内均可合成叶酸，但包括人类在内的大多数动物不能合成叶酸，需从饮食或肠胃微生物补充。叶酸在细胞代谢活动（如 DNA 和 RNA 的单碳代谢、核苷酸和氨基酸生物合成等）中起重要作用。

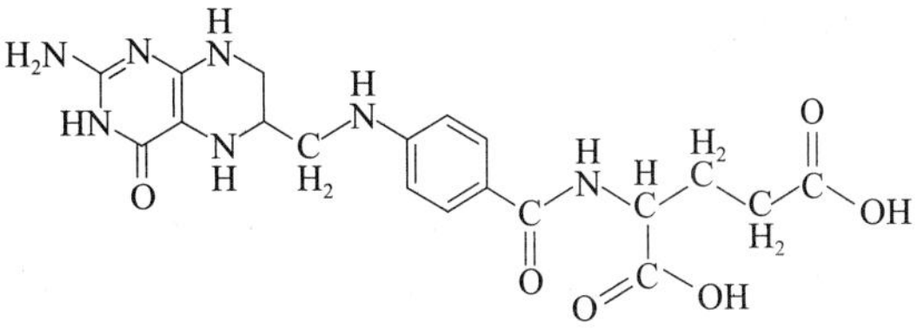

图 7-8 四氢叶酸

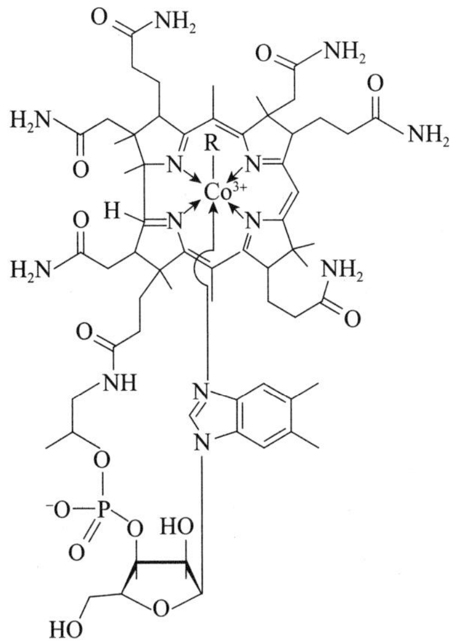

八、维生素 B_{12}

维生素 B_{12} 又称钴胺素，除含氰基（—CN）外还含有一个金属离子钴（图 7-9）。钴胺素去掉氰基，换以 5′-脱氧腺嘌呤核苷基，就成为变位酶的辅酶。例如，在丙酸代谢中，甲基丙二酰辅酶 A 变位酶催化甲基丙二酸单酰辅酶 A 转变为琥珀酰辅酶 A。维生素 B_{12} 也参与甲基及其他一碳单位的转移反应。钴胺素主要由某些细菌和古细菌合成，但在植物和动物中无法合成，因此，氰钴胺素合成细菌（包括古细菌）是食物中氰钴胺素的来源。而细菌（包括古细菌）合成的氰钴胺素主要积累在食物链中较高的捕食性生物的体内，所以动物源性的食物是钴胺素的主要来源，如肉类、牛奶、蛋制品、鱼类等。

图 7-9 维生素 B_{12}

九、维生素 C

维生素 C 又名抗坏血酸，是一个多羟基羧酸的内酯，具有烯二醇结构，其双电子氧化和氢离子的解离反应使之转变为脱氢抗坏血酸（图 7-10）。维生素 C 可以是氧化型或还原型，所以可作为供氢体或受氢体，在体内氧化还原过程中发挥重要作用。高浓度维生素 C 有助于食物蛋白质中的胱氨酸还原为半胱氨酸，进而合成抗体。维生素 C 也能使难以吸收的三价铁还原为易于吸收的二价铁，从而促进铁的吸收。同时，它还能使亚铁络合酶等的巯基处于

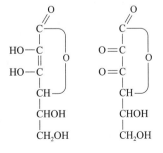

图 7-10 抗坏血酸（左）和脱氢抗坏血酸（右）

活性状态，故可作为治疗贫血的重要辅助药物。维生素 C 还能促进叶酸还原为四氢叶酸后发挥作用，故对巨幼红细胞性贫血也有一定疗效。维生素 C 还可参与羟化反应，在胶原蛋白合成、胆固醇代谢、芳香族氨基酸代谢及有机体免疫反应等方面具有重要作用。

维生素 C 主要存在于蔬菜和水果中，蔬菜中的青椒、番茄、花菜及各类深色叶菜类，以及水果中的柑橘、柠檬、青枣、山楂、猕猴桃等维生素 C 含量均很丰富。作为人体必需的一种维生素，维生素 C 在食品、制药等领域拥有巨大的市场。工业上维生素 C 主要以微生物发酵生产的 2-酮基-L-古龙酸为前体，然后通过内酯化反应获得。微生物发酵中，山梨糖途径和葡萄糖酸途径因为较高的转化率一直是研究的热点。在植物中，维生素 C 的合成途径可从 D-葡萄糖开始，通过葡糖-6-磷酸等 9 步反应直接生成。

十、硫辛酸

硫辛酸（lipoic acid）是一种含硫的脂肪酸，有氧化型和还原型两种形式（图 7-11），兼具脂溶性与水溶性的特性。硫辛酸也可作为辅酶参与物质代谢中的酰基转移，从而消除加速老化与致病的自由基。因此它具有抗氧化性，有极高的保健功能和医用价值（如抗脂肪肝和降低血浆胆固醇）。硫辛酸在自然界广泛分布，肝和酵母中含量尤为丰富。在食物中硫辛酸常和维生素 B_1 同时存在，人体可合成，因此尚未发现人类有硫辛酸缺乏症。

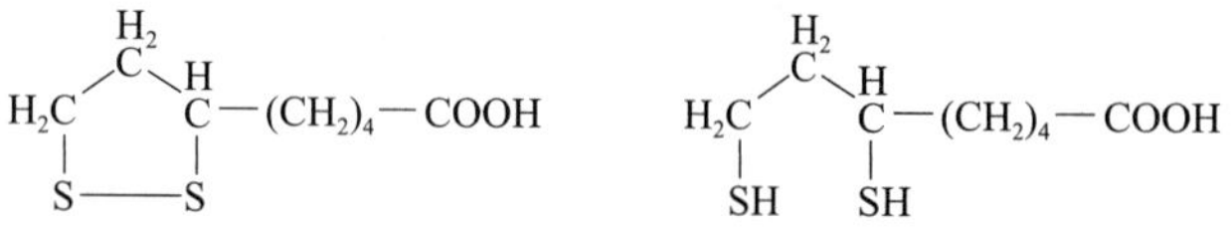

图 7-11 氧化型硫辛酸（左）和还原型硫辛酸（右）

第三节 脂溶性维生素

脂溶性维生素是不溶于水但溶于脂肪及非极性有机溶剂（如苯、乙醚及氯仿等）的一类维生素，包括维生素 A、维生素 D、维生素 E、维生素 K 等。脂溶性维生素在食物中与脂类共同存在，通过简单的扩散作用，被小肠壁细胞（刷状细胞、黏膜细胞）吸收后进入淋巴组织，并最终储存在肝和脂肪组织中，只有少量从胆汁中排出。

一、维生素 A

维生素 A 又称视黄醇，是不饱和一元醇，基本结构单元是异戊二烯，分为维生素 A_1 和维生素 A_2（脱氢视黄醇）两种，二者的区别在于维生素 A_2 多了一个双键（图 7-12）。维生素 A 主要存在于动物肝中，植物和真菌中没有维生素 A，但其中含有的类胡萝卜素（图 7-13）进入人体后可代谢为维生素 A，并具有维生素 A 活性。1 分子 β-胡萝卜素经水解可转化为 2 分子维生素 A。维生素 A 能增强视网膜感光力参与视紫红质的合成，缺乏时视紫红质合成减少，对弱光敏感性降低，在弱光下视物模糊，称为夜盲症。维生素 A 还有多种功能，例如，维持上皮组织结构的完整性；参与糖蛋白合成、促进骨细胞的分化，维持成骨细胞及破骨细胞之间的平衡，促进蛋白质、糖胺聚糖及类固醇的合成等，缺乏时组织生长发育不良。

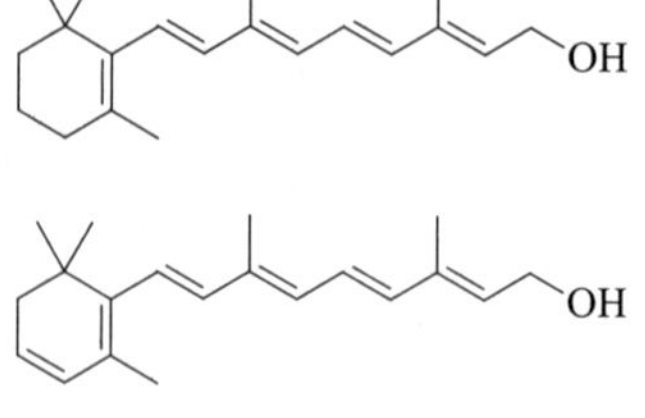

图 7-12 维生素 A_1（上）和 A_2（下）

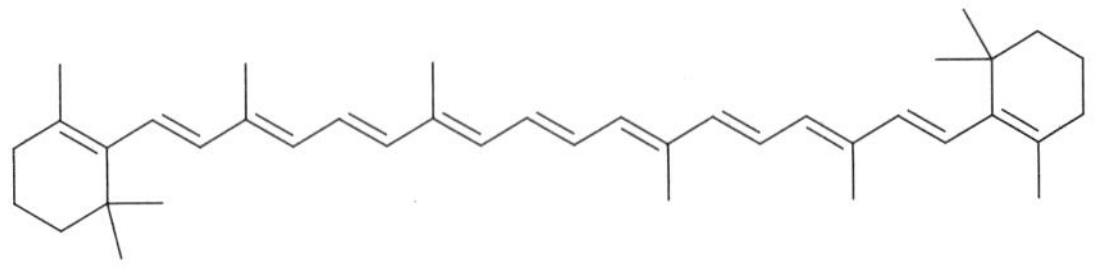

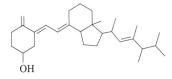

图 7-13　β-胡萝卜素

二、维生素 D

　　维生素 D 是固醇类物质，现已鉴定出的维生素 D 有 6 种，即维生素 D_2、维生素 D_3、维生素 D_4、维生素 D_5、维生素 D_6 和维生素 D_7，其中最重要的是维生素 D_2 和维生素 D_3，二者结构相似，维生素 D_2（图 7-14）在支链上只比维生素 D_3 多一个双键和甲基。维生素 D 仅存在于动物体内，以酯的形式存在。植物及酵母中的麦角固醇经紫外光照射后可转化为维生素 D_2，人和动物皮肤中的 7-脱氢胆固醇经紫外光照射后可转化为维生素 D_3。维生素 D 无生理活性，需先在肝内转变为 25-羟维生素 D_2，再在肾内转变成 1,25-二羟维生素 D，才具有活性。其主要作用是参与钙、磷代谢，维持正常稳定的血钙和血磷浓度。缺乏时，钙、磷吸收减少，表现为低钙血症、低磷血症，可出现手足抽搐和惊厥等，儿童引起佝偻病，成年人引起软骨病。

图 7-14　维生素 D_2

三、维生素 E

　　维生素 E 又称生育酚，活性基团是酚基（图 7-15）。现已确知的维生素 E 有 8 种，它们的差异在于环状结构上的甲基数目和位置不同，其中最为重要的是 α-生育酚、β-生育酚、γ-生育酚、δ-生育酚。维生素 E 是一种优良的天然抗氧化剂，通过提供酚羟基氢质子和电子来捕捉自由基，未酯化的 α-生育酚与过氧化自由基反应，生成氢过氧化物和相对稳定的 α-生育酚自由基，生育酚自由基通过自身聚合生成二聚体或三聚体，使自由基链反应终止，阻止了不饱和脂肪酸自动氧化。维生素 E 还对含巯基酶有保护作用，因此会抗衰老等。此外，维生素 E 与生殖也有一定的关系，它是人体内优良的抗氧化剂，人体缺少时，无论男女都不能生育，严重者会患肌肉萎缩症、神经麻木症等。由于一般食品中维生素 E 含量尚充分，且较易吸收，故不易发生维生素 E 缺乏症。

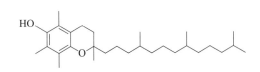

图 7-15　生育酚

四、维生素 K

　　维生素 K 又称凝血维生素，含有萘醌结构（图 7-16）。天然维生素 K 有维生素 K_1 和维生素 K_2，维生素 K_3 由人工合成。维生素 K 可调控肝合成凝血因子，促进血液凝固。缺乏维生素 K

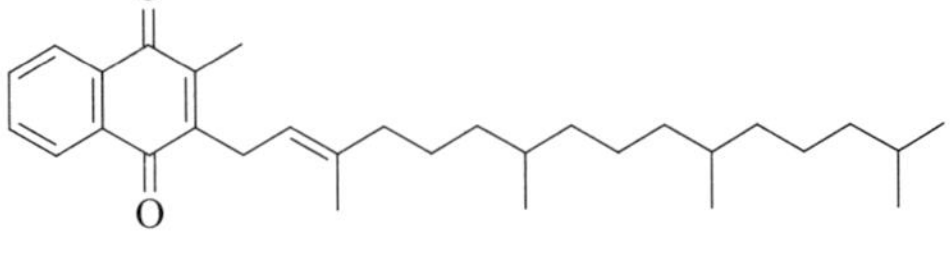

图 7-16　维生素 K

时，凝血时间延长，甚至引起皮下、肌肉及肠道出血。一般情况下人体不会缺乏维生素 K，因为绿色蔬菜、肝、鱼等食物中均含有维生素 K。

知识拓展

维生素 C 的故事

坏血病在历史上曾是严重威胁人类健康的一种疾病。过去几百年间曾在海员、探险家及军队中广为流行，特别是在远航海员中尤为严重，患者往往牙龈出血溃烂，甚至皮下瘀血、渗血，最后痛苦地死去，故有"水手的恐惧"和"海上凶神"之称。直到 1747 年，英国皇家海军的医生 James Lind 发现坏血病与饮食有关，并在英国海军中推行服用柠檬汁、橘子汁来预防坏血病，从而挽救了许多人的性命。之后科学家们提取出抗坏血病物质——己糖醛酸（hexuronic acid）。1919 年，英国生物化学家 Jack Ceil Drummond 提出治疗坏血病的维生素也应该有属于自己的字母，当时维生素 A、B 已经被发现，于是按顺序将其命名为维生素 C。

 思考题

1. 日常生活中如何正确补充维生素？
2. B 族维生素与糖、脂肪和蛋白质三大物质代谢的关系如何？
3. 维生素过量服用有哪些危害？

第八章 生物氧化与氧化磷酸化

第一节 概　述

生物体的生长、发育、分化、运动等所有的生命活动都需要能量，维持生命活动的能量主要有以下 2 个来源：①光能（太阳能），植物和某些藻类通过光合作用将光能转变成生物能；②化学能，动物和大多数微生物通过生物氧化作用将有机物质（主要是各种光合作用产物）储存的化学能释放出来，并转变成生物能。

一、生物氧化的概念

有机物在生物体内氧的作用下，分解生成 CO_2 和 H_2O 并释放能量形成 ATP 的过程，称为生物氧化（biological oxidation）。生物氧化主要指糖、脂肪、蛋白质等有机物质在生物体内氧化分解并逐步释放能量的过程，是在一系列氧化-还原酶催化下分步进行的，且每一步反应都由特定的酶催化。通过生物氧化，生物体可以产生大量的能量，其中很大一部分被 ADP 捕获生成ATP。高等动物能通过肺进行呼吸，吸入氧气，排出二氧化碳，吸入的氧气用来氧化摄入的物质，获得能量，故生物氧化也称为呼吸作用。微生物则以细胞直接进行呼吸，故称为细胞呼吸。此外，生物氧化还可称为组织氧化、组织呼吸或细胞氧化。

生物氧化与非生物氧化（体外燃烧）的化学本质相同，都是电子得失的过程，最终都产生 CO_2 和 H_2O，且所释放的能量相等，但二者进行的条件和过程却有很大区别。与体外燃烧相比，生物氧化有以下特点：①生物氧化是在体温和近于中性的含水环境中由酶催化来完成；而体外燃烧是在高温或高压、干燥条件下，不需催化剂即可完成的反应。②生物氧化是在酶等催化作用下，能量逐步释放并以 ATP 形式捕获能量，从而保证了机体不会因能量骤然大量释放而损伤机体，同时又可提高释放能量的有效利用率；而体外燃烧是以光能或热能的形式爆发性释放能量的。③生物氧化有严格的细胞定位，分为线粒体氧化体系（真核生物）和非线粒体氧化体系（原核生物在细胞膜上进行）。

生物氧化的方式有失电子氧化、脱氢氧化、加氧氧化和加水脱氢氧化等方式。其中，脱氢氧化和加水脱氢氧化是生物氧化的主要方式。

（一）失电子氧化

生物氧化通过电子得失来实现，如细胞色素 b 和细胞色素 c_1 之间的电子传递。

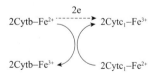

（二）脱氢氧化

催化脱氢反应的是各种类型的脱氢酶，如苹果酸在苹果酸脱氢酶的催化作用下生成草酰乙酸。

（三）加氧氧化

有机物直接加氧，如脂肪酸在单加氧酶的催化下直接加氧生

成 α-羟脂酸。

脂肪酸　$\xrightarrow{0.5 O_2}$　α-羟脂酸

（四）加水脱氢氧化

加水的同时伴有脱氢进行氧化，如延胡索酸加水后脱氢氧化为草酰乙酸。

延胡索酸　　　　　苹果酸　　　草酰乙酸

二、自由能的概念

生物体中的新陈代谢，除了物质转变以外，还伴随着能量变化，称为能量代谢。生物体内能量代谢也遵循热力学定律。热力学第一定律又称能量守恒定律，指出一个体系和其周围环境的总能量是一个常能量，既不能被创造，也不会消失，只能从一种形式转变为另一种形式。生物体作为一个体系，生命活动所需的能量来自物质的分解代谢，生物体内的机械能、化学能、热能、电能等可相互转变，但生物体与环境的总能量保持不变。热力学第二定律指任何一种物理或化学的过程都自发地趋于向体系与环境的熵增加的方向进行。

机体各种生化反应中最重要的热力学函数就是自由能（free energy）。自由能是指生物体在恒温恒压条件下用以做功的能量，没有做功的能量将会以热能的形式散失。通过自由能的变化可判断反应能否自发进行，是吸能还是放能反应。在标准温度和压力条件下，生物体中自由能变化（ΔG）、总热能变化（ΔH）、总体熵的改变（ΔS）三者的关系式为：$\Delta G = \Delta H + \Delta S$。$\Delta G < 0$时，反应能自发进行（是放能反应）；$\Delta G > 0$ 时，反应不能自发进行，当给体系补充自由能时，反应才能进行（是吸能反应）；$\Delta G = 0$ 时，表明体系已经处于平衡状态。

在化学反应中，反应物和产物都有各自特定的自由能，标准自由能的提出为计算提供了方便。在 25℃、1 个大气压、反应物浓度 1 mol/L 时，反应系统自由能变化为其标准自由能变化，用 ΔG^0 表示，单位是 kJ/mol。ΔG 和 ΔG^0 有重要区别：前者是可以观察到的实际表现出的数值，随着反应物浓度和产物浓度而变化，是一个变量；而后者是针对一个特定化学反应，在标准温度下都是一个特定的常数。ΔG 和 ΔG^0 只有在所有反应物和产物都以 1mol/L 开始时才能相等。对于生物体内的一个化学反应：

$$A + B \rightleftharpoons C + D \tag{8-1}$$

自由能变化与标准自由能变化都通用下式：

$$\Delta G = \Delta G^0 + RT \ln \frac{[C][D]}{[A][B]} \tag{8-2}$$

式中，R 是气体常数 [$R = 8.315$ kJ/（mol·K）]；T 为热力学温度（单位是 K）；[A]、[B]、[C]、[D] 为参加反应的各成分的摩尔浓度。某一反应能否进行取决于 ΔG，而 ΔG 取决于标准状态下，产物自由能与反应物自由能之差 ΔG^0，并与反应物与产物的浓度和反应体系的温度有关。当反应平衡即 $\Delta G=0$ 时，式（8-2）可改写为：

$$\Delta G^0 = -RT\ln\frac{[C][D]}{[A][B]} \tag{8-3}$$

因为平衡常数 $K=[C][D]/\{[A]/[B]\}$，所以式（8-3）可以表示为

$$\Delta G^0 = -RT\ln K = -2.303RT\lg K \tag{8-4}$$

式中，R、T 均为常数，如果知道平衡常数 K，即可计算反应的标准自由能变化。这种方法在生物化学中有非常大的实际意义。以反应（8-1）为例，若平衡常数 K 大于 1，ΔG^0 为一个负值，反应向生成 C 和 D 的方向进行，是放能反应，可自发进行。反之，若平衡常数 K 小于 1，ΔG^0 为一个正值，反应向生成 C 和 D 的方向进行，是吸能反应，不能自发进行，如果要进行该方向反应，则需要外界输入能量。

机体内 pH 接近 7，通常用 $\Delta G^{0'}$ 表示生物体内标准自由能的变化，则式（8-4）可写成

$$\Delta G^{0'} = -RT\ln K = -2.303RT\lg K \tag{8-5}$$

还需要注意的是，一个反应系统的 ΔG 只取决于产物与反应物的自由能之差，与反应历程无关。例如，葡萄糖在体外燃烧与在体内氧化分解成 CO_2 和 H_2O 时，其反应过程虽然差别很大，但最终释放的能量相同，即释放的 ΔG 相同。所以，葡萄糖在体内氧化，总的自由能变化就等于各步反应自由能变化的代数和。

三、高能化合物

在生化反应中某些含自由能特别多的化合物，即随水解反应或基团转移反应可放出大量自由能（>21kJ/mol）的化合物，称为高能化合物。高能化合物一般对酸、碱和热不稳定。根据是否与磷酸基团相偶联，高能化合物可以分为高能磷酸化合物和非磷酸高能化合物，在生物体中常见的是高能磷酸化合物。并非所有的磷酸化合物都是高能磷酸化合物。例如，葡糖-1-磷酸、葡糖-6-磷酸在磷酸基团水解时释放的能量都小于 20kJ/mol。

高能磷酸化合物是指微生物体中存在的各种含自由能高的磷酸化合物，其在水解时，每摩尔化合物释放的自由能高达 30～60kJ/mol，水解时放出大量自由能的键常称为高能磷酸键，这与化学中的键能（断裂一个化学键需要的能量）的含义完全不同。高能磷酸化合物常用～P 或～Ⓟ来表示。生物体通过生物氧化所产生的能量，除一部分用以维持体温外，有相当一部分可以通过磷酸化作用转移至高能磷酸化合物 ATP 中。从低等的单细胞到高等的人类，其能量的释放、贮存和利用都以 ATP 为中心。ATP 可以把生物体中分解代谢的放能反应和合成代谢的吸能反应偶联在一起，还可利用 ATP 水解释放的自由能驱动各种生命活动，如肌肉运动、萤火虫发光等。

1. ATP 是细胞内能量代谢的偶联剂　ATP 给生物体提供能量的方式多种多样，但绝大多数情况是：ATP+H_2O ⟶ ADP+Pi（$\Delta G^{0'}=-30.514$kJ/mol）。例如，葡萄糖+ATP ⟶ 葡糖-6-磷酸+ADP。

某些情况下，ATP 的 α 和 β 磷酸基团之间的高能键被水解，形成 AMP 和焦磷酸：ATP+H_2O ⟶ AMP+PPi（$\Delta G^{0'}=-32.19$kJ/mol）。例如，核糖-5-磷酸+ATP ⟶ 核糖-5 磷酸-1-焦磷酸+AMP。

也有 ATP 将 AMP 转移给其他化合物释放焦磷酸。例如，氨基酸+ATP ⟶ 氨酰-AMP+PPi。

体内有些合成反应可以直接利用其他核苷三磷酸水解来供能。例如，UTP 用于多糖的合成，CTP 用于磷脂的合成，GTP 用于蛋白质的合成。但它们高能磷酸键的形成不是直接由物质氧化获

能而成，而是由物质氧化释放的能量先合成 ATP，再将高能磷酸基团转移给相应核苷二磷酸生成核苷三磷酸。如 UDP 反应生成 UTP 时，必是先合成 ATP，然后 ATP＋UDP ⟶ UTP＋ADP。

2. ATP 是能量的携带者或传递者而非贮存者　　ATP 在生物体内的浓度相对恒定，但不是作为能量的贮存者，生物体高能磷酸键的贮存形式是磷酸肌酸，但磷酸肌酸不能被生物直接利用。

3. 磷酸肌酸的贮能作用　　在高能磷酸化合物中，最直接贮能的化合物是磷酸肌酸（creatine phosphate），它在人类大脑中的含量是 ATP 的 1.5 倍，在肌肉中含量是 ATP 的 4 倍。磷酸肌酸能够在高耗能时很快将高能磷酸基团转移给 ADP 生成 ATP。如在肌肉紧张活动时，磷酸肌酸可以将 ATP 的恒定水平维持 4～6s，在肌肉恢复期，肌酸又用其他来源的 ATP 再合成磷酸肌酸。

4. 辅酶 A 的递能作用　　辅酶 A（CoA）作为酰基的载体可参与许多代谢过程，其中一个就是以形成酰基 CoA 的形式参与代谢过程，特别是乙酰 CoA。乙酰 CoA 是由乙酰基与 CoA 通过一个硫酯键结合形成的，乙酰 CoA 上的硫酯键与 ATP 的高能磷酸键相似，在水解时可释放31.38kJ/mol 的自由能，因此也属于高能化合物。乙酰 CoA 可参与许多代谢过程，在糖类脂类代谢过程中起关键枢纽作用。

第二节　电子传递链

一、电子传递链的概念

生物氧化生成水和二氧化碳不是直接目的，最终是通过氧化释放能量，而能量的释放和水的生成主要是通过反应过程中脱下来的氢通过呼吸链传递后生成水，在传递过程通过氧化与磷酸化的偶联生成 ATP。电子传递链（也称呼吸链）是指存在于线粒体内膜上的一系列氢和电子的传递体系，即在生物氧化过程中代谢物上的氢原子被脱氢酶激活脱落后，经过一系列的传递体，最后传递给被激活的氧原子而生成水的全部体系。其在真核生物细胞内位于线粒体内膜上，但在原核生物中位于细胞膜上。真核生物中，根据接受代谢物上脱下来的氢初始受体的不同，典型的电子传递链分为两种：NADH 电子传递链和 $FADH_2$ 电子传递链（图 8-1），其中前者应用最广。

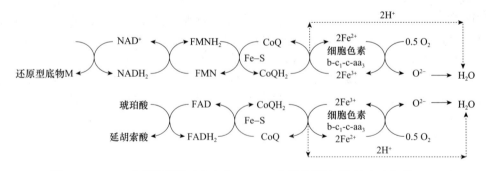

图 8-1　NADH 电子传递链（上）和 $FADH_2$ 电子传递链（下）（王金亭，2017）

二、电子传递链的组成和分类

两类典型的电子传递链由线粒体内膜上的几个蛋白质复合物组成：NADH 脱氢酶复合物（也

电子传递
链蛋白

称 NADH-CoQ 还原酶或复合物 I）、细胞色素 bc$_1$ 复合物（也称 CoQ-Cytc 还原酶或复合物 III）、细胞色素氧化酶（也称复合物 IV）及琥珀酸-CoQ 还原酶复合物（也称复合物 II）。各复合物在电子传递链中的顺序如图 8-2 所示。电子传递链由许多组分组成，参加电子传递链的氧化还原酶可分为烟酰胺脱氢酶类、黄素蛋白类、铁硫蛋白类、辅酶 Q 类、细胞色素类五大类。

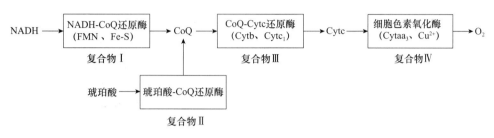

图 8-2　典型电子传递链中的各复合物（王金亭，2017）

（一）烟酰胺脱氢酶类

烟酰胺脱氢酶类是以 NAD$^+$ 或 NADP$^+$ 为辅酶，不需要氧的脱氢酶类，目前已经知道的达 200 多种。此类酶催化脱氢，其辅酶先和酶的活性中心结合，然后再脱下来，与代谢物脱下的氢结合生成 NADH+H$^+$ 或 NADPH+H$^+$。当有受 H 体存在时，就脱下 H 形成氧化型 NAD$^+$ 或 NADP$^+$。

以 NAD$^+$ 为辅酶的酶代谢途径主要是进入电子传递链，将质子和电子传递给氧；而以 NADP$^+$ 为辅酶的酶代谢途径主要是将代谢中间产物脱下的质子和电子传递给需要质子和电子的物质，进行生物合成，如参与脂肪酸的生物合成。

（二）黄素蛋白类

黄素蛋白类是以黄素单核苷酸（FMN）或黄素腺嘌呤二核苷酸（FAD）作为辅基，也不需要氧的脱氢酶。现已证明黄素核苷酸与酶蛋白的结合较牢固。催化脱氢时，是将代谢物上的一对氢原子直接传给 FMN 或 FAD 的异咯嗪环的 N$_1$ 和 N$_{10}$ 两个氢原子而形成 FMNH$_2$ 或 FADH$_2$。

生成的 FMNH$_2$ 或 FADH$_2$ 把两个氢质子释放入溶液中，两个电子则经由铁硫蛋白传递给泛醌，此后还原型的 FMNH$_2$ 与 FADH$_2$ 又转变为氧化型的 FMN 与 FAD。

（三）铁硫蛋白类

铁硫蛋白（Fe-S，也称硫中心）在微生物、动物组织中都存在。在线粒体内膜上常和黄素酶或细胞色素结合而成复合物，铁原子都是配位连接到无机硫原子和蛋白质中半胱氨酸侧链的硫原子上。在从 NADH 到氧的呼吸链中，有多个不同的铁硫中心，如复合物 II 有 3 个 Fe$_2$S$_2$ 中

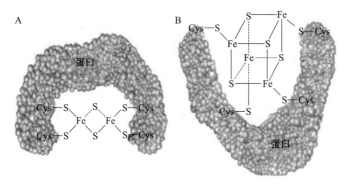

图 8-3 铁硫蛋白结构示意图（王金亭，2017）

心。铁硫蛋白酶类内含有非卟啉铁与对酸不稳定的硫，主要借铁的变价进行电子传递。接受电子时，由 Fe^{3+} 转变为 Fe^{2+}；电子转移到其他电子载体时，Fe^{2+} 又恢复为 Fe^{3+} 状态。铁硫蛋白有数种，概括为 3 类：主要以 2Fe-2S-4Cys（图 8-3A）或 4Fe-4S-4Cys（图 8-3B）形式存在，还有 1Fe-0S-4Cys 的简单形式。

（四）辅酶 Q 类

辅酶 Q（CoQ）广泛存在，且属于醌类化合物，所以又称为泛醌。它是存在于线粒体内膜上的脂类小分子，也是电子传递链中唯一的非蛋白电子载体。它在电子传递链中处于中心地位，可接受氧化还原酶脱下来的氢原子和电子，成为还原型辅酶 Q。

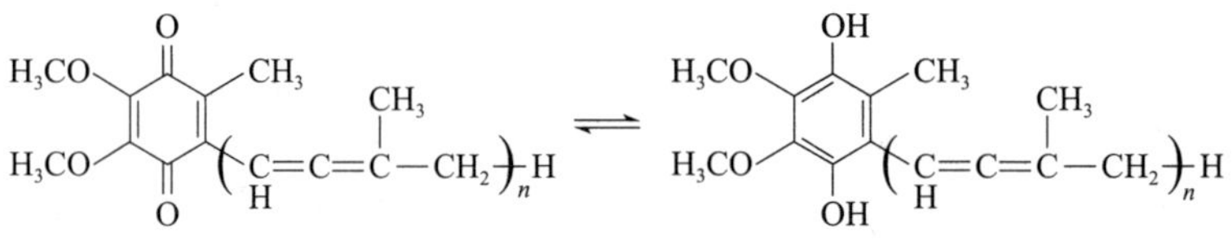

氧化型CoQ（对人而言，$n=10$）　　　　　　　还原型CoQ

（五）细胞色素类

细胞色素（cytochrome，Cyt）是一类以铁卟啉为辅基，通过辅基中铁的化合价变通来传递电子的色素蛋白。这种铁原子处于卟啉结构中心的化合物称为血红素（heme）。细胞色素都是以血红素为辅基，且这类蛋白质都具有红色。细胞色素广泛存在于需氧生物中，有多种类型。在高等动物的线粒体内膜上常见的细胞色素有 5 种：Cytb、Cytc、$Cytc_1$、Cyta 和 $Cyta_3$。线粒体中绝大部分细胞色素与内膜结合紧密，只有 Cytc 结合较松，易于分离纯化，结构也比较清楚（图 8-4）。不同种类细胞色素的辅基结构及与蛋白质连接的方式也不同，细胞色素 b、c_1、c 的辅基都是血红素，但细胞色素 a、a_3 的辅基是血红素 A（8 位上是四酰基，2 位上是 17 个 C 的异戊二烯聚合物）。细胞色素 a 和 a_3 结合紧密，以复合物的形式存在。细胞色素 a 和 a_3 除了有铁原子外，还有铜原子，电子传递到细胞色素 a_3 时，通过其血红素 A 的铁及铜原子将电子传递给氧，氧原子接受 2 个电子后还原成 O^{2-}，与介质中的 $2H^+$ 结合生成水。典型的线粒体电子传递链中细胞色素的顺序是：$b \rightarrow c_1 \rightarrow c \rightarrow aa_3 \rightarrow 1/2O_2$。

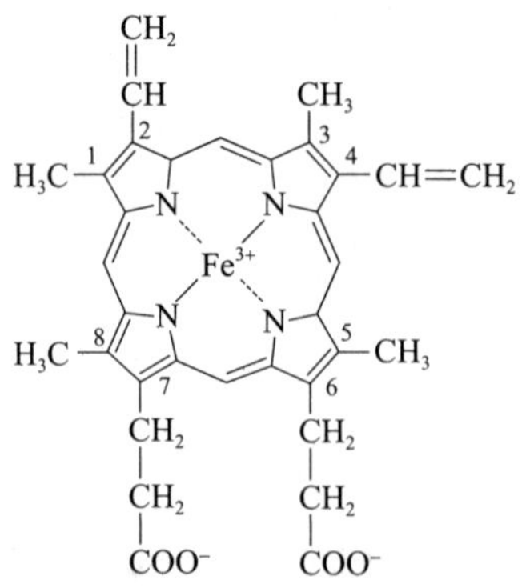

图 8-4 细胞色素 c 中的血红素辅基
（王金亭，2017）

三、电子传递链各组分顺序的确定

电子传递链中氢和电子的传递有严格的顺序和方向，

这些顺序和方向是根据各种电子传递的标准氧化还原电位（E_0'）的数值，并利用特异的抑制剂切断其中的电子流后，再测定电子传递链中各组分的氧化还原状态等实验而得到的结论。

（一）利用标准氧化还原电位确定电子传递链各组分的顺序

各组分在链上的位置顺序与其得失电子趋势的强度有关。电子总是从低氧化还原电位向高的电位上流动。E_0'越低，即供电子的倾向越大，越易成还原剂，而处在电子传递链的前面。

（二）利用特异性电子传递链的抑制剂研究电子传递链组分的顺序

电子传递链上的特异性抑制剂能为研究电子传递链各组分的顺序提供有用信息。例如，来自植物体的鱼藤酮可切断 NADH 到 CoA 之间的电子流，所以鱼藤酮可作为植物来源的杀虫剂，有极强的毒性。另外，安密妥也可切断 NADH 到 CoA 之间的电子流，抗霉素 A 可切断细胞色素 b 到 c_1 的电子流，氰化物、一氧化碳可阻断细胞色素 a、a_3 到氧的电子传递，萎锈灵可阻断 $FADH_2$ 与 CoQ 之间的电子流。

第三节　氧化磷酸化

一、氧化磷酸化的概念

氧化磷酸化（oxidative phosphorylation）是指在细胞内利用有机物生物氧化过程中释放的能量促使 ADP 与无机磷酸结合生成 ATP 的过程。一切生命活动都需要能量来驱动，而 ATP 是生物体内的主要能量载体。根据生物氧化方式，可将氧化磷酸化分为底物水平磷酸化和电子传递链磷酸化。

（一）底物水平磷酸化

底物水平磷酸化（substrate level phosphorylation）是指直接由一个代谢中间产物（如高能磷酸化合物磷酸烯醇丙酮酸）上的高能磷酸基团转移到 ADP 上而生成 ATP 的反应。其可用下式表示：

$$X{\sim}P + ADP \longrightarrow XH + ATP$$

式中，$X{\sim}P$ 代表底物在氧化过程中形成的高能中间化合物。例如，在糖的分解代谢中：

$$\text{甘油酸-1,3-二磷酸} + ADP \longrightarrow \text{甘油酸-3-磷酸} + ATP$$

$$\text{琥珀酰 CoA} + GDP \longrightarrow \text{琥珀酸} + CoA + GTP$$

底物水平磷酸化的作用特点就是 ATP 形成时需氧参与，故而在有氧或无氧的情况下均可进行，也不利用线粒体 ATP 酶的系统，所以这种方式生成 ATP 的速率较快，但量不多。

（二）电子传递链磷酸化

电子传递链磷酸化是指电子由 NADH 或 $FADH_2$ 经电子传递链传递给氧，最终在消水的过程中伴有 ADP 磷酸化生成 ATP 的过程。此磷酸化方式需要有氧的参与，需要利用线粒体 ATP 酶的系统产生 ATP，这种方式是生物体产生 ATP 的最主要方式，生物体内约 95% 的 ATP 是通过此种方式产生。电子传递链与 ATP 生成量有重要关系，在电子传递过程中氧化释放的能量与 ATP 合酶共同促使磷酸和 ADP 生成 ATP。电子传递链的复合物和 ATP 合酶均嵌在线粒体内膜上，在 NADH 电子传递链中通过复合物 I、复合物 III 和复合物 IV 传递电子，并将质子泵出

电子传递链机制

ATP 合酶运转机制

内膜，释放的能量较多，通过自由能变化计算其释放的能量分别是 70.44kJ/mol、38.60kJ/mol 和 100.35kJ/mol。合成 1mol ATP 所需的能量为 30.52kJ，这 3 个部位所产生的能量均超过合成 ATP 所需要的能量。而 $FADH_2$ 电子传递链中，只有复合物Ⅲ和复合物Ⅳ通过传递释放的能量超过合成 ATP 所需要的能量。并且 2 种典型电子传递链上共有 3 处释放能量比较多的地方，这 3 个地方也是传递链上被特异性抑制剂切断的地方，且在该处电位有较大的"跳动"，基本在 0.2V 以上。

研究氧化磷酸化最常用的方法是测定线粒体或其制剂进行氧化时的 P/O 值。P/O 值指每消耗 1mol 氧所消耗无机磷酸的物质的量。根据所消耗的无机磷酸的物质的量可间接测出 ATP 生成量。研究表明 NADH 和 $FADH_2$ 的 P/O 值分别是 2.5 和 1.5，所以由此推算脱下来的氢质子经 NADH 和 $FADH_2$ 电子传递链的传递生成 1mol 水后生成的 ATP 数量分别是 2.5mol 和 1.5mol。

二、氧化磷酸化的机制

关于氧化磷酸化产生 ATP 的作用机制，主要有 3 个学说：化学偶联学说（chemical coupling hypothesis）、构象变化学说（conformational coupling hypothesis）和化学渗透学说（chemiosmotic hypothesis）。

（一）化学偶联学说

1953 年，Slater 最先提出化学偶联学说。他认为在电子传递过程中生成高能共价中间物，再由高能中间物裂解释放的能量驱动 ATP 的合成。这一学说可以解释底物水平磷酸化，但在电子传递链磷酸化中尚未找到高能中间共价化合物。

（二）构象变化学说

1964 年，Boyer 提出构象变化学说。他认为是电子传递使线粒体内膜的蛋白质分子发生了构象变化，从而推动了 ATP 的生成。1994 年，Walke 等发表了 0.28nm 分辨率的牛心线粒体 F_1-ATP 酶的晶体结构。高分辨率的电子显微镜研究表明，ATP 合酶含有球状的 F_1 头部和横跨线粒体内膜的基底 F_0 及将二者连接起来的柄部（图 8-5）。ATP 合酶的相对分子质量为 480 000，球状的 F_1 头部相对分子质量约为 380 000，有 5 种亚基（α_3、β_3、γ、δ、ε 亚基），是水溶性蛋白。其单独存在时不具有合成 ATP 的功能，但能使 ATP 水解成 ADP 和 Pi，故单独存在的 F_1 又称 ATP 酶。在完整线粒体上 F_1 的功能是催化 ADP 和 Pi 合成 ATP，催化的亚基是 β 亚基。F_1 的 3 个 α 和 3 个 β 亚基交替排列，γ 和 ε 亚基结合在一起，$\alpha_3\beta_3$ 位于中央，构成可以旋转的"转子"，F_1 的 3 个 β 亚基均有与腺苷酸结合的部位，且呈不同的构象。在催化 ATP 合成时，质子流引起 3 个 β 亚基构象不断地变化，从而促使 ATP 的合成。

F_1 与 F_0 之间由柄部相连，柄部有一种寡霉素敏感性授予蛋白（OSCP），OSCP 是一种碱性蛋白质，本身没有催化活性，但它使 F_1 对寡霉素敏感。因此，寡霉素通过干扰质子梯度而抑制 ATP 的合成。基底 F_0（$a_1b_2c_{9\sim12}$ 亚基）嵌在线粒体内膜，是疏水蛋白质，也是质子通道。当质子经过 F_0 上的质子通道返回线粒体基质时，所释放的能量就推动了 ATP 的合成。构象变化学说可以解释 ATP 生成的机制，由此 Boyer 和 Walke 荣获了 1997 年的诺贝尔化学奖。

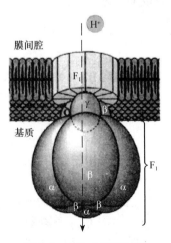

图 8-5 ATP 合酶的结构

（三）化学渗透学说

1961 年，Mitchell 经过大量试验后提出了化学渗透学说。主要观点是认为呼吸链存在于线粒体内膜上。当氧化进行时，呼吸链起质子泵的作用，质子被泵出线粒体内膜的外侧，形成了线粒体膜内外两侧跨膜的化学势和电位差，跨膜的电化学能被膜上的 ATP 合酶所利用，使 ADP 与 Pi 合成 ATP。具体要点包括：电子传递链中递氢体和递电子体在线粒体上都有特定的位置和顺序，形成有方向性的质子转移氧化还原系统；当递氢体接受从线粒体内膜内侧传来的氢后，即将电子传给位于其后的邻近电子传递体，同时将 H^+ 泵出线粒体内膜；泵到内膜外侧的 H^+ 不能自由返回膜内侧，因而造成了线粒体内膜外侧的 H^+ 浓度高于内侧，形成了 H^+ 浓度的跨膜梯度，从而使线粒体内膜两侧形成电位差；利用这种电位差的动力在 H^+ 通过 ATP 合酶返回线粒体基质的时候，ATP 合酶利用其所释放的自由能使 ADP 与 Pi 合成 ATP（图 8-6）。

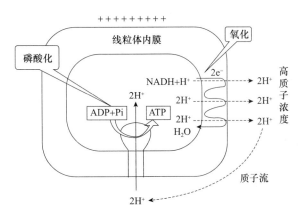

图 8-6 化学渗透学说与 ATP 生成示意图（王金亭，2017）

化学渗透学说解释了电子传递过程中形成的线粒体内膜两侧的质子梯度是合成 ATP 的推动力，这对氧化磷酸化的机制作了一定的阐明，也得到了一些实验的支持，因此 Mitchell 在 1978 年获得了诺贝尔化学奖。但化学渗透学说没有说明 H^+ 是如何被泵到线粒体内膜外侧的，也没有说明 H^+ 流回基质时 ATP 是怎样合成的。

三、氧化磷酸化的解偶联及其抑制

（一）电子传递抑制剂

能够阻断电子传递链中某部位电子传递的物质称为电子传递抑制剂，如鱼藤酮、安密妥、抗霉素 A、氰化物、叠氮化合物和 CO 等。鱼藤酮和安密妥对 NADH 到 CoQ 的电子传递有专一性的抑制作用，但对琥珀酸氧化的电子传递无抑制作用，原因是琥珀酸氧化释放的电子可直接给 CoQ，而不在鱼藤酮和安密妥的控制范围之内。抗霉素 A 能抑制细胞色素 b 到 c_1 之间的电子传递，维生素 C 可缓解这种作用，原因是维生素 C 可直接还原细胞色素 c，电子可以从细胞色素 c 直接传递给 O_2，不受抗霉素 A 的抑制。氰化物（CN^-）和叠氮化合物（N_3^-）都能与传递体中的 Fe^{2+} 起作用，CO 可抑制 Fe^{2+} 的形成，故都能抑制涉及 Fe^{2+} 的电子传递体。这些抑制剂对需氧生物的危害性极大，有致死的作用。

（二）解偶联剂

解偶联剂能使电子传递与 ATP 形成这两个过程分离，破坏它们之间的紧密联系。在解偶联剂起作用的情况下，电子传递是正常的，但不再伴随 ATP 生成，也就是氧化释放的能量全部以热能的形式散发了。最早发现的解偶联剂是 2,4-二硝基苯酚，其可在膜间隙结合质子穿过内膜，但降低或消除了内膜两侧的电位差，因此能抑制 ATP 的生成。氧化磷酸化的解偶联对某些正常生物也是有利的，如冬眠的动物及某些新生动物为了适应寒冷、维持体温，可以通过这种方式来产生热量。

（三）离子载体抑制剂

离子载体抑制剂是一类脂溶性物质，可将一价阳离子从膜间隙转移到线粒体基质，降低内膜两侧的电位差，因此抑制ATP的合成。实际上就是等于利用电子传递所释放的能量来转运一价阳离子，而不是用来形成ATP，从而破坏了氧化磷酸化的过程。例如，缬氨霉素可以与K^+结合形成脂溶性复合物，从而使K^+容易透过线粒体膜；同样短肽杆菌可以使K^+、Na^+等一价阳离子轻松穿过线粒体膜，从而导致氧化磷酸化不能进行。

（四）氧化磷酸化抑制剂

氧化磷酸化抑制剂也称质子通道抑制剂，这类抑制剂既抑制氧的作用，又抑制ATP的形成，但不直接抑制电子传递链中的电子传递。氧化磷酸化抑制剂通过抑制ATP合酶的活性起作用，如寡霉素可与ATP合酶的F_0亚基结合，抑制质子通过。值得注意的是，由于氧化磷酸化抑制剂干扰了由电子传递的高能状态形成ATP的过程，阻止了质子的正常流动，所以线粒体内膜两侧的电位差会更大，也会使电子传递不能进行。

四、线粒体穿梭系统

线粒体内产生的NADH的氢通过呼吸链的传递，最后与分子氧结合生成水，同时伴有ATP的生成，这个氧化磷酸化的一系列反应都是在线粒体内膜上进行的。但是在细胞质基质中也可以产生NADH（如糖酵解所产生的NADH）。由于线粒体内膜有选择透过性，所以不能直接进入呼吸链进行氧化，而是通过较为复杂的过程进入以后再进行氧化磷酸化。因此细胞质基质中产生的NADH需要解决的关键问题就是如何进入线粒体中，能完成这种穿梭任务的化合物有α-甘油磷酸和苹果酸。

（一）α-甘油磷酸穿梭系统

细胞质基质有α-甘油磷酸脱氢酶，可将磷酸二羟丙酮还原成α-甘油磷酸。α-甘油磷酸可以自由扩散进入线粒体内膜。进入后在线粒体内的α-甘油磷酸脱氢酶的作用下催化α-甘油磷酸脱氢，从而将氢交给FAD，生成$FADH_2$后进入$FADH_2$电子传递链，最终生成1分子水和1.5分子ATP（图8-7）。简单地说，穿梭过程就是细胞质基质中1分子的NADH经过α-甘油磷酸穿梭进入线粒体，将氢交到$FADH_2$电子传递链而最终氧化为水，同时生成1.5分子ATP。α-甘油磷酸穿梭系统主要存在于肌肉和神经组织中，所以这些组织中的1分子葡萄糖彻底氧化分解后，产物比其他组织少2分子，即只产生30分子ATP。通过此穿梭系统带一对氢原子进入线粒体，由于经$FADH_2$电子传递链进行氧化磷酸化，故只能产生1.5（2）分子ATP。

（二）苹果酸穿梭系统

细胞质基质中的NADH还可以通过苹果酸穿梭作用来完成其氧化磷酸化。线粒体内外均有苹果酸脱氢酶，其辅酶都是NAD^+。细胞质基质中的NADH经过苹果酸脱氢酶催化而和草酰乙酸生成苹果酸，苹果酸可进入线粒体内膜，进入后在线粒体内的苹果酸脱氢酶的作用下重新生成NADH而进入NADH呼吸链氧化。但同时生成的草酰乙酸不能直接返回细胞质基质，而需

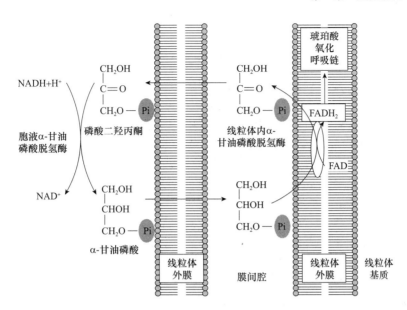

图 8-7　α-甘油磷酸穿梭系统（王金亭，2017）

要线粒体内外的谷草转氨酶的作用返回细胞质基质（图 8-8）。经过穿梭作用，细胞质基质中的 NADH 进入线粒体后，依然进入 NADH 电子传递链，所以 1 分子的 NADH 经过苹果酸穿梭系统后，生成 1 分子水和 2.5 分子 ATP。苹果酸穿梭系统存在于肝、肾、心等组织，在这些组织中，1 分子葡萄糖彻底氧化分解共产生 32 分子 ATP。

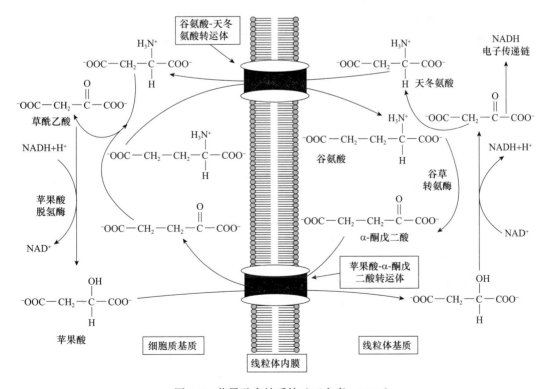

图 8-8　苹果酸穿梭系统（王金亭，2017）

知识拓展

能量货币的"印钞机"——分子马达

ATP是细胞内能量流的重要物质，在生物体新陈代谢中占据重要位置。因此已成为科学家研究和关注的热点。细胞生长代谢的整个过程需要能量，在绝大多数情况下能量由ATP的高能键水解而获得。而ATP又是由ATP合成酶催化获得。ATP合成酶有时也被称为F-ATP合成酶，它是一种旋转分子马达，是合成ATP的基本场所，也是生物体能量转化的核心酶。该酶广泛存在于线粒体内膜、细菌的浆膜及叶绿体的类囊体膜中。这种马达参与氧化磷酸化和光合磷酸化，在跨膜质子动力势的推动下，使ATP合成酶发生构象变化，能量暂时贮存在肽链的折叠之中，然后这种高能形式通过催化合成ATP而恢复其原来的构象。如果将ATP比喻为细胞内的能量货币，则这种旋转分子马达应被比喻为制作货币的"印钞机"，因为ATP的合成最终是在它的催化下完成的。由此可见，这种旋转分子马达是合成能源物质ATP的关键物质（韩英荣等，2003）。ATP合成酶被认为是自然界最精妙的纳米机器之一，许多实验结果表明，旋转分子马达可能是自然界发现的最小的分子马达，其运转效率几乎接近100%。分子马达的做功原理和能量转换机制的研究是一个涉及生物、化学、物理等多学科相互交叉的重要课题。近年来对于分子马达的研究不断有新的发现。

据报道，美国塔夫茨大学文理学院的化学家用单个丁基甲基硫醚分子，制造出世界上第一个电动分子马达，其旋转方向和速率都能实时监控。该电动分子马达仅1nm宽，马达的主要部件是丁基甲基硫醚分子，它的硫基能吸附在铜板表面，剩下5个烃基就像硫基的两条不对称手臂：一边有4个而另一边1个，用低温扫描隧道显微镜上的金属针给它提供一个电荷，两条碳链就能围绕硫铜连接点自由旋转。显微镜的金属针作为一个电极，负责向分子输送电流，引导分子旋转方向。研究小组还能通过温度控制直接影响分子的旋转速度，分子的旋转方向和旋转速率可以实时监控。他们发现，5K（约-268℃）是马达运动的最理想温度。尽管对于分子马达的研究已取得实质性的进展，但是在理论上还需要进一步完善，一旦问题被解决，就可以利用分子马达的运动机制，研制出十分诱人的各种微型机器。

思考题

1. 什么是电子传递链？典型的电子传递链有哪些？指出NADH电子传递链中氧化磷酸化的偶联部位。

2. 什么叫高能化合物？高能磷酸化合物有哪几类？试举例。

3. 什么是生物氧化？生物氧化的特点有哪些？

4. 试述线粒体穿梭系统及其类型。

5. 化学渗透学说的主要内容是什么？

6. 鱼藤酮是一种极强的杀虫剂，它可以阻断电子从NADH脱氢酶上的FMN向CoQ的传递。为什么昆虫吃了鱼藤酮会死去？

7. 鱼藤酮对人和动物是否有潜在的威胁？

8. 2,4-二硝基苯酚（DNP）是一种对人体毒性很大的物质。它会显著加速代谢速率，使体温上升、出汗过多，严重时可导致虚脱和死亡。20世纪40年代曾有人试图用DNP作为减肥药物。为什么DNP会使体温上升、出汗过多？DNP作为减肥药物的设想为何不能实现？

本章彩图

第九章　新陈代谢

第一节　概　述

一、新陈代谢的发现

新陈代谢的英文"metabolism"一词来自于希腊语"Μεταβολισμός"，意为"改变"或"瓦解"。对代谢的科学研究最早可追溯到 13 世纪的学者 Ibn al-Nafis 提出的"身体和它的各个部分是处于一个分解和接受营养的连续状态，因此它们不可避免地一直发生着变化"，虽然他是第一个在文献中提出新陈代谢概念的医学家，但第一个关于人体代谢的实验则是由意大利人 Santorio 于 1614 年完成的（发表在他的著作《静态医学术》中）。在书中，Santorio 描述了自己在进食、睡觉、工作、斋戒、饮酒及排泄等各项活动前后体重的改变，发现大多数摄入的食物最终都是通过所谓的"无知觉排汗"被消耗掉了。

在这些早期研究中，关于新陈代谢的机制还不明确，人们普遍认为生物体存在一种"活力"可以激活器官。19 世纪，在对糖被酵母酵解为乙醇的研究中，法国科学家 Louis Pasteur 总结出酵解过程是由酵母细胞内他称为"酵素"的物质来催化的。他写道："酒精酵解是一种与生命及酵母细胞的组织相关的，而与细胞的死亡和腐化无关的一种行为。"这一发现与 Friedrich Wöhler 在 1828 年发表的关于尿素化学合成的研究结果，共同证明了细胞中发现的化学反应和有机物与其他化学无异，都遵循化学的基本原则。

20 世纪初，Eduard Buchner 首次发现酶，这一发现使得对新陈代谢中化学反应的研究从对细胞的生物学研究中独立出来，也标志着生物化学研究的开始。从 20 世纪初开始，人们对于生物化学的了解迅速增加。在现代生物化学家中，Hans krebs 是新陈代谢的研究者之一，对新陈代谢的研究做出了重大的贡献：他发现了尿素循环，随后又与 Hans Kornberg 合作发现了三羧酸循环和乙醛酸循环。

现代生物化学研究受益于大量新技术的应用，如色谱分析、X 射线晶体学、核磁共振、电子显微学、同位素标记、质谱分析和分子动力学模拟等。这些技术使得研究者可以发现并具体分析细胞中与新陈代谢途径相关的分子。

二、新陈代谢的概念和意义

新陈代谢是生物体内发生的用于维持生命的一系列有序的化学反应的总称。这些反应进程使得生物体能够生长和繁殖、保持它们的结构及对外界环境做出反应，是生命最基本的特征之一。新陈代谢包括物质代谢和能量代谢两方面；物质代谢指生物体与外界环境之间物质的交换和生物体内物质的转变过程；能量代谢指生物体与外界环境之间能量的交换和生物体内能量的转变过程。

新陈代谢的意义主要包括：①使生物体从周围环境中获得营养物质；②将外界引入的营养物质转变为自身需要的结构元件；③将结构元件装配成自身的大分子；④分解有机营养物质；⑤提供生命活动所需的一切能量。

三、新陈代谢的基本特征

新陈代谢中的化学反应可以归纳为代谢途径，通过酶的作用将一种化学物质转化成另一种化学物质。酶可通过一个热力学上易于发生的反应来驱动另一个难以进行的反应，使之变得可行，如利用 ATP 的水解所产生的能量来驱动其他化学反应。一个生物体的代谢机制决定了哪些物质对于此生物体是有营养的，哪些是有毒的。例如，一些原核生物利用硫化氢作为营养物质，但这种气体对于一些生物来说却是致命的。物种的基本代谢途径都相似。例如，羧酸作为柠檬酸循环（又称为三羧酸循环）最为人们所知的中间产物，存在于所有生物体中——无论是微小的单细胞细菌还是巨大的多细胞生物。代谢中所存在的这种相似性，很可能是相关代谢途径的高效率及这些途径在演化史早期就出现而形成的结果。

各种生物的新陈代谢过程都异常复杂，却有着共同的特征：①反应条件温和，大多数代谢反应都是在温和条件下进行，且绝大多数由酶催化。②高度调控，代谢过程是由一系列的中间过程完成的，其表现出有条不紊的顺序及灵敏的自我调节，且各个中间反应相互协调、相互联系。③代谢途径不可逆且多为限速步骤，尽管每条代谢途径有多数反应为可逆反应，但总存在一两步反应由于 $\Delta G^{0'}$ 为极大的负值而不可逆，且这些步骤是代谢途径的限速步骤。④代谢途径在真核细胞中有严格的细胞定位，真核细胞内部高度分室化，致使不同的代谢途径被限定在不同区域，这更有利于代谢途径的调控。

第二节　分解代谢与合成代谢

新陈代谢分为分解代谢（catabolism）和合成代谢（anabolism）。分解代谢也称异化作用，是指生物体内将大分子物质分解为小分子物质且最终变成排泄物排出体外，并伴随释放能量的过程。合成代谢也称同化作用，是指生物体从外界摄取物质并将它们转变成自身物质，并储存能量的过程。例如，绿色植物利用光合作用把从外界吸收的水和二氧化碳等物质转化成淀粉、纤维素等物质，并把能量贮存起来，属于合成代谢。

一、分解代谢

分解代谢的目的是为合成代谢反应提供所需的能量和反应物。分解代谢的机制在生物体中不尽相同，如有机营养菌分解有机分子来获得能量，而无机营养菌利用无机物作为能量来源，光能利用菌则能够吸收阳光并转化为可利用的化学能。所有这些代谢形式都需要氧化还原反应的参与，反应主要是将电子从还原性的供体分子（如水、氨气、硫化氢、亚铁离子等）转移到受体分子（如氧气、硝酸盐、硫酸盐等）。在动物中，这些反应还包括将复杂的有机分子分解为简单分子（如二氧化碳和水）。在光合生物（如植物和蓝藻）中，这些电子转移反应并不释放能量，而是用作贮存所吸收光能的一种方式。

（一）过程

根据生物体内有机营养物质的分解，分解代谢大致可以分为以下 4 个阶段（图 9-1）。

第一阶段：生物大分子降解成单体小分子。外源生物大分子通过消化作用降解，内源生物大分子则通过胞内酶催化降解，形成单体小分子。例如，蛋白质降解为氨基酸，多糖降解为葡萄糖，脂肪降解为甘油和脂肪酸。该阶段没有能量的产生。

第二阶段：单体分子初步分解阶段。单体分子进入细胞之后，按各自的分解代谢途径进行不完全分解生成少数几种分子，这些分子结构比单体分子更简单，其中有两个重要的化合物：丙酮酸和乙酰 CoA。另外，蛋白质的分解代谢中，氨基酸经脱氨作用可生成氨。此阶段为细胞提供了少量的 ATP 和一定数量的还原型辅酶（NADH 和 FADH$_2$ 等）。

第三阶段：乙酰 CoA 完全分解阶段。乙酰 CoA 进入三羧酸循环被完全分解，碳原子以 CO_2 的形式释放，大量的化学能以氢原子对 2H（$2H^+ + 2e$）的形式转入还原型辅酶分子（NADH 和 $FADH_2$）。这个阶段以底物水平磷酸化的方式产生了少量的 ATP。

第四阶段：氢的燃烧阶段。这个阶段主要是电子传递过程和氧化磷酸化过程。在线粒体内膜上的呼吸链是还原型辅酶分子（NADH 和 $FADH_2$）完全氧化的组织体系，最后伴随 H_2O 的生成和大量生物能 ATP 的释放，完成了整个分解代谢。

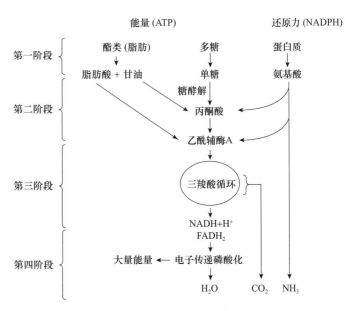

图 9-1　分解代谢的一般过程

总体来看，分解代谢主要生成 3 种终产物：CO_2、H_2O 和 NH_3。伴随物质分解代谢的同时，也产生了大量的化学能，这些化学能主要是以核苷三磷酸（ATP 或 GTP）和还原型辅酶（NADPH 和 $FADH_2$）的形式保存（图 9-2）。以 ATP 形式贮存的自由能，其意义主要归纳为：①提供生物合成做化学功时所需的能量；②生物机体活动及肌肉收缩的能量来源；③供给营养物逆浓度梯度跨膜运输到机体细胞内所需的自由能；④在 DNA、RNA 和蛋白质等生物合成中，保证基因信息的正确船体，ATP 以特殊的方式起着递能的作用。

图 9-2　两种贮存能量的形式

A. 分解代谢释放的能量以 ATP 或 GTP 形式贮存；B. 分解代谢释放的能量以 NADH 或 $FADH_2$ 形式贮存

（二）类型

生物在长期的进化过程中，不断与所处的环境发生相互作用，逐渐在新陈代谢的方式上形成了不同的类型。呼吸作用是分解代谢中重要的过程，分解代谢根据生物体在异化作用过程中对氧的需求情况，可以分为需氧型、厌氧型和兼性厌氧型 3 种。

1. 需氧型　绝大多数动物和植物都需要生活在氧充足的环境中，这些生物体在分解代谢的过程中，必须不断地从外界环境中摄取氧来氧化分解体内的有机物，释放出其中的能量，以便维持自身各项生命活动的进行，这种新陈代谢类型叫作需氧型，也称有氧呼吸型。

2. 厌氧型　该类型生物包括乳酸菌和寄生在动物体内的寄生虫等少数动物，它们在缺氧的条件下仍能够将体内的有机物氧化，从中获得维持自身生命活动所需要的能量，这种新陈代谢类型叫作厌氧型，也称无氧呼吸型。

3. 兼性厌氧型　该类生物在氧气充足的条件下进行有氧呼吸，把葡萄糖彻底分解为二氧化碳和水，并释放大量能量；在缺氧的条件下把葡萄糖不彻底地分解为乳酸或乙醇和水，并释放少量能量。典型的兼性厌氧型生物是酵母。

二、合成代谢

（一）过程

与分解代谢相反，合成代谢是由几种简单分子生成各式各样的生物大分子。合成代谢是分解代谢的逆过程，但合成代谢途径绝不是分解代谢的逆反应。

生物合成包括组建生物大分子所需的单体分子的合成，生物大分子的合成，细胞结构的组件、生理活性物质及次生物质的合成等。所有的生物合成都是需能酶促反应，主要是由 ATP 供能，也有部分由 GTP、CTP 或 UTP 供能。所有的生物合成都需要还原型辅酶（NADPH）提供还原力。因此，合成代谢包括三个基本阶段：①生成前体分子，如氨基酸、单糖、类异戊二烯和核苷酸；②利用 ATP 水解所提供的能量，这些分子被激活形成活性形式；③活性形式的分子被组装成复杂的分子，如蛋白质、多糖、脂类和核酸。

（二）类型

按照自然界中生物体的合成代谢在同化作用过程中能否利用无机物合成有机物，合成代谢可以分为自养型、异养型和兼性营养型 3 种。

1. 自养型　绿色植物、蓝藻、光合细菌等能够直接从外界环境摄取无机物，通过光合作用，将无机物制造成复杂的有机物，并且贮存能量，来维持自身生命活动的进行，这种新陈代谢类型属于光能自养型。少数种类的细菌（如氢细菌、硫细菌和铁细菌等）不能进行光合作用，而能利用体外环境中的某些无机物氧化时所释放的能量来制造有机物，并且依靠这些有机物氧化分解时所释放的能量来维持自身的生命活动，这种新陈代谢类型属于化能自养型。总之，生物体在合成代谢的过程中，能够把从外界环境中摄取的无机物转变成为自身的组成物质，并且贮存能量，这种类型叫作自养型。

2. 异养型　有些生物体不能像绿色植物那样进行光合作用，也不能像硝化细菌那样进行化能合成作用，它们只能依靠摄取外界环境中现成的有机物来维持自身的生命活动，这样的合成代谢类型属于异养型。细菌、酵母、霉菌等真菌及动物的新陈代谢类型都属于异养型。总之，生物体在合成代谢的过程中，把从外界环境中摄取的现成的有机物转变成为自身的组成物质，并且贮存能量，这种类型叫作异养型。

3. 兼性营养型　有些生物（如红螺菌）在没有有机物的条件下能够利用光能固定二氧化碳合成有机物并转化为自身的组成物质，从而满足自己生长发育的需要；或在有现成的有机物时，这些生物就会利用现成的有机物来满足自己生长发育的需要。这种类型叫作兼性营养型。

三、分解代谢与合成代谢的关系

分解代谢和合成代谢的区别是：分解代谢是分解有机物的放能反应，而合成代谢是合成有机物的储能反应。两者的联系在于：分解代谢的功能是保证正常合成代谢的进行，而合成代谢反过来又为分解代谢创造更好的条件，二者相互联系，从而促进生物个体的繁殖和种族的繁荣发展（图 9-3）。

1）光合作用是典型的合成代谢案例。光合作用是绿色植物和藻类利用 CO_2 和 H_2O，或带紫膜的嗜盐古菌利用 H_2S 和 H_2O，经过光反应和暗反应，在可见光的照射下转化为有机物并释放 O_2 或 H_2 的生化过程。其中，发生在植物中的光合作用分为 3 种：C3 碳固定、C4 碳固定和景天酸代谢途径（CAM）光合作用。它们之间的差异在于 CO_2 进入卡尔文循环的途径不同：C3 型植物可以直接对 CO_2 进行固定；而 C4 和 CAM 型则先将 CO_2 合并到其他化合物上，这是植物对强光照和干旱环境的一种适应。

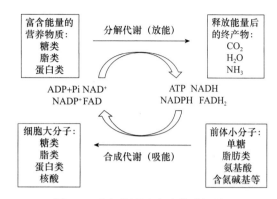

图 9-3 分解代谢和合成代谢的关系

2）高等植物和动物的有氧呼吸是典型的分解代谢案例。细胞在氧的参与下，通过酶的作用，糖、脂肪和蛋白质都可以作为反应物而被处理和消耗，然后在糖酵解作用下降解成丙酮酸；丙酮酸经过一系列反应分解成 CO_2 和还原氢［H］，并释放少量能量；还原氢［H］再经过一系列反应与氧结合生成水，同时释放大量的能量。

植物在衰老过程中，机能日趋退化，新陈代谢逐渐缓慢，分解代谢与合成代谢都有所下降，但始终保持平衡（前提是健康）。新陈代谢是生命体不断进行自我更新的过程，也是判断生物与非生物的重要因素，如果新陈代谢停止，生命也就结束了。

第三节 代谢研究方法及应用

一、代谢研究概述

新陈代谢的研究主要是指研究某一中间代谢过程中的一系列酶促反应。根据实验材料的不同，可以将新陈代谢研究分为体内研究和体外研究。体内研究是对生物整体、器官、组织或者活细胞及微生物细胞群进行的研究，可以通过药物喂养、活器官的分离或者培育等方法获得各种代谢信息。体外研究是以细胞质基质提取液为材料，通过分离提纯获得某物质，并在试管中进行研究。近年来，由于科学技术的不断更新和发展，新陈代谢的研究方法也呈现多样化的趋势，主要有同位素示踪法、酶抑制剂的应用、突变体分析代谢通路等方法，尤其是在代谢组学方面。

二、经典研究方法

（一）同位素示踪法

同位素示踪法是指利用放射性同位素或者经富集的稀有稳定核素作为示踪剂，研究代谢过程中发生的化学、生物、环境和材料等领域科学问题的技术。示踪原子是指其核性质易于探测的原子。理论上，几乎所有的化合物都可被示踪原子标记。目前，在生物化学领域广泛应用的放射性同位素如表 9-1 所示。另外，被同位素标记的代谢物的化学性质和生理功能都不会发生改变，因此用同位素标记来追踪代谢物的去向及结构变化是非常特异和有效的方法。

表 9-1　常用的放射性同位素及半衰期表

同位素名称	符号	半衰期	同位素名称	符号	半衰期
氚	^3H	12.35±0.01 年	硫	^{35}S	87.4±0.2 天
碳	^{14}C	5730±40 年	碘	^{131}I	8±0.2 天
磷	^{32}P	14.28±0.01 天			

（二）酶抑制剂的应用

酶抑制剂是指特异性作用于酶的某些基团，降低酶的活性甚至使酶完全丧失活性的物质。利用酶抑制剂可阻断或者干扰正常的代谢途径，造成某一中间代谢物的积累，通过测定该中间代谢物或者终产物的含量变化，以此获得有关代谢途径和调节节点的信息。迄今为止发现的酶抑制剂达 100 多种。目前酶抑制剂主要来源于植物、微生物和化学合成。其中由微生物产生的酶抑制剂种类最多，应用较为广泛。

（三）突变体分析代谢通路

新陈代谢是由一系列酶促反应组成的代谢通路，每一步中间代谢步骤都会有特定的酶参与催化完成化学反应。因此，在早期代谢研究中，科学家也通过酶基因的突变来阻断某一代谢通路和增加对应底物的积累，从而为研究代谢通路的物质变化顺序提供最直接的证据，并以此鉴定每一步代谢过程所对应的酶的生化功能。早期研究者主要利用天然突变体或者物理化学诱变产生突变体来进行代谢通路的研究。但是由于物理化学诱变存在突变位点不确定及多位点突变的缺点，从而给科学家研究代谢通路增加很多困难。近年来，随着分子生物学技术的发展与成熟，RNAi、基因敲除、基因编辑等技术获得了广泛应用。因此，由这些技术衍生而来的基因定点突变也逐渐代替物理化学诱变，成为代谢通路研究的关键技术。

三、代谢组学

（一）代谢组学简介

代谢组学（metabolomics）是继基因组学、蛋白质组学、转录组学后出现的，主要针对生物体（细胞）中维持正常生长发育和参与新陈代谢过程中的代谢产物进行定性和定量分析的一门新兴组学学科。1997 年，Steven Oliver 等科学家通过对酵母代谢产物的数量分析和定性分析来评估酵母基因的功能及其冗余度，并率先提出了代谢组（metabolome）的概念。1999 年，英国科学家 Nicholson 等在 *Xenobiotica* 杂志上发表关于大鼠尿液组成成分法的研究，系统研究了大鼠尿液的代谢组成，并首次提出了代谢组学的概念，从而开启了代谢组学的快速发展之门。代谢组学主要是对生物体内所有代谢物进行定量分析，并寻找代谢物与生理、病理变化的相对关系的研究方式，其研究对象大都是相对分子质量小于 1000 的小分子物质。自代谢组学提出以来，代谢组学相关的研究论文数目逐年增加。目前利用代谢组学在疾病诊断、药物筛选及植物生长发育等研究中取得了卓有成效的工作。

代谢组学的分析技术包括核磁共振（NMR）、高效液相色谱质谱（HPLC-MS，UPLC-MS/MS）、气相色谱质谱（GC-MS，GC-MS/MS）、高效液相-核磁-质谱（HPLC-NMR-MS）、电泳-质谱（CE-MS）、等离子体质谱（ICP-MS）等联用技术。目前代谢组学的应用领域大致可以分为：①植物基因功能研究，主要以拟南芥为研究模型，并将相关技术应用于作物研究；

②疾病诊断方面，代谢物指纹图谱在肿瘤、糖尿病等疾病的诊断过程中发挥重要作用；③制药业，高通量比对技术可预测药物的毒性和有效性，通过全面分析来发现新的生物指示剂；④微生物领域，主要用于微生物表型分类、微生物代谢工程及微生物降解环境污染；⑤毒理学研究，包括利用代谢组学平台研究环境毒理及药物毒理；⑥食品及营养学，即研究食品中进入人体内的营养成分及其与体内代谢物的相互作用。

（二）代谢组学的研究方法

1. 气相色谱-质谱联用　气相色谱-质谱联用仪是一种质谱仪，气相色谱的流动相为稀有气体，气-固色谱法中以表面积大且具有一定活性的吸附剂作为固定相。当多组分的混合样品进入色谱柱后，由于吸附剂对不同组分的吸附力不同，经过一定时间后，各组分在色谱柱中的运行速率不一样。吸附力弱的组分容易被解吸下来，最先离开色谱柱从而进入检测器中，而吸附力最强的组分最不容易被解吸下来，最后离开色谱柱。因此，各组分得以在色谱柱中彼此分离，顺序进入检测器中被检测、记录下来。

自 1980 年 Taaka 等报道了将 GC-MS 技术用于患者尿液分析以筛查有机酸尿症以来，以 GC-MS 技术为基础的挥发性和热稳定性的极性和非极性代谢产物分析已经取得快速发展。德国科研人员最早将 GC-MS 技术和方法应用于植物代谢组学研究，近年来 GC-MS 作为植物代谢组学研究的重要分析技术手段得到了广泛应用。植物代谢组学主要是通过研究植物组织细胞中的代谢产物在基因变异或环境因素变化后的相应变化，研究基因型和表型的关系及揭示一些沉默基因的功能，进一步了解植物的代谢途径，最具代表性的是 Oliver Fiehn 研究组的工作。他们利用 CC-MS 技术，通过对不同表型拟南芥的 433 种代谢产物进行代谢组学分析，结合化学计量学方法对这些植物的表型进行分类，找到 4 种对分类有重要贡献的代谢物质：苹果酸、柠檬酸、葡萄糖和果糖。Rossner Tunali 等采用 GC-MS 技术系统研究了番茄叶和果实组织的代谢谱，发现由于果糖激酶 HXK1 的过度表达，转基因番茄的磷酸果糖含量下降。Klape 和 Stephanopoulos 采用质谱同位素法研究了谷氨酸棒状杆菌中赖氨酸的生物合成。GC-MS 还被应用于临床代谢组学研究，例如，利用尿液和血液中的有机酸谱分析来确定代谢是否异常等。

2. 液相色谱-质谱联用　气相色谱使用气体作流动相，要求样品通过一定的蒸汽压力气化后才能上柱分析，这使分离对象的范围受到一定限制。那些挥发性差的物质（高沸点化合物）温度要求很高，这不仅给设备和仪器制造带来困难，更重要的是许多高分子化合物和热稳定性差的化合物在气化过程中可能被分解而改变原有结构和性质。对于具有生物活性的生化样品，温度过高会使其变性失活，因此这样的样品分析气相色谱难以胜任。此外，对于一些极性化合物，如有机酸、有机碱等，有的可通过生化手段实现样品气化，有的则根本无法用气相色谱进行分析。据估计，现在已知的化合物中仅有 20% 样品可不经过预先的化学处理而用于气相色谱分离。

与此相反，液相色谱则不受样品挥发度和热稳定性的限制。液相色谱一般在室温下即可操作，偶尔为了提高柱效或改善分离才会在较高的温度下操作，但最高也不超过流动相溶液的沸点，所以只要待测物质在流动相溶剂中有一定的溶解度，便可上柱分析。因此，液相色谱特别适合于那些沸点高、极性强、热稳定性差的化合物，如生化物质和药物、离子型化合物及热稳定性差的天然产物等。事实上，在已知的化合物中大约有 70% 是不挥发的，主要分布于生命科学、环境科学、高分子和无机化合物研究中，在这一方面，高效液相色谱应用潜力广泛。

近年来液相色谱质谱的联用技术随着接口技术的发展成为热门的应用研究领域，特别是液相色谱（LC）与串联质谱（MS/MS）的联用得到了极大的重视和发展。LC-MS 的联用需要解决经 LC 分离出的具有极性大、挥发度低、热稳定性差等特点的化合物的电离问题。由此可见其接口要求比 GC-MS 苛刻得多，这一定程度制约了 LC-MS 的应用发展。20 世纪 90 年代后，由于大气压电离接口技术的成功应用及质谱本身的发展，液相色谱与质谱的联用，特别是与串联质谱的联用得到了快速发展。在对药物肝损伤代谢组学的研究过程中，液相色谱-质谱联用技术发挥了极大的作用，刘晓艳等曾通过构建不同类型的肝细胞损伤模型，然后利用超高效液相色谱-质谱联用技术来获得细胞代谢轮廓以区分正常组和损伤组细胞，以此达到筛选差异代谢物的目的。

3. 核磁共振技术　　核磁共振（NMR）技术是一种无偏的、普适性的分析技术，样品的前处理简单，测试手段丰富，包括液体高分辨 NMR、高分辨率魔角旋转（high resolution magic angle spinning，HR-MAS）NMR 和活体核磁共振波谱（magnetic resonance spectroscopy，MRS）技术等。采用核磁共振氢谱（H-NMR）代谢组学技术研究生物体在内因或外因影响下内源性小分子的变化，可以阐释病因病机，探讨药物对机体产生的内源性物质总体代谢的调控作用。NMR 技术作为一种分析手段，既能定性又能在微摩尔含量范围定量大量的有机化合物，同时还具有样品预处理简单、无损伤性、无偏向性、测试时间短、检测手段灵活多样、有较高的灵敏度和较好的重复性等优点。由 NMR 得到的代谢物指纹图谱可以有效地提供代谢物成分的含量等信息，并由此判断机体或组织所处的病理生理状态。因此，代谢组学将代谢成分检测技术与病理生理学有效地连接起来。近来，在线 LC-UV-SPE-NMR-MS 技术结合液相分离、固相萃取（solid phase extraction，SPE）进行富集、全氘代溶剂洗脱，已用于植物代谢物结构的鉴定中（Exarchou et al.，2003；Zhang et al.，2016）。对于特定种类的植物，通常选择某个器官对其代谢物进行定性定量分析，如通过定量核磁共振技术和约束总体最小二乘法（CTLS）对洋葱进行定性定量分析，除黄酮醇类和其他糖类衍生物浓度低、难以测定外，其余均可检测，核磁共振可有效测定洋葱代谢组分浓度。NMR 技术也有本身的局限性，例如，它的检测灵敏度较低，检测动态范围窄，很难同时检测同一样品中含量差异较大的物质（朱航等，2006）。

（三）代谢组学与其他组学的联合分析

1. 代谢组学与基因组学联合分析　　全基因组关联分析（genome-wide association study，GWAS）是指利用全基因组重测序或外显子测序技术获取数以百万计的单核苷酸多态性（single nucleotide polymorphism，SNP）分子标记，与表型数据进行联合分析，从中筛选出与性状相关的 SNP 位点，发现影响复杂性状的基因变异。通过这一技术，大量相关的基因组变异位点被识别，并在实践中发现了许多候选的关联基因。然而，因为表型统计相关数据获取困难，导致表型数据有限，且大部分表型数据难以量化，这些发现仅能解释部分遗传性状，大大限制了 GWAS 在基因定位和功能研究上的应用。2013 年，高通量的广泛靶向代谢组方法的建立使得准确定性定量的大队列代谢组学研究成为可能。群体重测序数据结合群体代谢组数据开展的 mGWAS（metabolome genome-wide association study，mGWAS）研究方法的建立，为大批量、高精度、高遗传效应的基因定位及基因功能研究提供了新的思路。与 GWAS 相比，mGWAS 以代谢物替代表型，可获得更多、可量化的数据。因此，广泛靶向代谢组技术联合基因组重测序技术在数据挖掘上有明显优势，能够快速准确地找到与表型相关联的靶标基因（图 9-4）。

2. 代谢组学与蛋白质组学联合分析　　蛋白质组学是后基因时代系统生物学的中间桥梁技术。蛋白质是生命活动功能的直接执行者，蛋白质组学从整体水平上对细胞内蛋白质的组成、蛋白质与蛋白质的相互作用及不同蛋白的活动规律进行系统研究。代谢组学核心价值是通过定性描述和定量表征不同生物基质中小分子代谢物的变化，从而探索生物体与细胞代谢相关的关键科学问题，是基因时代系统生物学驱动的新生代组学技术。此外，代谢组学不仅作为表型状

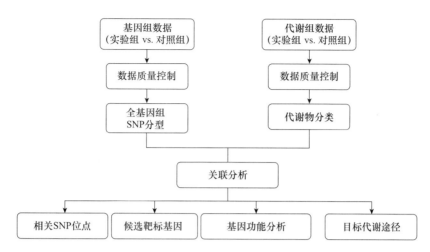

图 9-4 代谢组学与基因组学联合分析流程

态的描绘者，也可作为功能调控的活性代谢物，能调节蛋白质-蛋白质相互作用，改变酶活性，导致蛋白质稳定性的变化，进而反馈调控机体代谢状态。因此，基于蛋白质组与代谢组的联合分析，是系统性描绘生物机体代谢调控网络的有效研究策略（图 9-5）。代谢组学和蛋白质组学联合分析，是指对来自代谢组和蛋白质组的批量数据进行归一化处理及统计学分析，同时结合代谢通路富集、相关性等分析，实现下游代谢物变化与代谢酶调控机制的分子模型构建，从而为后续进行深入实验与分析提供数据基础。

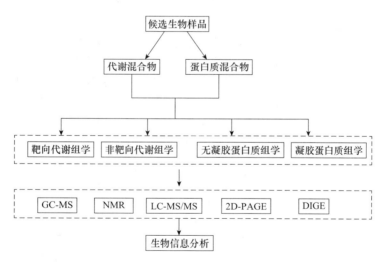

图 9-5 代谢组学与蛋白质组学联合分析流程
2D-PAGE. 二维聚丙烯酰胺凝胶电泳；DIGE. 荧光差异凝胶电泳

3. 代谢组学与转录组学联合分析 转录组是获得生物体内基因表达的重要方法，代谢组是生物体表型的基础和直接体现者。转录组测序可以得到大量差异表达基因和调控代谢通路，但往往达不到预期的研究目标，原因在于基因与表型之间很难关联，导致关键的信号通路难以确定。代谢产物是生物体表型的物质基础，是生物体在内外调控下基因转录的最终结果。在系统生物学研究时代，生物过程复杂多变，基因调控网络复杂。利用代谢组学与转录组学联合分析，可针对特定的生理、病理等表型进行研究，利用转录组的数据获得大量差异表达的基因，与代谢组检测得到的差异代谢物进行关联分析，从而从原因和结果两个层次对生物体的内在变化进行分析，鉴定关键基因靶点、代谢物及代谢通路，构建核心调控网络，系统全面地解析生物体性状发生发展的复杂机制，从整体上解释生物学问题（图9-6）。目前，转录组与代谢组联合分析已被广泛应用于各种疾病研究。

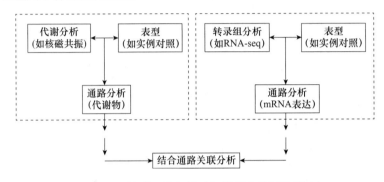

图 9-6　代谢组学与转录组学联合分析流程

四、代谢研究的应用

（一）植物领域

在农业生产中，研究者利用同位素标记 ^{32}P 来研究施肥方法、途径及其肥效，并以此分析植物根系对磷元素的吸收效率。在光合作用机制研究过程中，早期科学家通过同位素分别标记 $H_2^{18}O$ 和 $C^{18}O_2$，发现只有标记 $H_2^{18}O$ 的一组产生的 O_2 中有 ^{18}O 标记，该实验说明光合作用释放的氧气全部来源于水。除同位素示踪法外，基因编辑技术也被广泛应用于植物研究领域。植物通过根部吸收硫元素，并被硫酸盐转运蛋白介导的质子/硫酸盐共转运通路，运输给植物质体和叶绿体，进行硫酸盐的活化及同化途径。研究者以番茄为材料，利用基因沉默系统和基因编辑技术，构建了硫通路的关键限速酶——腺苷 5′-磷酰硫酸还原酶（APR）基因的超表达番茄植株，并通过一系列生化实验解析了 APR 在硫通路中的关键角色。因此，通过基因编辑、基因沉默技术研究酶在植物代谢通路的生化机制也成为植物领域研究的热点之一。

植物代谢组学是全细胞代谢组学的一个相对独立的分支，目前的研究主要集中在环境因素变化后植物细胞中的代谢组分动态变化。植物代谢组学研究大多集中在代谢轮廓或者代谢物指纹图谱上。根据研究种类的差异，植物代谢组学研究主要包括：①特定植物的代谢物组学研究。这类研究通常以某种特定植物为研究对象，选择某一特定的组织，对其中所含的全部或部分代谢物进行定性或定量分析。②不同基因型（genotype）植物的代谢组学研究。一般需要 2 个或2 个以上不同基因型植物（包括野生型植物、突变体植物、过表达转基因植物），然后应用代谢组学的研究手段对不同基因型植物的代谢产物进行比较和鉴别。③不同生态型（ecotype）植物的代谢组学研究。这类研究的研究对象一般选择不同生态环境下的同种植物，研究植物生长环境对代谢物产生的影响。④受外界胁迫后的植物对胁迫的应答，如植物在干旱胁迫后 ABA 和脯氨酸含量的积累等。

植物能合成数十万种低分子质量的次生代谢产物，目前已发现的次生代谢产物约 80% 来自植物，它们包含多种功能组分，可用作药物（如青蒿素、紫杉醇、三朝皂苷等）、杀虫剂、染料、香精香料等。然而植物细胞巨大的合成能力并没有被很好利用，很多具有重要功能的次生代谢产物含量依然很低，如我国科学家首先从青蒿中分离得到的对脑疟等恶性疟疾有突出疗效的青蒿素，在青蒿植株中的含量低于 1%，远低于人们的期望值。到目前为止，生物合成相关的功能基因组图还未完成，植物的次生代谢网络对突破植物或植物细胞培养低产率的瓶颈十分重要。我国科学家开展了青蒿中萜类物质的代谢途径研究，建立了基于全二维气相色谱-飞行时间质谱（GC×GC-TOFMS）联用技术的青蒿挥发油分离分析方法，并对青蒿中挥发油的主要成分进行分析。结果表明青蒿中挥发油的主要成分由烷烃、单萜、单萜含氧衍生物、倍半萜、倍半萜含氧衍生物 5 种代谢物组成。用全二维气相色谱-飞行时间质谱联用技术可以从青蒿挥发油中鉴定出 300 多个化合物，并鉴定出了青蒿素代谢途径中的重要中间产物。

（二）动物及医学领域

在动物新陈代谢研究领域中，同位素示踪法应用最为普遍。早期生理学家利用同位素 ^{14}C 标记葡萄糖，并以此为饲料喂养小鼠，之后分别注射胰岛素或者胰高血糖素，通过追踪葡萄糖的去向，检测小鼠肝中的放射性，以此验证了动物体内血糖的调节机制。除此之外，稳定同位素 ^{15}N 也被广泛应用于研究蛋白质在动物体内的代谢规律。例如，Dhimen 等（1992）用 ^{15}N 研究了体内的尿素循环。因此，同位素示踪法也成为动物代谢研究领域的重要方法之一。

由于机体的病理变化，代谢产物也会产生相应的变化。对这些由疾病引起的代谢产物的响应进行分析，即代谢组学分析，能够帮助人们更好地理解病变过程及机体内物质的代谢途径，还有助于疾病的生物标记物的发现和辅助临床诊断，例如，循环系统疾病诊断、消化系统疾病诊断、泌尿系统疾病诊断、内分泌系统疾病诊断、肿瘤的诊断，此外代谢组学技术还应用于免疫性疾病研究中。例如，糖尿病主要是由机体内血糖代谢失常引起的一种代谢性疾病，因其潜伏期长、病情一旦发生不可逆转等特点而维持着较高的致死率，所以早期诊断和筛查在此类预防中显得十分重要。近年在糖尿病研究中引入代谢组学研究方法后，糖尿病早期特征代谢产物研究及药物筛选研究都取得了十分重要的进展。

（三）微生物领域

在自然界中，微生物对于维持生态环境的平衡发挥着重要角色。生物固氮是根际生物沟通交流的典型特征之一，是固氮微生物将大气中的氮还原成氨的过程。在研究生物固氮过程中，科学家采用同位素（^{15}N）示踪法，确定了 NH_3 是生物固氮的产物，从而否定了通过羟胺中间产物固定氮元素的传统观点。除此之外，由于微生物是次级代谢产物的重要资源库，因此研究次级代谢产物的生物合成也是目前微生物代谢领域研究的热点之一。以聚酮化合物为例，可通过同位素 ^{14}C 标记丙二酰辅酶 A，并追踪标记 ^{14}C 原子的去向，以此解析聚酮化合物的生物合成机制，因此同位素示踪法也成为合成生物学常用的关键技术。

微生物的合成能力和代谢产物丰富多样，更主要的是微生物具有简单的结构、易于体外培养，进行各种改造也比较容易。随着代谢组学研究技术的发展，代谢组学研究在微生物学中的应用越来越广泛。例如，代谢组学在微生物分类和新的代谢产物鉴定中的应用。传统的微生物分类方法主要是根据微生物形态结构特征及 16S rDNA 基因型序列分析等，然而某些菌株按照形态结构特征与基因型两种方法分类会得出不同的结果，无法准确进行分类。代谢组分析方法在微生物分类中具有传统分类法所不具备的优势，代谢组分析可以通过 GC-MS 技术和 HPLC-MS 技术检测微生物的胞外代谢物，从而快速精准地对微生物进行分类。

根际微环境在植物与微生物相互作用中发挥着重要作用。因此，研究根际微环境对深入了解植物与微生物的相互作用及微环境对植物生长的影响具有重要作用。传统研究方法都是基于宏基因组学，而宏基因组学对于了解具体的代谢产物，特别是微量代谢产物时具有很大局限性。利用根际代谢物组研究方法，可以了解不同植物根际代谢物的具体组成。研究人员采用 HPLC-MS 法分离鉴定拟南芥根际代谢物，发现野生型拟南芥根际次生代谢物中 84% 以上均为苯丙素类化合物。植物根际分泌的苯丙素类化合物等次生代谢产物可促进降解菌的繁衍增殖，从而促进污染物降解。

目前，代谢组学方法在环境微生物领域也有广泛应用。环境微生物对污染物的代谢调控网络包括微生物对细胞内代谢物的利用及微生物对细胞外污染物的降解。研究环境微生物细胞内外代谢途径的相互作用与影响，对于阐释代谢物动力学过程及微生物降解机制、分析和评价微生物在各种污染物的生物修复中的潜力都具有重要作用。

知识拓展

人体新陈代谢的发现

在科学史上有一位无法忽略的人物，他就是出生于 1561 年的圣托里奥（Santorio）。作为威尼斯的一名生理学家、内科医生和实验主义者，圣托里奥开创性地将定量研究方法引入医学。

当时存在一种理论，人体会产生一种没法感觉的汗液。这种理论现在看来是荒谬的，不过那时候人们却深信不疑。圣托里奥的伟大之处在于，他觉得此理论如果为真，那就可以在实践中得到证明。因此他着手开展了堪称疯狂的试验——记录所有日常生活行为后的体重变化，为此，他把生活必需的工作台、椅子、床等生活用品，连同自己，统统搬上巨大的秤盘，然后随时记录重量的变化。当然，秤盘上的这些物质，除了他的体重，别的数值不会发生变化。之所以称为疯狂的实验，是因为他在秤盘上的生活不是一天两天，而是持续了整整 30 年。在这 30 年里，他每日摄取的食物、水分和每日排便的重量都完整记录下来。最后这些数据和研究成果发表在他著名的著作《静态医学术》中。圣托里奥发现，他每天摄入的食物、水分重量有 8 磅（1 磅≈0.45kg），而排泄物重量只有 3 磅，这个差别远远超过当时人们的想象。经过进一步研究，发现失去的体重不少是作为有形的汗水蒸发了（包括呼出气体中的水蒸气）。囿于时代的限制，圣托里奥不明白"失去的重量"还包括人体生存和行为所需要的能量，以及散发的热量也来源于食物，而这些都无法用秤盘称量。

总之，圣托里奥本为发现一个不存在的物质，意外发现了人体新陈代谢的部分奥妙。更可贵的是，他用科学实证来获得新知的方式对后来者影响力巨大，定量研究方法也成了最有说服力的科学方法之一。

 思考题

1. 什么叫新陈代谢？新陈代谢分为哪些类型？请阐述其生物学意义。
2. 请阐述分解代谢和合成代谢的基本类型及相互关系。
3. 代谢研究方法有哪些？代谢组学研究的技术方法又有哪些？
4. 请比较不同代谢组学研究技术的优缺点。
5. 代谢组学与其他组学联合研究的意义是？

第十章　糖　代　谢

第一节　糖　的　分　解

一、多糖和寡糖的降解

（一）多糖的降解

1. 淀粉的降解　　有两种方式：水解和磷酸解。降解的产物也因降解方式不同而异。

（1）淀粉水解　　淀粉水解主要由淀粉酶（amylase）催化 α-1,4-糖苷键及 α-1,6-糖苷键而发生水解。淀粉酶主要包括 α-淀粉酶、β-淀粉酶及脱支酶（R-酶）。α-淀粉酶属于内切淀粉酶（endo amylase），对距淀粉链非还原末端第 5 个以后的糖苷键的作用受到抑制，且不能水解 α-1,6-糖苷键及含有 α-1,6-糖苷键分支的聚合物。β-淀粉酶是外切酶，从淀粉分子的非还原性末端水解 α-1,4-糖苷键。该酶每间隔一个糖苷键进行水解，因此产物是麦芽糖。β-淀粉酶也不能水解 α-1,6-糖苷键。在 α-淀粉酶和 β-淀粉酶作用后生成的水解产物称为极限糊精，其中含有不能被水解的 α-1,6-糖苷键。脱支酶可以水解支链淀粉的 α-1,6-糖苷键，但只能水解支链淀粉的外围分支，而对支链淀粉内部的分支不起作用。

（2）淀粉磷酸解　　淀粉磷酸化酶能够催化淀粉发生磷酸解，从非还原末端依次对 α-1,4-糖苷键进行磷酸解，每次释放 1 分子的葡糖-1-磷酸。葡糖-1-磷酸不能扩散到细胞外，并且可进一步在磷酸葡糖变位酶的催化下转化为葡糖-6-磷酸。

2. 糖原的降解　　糖原的降解是通过磷酸解的方式进行，需要 3 种酶，包括糖原磷酸化酶、糖原脱支酶和磷酸葡糖变位酶。糖原磷酸化酶催化糖原的磷酸解反应，是糖原降解过程的关键酶。糖原磷酸化酶主要存在于动物的肝和骨骼肌中，通过分解糖原直接补充血糖。该酶从非还原末端开始磷酸解，产物为葡糖-1-磷酸（图 10-1）。

糖原磷酸化酶切至距离分支点 4 个葡萄糖残基时停止，剩余的部分还需要糖原脱支酶的参

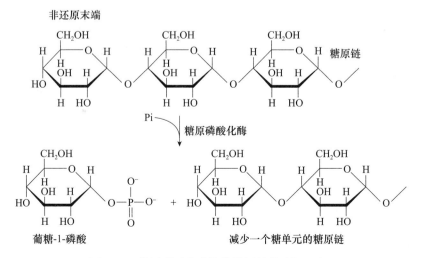

图 10-1　糖原磷酸化酶催化糖原的磷酸解反应

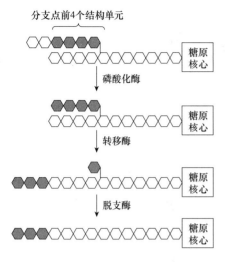

分支点前4个结构单元

糖原核心

↓磷酸化酶

糖原核心

↓转移酶

糖原核心

↓脱支酶

糖原核心

图 10-2 糖原的降解步骤

与。糖原脱支酶具有两种催化功能，其酶蛋白具有两个活性部位：一个部位具有糖基转移酶活性，催化糖原磷酸化酶作用后，切下分支点 3 个葡萄糖残基转移到另一链上；另一个部位是脱支酶活性，催化剩余的 1 个葡萄糖残基的 α-1,6-糖苷键的水解（图 10-2）。糖原分解的直接产物葡糖-1-磷酸可在磷酸葡糖变位酶的催化下转变为葡糖-6-磷酸。

在肝细胞、肾细胞和肠细胞中还含有葡糖-6-磷酸酶，该酶能催化葡糖-6-磷酸转变为葡萄糖，对于维持血糖的稳定有重要意义，但脑和肌肉组织中没有该酶。人体内糖原的贮存或消耗是一个受控制的过程，由于先天的基因缺陷，缺乏相关酶可导致糖原的不正常分解代谢，表现为糖原蓄积症，如低血糖、肝大、酮中毒等。

3. 纤维素的降解　天然的纤维素在无机酸的水解下生成葡萄糖，而纤维素在生物体内的降解是在纤维素酶的催化下进行的。哺乳动物体内不含纤维素酶，不能水解纤维素中连接葡萄糖单元的 β-糖苷键，因此不能以纤维素作为碳源。自然界中的一些微生物如青霉菌、放线菌、枯草杆菌及一些真菌能合成和分泌纤维素酶，因此可以利用纤维素作为碳源。食草的反刍动物能够以纤维素作为碳源主要是由于其瘤胃中的共生细菌可以产生纤维素酶。

纤维素酶可由细菌、放线菌和真菌等微生物产生，其中细菌产生的纤维素酶可分布在细胞表面，真菌和放线菌产生的纤维素酶是胞外酶，会分泌到细胞外发挥作用。实际上，纤维素酶是多种作用于纤维素的酶的总称，它是多功能酶，主要包括 C_1 酶、C_X 酶和 β-葡糖苷酶。C_1 酶是纤维素内切酶，主要作用是从内部水解纤维素的 β-糖苷键，产物是带有自由羟基末端的 β-葡聚糖片段。C_X 酶是纤维素外切酶，主要作用是从纤维素分子末端水解，产物是纤维二糖。以上两种酶在自然界中都存在多种同工酶，同一种微生物能分泌多种 C_1 和 C_X 同工酶。β-葡糖苷酶的作用是能够将纤维二糖等低分子质量的寡糖水解成葡萄糖。

（二）寡糖的降解

1. 蔗糖的降解　蔗糖的水解主要通过两种酶催化，分别是蔗糖合酶（sucrose synthase）和蔗糖酶（sucrase）。蔗糖合酶催化蔗糖与 UDP 反应生成果糖和尿苷二磷酸葡糖（UDPG），该反应的逆过程就是蔗糖合成反应。

$$蔗糖 + UDP \longrightarrow UDPG + 果糖$$

蔗糖酶也称转化酶（invertase），在植物体内广泛存在。蔗糖酶可催化蔗糖水解生成葡萄糖和果糖。

$$蔗糖 + H_2O \longrightarrow 葡萄糖 + 果糖$$

2. 乳糖的降解

乳糖在消化道内由乳糖酶催化分解。生成半乳糖和葡萄糖进入血液循环进一步分解代谢。婴儿都能够消化乳糖，但成年人中，部分人体内缺少乳糖酶，因此不能消化乳糖，称为乳糖不耐受症。由于乳糖在肠道内不能正常消化，该症患者往往在进食含乳糖的食物后出现腹胀、腹痛、恶心和腹泻等症状。

$$乳糖 + H_2O \longrightarrow 葡萄糖 + 半乳糖$$

二、糖酵解

糖酵解是一个在细胞质完成的可将葡萄糖分解成丙酮酸并伴随 ATP 生成的代谢途径，由多位科学家前后花费了 40 多年时间才于 1940 年得以阐明，因此以突出贡献的科学家 Embden、Meyerhof 和 Parnas 的姓氏首字母命名，简称为 EMP 途径。

（一）反应过程

从葡萄糖开始到丙酮酸结束，糖酵解共包括 10 步反应，根据能量代谢的特点划分为 3 个阶段：第 1 阶段称为己糖磷酸化阶段，包括前 3 个步骤，由葡萄糖经过磷酸化生成为果糖-1,6-二磷酸为止，共消耗 2 分子 ATP；第 2 阶段称为键的断裂阶段，包括第 4 个步骤，通过把六碳糖分解为三碳糖完成实质意义的分解反应；第 3 阶段为丙酮酸生成阶段，通过最后的 6 个步骤把三碳糖向终产物丙酮酸转化。同时，通过甘油醛-3-磷酸氧化脱氢并释放能量，形成 ATP，因此，也称为产能阶段。

1. 己糖磷酸化阶段

第 1 步：葡萄糖磷酸化生成葡糖-6-磷酸。该反应在己糖激酶催化作用下，葡萄糖被 ATP 磷酸化形成葡糖-6-磷酸。与其他激酶一样，己糖激酶是在镁离子的参与下催化 ATP 的磷酸基团转移到己糖分子上，该酶是糖酵解过程中的第一个调节酶，产物葡糖-6-磷酸能够对该酶的活性产生别构抑制。此外，该步反应是 EMP 第 1 个磷酸化反应，因为 $\Delta G^{0'}$ 是一个较大的负值，所以反应不可逆，可称为限速反应，己糖激酶可称为限速酶。

第 2 步：葡糖-6-磷酸异构化生成果糖-6-磷酸。该反应由磷酸己糖异构酶催化葡糖-6-磷酸转变为果糖-6-磷酸，是醛糖与酮糖间的异构化反应，属于可逆反应。

第 3 步：果糖-6-磷酸磷酸化生成果糖-1,6-二磷酸。该反应由磷酸果糖激酶-1（phospho-fructokinase-1，PFK-1）催化，果糖-6-磷酸被 ATP 磷酸化为果糖-1,6-二磷酸，这是糖酵解途径中的第 2 个磷酸化反应。该反应也不可逆，是 EMP 的第二个限速步骤，因此 PFK-1 是 EMP 的第二个限速酶。

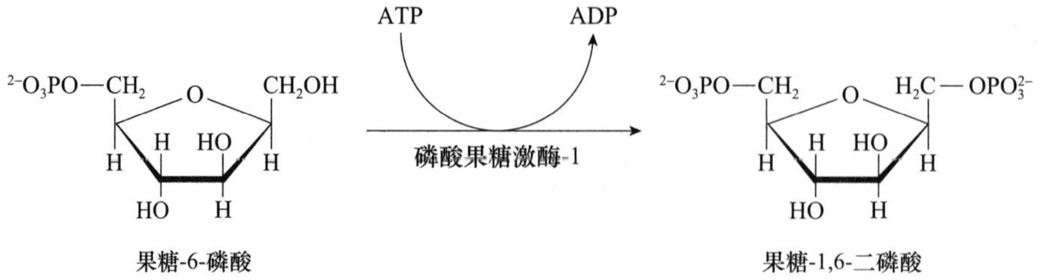

果糖-6-磷酸　　　　　　　　　　　　　　　果糖-1,6-二磷酸

PFK-1 是别构调节酶，其活性受多种代谢物调节。ATP 和柠檬酸是 PFK-1 的变构抑制剂，NADH 和脂肪酸也对 PFK-1 有抑制作用。此外，PFK-1 还受除果糖-1,6-二磷酸之外的另一种二磷酸果糖，即果糖-2,6-二磷酸的激活，这一激活作用对于 EMP 的调控非常重要。

2. 键的断裂阶段

第 4 步：果糖-1,6-二磷酸的裂解。该反应在醛缩酶的催化作用下，果糖-1,6-二磷酸裂解生成 2 个三碳产物：甘油醛-3-磷酸和磷酸二羟丙酮，完成了实质意义的降解。

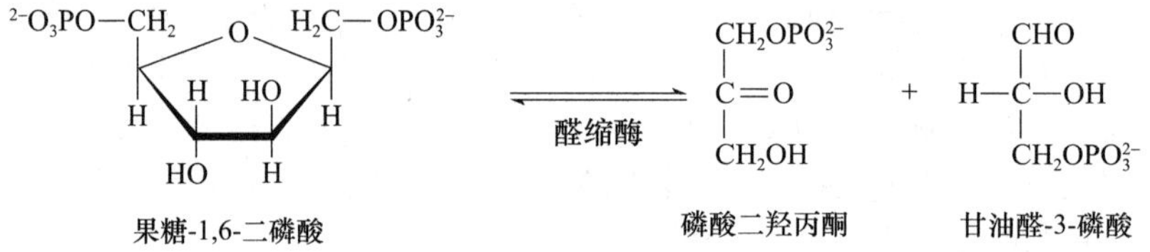

果糖-1,6-二磷酸　　　　　　　　　　磷酸二羟丙酮　　　甘油醛-3-磷酸

醛缩酶催化的反应是可逆的，既可以催化醛醇缩合反应，又可以催化其逆向的裂解反应。此步反应的 $\Delta G^{0'}$ 为 23.8kJ/mol，因此在热力学上有利于缩合反应方向。但在正常生理条件下，该反应却向裂解方向进行，主要是由于反应产物甘油醛-3-磷酸在接下来的步骤中不断被氧化消耗，导致细胞中甘油醛-3-磷酸浓度低，因此有利于反应向裂解方向进行。

3. 丙酮酸生成阶段

第 5 步：磷酸二羟丙酮异构化。该反应在磷酸丙糖异构酶催化下磷酸二羟丙酮和甘油醛-3-磷酸之间发生了相互转化。从热力学角度来看该反应有利于向磷酸二羟丙酮生成的方向进行，但由于甘油醛-3-磷酸直接进入糖酵解的后续反应而不断被消耗，因此反应易向生成甘油醛-3-磷酸的方向进行。

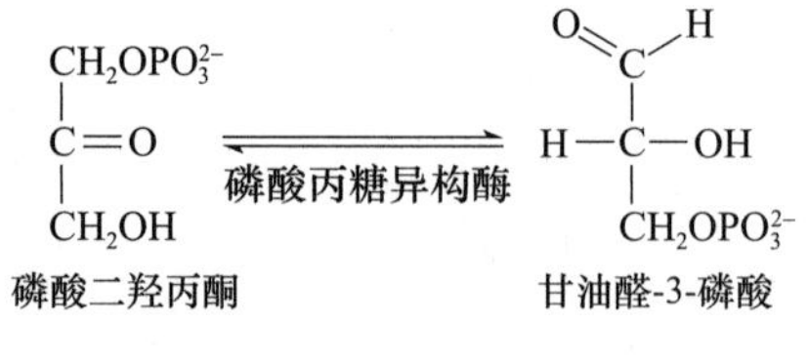

磷酸二羟丙酮　　　　　　　　　　甘油醛-3-磷酸

第 6 步：甘油醛-3-磷酸氧化生成甘油酸-1,3-二磷酸。该反应由磷酸甘油醛脱氢酶催化，是 EMP 的第一个氧化反应，同时也是磷酸化反应。酯酰磷酸化不利于热力学反应，$\Delta G^{0'}$ 为 49.5kJ/mol，但由于与氧化放能反应偶联，氧化反应释放的能量促进了磷酸化反应。磷酸化反应吸收的能量贮于甘油酸-1,3-二磷酸的高能磷酸键中，为后续 ATP 的生成贮存能量。

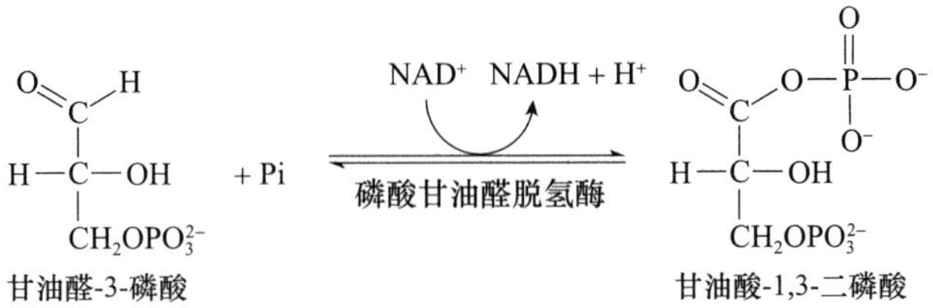

甘油醛-3-磷酸 甘油酸-1,3-二磷酸

第 7 步：甘油酸-1,3-二磷酸生成甘油酸-3-磷酸。该步反应在磷酸甘油酸激酶催化作用下把甘油酸-1,3-二磷酸的高能磷酸基团转移给 ADP，生成甘油酸-3-磷酸和 ATP。这是 EMP 中第一次生成 ATP 的反应。这种 ATP 中高能磷酸键产生的方式是由其他磷酸化合物将磷酸基团直接转移给 ADP 形成 ATP 的过程，称为底物水平磷酸化。

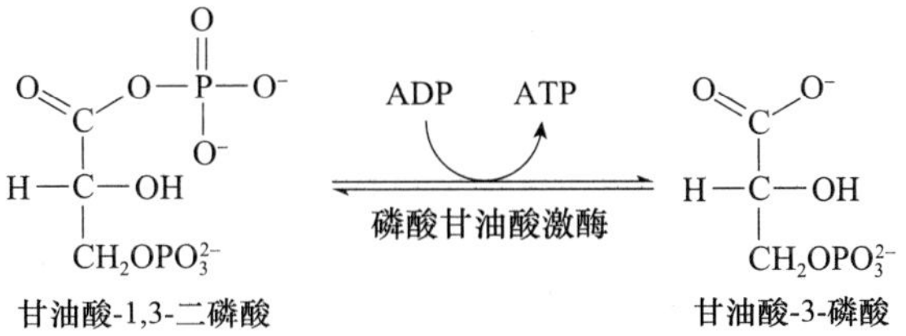

甘油酸-1,3-二磷酸 甘油酸-3-磷酸

第 8 步：磷酸甘油酸的变位反应。该反应由磷酸甘油酸变位酶催化，甘油酸-3-磷酸 C_3 上的磷酸基团转移到分子内的 C_2 原子上，生成甘油酸-2-磷酸，属于变位酶催化的分子内的重排反应，是分子内磷酸基团位置的变换。

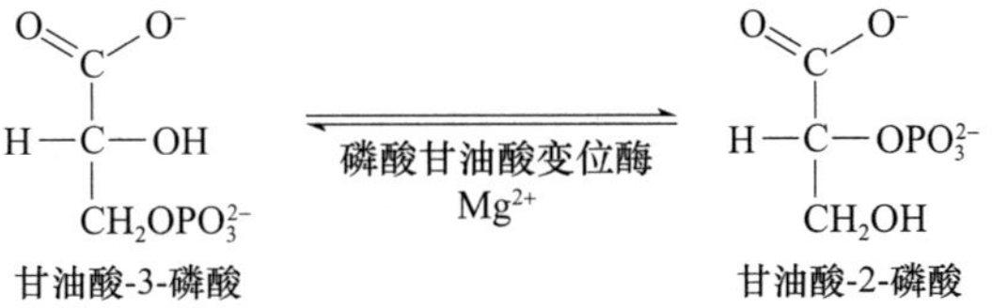

甘油酸-3-磷酸 甘油酸-2-磷酸

第 9 步：甘油酸-2-磷酸脱水生成磷酸烯醇丙酮酸（phosphoenolpyruvate，PEP）。该反应在烯醇化酶的催化作用下完成，使分子内能重新分布，C_2 上的磷脂键转变为高能的磷酰烯醇键，生成的磷酸烯醇丙酮酸是高能磷酸化合物，显著提高了磷酰基团的转移势能。

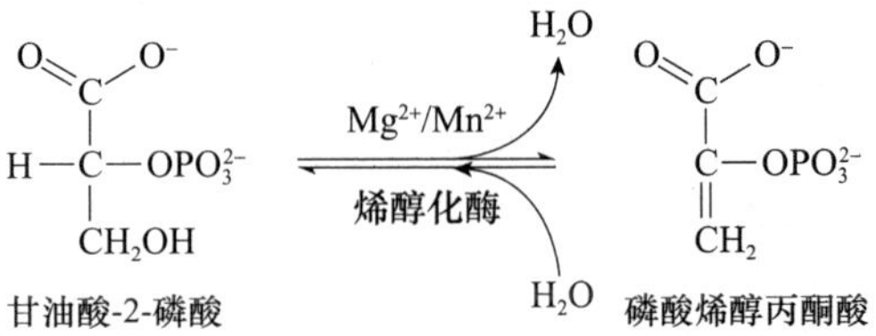

甘油酸-2-磷酸 磷酸烯醇丙酮酸

第 10 步：磷酸烯醇丙酮酸生成丙酮酸。这是由葡萄糖形成丙酮酸的最后一步反应，催化此反应的酶称为丙酮酸激酶。磷酸烯醇丙酮酸的磷酸基团转移给 ADP，生成烯醇丙酮酸和 ATP。不稳定的烯醇丙酮酸迅速发生分子重排反应，生成稳定的丙酮酸。

$$\begin{array}{ccc}
\underset{\text{磷酸烯醇丙酮酸}}{\overset{\displaystyle O \diagdown \!\!\!\diagup O^-}{\overset{\displaystyle |}{\underset{\displaystyle |}{\underset{\displaystyle CH_2}{C-OPO_3^{2-}}}}}} & \overset{\text{ADP} \quad \text{ATP}}{\underset{\overset{\text{丙酮酸激酶}}{Mg^{2+}/K^+}}{\longrightarrow}} & \underset{\text{烯醇丙酮酸}}{\overset{\displaystyle O \diagdown \!\!\!\diagup O^-}{\overset{\displaystyle |}{\underset{\displaystyle |}{\underset{\displaystyle CH_2}{C-OH}}}}} & \overset{\text{非酶催化}}{\longrightarrow} & \underset{\text{丙酮酸}}{\overset{\displaystyle O \diagdown \!\!\!\diagup O^-}{\overset{\displaystyle |}{\underset{\displaystyle |}{\underset{\displaystyle CH_3}{C=O}}}}}
\end{array}$$

此反应的 $\Delta G^{0'}$ 为 $-31.4kJ/mol$，属于不可逆反应，即限速反应。这是 EMP 中第二次生成 ATP 的反应，也是第二次以底物水平磷酸化方式生成的 ATP。丙酮酸激酶的催化活性需要二价阳离子的参与，如镁或锰离子。该酶也是 EMP 的一个重要变构调节酶，总反应可表示为：

$$\text{葡萄糖} + 2ADP + 2Pi + 2NAD^+ \longrightarrow 2\,\text{丙酮酸} + 2ATP + 2NADH + 2H^+ + 2H_2O$$

（二）丙酮酸的去路

丙酮酸是 EMP 的代谢终产物，但不同条件下，丙酮酸会有不同的去路。

1. 有氧条件下丙酮酸形成乙酰 CoA　　在有氧条件下，丙酮酸可进入线粒体，在丙酮酸脱氢酶系的催化下，脱羧形成乙酰 CoA。乙酰 CoA 进入柠檬酸循环，被彻底氧化生成 CO_2 和 H_2O。

2. 无氧条件下丙酮酸形成乳酸或乙醇

（1）丙酮酸形成乳酸的反应　　该反应由乳酸脱氢酶催化，以 NADH 为辅酶，催化丙酮酸被还原为乳酸。该反应消耗一分子 NADH，在 EMP 中甘油醛-3-磷酸氧化生成一分子 NADH，二者相互抵消。

$$\underset{\text{丙酮酸}}{\overset{\displaystyle O \diagdown \!\!\!\diagup O^-}{\overset{\displaystyle |}{\underset{\displaystyle |}{\underset{\displaystyle CH_3}{C=O}}}}} \quad \underset{\text{乳酸脱氢酶}}{\overset{\text{NADH + H}^+ \quad \text{NAD}^+}{\rightleftharpoons}} \quad \underset{\text{L-乳酸}}{\overset{\displaystyle O \diagdown \!\!\!\diagup OH}{\overset{\displaystyle |}{\underset{\displaystyle |}{\underset{\displaystyle CH_3}{\underset{}{HO-C-H}}}}}}$$

葡萄糖转变为乳酸的总反应为：

$$\text{葡萄糖} + 2Pi + 2ADP \longrightarrow 2\,\text{乳酸} + 2ATP + 2H_2O$$

由葡萄糖转变为乳酸的过程称为乳酸发酵。动物、植物及微生物都可进行乳酸发酵。乳酸发酵可用于生产奶酪、酸奶、食用泡菜等，如食用泡菜的腌制就是乳酸杆菌大量繁殖，产生乳酸积累导致酸性增强而抑制了其他细菌的生长。在人和动物体内一些缺乏血管和线粒体的组织细胞中（如红细胞、晶状体、角膜和睾丸等），丙酮酸代谢的主要产物就是乳酸。在骨骼肌细胞中，运动对 ATP 的需求致使 EMP 产生大量 NADH。当 NADH 超出线粒体呼吸链的氧化能力时，就会导致 $NADH/NAD^+$ 的比值升高，有利于丙酮酸还原为乳酸。因此，在剧烈运动时，乳酸会在骨骼肌中累积，形成乳酸堆积。大部分乳酸会通过血液运输进入肝，在肝乳酸脱氢酶的催化下变回丙酮酸，而后转变为葡萄糖，这一过程称为科里循环（Cori cycle）（图 10-3）。

在正常生理条件下，通过科里循环，乳酸能够被有效回收和利用，因此血浆中乳酸的浓度会维持在稳定的水平。由于乳酸在很多组织中不能被重新利用，因此被作为代谢"废物"排入血液中，运输至肝进行解毒和重新利用。但事实上，乳酸在体内大有用武之地。2017 年 *Cell* 杂志发表的文章证实一些肿瘤细胞会自主摄取乳酸作为能源物质，如人非小细胞肺癌中，乳酸是 TCA 循环燃料的主要来源，而非葡萄糖。近几年的研究显示，人体除大脑以外的很多细胞（包括肿瘤细胞）都非常"喜爱"乳酸

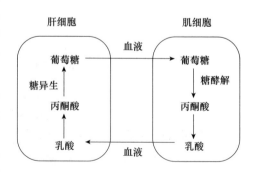

图 10-3　科里循环过程示意图

碳源。在生理浓度下，葡萄糖对这些细胞的供能主要是间接的，是通过转变为乳酸来实现。

（2）丙酮酸形成乙醇的反应 该步反应由丙酮酸脱羧酶催化，丙酮酸首先脱羧变成乙醛，乙醛继而在乙醇脱氢酶催化下被 NADH 还原形成乙醇。由葡萄糖转变为乙醇的过程称为乙醇发酵，乙醇发酵存在于酵母和某些微生物细菌中，利用这一过程可进行酿酒。

葡萄糖转变为乙醇的总反应为：

$$葡萄糖+2Pi+2ADP+2H \longrightarrow 2\ 乙醇+2CO_2+2ATP+2\ H_2O$$

（三）产能计算

EMP 的 2 个阶段先是耗能，再是产能。在第 1 阶段，葡萄糖经过两步磷酸化形成果糖-1,6-二磷酸，该阶段在葡萄糖磷酸化和果糖-6-磷酸磷酸化的反应中共消耗 2 分子 ATP。在第 3 阶段，甘油酸-1,3-二磷酸及磷酸烯醇丙酮酸反应中各生成 2 分子 ATP，共增加了 4 分子 ATP。减去在第 1 阶段消耗的 2 分子 ATP，所以 1 分子葡萄糖酵解变为 2 分子丙酮酸的反应净增加 2 分子 ATP。第 6 步反应中生成了 2 分子 NADH，若进入有氧的彻底氧化途径可产生 5 分子 ATP。但动物的某些组织如脑组织或骨骼肌中，细胞质中产生的 NADH 需要经过磷酸甘油穿梭系统才能进入线粒体，由于进入线粒体后是由 FAD 作为质子受体，所以只产生 3 分子 ATP。因此，2 分子 NADH 彻底氧化可产生 ATP 的分子数为 5 或 3 个。如果从糖原分解开始计算，糖原经磷酸解和变位反应后在不消耗 ATP 的情况下变为葡糖-6-磷酸，所以相当于每分子葡萄糖经 EMP 可净产生 3 分子 ATP 和 2 分子 NADH。

（四）生理意义

EMP 是葡萄糖进行有氧或无氧分解的共同代谢途径，使生物体获得生命活动所需的部分能量。该过程在无氧及有氧条件下都能进行，当生物体在相对缺氧（如高原氧气稀薄）或氧的供应不足（如激烈运动）时，EMP 是糖分解的主要形式，也是获得能量的主要方式。在供氧不足的生物体肌肉组织中，EMP 经无氧氧化产生的丙酮酸转变为乳酸的过程与某些厌氧微生物如某些细菌或酵母将葡萄糖氧化为乙醇的发酵过程基本相同。无氧条件下生成的乳酸也可作为能源的输出方式，转运到其他组织中再变回丙酮酸，在有氧的条件下再进行彻底氧化分解。此外，EMP 形成的许多中间产物可作为合成其他物质的原料。例如，磷酸二羟丙酮可转变为甘油，丙酮酸可转变为丙氨酸或乙酰 CoA（脂肪酸合成的原料），这样就使 EMP 与蛋白质代谢及脂肪代谢途径联系起来，实现了物质间的相互转化。

（五）调控

1. 对己糖激酶的调控 己糖激酶是 EMP 中的第一个调节酶，催化 EMP 第一步磷酸化反应。磷酸基团的转移是生物化学基本反应之一，能释放大量的自由能，$\Delta G^{0'}$ 为 $-16.7kJ/mol$，所以是不可逆的。反应的产物葡糖-6-磷酸对己糖激酶可产生变构抑制。当 EMP 后面的反应被抑制时就会导致果糖-6-磷酸积累，从而使葡糖-6-磷酸的浓度也相应升高，进而抑制己糖激酶使其活性下降，从而实现对 EMP 的抑制。当细胞处于能量过剩的状态时，能荷状态或柠檬酸水平就会升高，进而导致葡糖-6-磷酸浓度升高，己糖激酶的活性受到抑制，EMP 速度下降。

2. 对磷酸果糖激酶-1（PFK-1）的调控　　PFK-1 是 EMP 最重要的调节酶，也是 EMP 的限速酶。由于该酶在三个调节酶中催化效率最低，所以 EMP 的速度主要取决于该酶的活性。此步反应的 $\Delta G^{0'}$ 为 $-16.7kJ/mol$，也是不可逆反应。PFK 是一个四聚体别构酶，活性受多种代谢物调节。高浓度 ATP、NADH、脂肪酸、柠檬酸可抑制该酶活性；而高浓度 AMP、ADP、低浓度脂肪酸可激活该酶；此外，果糖-2,6-二磷酸是该酶的强烈激活剂。

（1）PFK-1 受 ATP 和 AMP 的别构调节　　在 PFK-1 的每一个亚基上存在 2 个 ATP 结合位点：一个是底物位点，另一个是调节位点。ATP 既是该酶作用的底物，又是别构抑制剂。AMP、ADP 和果糖-2,6-二磷酸能够阻止 ATP 的抑制作用，是该酶的激活剂。当 ATP 浓度升高时，与酶的调节位点结合，使酶发生别构作用，导致酶对底物果糖-6-磷酸的亲和力降低，从而抑制酶的活性。当 AMP、ADP 浓度升高时，AMP 能够优先结合在 PFK-1 上，阻止 ATP 对酶的变构作用。ADP 可在腺苷酸激酶的催化下与 ATP 和 AMP 相互转变，维持这 3 种物质在体内的浓度比。

（2）PFK-1 受柠檬酸的别构抑制　　柠檬酸是柠檬酸循环的第一个中间产物，是丙酮酸氧化脱羧生成乙酰 CoA 后，再与草酰乙酸结合的产物。柠檬酸的消耗与细胞的能量状态直接相关，当细胞对能量需求降低时柠檬酸就会累积，高浓度的柠檬酸与 PFK-1 的变构中心结合，使酶构象改变而失活，从而对糖酵解途径产生抑制。

（3）PFK-1 受果糖-2,6-二磷酸的强烈激活　　磷酸果糖激酶-2（PFK-2）能够催化果糖-6-磷酸磷酸化，生成果糖-2,6-二磷酸。果糖-2,6-二磷酸并不是糖酵解或糖异生途径的中间产物，但作为调节物可作用于 EMP 和糖异生。果糖-2,6-二磷酸是 PFK-1 的变构激活剂，可促进果糖-1,6-二磷酸的合成。当血液中葡萄糖浓度低时，导致果糖-2,6-二磷酸的浓度降低，PFK-1 缺乏激活剂，从而抑制了糖酵解途径。相反，当血液中葡萄糖浓度高时可导致果糖-2,6-二磷酸的浓度升高，从而促进 EMP。

3. 对丙酮酸激酶的调控　　丙酮酸激酶也是 EMP 的调节酶。此步反应的 $\Delta G^{0'}$ 为 $-31.4kJ/mol$，是不可逆的。高浓度 ATP 及乙酰 CoA 等代谢物能够抑制丙酮酸激酶活性，即产物对反应本身的反馈抑制。当 ATP 的生成量超过细胞自身需要时，通过丙酮酸激酶的别构抑制来降低 EMP 的速度。

三、三羧酸循环

三羧酸循环（tricarboxylic acid cycle，TCA 循环），也称柠檬酸循环，是把丙酮酸最后转变成 3 分子 CO_2 的代谢途径。

（一）丙酮酸的氧化脱羧

在有氧条件下，糖的有氧分解实际上是丙酮酸在有氧条件下的彻底氧化过程。丙酮酸彻底氧化可分为 2 个阶段：丙酮酸氧化脱羧生成乙酰 CoA 和乙酰 CoA 的乙酰基部分经过 TCA 循环被彻底氧化。由于生成丙酮酸的 EMP 在胞质中进行，而 TCA 循环所用到的丙酮酸脱氢酶系和柠檬酸循环过程中的反应都位于线粒体，所以胞质中产生的丙酮酸需要进入线粒体基质。丙酮酸进入线粒体是通过线粒体外膜上的通道和内膜上的丙酮酸易位酶来完成的。

1. 丙酮酸氧化脱羧生成乙酰 CoA　　丙酮酸的氧化脱羧是 EMP 产物丙酮酸在有氧条件下，由丙酮酸脱氢酶复合体（pyruvate dehydrogenase complex）催化生成乙酰 CoA 的反应。从反应类型上看，既是脱氢反应，同时又是脱羧反应，故称为氧化脱羧。该反应不可逆，是连接糖酵解与 TCA 循环的重要环节。

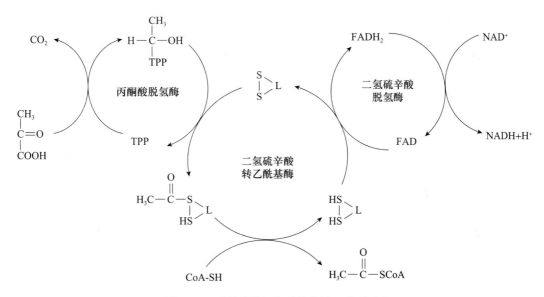

催化这一反应的酶是丙酮酸脱氢酶系，该酶系是一个结构复杂的多酶复合体，由丙酮酸脱氢酶（E_1）、二氢硫辛酸转乙酰基酶（E_2）和二氢硫辛酸脱氢酶（E_3）3 种酶组成。除酶蛋白之外，还包含多种辅助因子，包括硫胺素焦磷酸（TPP）、硫辛酸、CoA-SH、FAD 和 NAD^+ 等。其中 TPP 是 E_1 的辅基，硫辛酸是 E_2 的辅助因子，FAD 是 E_3 的辅助因子（图 10-4）。

图 10-4　丙酮酸脱氢酶系催化的一系列反应

在丙酮酸脱氢酶系的催化下，丙酮酸的氧化脱羧过程可以分为以下几个步骤。

第 1 步：由 E_1 催化丙酮酸与 TPP 连接并脱羧，生成羟乙基-TPP，而后羟乙基氧化为乙酰基并转移给 E_2 的硫辛酰胺，TPP-E_1 回复原来的状态。此过程中的脱羧反应是不可逆的。

第 2 步：由 E_2 催化乙酰基转移至 CoA 的巯基生成乙酰 CoA，此时的硫辛酸是还原态。

第 3 步：在 E_3 催化下二氢硫辛酸将氢传递给 FAD 生成 $FADH_2$，同时分子本身被氧化成二氢硫辛酸转乙酰基酶。$FADH_2$ 再将氢传递至 NAD^+，生成 NADH，E_3 再生为氧化态。

2. 丙酮酸氧化脱羧反应的调节　　在有氧条件下，丙酮酸的氧化脱羧反应决定了丙酮酸可进入有氧氧化途径。由丙酮酸氧化脱羧生成的乙酰 CoA 能够进入 TCA 循环进行彻底氧化分解，而 $NADH+H^+$ 则通过电子传递链，偶联 ATP 的生成。因此，催化该反应的丙酮酸脱氢酶系受到能量水平与代谢物水平的双重调节，其调节机制包括别构调节和共价调节。

（1）NADH 和乙酰 CoA 的别构调节　　丙酮酸氧化脱羧的产物 NADH 和乙酰 CoA 能够抑制丙酮酸脱氢酶的活性，其中乙酰 CoA 抑制二氢硫辛酸转乙酰基酶，NADH 抑制二氢硫辛酸脱氢酶。此外，丙酮酸脱氢酶系的活性受细胞能荷的调控。当细胞能量消耗增加时，AMP、CoA-SH

和 NAD[+] 能别构激活该酶的活性；当细胞能量供应充足时，ATP 抑制丙酮酸氧化脱羧的进行。

（2）丙酮酸脱氢酶的磷酸化共价调节　　丙酮酸脱氢酶分子的特定丝氨酸残基受可逆的磷酸化共价调节。可逆的磷酸化反应由专一的蛋白激酶和磷酸酶催化，能够使丙酮酸脱氢酶的一个亚基磷酸化而失活。酶的脱磷酸化形式为活性状态，而磷酸化形式为非活性状态。ATP、NADH 和乙酰 CoA 能够增强磷酸化反应，抑制酶的活性；ADP、NAD[+] 和 CoA-SH 能够抑制磷酸化反应，增强酶的活性。

（二）TCA 循环的反应过程

TCA 循环从乙酰 CoA 和草酰乙酸这两种底物开始，经过缩合、加水、脱氢、脱羧等 8 步反应，重新生成草酰乙酸，完成一个循环。

第 1 步：乙酰 CoA 和草酰乙酸缩合生成柠檬酸。这是 TCA 的第 1 步反应，也是限速反应。在柠檬酸合酶（citrate synthase）的催化下，乙酰 CoA 与草酰乙酸缩合生成柠檬酸 CoA，而后高能硫酯键水解形成 1 分子柠檬酸并释放 CoA-SH。反应释放大量的自由能，不可逆。柠檬酸合酶是柠檬酸循环中的第一个调节酶，受 ATP、NADH 和琥珀酰 CoA 的别构抑制，也会受 ADP 别构激活。此外，柠檬酸合成速率也会受底物乙酰 CoA 和草酰乙酸浓度的影响。

第 2 步：柠檬酸异构化生成异柠檬酸。该反应由顺乌头酸酶（aconitase）催化，柠檬酸先脱水生成顺乌头酸，然后再加水生成异柠檬酸。这是一步可逆的异构化反应。

这个反应的底物柠檬酸是一个具有潜手性的对称分子。所谓潜手性是指一个非手性分子经取代反应后失去对称性转变为手性分子的特性。潜手性分子上存在立体异位面。例如，柠檬酸分子中心的碳原子形成四面体结构，当顺乌头酸酶与柠檬酸分子不同的侧面结合时就会有立体结构上的差异。此步异构化反应羟基只能连接在来自草酰乙酸的碳原子上，说明异构化生成异柠檬酸的反应是不对称的，这是由于顺乌头酸酶对柠檬酸分子的结合有立体选择性。

第 3 步：异柠檬酸氧化脱羧生成 α-酮戊二酸。这是柠檬酸循环的第一次氧化还原反应。在异柠檬酸脱氢酶的催化下，异柠檬酸被氧化脱氢，生成中间产物草酰琥珀酸。草酰琥珀酸是一个不稳定的 β-酮酸，能迅速脱羧生成 α-酮戊二酸。反应释放大量自由能，因此不可逆。异柠檬酸脱氢酶是 TCA 循环中的第二个调节酶。

$$异柠檬酸 \xrightarrow[\text{异柠檬酸脱氢酶}]{NAD^+ \quad NADH+H^+} 草酰琥珀酸 \xrightarrow{H^+ \quad CO_2} \alpha\text{-酮戊二酸}$$

第 4 步：α-酮戊二酸氧化脱羧生成琥珀酰 CoA。这是 TCA 循环中第二个氧化脱羧反应，在 α-酮戊二酸脱氢酶系的催化下，α-酮戊二酸氧化脱羧并结合 CoA-SH 生成琥珀酰 CoA、1 分子 NADH＋H$^+$和 1 分子 CO$_2$。这一步反应释放大量能量，是不可逆反应。

$$\alpha\text{-酮戊二酸} \xrightarrow[\alpha\text{-酮戊二酸脱氢酶系}]{CoA\text{-}SH \quad CO_2 \quad NAD^+ \quad NADH+H^+} 琥珀酰CoA$$

α-酮戊二酸脱氢酶系与丙酮酸脱氢酶系的结构和催化机制相似，由 α-酮戊二酸脱氢酶、转琥珀酰酶和二氢硫辛酸脱氢酶 3 种酶组成，也需要 TPP、硫辛酸、CoA-SH、FAD、NAD$^+$及 Mg^{2+}等辅助因子的参与，并同样受产物 NADH、琥珀酰 CoA 及 ATP、GTP 的反馈抑制。但与丙酮酸脱氢酶系不同的是 α-酮戊二酸脱氢酶系不受磷酸化调节。

第 5 步：琥珀酰 CoA 生成琥珀酸。这是 TCA 循环中唯一通过底物水平磷酸化直接产生高能磷酸化合物的反应。在琥珀酰 CoA 合成酶催化作用下，高能化合物琥珀酰 CoA 的高能硫酯键水解释放的能量使 GDP 磷酸化生成 GTP，同时生成琥珀酸。GTP 很容易将磷酸基团转移给 ADP 形成 ATP，但在植物中琥珀酰 CoA 直接生成的是 ATP 而不是 GTP。

$$琥珀酰CoA \underset{琥珀酰CoA合成酶}{\overset{H^+ \quad CoA\text{-}SH \quad GDP \quad GTP}{\rightleftharpoons}} 琥珀酸$$

第 6 步：琥珀酸脱氢生成延胡索酸。该反应是 TCA 循环的第 3 个氧化还原反应。在琥珀酸脱氢酶的催化下，琥珀酸被氧化脱氢生成延胡索酸（反丁烯二酸），FAD 是氢受体，反应生成 1 分子 FADH$_2$。琥珀酸的结构类似物丙二酸、戊二酸等是琥珀酸脱氢酶的竞争性抑制剂。

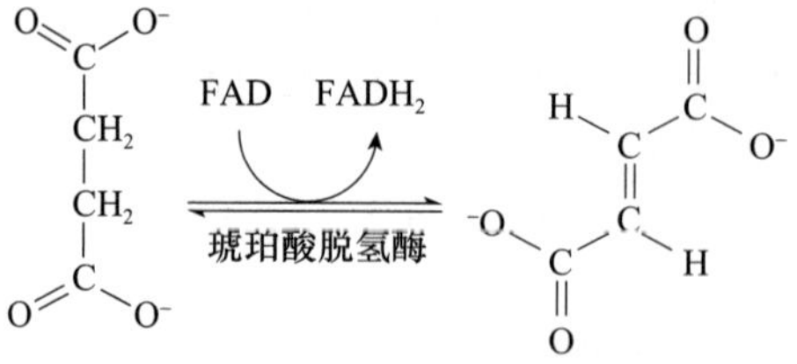

琥珀酸脱氢酶与其辅基以共价方式结合，FAD 杂环上的甲基与酶分子的一个组氨酸杂环上的氮原子形成共价键。这种连接方式不同于绝大多数酶与 FAD 辅基的紧密而非共价的结合。琥珀酸脱氢酶是 TCA 循环中唯一与线粒体内膜结合的酶（其他酶都分布于线粒体基质中）。因此，在参与 TCA 循环的同时，它也参与电子传递过程。由琥珀酸脱氢酶催化的反应脱下的氢和电子能够直接进入线粒体内膜的电子传递链。

第 7 步：延胡索酸水化生成苹果酸。在延胡索酸酶的催化下，延胡索酸发生水化反应，生成苹果酸。由于延胡索酸酶具有立体结构专一性，该反应只能生成 L-苹果酸。

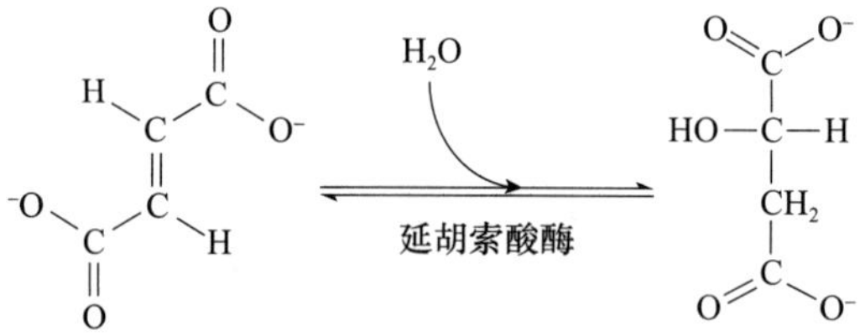

第 8 步：苹果酸脱氢生成草酰乙酸。该反应是 TCA 循环第 4 个氧化还原反应，也是最后一步反应。在苹果酸脱氢酶的催化下，苹果酸氧化脱氢生成草酰乙酸，NAD^+ 是氢受体，至此，草酰乙酸得以再生，又可接受进入循环的乙酰 CoA 分子，进行下一轮 TCA 反应。

TCA 循环的整个反应历程如图 10-5 所示。

（三）TCA 循环中能量的计算

TCA 循环中，4 个氧化还原反应各脱下 1 对 H，其中 3 对 H 交给 NAD^+，生成 3 分子 $NADH+H^+$，另 1 对 H 交给 FAD 生成 $FADH_2$。$NADH+H^+$ 和 $FADH_2$ 在电子传递链中被氧化，每个 $NADH+H^+$ 产生 2.5 个 ATP，每个 $FADH_2$ 产生 1.5 个 ATP，经计算共可转化为 9 分子 ATP。另外，在琥珀酰 CoA 生成琥珀酸时，底物水平磷酸化生成 1 分子 GTP（植物中为 ATP）。因此，1 分子乙酰 CoA 通过柠檬酸循环被氧化共产生 10 分子 ATP。

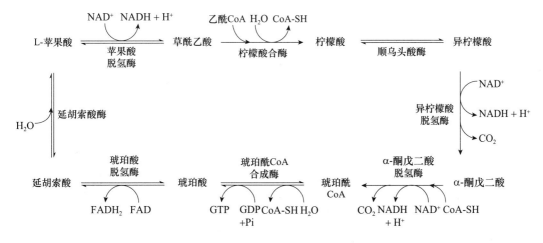

图 10-5 TCA 循环的过程

葡萄糖彻底氧化分解需要经过 EMP 途径、丙酮酸氧化脱氢脱羧和 TCA 途径，最终生成产物水和二氧化碳。下面我们来计算一下这一过程究竟能够产生多少 ATP 分子：首先，1 分子葡萄糖经 EMP 分解成 2 分子丙酮酸净生成 2 分子 ATP 和 2 分子 NADH，折合 7 分子 ATP（原核生物），在真核生物中，由于 NADH 穿梭进入线粒体有 2 种方式，因此会生成 5 或 7 分子 ATP（参照本章第一节"二、糖酵解"中的"（三）产能计算"）。接下来，2 分子丙酮酸转变成 2 分子乙酰 CoA 时生成 2 分子 NADH，可产生 5 分子 ATP。1 分子乙酰 CoA 通过 TCA 循环被氧化产生 10 分子 ATP，2 分子乙酰 CoA 能够产生 20 分子 ATP。综上，1 分子葡萄糖经过 EMP、丙酮酸氧化脱氢脱羧和 TCA 循环，最终可以产生：32 分子 ATP（原核生物）；30 或 32 分子 ATP（真核生物）。

（四）TCA 循环的调控

在心肌或肝组织中，TCA 循环 8 步酶促反应中，标准自由能变化可以判断有 3 个酶是调节 TCA 循环的关键酶，即柠檬酸合酶、异柠檬酸脱氢酶和 α-酮戊二酸脱氢酶。柠檬酸合酶是 TCA 循环的限速酶，同时柠檬酸也是 TCA 循环的标志性代谢物。柠檬酸合酶的活性受其底物草酰乙酸和乙酰 CoA 浓度的调节。草酰乙酸浓度下降会抑制柠檬酸的合成。同样，能够与乙酰 CoA 竞争的其他脂酰 CoA 也能够竞争性地减少柠檬酸的合成。此外，ATP 是柠檬酸合酶的变构抑制剂，它能提高柠檬酸合酶对其底物乙酰 CoA 的 K_m 值。当 ATP 水平高时，有较少的酶被乙酰 CoA 饱和，导致合成的柠檬酸减少。

异柠檬酸脱氢酶的活性能够被 ATP、琥珀酰 CoA 和 NADH 抑制；而 ADP 能够激活该酶的活性，原因是 ADP 是该酶的变构激活剂，能增大此酶对底物的亲和力。α-酮戊二酸脱氢酶系受 ATP 及其产物琥珀酰 CoA、NADH 的抑制。在 α-酮戊二酸脱氢酶系中，二氢硫辛酸琥珀酰基转移酶是关键酶，能对进入循环的 α-酮戊二酸进行调控从而调节 TCA 循环的正常运行。琥珀酰 CoA 是该酶的强烈抑制剂，ATP 和 NADH 抑制该酶的活性。

总之，调节 TCA 循环的关键因素是［NADH］/［NAD$^+$］的比值、［ATP］/［ADP］的比值和草酰乙酸、乙酰 CoA 等代谢物的浓度。循环过程中的 3 步不可逆反应使整个循环只能单方向进行。

（五）TCA 循环的特点和生物学意义

1. 特点

（1）碳骨架的变化 乙酰 CoA 进入 TCA 循环后，产生了六碳三羧酸（柠檬酸）。经过脱羧反应释放 1 分子 CO_2 后，形成五碳二羧酸（α-酮戊二酸），α-酮戊二酸再脱羧，释放 1 分子 CO_2，形成了四碳二羧酸（琥珀酰 CoA）。之后都是二羧酸的反应。TCA 循环的整个过程是 2 个碳原子被氧化成 CO_2 离开循环。

（2）水分子的参与 在整个循环过程中消耗了 2 分子水：1 分子用于柠檬酸的合成，另 1 分子用于延胡索酸的水合作用，形成 L-苹果酸。水的加入相当于向中间产物上加入了氧原子，促进了还原性碳原子的氧化。另外，在琥珀酰 CoA 合成酶催化的反应中，GDP 磷酸化所释放的水也用于高能硫酯键的水解，二者在数量上相互抵消。

（3）对 O 的需求 分子 O 并不直接参与 TCA 循环，但 TCA 循环只能在有氧条件下进行，因为只有当电子传递给分子 O 时，NADH 和 $FADH_2$ 才能再生为 NAD^+ 和 FAD；如果没有 O，NAD^+ 和 FAD 不能再生，TCA 循环就不能继续进行，因此，TCA 循环是严格需氧的。

2. 生物学意义 TCA 循环是生物界普遍存在的代谢途径，是机体将糖或其他物质氧化而获得能量的最有效方式。在糖代谢中，糖经此途径氧化产生的能量最多。其次，TCA 循环的中间产物是合成糖、氨基酸、脂肪等生物分子的原料。该循环也是糖、蛋白质和脂肪彻底氧化分解的共同途径，是联系 3 大类物质代谢的枢纽。蛋白质水解的产物如谷氨酸、天冬氨酸、丙氨酸等脱氨或转氨后的碳架要通过 TCA 循环才能被彻底氧化；脂肪分解后的产物脂肪酸经 β-氧化后生成乙酰 CoA 及甘油，也要经过 TCA 循环才能被彻底氧化。

四、戊糖磷酸途径

戊糖磷酸途径（pentose phosphate pathway，PPP），也称为己糖磷酸支路，是一个独立于 EMP 的可直接降解葡萄糖的代谢途径。

（一）PPP 的反应过程

1. 氧化反应阶段 葡糖-6-磷酸的氧化脱羧阶段包括 3 种酶催化的 3 步反应，即脱氢、水解和脱氢脱羧反应。该阶段是不可逆的氧化阶段，由 $NADP^+$ 作为氢的受体，葡糖-6-磷酸脱去 1 分子 CO_2，生成磷酸五碳糖。具体反应过程如下。

第 1 步：葡糖-6-磷酸脱氢生成 6-磷酸葡糖酸内酯。在葡糖-6-磷酸脱氢酶（glucose-6-phosphate dehydrogenase，G6PD）的作用下，葡糖-6-磷酸脱氢生成 6-磷酸葡糖酸内酯。$NADP^+$ 是该酶的辅酶，G6PD 催化脱下的氢由 $NADP^+$ 接受，生成 NADPH。

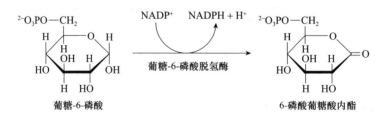

第 2 步：6-磷酸葡糖酸内酯水解生成 6-磷酸葡糖酸。在 6-磷酸葡糖酸内酯酶（6-phospho-gluconolactonase，6PGD）催化下，6-磷酸葡糖酸内酯水解成 6-磷酸葡糖酸。

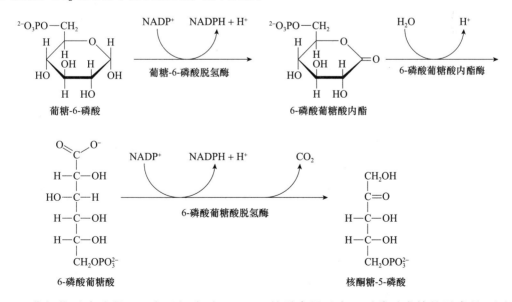

第3步：6-磷酸葡糖酸脱氢生成核酮糖-5-磷酸。在6-磷酸葡糖酸脱氢酶（6-phospho-gluconate dehydrogenase）的催化作用下，6-磷酸葡糖酸氧化脱羧，生成核酮糖-5-磷酸。该酶也是以 $NADP^+$ 为辅酶。

因此，PPP 的氧化反应阶段是不可逆的，葡糖-6-磷酸在氧化反应的第一阶段形成了核酮糖-5-磷酸、CO_2 和 2 分子的 NADPH，如下所示。

2. 非氧化反应阶段　由于细胞对 NADPH 的需求量远大于对磷酸戊糖的需求量，因此，多余的磷酸戊糖需要转化成糖酵解途径的中间产物进行下一步代谢。PPP 的第二阶段是可逆的非氧化反应阶段，经过 5 步反应使磷酸戊糖转变为糖酵解的中间产物甘油醛-3-磷酸、果糖-6-磷酸和葡糖-6-磷酸。该过程包括以下几步。

第1步：磷酸戊糖的异构化反应。首先是核酮糖-5-磷酸异构化转变为核糖-5-磷酸。此步反应由核酮糖-5-磷酸异构酶催化，通过形成中间产物烯二醇，转变为核糖-5-磷酸。

$$\begin{array}{ccc} \text{CH}_2\text{OH} & \text{H—C—OH} & \overset{\text{O}\quad\text{H}}{\diagdown\!\!\diagup} \\ \text{C=O} & \| & \text{C} \\ \text{H—C—OH} & \text{C—OH} & \text{H—C—OH} \\ \text{H—C—OH} & \text{H—C—OH} & \text{H—C—OH} \\ \text{CH}_2\text{OPO}_3^{2-} & \text{CH}_2\text{OPO}_3^{2-} & \text{CH}_2\text{OPO}_3^{2-} \\ \text{核酮糖-5-磷酸} & \text{烯二醇} & \text{核糖-5-磷酸} \end{array}$$

核酮糖-5-磷酸异构酶

另外，核酮糖-5-磷酸也可以在核酮糖-5-磷酸差向异构酶的催化下转变为木酮糖-5-磷酸。

核酮糖-5-磷酸　　核酮糖-5-磷酸差向异构酶　　烯二醇　　木酮糖-5-磷酸

第2步：转酮基反应。此步反应在转酮酶催化下将一个二碳单位从酮糖转移给醛糖。木酮糖-5-磷酸上的乙酮醇基（羟乙酰基）转移到核糖-5-磷酸的第1个碳原子上，生成甘油醛-3-磷酸和景天庚酮糖-7-磷酸。

木酮糖-5-磷酸　　核糖-5-磷酸　　转酮酶　　甘油醛-3-磷酸　　景天庚酮糖-7-磷酸

第3步：转醛基反应。此步反应由转醛酶催化，将一个三碳单位从酮糖转移给醛糖，景天庚酮糖-7-磷酸上的二羟丙酮基转移给甘油醛-3-磷酸，生成赤藓糖-4-磷酸和果糖-6-磷酸。

甘油醛-3-磷酸　　景天庚酮糖-7-磷酸　　赤藓糖-4-磷酸　　果糖-6-磷酸

第 4 步：转酮基反应。此步反应由转酮酶催化木酮糖-5-磷酸上的乙酮醇基（羟乙酰基）转移到赤藓糖-4-磷酸的第 1 个 C 上，生成甘油醛-3-磷酸和葡糖-6-磷酸。

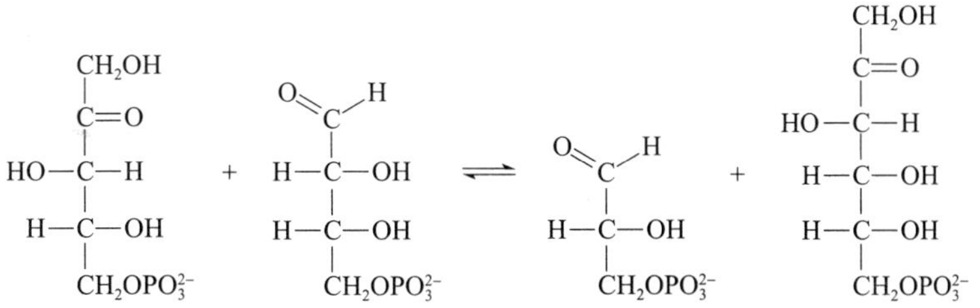

木酮糖-5-磷酸　　赤藓糖-4-磷酸　　　甘油醛-3-磷酸　　　果糖-6-磷酸

第 5 步：磷酸己糖的异构化反应。此步反应由磷酸己糖异构酶催化，果糖-6-磷酸转为葡糖-6-磷酸。该步反应参照 EMP 第 2 步反应，由磷酸己糖异构酶催化的这步反应是可逆的。

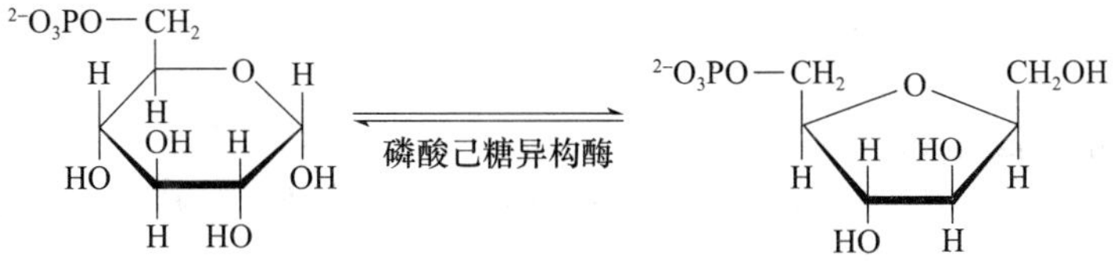

果糖-6-磷酸　　　　　　　　　　葡糖-6-磷酸

戊糖磷酸途径可逆的非氧化反应阶段如图 10-6 所示。

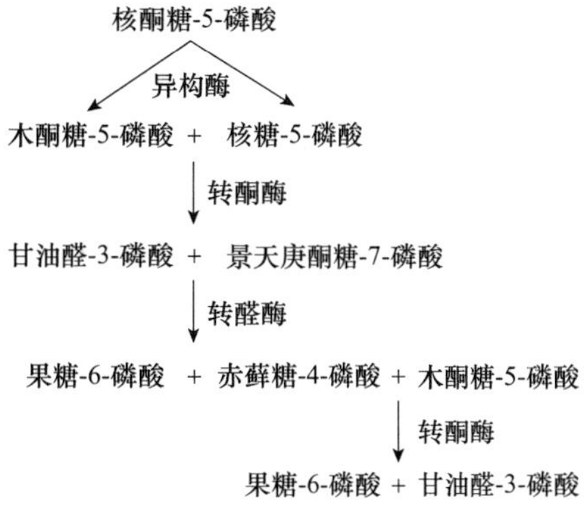

（二）PPP 的总反应式

PPP 由 6 分子葡糖-6-磷酸开始，经过一系列反应转化为 5 分子葡糖-6-磷酸和 6 分子 CO_2，相当于 1 分子葡糖-6-磷酸被彻底氧化。总反应可用下式表示：

$$葡糖\text{-}6\text{-}磷酸+12NADP^+ +7H_2O \longrightarrow$$
$$6CO_2 + 12NADPH + 12H^+ + Pi$$

第一阶段是氧化阶段，从 6 分子葡糖-6-磷酸开始进入反应，经过的两次氧化脱氢及脱羧后，产生 6 分子 CO_2 和 6 分子核酮糖-5-磷酸与 12 分子 $NADPH + H^+$。总反应式为：

图 10-6　戊糖磷酸途径非氧化阶段的反应过程

$$6×（葡糖\text{-}6\text{-}磷酸）+12NADP^+ +6H_2O \longrightarrow 6×（核酮糖\text{-}5\text{-}磷酸）+6CO_2 +12NADPH+12H^+$$

第二阶段是可逆的非氧化反应。6 分子核酮糖-5-磷酸最终可生成 5 分子葡糖-6-磷酸。反应总式为：

$$6×（核酮糖\text{-}5\text{-}磷酸）+H_2O \longleftrightarrow 5×（葡糖\text{-}6\text{-}磷酸）+Pi$$

（三）PPP 的意义

1）PPP 中每循环一次降解 1 分子葡糖-6-磷酸，能够产生 12 分子 NADPH，为细胞中的各种合成反应提供还原力。NADPH 作为氢和电子供体，参与脂肪酸、胆固醇的生物合成。此外，非光合细胞中硝酸盐、亚硝酸盐的还原，氨的同化，以及丙酮酸羧化还原成苹果酸等反应也需要 NADPH 提供还原力。

2）PPP 的中间产物为许多化合物的合成提供原料。例如，核糖-5-磷酸是合成核苷酸的原料，也是 NAD⁺、NADP⁺、FAD 等辅因子的组分；赤藓糖-4-磷酸和磷酸烯醇丙酮酸是合成芳香族氨基酸的前体物质。此外，核酸的降解产物核糖也需由戊糖磷酸途径进一步分解。

3）PPP 与糖的有氧、无氧分解是相互联系的。戊糖磷酸途径中间产物甘油醛-3-磷酸是 3 种代谢途径的枢纽点。如果戊糖磷酸途径受阻，甘油醛-3-磷酸则进入无氧或有氧分解途径。反之，如果用碘乙酸抑制甘油醛-3-磷酸脱氢酶，使糖酵解和 TCA 循环不能进行，甘油醛-3-磷酸则进入戊糖磷酸途径。戊糖磷酸途径在整个代谢过程中没有氧的参与，但可使葡萄糖降解，这在种子萌发的初期作用很大。

（四）PPP 的调控

葡糖-6-磷酸脱氢酶是戊糖磷酸途径中的限速酶，催化 PPP 第 1 步反应，其活性受 NADP⁺浓度的调控。当细胞中 NADPH 变少，NADP⁺浓度升高时，葡糖-6-磷酸脱氢酶的催化效率就会升高，PPP 被激活。此外，PPP 的重要产物包括核糖-5-磷酸和 NADPH，其中，NADPH 在生物合成过程中提供还原力，而核糖-5-磷酸主要作为原料用于核苷酸的合成。因此，该途径的速率主要受细胞对 NADPH 和核糖-5-磷酸需要量的调节。当细胞中对 NADPH 的需求量大于对核糖-5-磷酸的需求时，就由转酮酶和转酮醇酶催化核糖-5-磷酸转变成 EMP 的中间产物。而当细胞中对核糖-5-磷酸的需求量大于对 NADPH 的需求时，EMP 中的甘油醛-3-磷酸和果糖-6-磷酸可以再反过来生成核糖-5-磷酸。

第二节　糖　的　合　成

一、单糖的合成

（一）光合作用

光合作用

叶绿体

1. 概述　　光合作用是指光合细胞捕获光能并转化为化学能，利用光能将 CO_2 转化为有机物的过程。绿色植物以水为电子供体，放出氧气，光合细菌以 H_2S 等为供体，不放出氧气。光合作用全过程可分为 2 个阶段：第 1 阶段是光反应阶段，由光合色素将光能转变为化学能，并形成 ATP 和 NADPH；第 2 阶段是暗反应阶段，用 ATP 和 NADPH 将 CO_2 还原为糖或其他有机物，不需要光。植物的叶绿体是光合作用的器官，有外膜和内膜，膜上有光合色素。膜包着基质，其中有暗反应需要的酶。叶绿素包括叶绿素 a、b、c、d 和 e 5 种。高等植物中都含有叶绿素 a 和 b，含量之比约为 2∶1。从结构上看，叶绿素是以镁离子为中心的四吡咯衍生物，与血红素的铁卟啉环类似。

2. 发生历程

（1）光反应阶段　　此阶段由光系统（photosystem，PS）中的光合色素将光能转变为化学能，伴随 ATP 和 NADPH 的生成。产氧光合生物（含现代蓝细菌、藻类和维管植物）含有 2 种光反应中心或 2 种光系统：光系统Ⅱ（PSⅡ）和光系统Ⅰ（PSⅠ）。PSⅡ和 PSⅠ的反应中心色素分别是 P680 和 P700，可分别被 680nm 和 700nm 的光激活，通过 P680 和 P700 吸收光能来驱动电子从 H_2O 流向 NADP⁺。光反应中心 P680 和 P700 可以串联的方式起作用。P680 吸收光能，从水中夺取电子，通过电子传递链传给质蓝素（一种铜蛋白），同时产生跨类囊体膜的质子梯度。电子从质蓝素传给 P700，再吸收光能，将电子传递给 NADP⁺，并进一步提高质子梯度。

光驱动的电子传递产生了跨膜质子梯度。类囊体膜与线粒体内膜相似，都是质子不透性膜，能形成质子被动扩散的屏障。质子回流时，由叶绿体 ATP 合成酶（CF_0-CF_1）偶联 ATP 的合成。

而叶绿体的 ATP 合酶与线粒体十分相似，是一个大的复合体，含有 CF_0 和 CF_1 两个组分。CF_0 是跨类囊体膜的质子通道，质子由此回流，通过 CF_1 偶联 ATP 的合成。叶绿体中 ATP 合成的机制也与线粒体中基本相同。

（2）暗反应阶段　利用光反应阶段的产物 ATP 和 NADPH 将 CO_2 还原为糖或其他有机物的过程称为暗反应。光合作用中，能否实现从 CO_2 到糖的净积累是光合作用效果的重要标志。CO_2 的固定也称 CO_2 的同化，指的是绿色植物线粒体中 CO_2 转变为有机物的过程。CO_2 的固定是通过循环途径实现的，该循环途径也称为卡尔文循环。卡尔文循环发生的场所为叶绿体内的基质，可分为以下 3 个阶段。

第 1 阶段：碳固定为甘油酸-3-磷酸。CO_2 的固定过程是在核酮糖-1,5-双磷酸羧化酶 / 加氧酶（Rubisco）的催化下，核酮糖 1,5-双磷酸（RuBP）的第二位碳原子上结合 CO_2，生成 2-羧基-3-酮-1,5-双磷酸核糖醇，然后加水分解为 2 个甘油酸-3-磷酸。Rubisco 占叶绿体总蛋白的 60%，是自然界中含量最丰富的酶。

第 2 阶段：甘油酸-3-磷酸生成甘油醛-3-磷酸。该反应与异生相似，是 EMP 逆过程，不同的是甘油醛-3-磷酸脱氢酶在叶绿体中以 NADPH 为辅基，而不是 NADH。

第 3 阶段：核酮糖-1,5-双磷酸的再生。此过程与 PPP 类似，由果糖-6-磷酸和甘油醛-3-磷酸开始，经过一系列转酮和转醛反应，生成核酮糖-5-磷酸，在磷酸核酮糖激酶催化下生成核酮糖-1,5-双磷酸。此过程需 8 个光子，按波长 600nm 计算，能量为 381kcal，葡萄糖氧化可放能 114kcal，所以能量利用率约为 30%。

总反应为：

$$6CO_2 + 12H_2O + 18ATP + 12NADPH + 12H^+ \longrightarrow C_6H_{12}O_6 + 18ADP + 18Pi + 12NADP^+$$

3. 光呼吸和 C4 途径　在植物中，Rubisco 不仅能催化 RuBP 的羧化反应，还能催化 RuBP 的氧化反应。该过程消耗 O_2 生成甘油酸-3-磷酸和磷酸乙醇酸，前者可参加糖的合成，后者通过乙醛酸途径放出 CO_2，这个过程称为光呼吸。Rubisco 催化氧化和羧化取决于环境中 CO_2 和 O_2 的浓度比值。从光合作用固定 CO_2 效率的角度来看，光呼吸是光合作用的副反应，尤其随温度升高而愈发明显，从而造成了有机碳的消耗。为了应对这一消耗，部分热带和亚热带进化而来的植物产生了适应性的代谢途径，即区别于上述途径的 C4 途径。

C4 途径主要存在于热带和亚热带植物中。在 CO_2 的固定中，先生成的不是磷酸丙糖，而是四碳化合物。首先，叶肉细胞细胞质中碳酸酐酶催化 CO_2 形成碳酸氢根 HCO_3^-，再由磷酸烯醇丙酮酸羧化酶形成草酰乙酸，而后再被 NADPH 还原成苹果酸，转移到维管束细胞，脱羧生成丙酮酸和 CO_2。CO_2 再进入三碳的卡尔文循环，而丙酮酸返回叶肉细胞，被丙酮酸磷酸二激酶催化形成磷酸烯醇丙酮酸。C4 途径中，每固定一个 CO_2 要多消耗 2 个 ATP。但在高光照、高温度的热带气候条件下，C4 植物可以降低光呼吸，获得更高的光合效率，所以 C4 植物一般生长快，属于高产植物。但已知的植物中，只有 1% 是 C4 植物。因此，研究光呼吸、改造 Rubisco 对提高农业生产效率具有重要意义。

（二）糖异生

没有光合作用能力的生物体合成单糖需通过葡萄糖异生途径（gluconeogenesis）。将非糖物质转变为糖的过程即称为糖异生。

1. 前体　糖异生途径的起始是丙酮酸，凡是能够转变成丙酮酸的物质都可沿着糖异生途径生成葡萄糖，因此能转变成丙酮酸的物质都可称为糖异生前体。糖异生途径中，由丙酮酸转变为磷酸烯醇丙酮酸时首先羧化生成草酰乙酸。因此，TCA 循环的中间代谢物如苹果酸、琥珀酸、柠檬酸等都可以通过 TCA 循环生成草酰乙酸，然后进入糖异生途径。

乳酸的再利用是转变成丙酮酸后进入糖异生途径生成葡萄糖，而后进入血液再运送回肌肉组织中为其收缩提供能量，即上文提到的科里循环。该循环是一个耗能的过程，因为肝内糖异生所消耗的能量要多于肌肉组织中葡萄糖酵解生成的能量。另外，氨基酸也可以作为糖异生的前体。大多数氨基酸在代谢过程中会转变成丙酮酸、α-酮戊二酸、草酰乙酸等，因此也可以进入糖异生途径。这些氨基酸也因此称为生糖氨基酸。

2. 反应过程

（1）丙酮酸生成磷酸烯醇丙酮酸　　糖异生途径的第 1 步是把丙酮酸转化为磷酸烯醇丙酮酸，但这不是 EMP 的直接逆转。在真核生物中，这个过程需要在细胞质和线粒体中共同完成。丙酮酸生成磷酸烯醇丙酮酸的反应分以下 2 步进行。

第 1 步：丙酮酸羧化反应。丙酮酸羧化生成草酰乙酸的反应由丙酮酸羧化酶在线粒体中催化进行，以生物素作为辅基，还需要 Mg^{2+} 参与。乙酰 CoA 作为该酶的激活剂参与催化过程。丙酮酸羧化是糖异生途径的第一个调节部位。

线粒体内形成的草酰乙酸不能直接穿过线粒体膜。因此，草酰乙酸在返回细胞质之前首先需要经苹果酸脱氢酶催化转变为苹果酸，再通过苹果酸-天冬氨酸穿梭系统进入细胞质。在细胞质的苹果酸脱氢酶催化下重新氧化成草酰乙酸。

第 2 步：草酰乙酸脱羧反应。此步反应由磷酸烯醇丙酮酸羧激酶催化，生成磷酸烯醇丙酮酸（PEP）。该反应在细胞质中进行，消耗 1 个来自 GTP 的高能磷酸键。

（2）果糖-1,6-二磷酸生成果糖-6-磷酸　　糖异生中的第二个不可逆反应是果糖-1,6-二磷酸水解为果糖-6-磷酸，该反应由果糖-1,6-二磷酸酶-1（FBPase-1）催化。AMP 和果糖-2,6-二磷酸是该酶的别构抑制剂，ATP 和柠檬酸是该酶的别构激活剂。

（3）葡糖-6-磷酸生成葡萄糖 糖异生最后一个不可逆反应是葡糖-6-磷酸水解为葡萄糖和
Pi。这一反应由葡糖-6-磷酸酶催化。该酶主要存在于肝细胞中，定位于内质网，是内质网的标
志酶，活性受底物水平的控制。

内质网

以上 3 步反应分别实现了丙酮酸到磷酸烯醇丙酮酸的转变、果糖-1,6-二磷酸到果糖-6-磷酸
的转变及葡糖-6-磷酸到葡萄糖的转变，完成了 EMP 中 3 步不可逆反应的逆转。这 3 步反应再
加上糖酵解中的另外 7 个可逆反应就构成了糖异生途径。糖异生的总反应式如下：

$$2 丙酮酸 + 4ATP + 2GTP + 2NADH + 2H^+ + 4H_2O \longrightarrow 葡萄糖 + 4ADP + 2GDP + 6Pi + 2NAD^+$$

从图 10-7 中 2 个代谢途径的比较可以看出，EMP 和糖异生过程能量的产生和消耗并不对
等。由葡萄糖经过酵解途径生成丙酮酸的过程共产生 2 分子 ATP。从糖异生总反应式中可以看
出，由丙酮酸合成葡萄糖消耗了 4 个 ATP 和 2 个 GTP 的 6 个高能磷酸键，多出来的 4 个高能磷
酸键的能量即用于不可逆反应的绕行。

3. 意义 糖异生是一个非常重要的
代谢过程，普遍存在于生物体中。它的意义
主要有以下两点：①糖异生能够补充糖供应
的不足，维持血糖水平的恒定，保障脑、红
细胞等组织的正常功能，这一点对于以葡萄
糖作为唯一或主要代谢燃料的细胞至关重要，
包括人脑和神经系统、红细胞及肾上腺髓质
等组织。②糖异生能够防止乳酸堆积，使乳
酸得到充分利用。剧烈运动后骨骼肌中积累
的乳酸能够作为糖异生途径的前体，通过该
途径生成葡萄糖。

4. 调控 糖异生属于合成代谢途径，
是消耗 ATP 的耗能过程。而 EMP 属于分解
代谢途径，是生成 ATP 的贮能过程。EMP 和
糖异生是一对互逆的代谢途径。因此，当机
体能量水平处于高能荷状态时，EMP 途径被
抑制，糖异生被激活，而处于低能荷状态时
则相反。

EMP 途径的限速酶受果糖-2,6-二磷酸
的激活调节，这个酶能够同时调节糖酵解

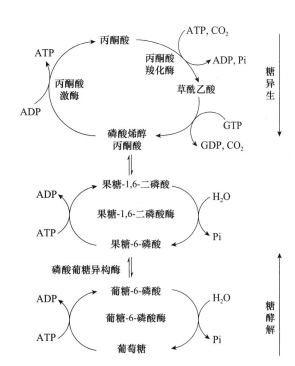

图 10-7 糖酵解和糖异生差别步骤的比较

和糖异生途径。在细胞中，果糖-2,6-二磷酸的合成与降解受磷酸果糖激酶-2（PFK-2）和果糖-
1,6-二磷酸酶-2（FBPase-2）的调控。催化这两个反应的活性中心位于同一酶蛋白的不同部位。肽
链的 N 端为 PFK-2，催化果糖-6-磷酸的第二位碳原子上加一个磷酸基团，生成果糖-2,6-二磷酸。

肽链的 C 端为 FBPase-2，催化果糖-2,6-二磷酸水解为果糖-6-磷酸。因此，这是一个双功能酶表现出对酶磷酸化和去磷酸化的共价修饰调控。酶蛋白在蛋白激酶 A 的催化下被磷酸化后，其 FBPase-2 的活性被激活，将果糖-2,6-二磷酸水解为果糖-6-磷酸；酶蛋白在蛋白磷酸酶催化下去磷酸化后，其磷酸果糖激酶-2 活性被激活，促进生成果糖-2,6-二磷酸。血液中葡萄糖浓度高时，PFK-2 合成果糖-2,6-二磷酸，后者激活 PFK-1 的活性，促进糖酵解，抑制糖异生。血液中葡萄糖浓度低时，FBPase-2 水解果糖-2,6-二磷酸，抑制 PFK-1 的活性，抑制糖酵解，促进糖异生。

二、寡糖的合成

（一）糖核苷酸

单糖是合成寡糖与多糖的结构单元。单糖合成寡糖和多糖之前，首先要转变为活化形式，即糖核苷酸。在高等植物中，最早发现的糖核苷酸是尿苷二磷酸葡糖（UDPG），后来又发现腺苷二磷酸葡糖（ADPG）和鸟苷二磷酸葡糖（GDPG）。它们都是葡萄糖的活化形式，分别在寡糖和多糖的生物合成中作为葡萄糖的供体。UDPG 的合成如图 10-8 所示，ADPG 和 GDPG 也是以类似的反应生成，催化酶是 ADPG（GDPG）焦磷酸酶。此反应可逆，但由于焦磷酸可以被焦磷酸酶水解成正磷酸，反应趋向于生成糖核苷酸的方向进行。

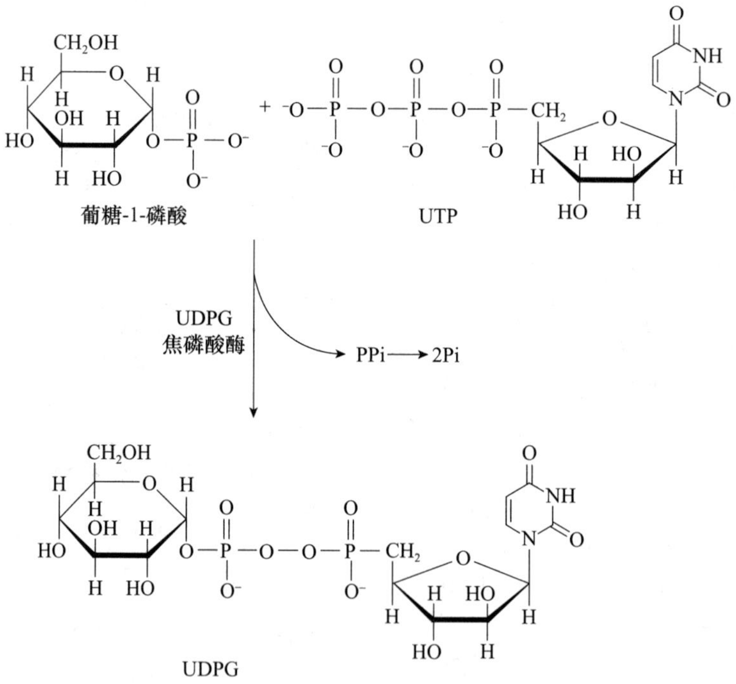

图 10-8 UDPG 的合成

（二）蔗糖的合成

蔗糖的合成主要有 2 种途径，分别由蔗糖合酶（sucrose synthase）和蔗糖磷酸合酶（sucrose phosphate synthase）催化。

1. 蔗糖合酶催化的蔗糖合成　蔗糖合酶能利用 UDPG 作为葡萄糖供体与果糖合成蔗糖：

UDPG＋果糖 ——→ 蔗糖＋UDP

除此之外，蔗糖合酶还可利用 ADPG、GDPG 等糖核苷酸作为葡萄糖的供体，但是活性偏低。蔗糖合酶催化的蔗糖合成途径并不是蔗糖合成的主要途径，因为这个酶的作用主要是分解蔗糖产生 UDPG，从而为多糖的合成提供糖基。该酶主要存在于植物的非绿色组织中，在贮藏淀粉的组织器官中对蔗糖转变成淀粉起重要作用。

2. 蔗糖磷酸合酶催化的蔗糖合成 蔗糖磷酸合酶只能利用 UDPG 作为葡萄糖的供体，催化 UDPG 与果糖-6-磷酸反应生成蔗糖-6-磷酸。蔗糖-6-磷酸再经磷酸酶作用，水解脱去磷酸基团，形成蔗糖（图 10-9）。此途径在光合组织中活性较高，是植物中蔗糖生物合成的主要途径。

三、多糖的合成

（一）淀粉的合成

淀粉在结构上分成直链淀粉和支链淀粉，二者的合成过程略有不同。

1. 直链淀粉的合成 直链淀粉的合成是单体之间形成 α-1,4-糖苷键。

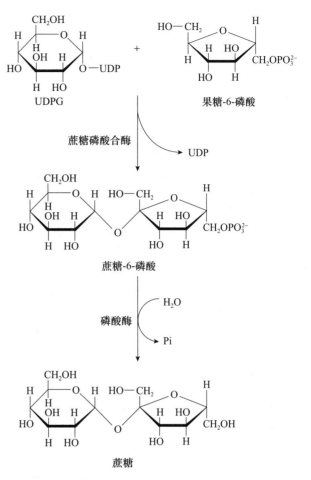

图 10-9 蔗糖的合成

催化直链淀粉合成的酶有 3 种：淀粉磷酸化酶、淀粉合酶和糖苷转移酶（D-酶）。淀粉磷酸化酶催化葡糖-1-磷酸合成淀粉，反应需要有引物存在，引物主要是葡萄糖以 α-1,4-糖苷键连接形成的淀粉或葡萄多糖。反应所需的最小引物分子为麦芽三糖。淀粉磷酸化酶催化 α-葡萄糖与引物的 C_4 非还原末端的羟基结合，使淀粉链延长。淀粉磷酸化酶的主要功能是分解淀粉或为其他酶反应提供引物，不是催化淀粉的合成。

葡糖-1-磷酸＋（引物）$_n$ ——→ （引物）$_{n+1}$＋Pi

淀粉合酶催化 UDPG（或 ADPG）与引物合成淀粉。UDPG（或 ADPG）作为葡萄糖的供体，此途径是淀粉合成的主要途径。

UDPG＋（引物）$_n$ ——→ （引物）$_{n+1}$＋UDP

或　ADPG＋（引物）$_n$ ——→ （引物）$_{n+1}$＋ADP

D-酶是一种糖苷转移酶，它可作用于 α-1,4-糖苷键，将一个麦芽多糖片段转移到葡萄糖、麦芽糖上，或其他含 α-1,4-键的多糖上。该酶能够催化合成"引物"用于淀粉合成。例如，D-酶可将麦芽三糖中的 2 个葡萄糖单位转移给另 1 个麦芽三糖，生成麦芽五糖，反应继续进行，便可使淀粉链延长。

2. 支链淀粉的合成　　与直链淀粉相比，支链淀粉的合成除了形成 α-1,4-糖苷键之外，还形成 α-1,6-糖苷键。催化 α-1,6-糖苷键形成的酶是 Q-酶，它能从直链淀粉的非还原末端处切下一段 6 或 7 个残基的寡聚糖片段，并将其转移到直链淀粉的一个葡萄糖残基的 6-羟基处，形成 α-1,6-糖苷键，从而形成分支结构。因此，支链淀粉分支的合成需用到 Q-酶与形成 α-1,4 键的淀粉合酶。

（二）糖原的合成

糖原是由多个葡萄糖组成的带分支的大分子多糖，相对分子质量一般为 $10^6 \sim 10^7$，是动物体内糖的贮存形式。糖原主要贮存在肌肉和肝中。动物糖原与植物淀粉虽然结构复杂程度不同，但它们的生物合成机制相似。

糖原在动物体内由糖原合酶合成。动物消化淀粉产生的葡糖-6-磷酸转化为葡糖-1-磷酸，再形成 UDPG 作为糖原合成的葡萄糖供体。糖原合酶催化的糖原合成反应需要至少含 4 个葡萄糖残基的 α-1,4-多聚葡萄糖作为引物。酶催化引物的非还原末端与 UDPG 反应，形成 α-1,4-糖苷链，使糖原链增加一个葡萄糖单位。糖原合酶只能促成 α-1,4-糖苷键，因此该酶催化反应生成为 α-1,4-糖苷键相连构成的直链多糖分子。动物糖原分支要比植物支链淀粉多。糖原分支的形成主要由分支酶催化形成 α-1,6-糖苷键。

（三）纤维素的合成

目前对纤维素合成机制的了解不多。研究表明植物纤维素的生物合成是由植物纤维素合酶和其他酶共同完成的复杂过程。与蔗糖和淀粉的合成一样，纤维素的合成也是以糖核苷酸作为葡萄糖供体。植物可以利用 GDPG 和 UDPG 作为供体，而细菌只能利用 UDPG 作为单糖供体合成纤维素。

第三节　糖代谢的应用

一、糖代谢与发酵

（一）酿酒工业

人类历史上，在几百年之前就开始利用发酵作用来为生产和生活服务。我国历史悠久的酿酒工艺就是利用微生物来发酵生成乙醇的过程。酿造白酒时以含淀粉物质为原料，如高粱、玉米、大米等，先用曲霉将淀粉分解成糖类，再由酵母将葡萄糖发酵生成乙醇。在发酵过程产生的其他挥发性酯类等会产生不同白酒的独特风味。啤酒以大麦为原料，经过麦芽糖化和啤酒酵母乙醇发酵制成。葡萄酒则以白葡萄或红葡萄为主要原料进行酿造。

（二）食品工业

发酵食品是指人们利用有益微生物加工制造的一类食品，主要包括乳制品（如酸奶、酸性奶油和干酪等）、豆制品（如豆腐乳、纳豆等）、调味品（如醋、酱油）等。发酵食品工业中，最常用的有酵母、曲霉及细菌中的乳酸菌等，其中乳酸菌与人类的健康关系十分密切。乳酸菌是一大类细菌的统称，广泛存在于自然界动植物体内。乳酸菌大多数是非致病菌，是人体内共生的正常菌群，属有益微生物。

二、糖代谢与人类健康

（一）糖代谢的调控与糖尿病

稳定的血糖浓度对人体十分重要，维持血糖的重要激素有胰岛素和胰高血糖素，其中胰岛素主要负责降低血糖，并促进糖原、脂肪和蛋白质的合成，是目前已知的机体内唯一降低血糖的激素。糖尿病是典型的代谢性疾病，以高血糖为主要特征，长期的高血糖会导致眼、肾、心、血管和神经的慢性损伤。糖尿病一般是由于胰岛素分泌缺陷或其生物作用受损导致的。糖尿病主要有 2 种类型：1 型糖尿病称为胰岛素依赖型糖尿病，发病年龄轻，多与自身免疫破坏胰岛细胞相关，需用胰岛素治疗；2 型糖尿病常见于中老年人和肥胖、高血压、血脂异常、动脉硬化者，发病原因复杂。在治疗中，需从药物、饮食和运动等多个环节入手。因此，养成健康和良好的生活习惯对于疾病的预防和治疗意义重大。

（二）糖代谢紊乱与肿瘤

人们研究发现，肿瘤细胞中存在糖代谢紊乱，其中包括对葡萄糖摄取的增多，糖酵解和戊糖磷酸途径的异常激活等。研究发现，肿瘤细胞对葡萄糖的摄取是普通细胞的数十倍，而且即使在有氧的条件下，肿瘤细胞的糖酵解途径仍然保持激活的状态。这种肿瘤细胞大量消耗葡萄糖却不能高效产能的现象是由著名科学家瓦尔堡于 20 世纪 20 年代提出的，因此称为瓦尔堡效应。实际上，肿瘤细胞对葡萄糖的大量消耗不仅是糖酵解的消耗，还与戊糖磷酸途径的异常活跃有关。我国学者的研究结果证实，著名抑制因子 P53 除了具有基因转录活性外，还能够在细胞质中直接抑制葡糖-6-磷酸脱氢酶（G6PD）的活性，阻止其形成有活性的二聚体，从而调控细胞的生物合成。在肿瘤细胞中，P53 的突变或缺失会导致 G6PD 的活性升高，促进生物合成。该研究成果提示我们，选择合适的药物干预戊糖磷酸途径对癌症治疗具有重要的潜在价值。很多研究也发现，一些天然的小分子化合物如鞣花酸和阿魏酸等能够对 G6PD 产生抑制作用，从而抑制肿瘤的增殖，这些天然资源也有待进一步研究和开发。

三、糖代谢与农业生产

（一）光合作用的研究与作物增产

农业生产中，提高作物产量的最主要手段就是提高植物对光能的利用效率，也就是提高植物光合作用的效率。光合作用的光反应涉及电子的传递，人为过表达电子传递链的成分如细胞色素复合物，就可以促进电子的转运，进而在一定程度上提高 CO_2 同化效率。此外，还可通过设计和改造光呼吸旁路来实现高产。人们已经开始尝试在烟草的叶绿体中人工合成多种光呼吸旁路，设计光呼吸旁路时相应的转基因烟草生长量大大优于野生烟草。因此，可通过生物工程手段提高植物光合作用和生物产量，有效促进农业生产。

（二）糖代谢与种子发育

植物种子中贮存了不同的生物大分子，它们的合成都是利用光合作用的产物作为主要碳源。此外，糖代谢与种子的发育和品质及产量等都有联系。蔗糖在源端进行光合作用合成后，通过质外体（apoplast）和共质体（symplast）途径装载到韧皮部进行远距离运输。在库端的韧皮部卸出后，可进一步转变为其他己糖（葡萄糖、果糖）或其他衍生物，这些物质可以进行分解代谢产生 ATP 或贮存在液泡中（水果类），也可以合成为淀粉、蛋白质和纤维素贮存起来（种子）。种子的发育是一个淀粉和蛋白质等生物大分子的合成过程，糖分的运输和代谢起着极为重要的作用。因此，研究糖代谢途径及途径中关键酶的调节，对于提高农业生产中作物的生长和利用效率有广泛的实践应用价值。

Hans Adolf Krebs 与三羧酸循环

　　Hans Adolf Krebs 是英籍犹太生物学家，他从小对医学研究充满向往。23岁获得医学博士学位后，Krebs 进入德国著名的瓦尔堡生物化学实验室，利用4年时间学习当时最先进的生物学研究手段。而后，Krebs 如愿以偿地成为一名医生。在繁忙的医生工作之余，他通过缜密的思维和巧妙的方法在一年内即揭示了尿素的合成机制——鸟氨酸循环。正当 Krebs 事业有成之际，由于纳粹政权的迫害，他不得不离开故乡，辗转逃到英国。在异国他乡，没有行医执照的 Krebs 无法继续他热爱的医生工作，幸而在英国皇家协会主席霍普金斯的帮助下来到英国剑桥大学继续生物氧化研究。经过5年的努力，37岁的 Krebs 与其实验室的博士生共同报道了令整个生物化学界震惊的伟大发现——三羧酸循环。从此也树立了代谢研究的新里程碑。

思考题

　　1. 戊糖磷酸途径的第一个酶（葡糖-6-磷酸脱氢酶）对 NAD^+ 的 K_m 比对 $NADP^+$ 的 K_m 大约高1000倍。葡糖-6-磷酸脱氢酶对 NAD^+ 还是对 $NADP^+$ 具有更高的专一性？为什么？这种专一性在调节分解代谢和合成代谢方面的意义是什么？

　　2. 把少量的琥珀酸加入肌肉匀浆组织中，会强烈引发丙酮酸氧化成 CO_2。如果组织与丙二酸保温，即使加入琥珀酸，丙酮酸的氧化也受阻，为什么？

　　3. 为什么糖原降解选用磷酸解而不是水解？

第十一章 脂 质 代 谢

本章彩图

第一节 脂质的分解

一、脂肪的分解代谢

脂肪（triacylglycerol）又称甘油三酯（triglyceride）或三酰甘油，是 3 分子脂肪酸和 1 分子甘油形成的酯（图 11-1）。脂肪广泛存在于动植物体内，其分解代谢可释放大量能量。1g 脂肪在体内完全氧化分解将产生 9kcal 能量，而 1g 蛋白质在体内完全氧化分解只产生 4kcal 能量，可见，脂肪完全氧化分解释放的能量约是同等质量蛋白质的 2.25 倍。

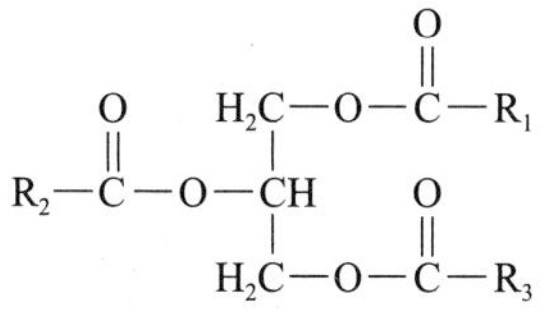

图 11-1　脂肪的结构

（一）脂肪的酶促降解

脂肪酶（lipase）分步水解脂肪中的 3 个酯键产生 3 分子脂肪酸和 1 分子甘油，具体过程如下：在脂肪酶的催化下，脂肪水解为脂肪酸和二酰甘油；后者在二酰甘油脂肪酶催化下水解为脂肪酸和单酰甘油；最后在单酰甘油脂肪酶的催化下，单酰甘油水解为脂肪酸和甘油（图 11-2）。水解生成的甘油和脂肪酸再按各自的代谢途径进行降解与转化。

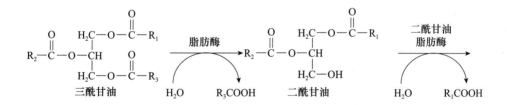

图 11-2　脂肪的水解过程

（二）甘油代谢

甘油在甘油激酶催化下消耗 1 分子 ATP 转变为甘油-3-磷酸，再经磷酸甘油脱氢酶催化转变为磷酸二羟丙酮（图 11-3）。磷酸二羟丙酮是糖酵解途径的中间产物，既可沿糖异生途径转变为糖，也可经糖酵解途径转变为丙酮酸，而后经氧化脱羧生成乙酰 CoA 进入三羧酸循环和呼吸链被完全氧化为 CO_2、H_2O，并释放 ATP。因此，磷酸二羟丙酮是联系糖代谢和甘油代谢的重要桥梁物质。

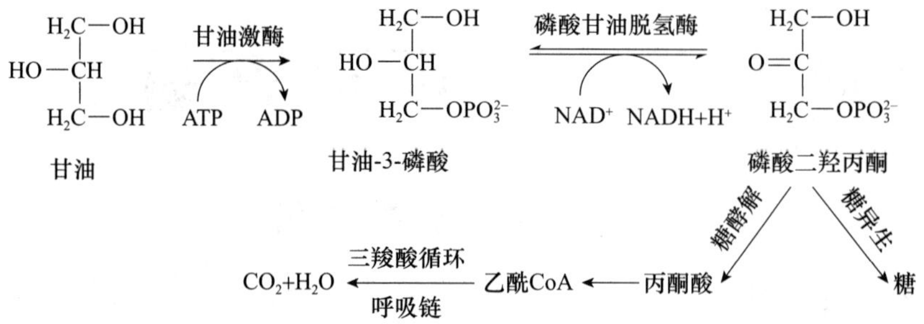

图 11-3　甘油的分解代谢

（三）脂肪酸的氧化

脂肪酸可通过 α-氧化、β-氧化、ω-氧化等途径进行降解（图 11-4），其中 β-氧化最主要，产物乙酰 CoA 可经过三羧酸循环和呼吸链彻底氧化为 CO_2 和 H_2O，同时释放 ATP。在萌发的油料种子中，乙酰 CoA 可进入乙醛酸循环生成琥珀酰，再通过三羧酸循环的部分反应和糖异生途径合成糖类物质；在动物肝细胞中，乙酰 CoA 可转变为酮体（图 11-4）。

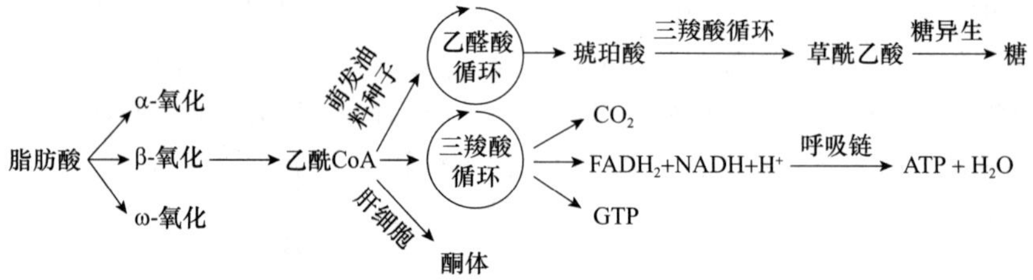

图 11-4　脂肪酸的降解方式与转化途径

1. 脂肪酸的 β-氧化　　1904 年德国生物化学家 Franz Knoop 首先推断出脂肪酸的 β-氧化（β-oxidation）。他用末端甲基上连有苯环标记的脂肪酸饲喂犬只，然后检测犬尿的产物。结果发现喂食偶数碳脂肪酸的犬尿中有苯乙酸，而喂食奇数碳脂肪酸的犬尿中有苯甲酸。据此，Knoop 推测无论碳链的长短，脂肪酸降解总是每次被水解下 1 个二碳单位。脂肪酸的氧化发生在 C_β 上，之后 C_α 和 C_β 之间的键发生断裂，从而水解下 1 个二碳单位，此二碳单位可能为乙酸。此后的实验进一步证实了 Knoop 提出的脂肪酸 β-氧化，但断裂下来的二碳单位是乙酰 CoA，不是乙酸。

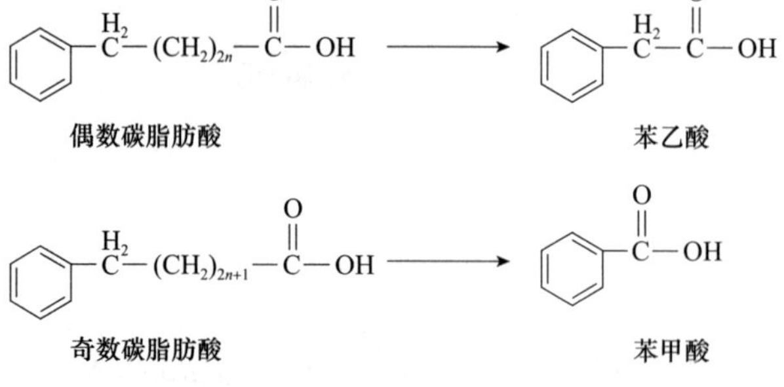

脂肪酸的 β-氧化主要在线粒体内进行，植物还可以在乙醛酸体中进行。超长链脂肪酸（>23 个碳）的 β-氧化则发生在过氧化物酶体中。其具体的步骤如下。

（1）脂肪酸活化为脂酰 CoA　　如同葡萄糖在氧化分解前被活化一样，脂肪酸进行 β-氧化前也必须被活化。脂肪酸的活化形式为脂酰 CoA。活化反应由细胞质基质中的脂酰 CoA 合成酶（acyl CoA synthetase）催化，需 ATP、CoA-SH 及 Mg^{2+} 参与，反应不可逆。活化反应中，ATP 转变为 AMP 和 PPi，PPi 又迅速被细胞内的焦磷酸酶水解，因此，每活化 1 分子脂肪酸需要消耗 2 个高能磷酸键。总反应如下：

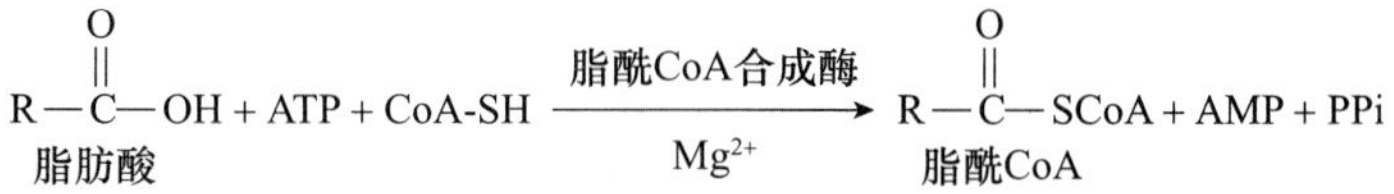

$$R-\overset{O}{\overset{\|}{C}}-OH + ATP + CoA\text{-}SH \xrightarrow[\ Mg^{2+}\ ]{\text{脂酰CoA合成酶}} R-\overset{O}{\overset{\|}{C}}-SCoA + AMP + PPi$$

脂肪酸　　　　　　　　　　　　　　　　　　　　　　脂酰CoA

（2）脂酰 CoA 通过肉碱穿梭系统进入线粒体　　脂肪酸 β-氧化的酶存在于线粒体基质内，因此细胞质基质中活化的脂酰 CoA 只有进入线粒体才能被氧化。而线粒体内膜有严格的选择性，长链脂酰 CoA 需借助肉碱穿梭系统（carnitine shuttle system）才能穿过线粒体内膜，转运至线粒体内。植物乙醛酸体中的 β-氧化过程不涉及肉碱穿梭系统的转运过程。肉碱（L-β-羟基-γ-三甲氨基丁酸），又称左旋肉碱（图 11-5 左），为极性小分子，在穿梭系统中所起的作用是作为脂酰基的中间受体。肉毒碱脂酰转移酶 I（carnitine acyltransferase I）催化肉碱的羟基与脂酰 CoA 的脂酰基以酯键相连形成脂酰肉碱（图 11-5 右），而肉毒碱脂酰转移酶 II 则催化其逆反应。

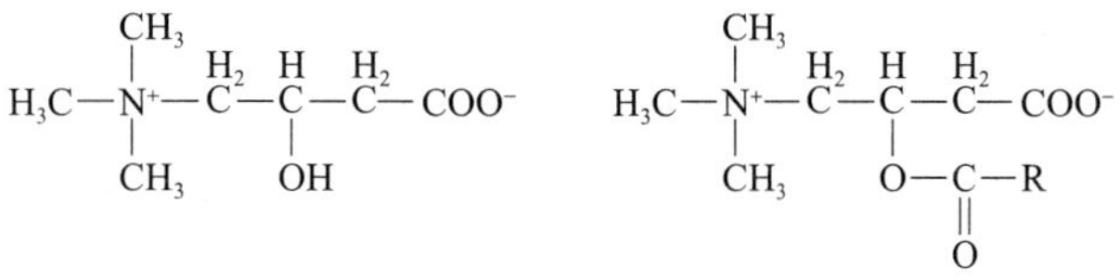

肉毒碱脂酰转移酶 I 和 II 是一组同工酶。肉毒碱脂酰转移酶 I 位于线粒体内膜外侧，催化长链脂酰 CoA 与肉碱合成脂酰肉碱。脂酰肉碱转位酶位于线粒体内膜上，转运脂酰肉碱至线粒体基质，同时将等分子的肉碱转运出线粒体内膜。肉毒碱脂酰转移酶 II 位于线粒体内膜的内侧，催化进入线粒体基质的脂酰肉碱重新转变为脂酰 CoA 并释放肉碱（图 11-6）。

图 11-5　肉碱（左）和脂酰肉碱（右）的结构

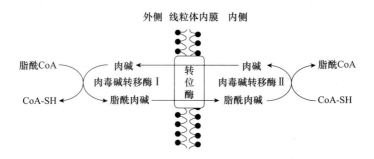

图 11-6　肉碱协助脂酰 CoA 穿越线粒体内膜

（3）β-氧化作用　　β-氧化作用是指在一系列酶的催化下，脂酰 CoA 的 C_β 发生氧化，C_α 和 C_β 之间的单键发生断裂，产生二碳单位乙酰 CoA 和比原来少 2 个碳原子的脂酰 CoA 的过程。脂酰 CoA 每进行一次 β-氧化都需经历脱氢、水化、再脱氢、硫解 4 步反应。

1）脱氢：脂酰 CoA 在脂酰 CoA 脱氢酶催化下，其 C_α 和 C_β 上各脱去 1 个氢，形成 Δ^2-反-烯脂酰 CoA；辅酶 FAD 接受 H 还原为 $FADH_2$。

$$\underset{\text{脂酰CoA}}{RCH_2CH_2C\sim SCoA} + FAD \xrightarrow[\text{脱氢酶}]{\text{脂酰CoA}} \underset{\Delta^2\text{-反-烯脂酰CoA}}{RCH_2CH=CH-\overset{O}{\overset{\|}{C}}\sim SCoA} + FADH_2$$

2）水化：Δ^2-反-烯脂酰 CoA 在烯脂酰 CoA 水化酶催化下，其反式双键处进行立体专一性加水，形成 L-β-羟脂酰 CoA。

$$RCH_2C=\overset{H}{\underset{H}{C}}-\overset{O}{\overset{\|}{C}}\sim SCoA + H_2O \xrightarrow[\text{水化酶}]{\text{烯脂酰CoA}} \underset{L\text{-}\beta\text{-羟脂酰CoA}}{RCH_2\overset{OH}{\overset{\|}{CH}}-CH_2\overset{O}{\overset{\|}{C}}\sim SCoA}$$

Δ^2-反-烯脂酰CoA

3）再脱氢：L-β-羟脂酰 CoA 在 β-羟脂酰 CoA 脱氢酶催化下，其 C_β 上脱去一对氢，生成 β-酮脂酰 CoA；辅酶 NAD^+ 接收 H 还原为 $NADH+H^+$。

$$\underset{L\text{-}\beta\text{-羟脂酰CoA}}{RCH_2\overset{OH}{\overset{\|}{CH}}-CH_2\overset{O}{\overset{\|}{C}}\sim SCoA} + NAD^+ \xrightarrow[\text{CoA脱氢酶}]{\beta\text{-羟脂酰}} \underset{\beta\text{-酮脂酰CoA}}{RCH_2\overset{O}{\overset{\|}{C}}-CH_2\overset{O}{\overset{\|}{C}}\sim SCoA} + NADH + H^+$$

4）硫解：β-酮脂酰 CoA 在 CoA-SH 参与下，经 β-酮脂酰 CoA 硫解酶催化，其 C_α 和 C_β 间的单键发生断裂，生成 1 分子乙酰 CoA 和少两个碳原子的脂酰 CoA。

$$\underset{\beta\text{-酮酯酰CoA}}{RCH_2\overset{O}{\overset{\|}{C}}-CH_2\overset{O}{\overset{\|}{C}}\sim SCoA} + CoA\text{-}SH \xrightarrow[\text{CoA硫解酶}]{\beta\text{-酮脂酰}} \underset{\text{少两个碳的脂酰CoA}}{RCH_2\overset{O}{\overset{\|}{C}}\sim CoA} + \underset{\text{乙酰CoA}}{CH_3CO\sim SCoA}$$

少了 2 个碳原子的脂酰 CoA 继续重复以上 4 步反应。每循环一次，均生成 1 分子乙酰 CoA 和比原来少 2 个碳原子的脂酰 CoA，同时生成 1 分子 $FADH_2$ 和 1 分子 $NADH+H^+$。如此重复循环，直至偶数碳脂肪酸最后降解为乙酰 CoA，奇数碳脂肪酸则降解为乙酰 CoA 和丙酰 CoA。

（4）脂肪酸经 β-氧化完全分解的能量计算　　以 1 分子软脂酸为例，需经 7 轮 β-氧化，最后生成 8 分子乙酰 CoA，7 分子 $FADH_2$ 和 7 分子 $NADH+H^+$。总反应式为：

$$C_{15}H_{31}COOH+8CoA\text{-}SH+ATP+7FAD+7NAD^++7H_2O \longrightarrow$$

$$8CH_3CO\sim SCoA+AMP+PPi+7FADH_2+7NADH+7H^+$$

8 分子乙酰 CoA 经三羧酸循环和呼吸链将产生 80 分子 ATP；7 分子 $FADH_2$ 和 7 分子 $NADH+H^+$ 进入呼吸链将产生 28 分子 ATP；由于软脂酸在活化时消耗 2 个高能键，所以 1 分子软脂酸彻底氧化分解将产生 106 分子 ATP。

（5）脂肪酸 β-氧化的生理作用

1）为机体生命活动提供大量能量。脂肪酸 β-氧化并不直接产生 ATP，但产生的乙酰 CoA、$FADH_2$ 和 $NADH+H^+$ 可分别进入三羧酸循环和呼吸链产生大量 ATP，其产生 ATP 的数量远高于同碳数目的糖类物质。例如，线粒体中含有 18 个碳原子的饱和脂肪酸硬脂酸完全氧化可产生 120 分子 ATP，而共含有 18 个碳原子的 3 分子葡萄糖在线粒体中完全氧化只能产生 90～96 分子 ATP（1 分子葡萄糖在线粒体中完成氧化分解可产生 30～32 分子 ATP）。

2）与呼吸链一起为机体提供代谢水。虽然 β-氧化在加水反应中消耗了水分子，但产生的乙酰 CoA、FADH₂ 和 NADH＋H⁺ 经彻底氧化可产生更多的水分子。像骆驼等生活在干燥缺水环境中的生物，β-氧化是它们获取水源的一种特殊手段。

（6）奇数脂肪酸的 β-氧化　　大于等于 5 个碳原子的奇数脂肪酸可以和偶数碳脂肪酸一样进行 β-氧化，直到产生丙酰 CoA 为止。丙酰 CoA 在丙酰 CoA 羧化酶、甲基丙二酸单酰 CoA 消旋酶和甲基丙二酸单酰 CoA 变位酶的催化下，最终转变为琥珀酰 CoA（图 11-7）。琥珀酰 CoA 可进入三羧酸循环进一步氧化分解，或转变为草酰乙酸后离开循环进入糖异生途径合成糖类。

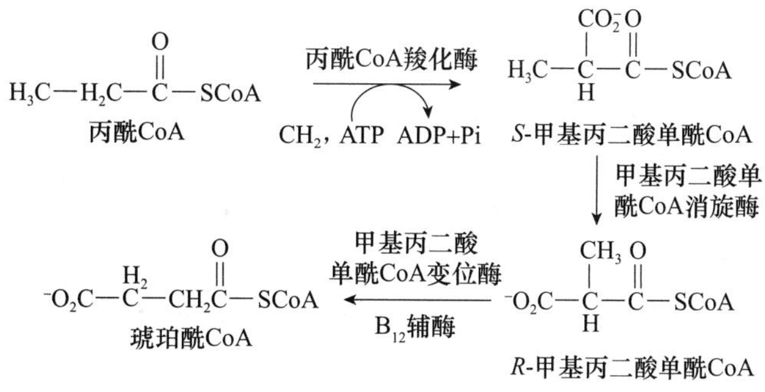

图 11-7　丙酰 CoA 转变为琥珀酰 CoA

奇数脂肪酸在自然界中的含量远低于偶数脂肪酸。但在反刍动物体内，奇数脂肪酸氧化放出的能量约占它们所需能量的 25%。此外，奇数脂肪酸 β-氧化产生的丙酰 CoA 可作为糖异生的前体合成糖类物质。因此，奇数脂肪酸在能量代谢中具有特别的作用。

人体如果缺乏甲基丙二酸单酰 CoA 变位酶，摄入的大量奇数脂肪酸将造成甲基丙二酸单酰 CoA 的积累；另外，摄入过量的可降解转化为丙酰 CoA 的氨基酸（如亮氨酸、异亮氨酸和甲硫氨酸）也会导致甲基丙二酸单酰 CoA 的积累。甲基丙二酸单酰 CoA 变位酶的辅酶为维生素 B₁₂，因此，维生素 B₁₂ 的缺乏也会导致甲基丙二酸单酰 CoA 的积累。甲基丙二酸单酰 CoA 可水解成游离的甲基丙二酸，它可抑制糖异生，从而导致低血糖和酮症的发生。

（7）不饱和脂肪酸的 β-氧化　　不饱和脂肪酸的降解同饱和脂肪酸基本类似，但进行 β-氧化时会遇到一些特别的困难，即如何处理位置和构型都"不合格"的顺式双键。因此不饱和脂肪酸除需要 β-氧化的全部酶外，单不饱和脂肪酸还需烯脂酰 CoA 异构酶（enoyl CoA isomerase）参与，多不饱和脂肪酸则需烯脂酰 CoA 异构酶和 2,4-二烯脂酰 CoA 还原酶（2,4-dienoy CoA reductase）参与。

以单不饱和脂肪酸油酸（18∶1Δ⁹）为例，其 β-氧化过程如下：油酸氧化时同饱和脂肪酸一样被活化并运至线粒体内。由于 C₉ 和 C₁₀ 间有一个双键，油酰 CoA 经三轮正常的 β-氧化后，形成 Δ³-顺-十二烯脂酰 CoA。Δ³-顺-十二烯脂酰 CoA 为烯脂酰 CoA 水化酶的"不合格"底物（该酶要求底物为反式结构），需在烯脂酰 CoA 异构酶的催化下异构化形成"合格"底物 Δ²-反-十二烯脂酰 CoA，至此 β-氧化继续正常进行，直至将其降解为乙酰 CoA（图 11-8）。因此，油酸与同碳数目的饱和脂肪酸硬脂酸相比，由于第 4 轮 β-氧化的第 1 次脱氢反应被双键异构化反应取代，

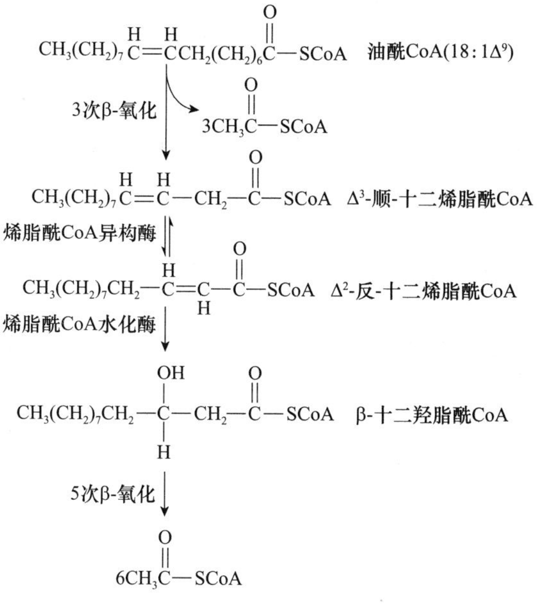

图 11-8　油酰 CoA 的氧化作用

故少产生 1 分子的 $FADH_2$。所以 1 分子油酸彻底氧化分解产生的 ATP 分子数为 118.5。多不饱和脂肪酸含有的双键使氧化降解时脱氢机会减少，且还原酶催化的反应还需要 $NADPH＋H^+$，因此降解所得的 ATP 数目要比同碳数目的饱和脂肪酸更少。

（8）过氧化物酶体内的 β-氧化　　超长链脂肪酸（＞23 个碳）不能进入线粒体进行 β-氧化，但可进入过氧化物酶体进行 β-氧化。发生在过氧化物酶体内的 β-氧化与线粒体内的 β-氧化十分相似，但也有不同：一是催化第 1 步反应的酶是脂酰 CoA 氧化酶（acyl CoA oxidase），而不是脂酰 CoA 脱氢酶。脂酰 CoA 氧化酶将脂酰 CoA 失去的电子经过 FAD 交给 O_2，而非呼吸链，从而形成 H_2O_2，因此无 ATP 生成。生成的 H_2O_2 被过氧化氢酶迅速分解为无害的 H_2O 和 O_2。二是产生的 NADH 和乙酰 CoA 需进入线粒体后才能进一步氧化分解。三是过氧化物酶体中的 β-氧化酶对短链的脂酰 CoA 不起作用，当碳链缩短到 6～8 个碳原子后，脂酰 CoA 需进入线粒体才能继续进行 β-氧化。

2. 脂肪酸的 α-氧化　　脂肪酸的 α-氧化是指脂肪酸的 α-碳原子在单加氧酶的催化下氧化形成 α-羟脂酸，再转变为酮酸，然后脱羧生成 1 分子 CO_2 和比原来少 1 个碳原子的脂肪酸的过程。α-氧化既可发生在内质网，也可发生在线粒体或过氧化物酶体中，但无 ATP 生成。1956 年，Stumpf 首次在植物种子及叶片中发现了 α-氧化，此后，在动物脑细胞和肝细胞中也发现了它的存在。α-氧化作用对于生物体内奇数碳脂肪酸及其衍生物的形成、含甲基的支链脂肪酸及过长（如 C_{22}，C_{24}）脂肪酸的氧化降解起重要作用。例如，植烷酸因其 C_β 上的甲基使其无法直接进行 β-氧化，须先通过 α-氧化去除 1 个碳原子，而后再进行 β-氧化。

人的正常饮食中含有大量的植烷酸或它的前体植烷醇，因此 α-氧化作用的正常运行对于这类脂肪酸的代谢必不可少。雷夫叙姆综合征（Refsum syndrome）患者由于缺乏 α-氧化相关的酶而导致摄入的植烷酸在体内积累而中毒。目前这种疾病无特别的治疗方式，只能通过严格控制饮食中植烷酸的摄入来防止其在体内的积累。

3. 脂肪酸的 ω-氧化　　ω-氧化是指脂肪酸的末端碳原子（ω-碳）发生氧化，加上一个羟基，生成 ω-羟脂酸，羟基继续氧化，脂肪酸转变为 α,ω-二羧酸的过程。α,ω-二羧酸的两端能同时进行 β-氧化，这有利于加速脂肪酸降解，因此 α,ω-二羧酸在脂肪酸降解代谢中具有一定的优势。

$$CH_3(CH_2)_nCOO^- \longrightarrow HOCH_2(CH_2)_nCOOH \longrightarrow {}^-OOC(CH_2)_nCOO^-$$

动物体内，短链脂肪酸（＜12 个碳）的氧化降解采用 ω-氧化进行。植物体内，ω 端具含氧官能团（醇基、羰基或羧基）脂肪酸的生成需 ω-氧化的参与。海洋中的某些浮游细菌能降解海面上的浮油，油浸土壤中分离出的一些好氧性细菌能迅速把烃或脂肪酸降解成水溶性产物，这些反应的起始步骤本质上都是 ω-氧化作用。这些起始于 ω-氧化并能迅速降解烃或脂肪酸的细菌的发现，使在脂肪酸分解代谢中不占主要地位的 ω-氧化作用日益受到重视。

4. 脂肪酸分解代谢的调控　　脂肪酸的主要氧化方式为 β-氧化。脂酰 CoA 通过线粒体内膜进入线粒体基质是脂肪酸 β-氧化的限速步骤。肉碱脂酰转移酶 I 是此转运过程的限速酶，丙二酸单酰 CoA 是该酶的抑制剂，丙二酸单酰 CoA 同时又是脂肪酸从头合成二碳单位的直接供体。当机体糖类供应充足时，合成的丙二酸单酰 CoA 抑制肉碱脂酰转移酶 I 的活性，使脂肪酸的 β-氧化被抑制。相反，当糖类供应不足（如饥饿或低糖高脂膳食）或不能有效利用糖（如糖尿病）时，需脂肪酸供能，肉碱脂酰转移酶 I 活性增强，脂肪酸 β-氧化加速。

（四）脂肪酸代谢的特殊途径

脂肪酸 β-氧化的产物乙酰 CoA 通常在线粒体内经三羧酸循环和呼吸链彻底氧化为 CO_2 和

H_2O，同时释放 ATP。而在动物肝细胞中，脂肪酸 β-氧化的产物乙酰 CoA 还可转变为酮体。在萌发的油料种子的乙醛酸体中，乙酰 CoA 可进入乙醛酸循环生成琥珀酰。

1. 动物酮体的生成和利用　　在饥饿、禁食或某些病理状态下（如糖尿病），为了给机体提供能量，动物体内的脂肪动员加强，大量脂肪酸被肝细胞吸收和氧化。为了维持血糖浓度的稳定，体内的糖异生也被激活。三羧酸循环的起始物草酰乙酸因作为糖异生原料被不断消耗，从而导致肝细胞内草酰乙酸浓度的急剧降低，进而影响三羧酸循环的进行。此时，脂肪酸 β-氧化产生的大量乙酰 CoA 因得不到及时氧化而出现堆积，进而导致酮体（ketone body）的产生。酮体包括乙酰乙酸、β-羟丁酸和丙酮。

（1）酮体的生成　　酮体生成的场所是肝细胞的线粒体基质，其生成过程如图 11-9 所示。

1）乙酰乙酸：2 分子乙酰 CoA 在乙酰乙酰 CoA 硫解酶催化下缩合成 1 分子乙酰乙酰 CoA，并释放 1 分子 CoA-SH；合成的乙酰乙酰 CoA 与另外 1 分子乙酰 CoA 在羟甲基戊二酸单酰 CoA 合成酶（HMG CoA synthase）的催化下缩合成羟甲基戊二酸单酰 CoA（HMG CoA），并释放 1 分子 CoA-SH，HMG CoA 合成酶是酮体合成的关键酶；HMG CoA 在 HMG CoA 裂解酶（HMG CoA lyase）催化下生成乙酰乙酸，并释放 1 分子乙酰 CoA。此过程相当于 2 分子乙酰 CoA 在一系列酶催化下转变为 1 分子乙酰乙酸。

2）β-羟丁酸：乙酰乙酸在 β-羟丁酸脱氢酶催化下还原成 β-羟丁酸，供氢体为 NADH。

3）丙酮：乙酰乙酸可在乙酰乙酸脱羧酶催化下脱羧或者自发脱羧生成丙酮。

（2）酮体的利用　　酮体虽在肝细胞中产生，但并不能在肝细胞中利用。因为肝细胞缺乏利用酮体的琥珀酰 CoA 转硫酶或乙酰乙酰 CoA 硫解酶。而肝外组织如心、

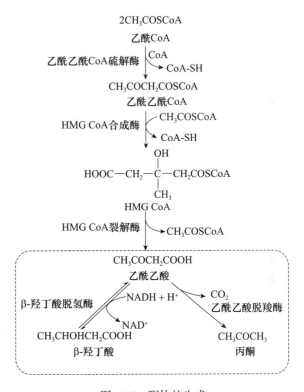

图 11-9　酮体的生成

肾、脑及骨骼肌的线粒体中这 2 种酶的活性很强。因此，肝细胞生成的酮体需经血液循环运输到肝外组织被氧化利用。酮体的利用如图 11-10 所示。

琥珀酰 CoA 转硫酶可使琥珀酰 CoA 上的 CoA 转移到乙酰乙酸，使其转变为乙酰乙酰 CoA。此外，在 ATP 和 CoA-SH 参与下，乙酰乙酰 CoA 硫解酶也可催化乙酰乙酸形成乙酰乙酰 CoA。重新形成的乙酰乙酰 CoA 在乙酰乙酰 CoA 硫解酶催化下转变为乙酰 CoA，再进入三羧酸循环被氧化分解。β-羟丁酸先在 β-羟丁酸脱氢酶催化下生成乙酰乙酸，再按上述乙酰乙酸的利用被氧化分解。而丙酮主要经肺呼出体外，也可在一系列酶催化下转变为丙酮酸。从酮体的代谢可以看出，肝组织将乙酰 CoA 转变为酮体，而肝外组织再将酮体转变为乙酰 CoA，这并不是一种无效的循环，而是乙酰 CoA 在体内的运输形式。肝组织正是以酮体的形式将乙酰 CoA 通过血液循环运送到肝外组织。

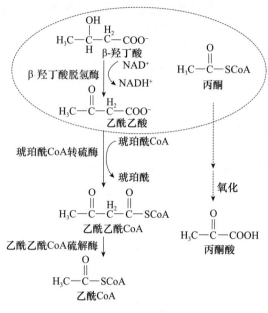

图 11-10　酮体的利用

（3）酮体生成的意义　　酮体是脂肪酸在肝细胞内进行正常分解代谢形成的中间代谢产物，易被运输到肝外组织，是肝输出能源的一种形式。酮体溶于水，分子质量小，能通过血脑屏障及肌肉组织的毛细血管壁，是脑组织和肌肉在糖类供应不足时的重要能源。脑组织不能氧化脂肪酸，却能利用酮体。糖供应不足时，酮体可代替葡萄糖，成为脑组织及肌肉的主要能源。

正常情况下，人和动物需要的能量主要由糖类氧化供能，因此血液中酮体含量极少。只有在糖类供应不足时才由脂肪和蛋白质氧化供能。在某些生理情况（如饥饿、禁食）或病理情况（如糖尿病）下，由于长期的糖来源或糖氧化供能障碍，脂肪动员加强，脂肪酸就成了人体的主要供能物质。若酮体的生成量超过肝外组织利用酮体的能力，则血液中酮体浓度升高，导致酮血症和酮尿症。此外，乙酰乙酸和 β-羟丁酸都是酸性物质，酮体在体内的大量堆积还会引起酸中毒。

2. 植物乙醛酸循环　　乙醛酸循环存在于某些正在萌发的油料种子形成的乙醛酸体中，是植物体内脂肪酸转化为碳水化合物的一条重要途径。一些细菌、藻类中也存在乙醛酸循环。但动物、高等植物的营养器官或正在发育的非油料种子中不存在乙醛酸循环。

（1）乙醛酸循环的化学历程

乙醛酸循环包含5步反应：第1步为柠檬酸合酶催化草酰乙酸与乙酰CoA缩合形成柠檬酸，同时释放CoA-SH；第2步为柠檬酸在顺乌头酸酶催化下转变为异柠檬酸；第3步为异柠檬酸裂解酶（isocitrate lyase）催化异柠檬酸裂解为琥珀酸和乙醛酸；第4步为苹果酸合酶（malate synthase）催化乙醛酸与乙酰CoA生成苹果酸，同时释放CoA-SH；第5步为苹果酸脱氢酶催化苹果酸脱氢转变为草酰乙酸，至此形成一个循环（图11-11）。

乙醛酸循环的第1、2、5步反应同三羧酸循环的第1、2、8步反应相同。乙醛酸循环特有的

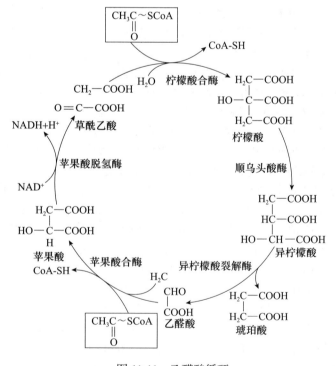

图 11-11　乙醛酸循环

反应为异柠檬酸裂解酶和苹果酸合酶催化的反应。因此，异柠檬酸裂解酶和苹果酸合酶是乙醛酸循环的 2 个关键酶。乙醛酸循环总反应为 2 分子乙酰 CoA 生成 1 分子琥珀酸：

$$2CH_3C{\sim}SCoA + NAD^+ + 2H_2O \longrightarrow \begin{matrix} CH_2{-}COOH \\ | \\ CH_2{-}COOH \end{matrix} + 2CoA{-}SH + NADH + H^+$$

乙酰CoA　　　　　　　　　　琥珀酸

　　（2）乙醛酸循环的生物学意义　　油料植物种子萌发时细胞内会出现大量乙醛酸体，且乙醛酸体含有脂肪酸 β-氧化和乙醛酸循环的整套酶系，因此能将种子中的营养贮备物脂肪水解产生的脂肪酸经 β-氧化分解为乙酰 CoA，后者通过乙醛酸循环转变为琥珀酸。乙醛酸循环生成的琥珀酸进入线粒体后，再经三羧酸循环的部分反应转变为草酰乙酸，后者进入细胞质基质沿糖异生途径转变为糖，并以蔗糖的形式运至种苗的其他组织，供给种子生长所需的能源和碳源（图 11-12）。当幼苗能独立进行光合作用时，乙醛酸体消失。对于含有乙醛酸体的细菌和藻类，乙醛酸循环使它们能够仅以乙酸盐作为能源和碳源生长。

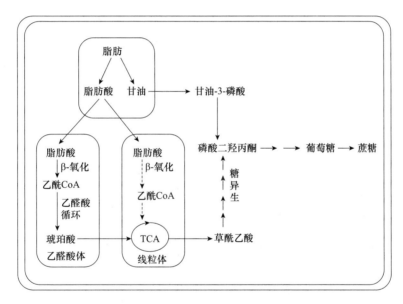

图 11-12　油料种子萌发时脂肪酸分解与碳水化合物代谢的关系

二、磷脂的分解代谢

　　磷脂（phospholipid）是含有磷酸基团的脂类，包括甘油磷脂（glycerophosphatide）和鞘磷脂（sphingomyelin）。磷脂是生物膜的重要成分。

　　1. 甘油磷脂的分解代谢　　甘油磷脂是一类以甘油为骨架的磷脂。常见的甘油磷脂有磷脂酰胆碱（卵磷脂，简称 PC）、磷脂酰乙醇胺（脑磷脂，简称 PE）、磷脂酰肌醇（肌醇磷脂，简称 PI）、磷脂酰丝氨酸（简称 PS）和二磷脂酰甘油等。水解甘油磷脂的酶统称为磷脂酶（phospholipase）。根据裂解酯键位置的不同，磷脂酶可分为磷脂酶 A_1、磷脂酶 A_2、磷脂酶 C 和磷脂酶 D 4 类。磷脂酶 A_1 和磷脂酶 A_2 能切下甘油磷脂的脂肪酸部分，磷脂酶 C 和磷脂酶 D 能专一性地水解磷酸酯键（图 11-13）。水解产物脂肪酸、甘油、磷酸和以 X 代表的含有羟基的有机基团（如胆碱、乙醇胺、丝氨酸等）进入各自的代谢途径进行代谢。

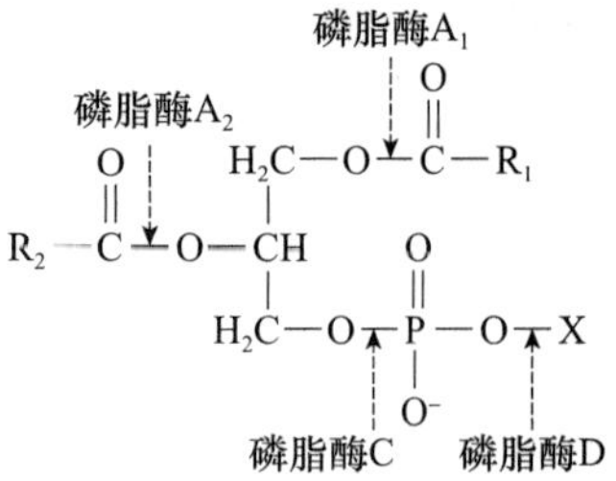

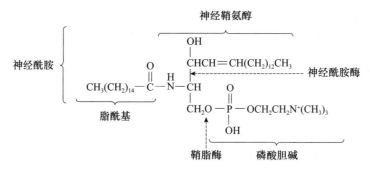

图 11-13 甘油磷脂的水解

2. 鞘磷脂的分解代谢 鞘磷脂是以鞘氨醇为骨架的磷脂，它的水解是在溶酶体中进行，参与水解的酶有鞘脂酶（sphingomyelinase）和神经酰胺酶（ceramidase）。其中，鞘脂酶将鞘磷脂水解为神经酰胺和磷酸胆碱，神经酰胺酶再将神经酰胺进一步水解为神经鞘氨醇和脂肪酸（图 11-14）。水解产物磷酸胆碱、神经鞘氨醇和脂肪酸进入各自的代谢途径进行代谢。

图 11-14 鞘磷脂的水解

三、胆固醇的分解代谢

胆固醇是动物组织中一类含量丰富的甾醇类物质，结构如图 11-15 所示。胆固醇在生物体内不能彻底氧化分解为 CO_2 和 H_2O，但可经氧化还原等反应转变为有生理功能的类固醇物质，如胆酸及其衍生物、类固醇激素、维生素 D_3 等。

1. 胆固醇转化为胆酸及其衍生物 胆固醇在羟化酶和脱氢酶的催化下，其 C_2、C_{12} 发生羟基化，侧链 C_{24} 氧化成羧基，从而转变为胆酸。胆酸在消耗 ATP 的条件下可形成胆酰 CoA。胆酰 CoA 与甘氨酸或牛磺酸缩合则形成甘氨胆酸或牛磺胆酸，这两种胆汁酸盐是有效的优质乳化剂，在油脂的消化和脂溶性维生素的吸收中有重要作用。

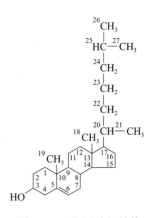

图 11-15 胆固醇的结构

2. 胆固醇转化为类固醇激素 胆固醇在羟化酶、脱氢酶、异构酶和裂解酶的催化下，可转化为雌激素、雄激素、黄体酮、糖皮质激素和盐皮质激素等类固醇激素。

3. 胆固醇转化为维生素 D_3 胆固醇先转化为 7-脱氢胆固醇，后者在紫外光照射下，其 C_9 与 C_{10} 间开环，再进一步转化为维生素 D_3。

第二节　脂质的合成

一、脂肪的生物合成

甘油和脂肪酸是合成脂肪的原料，但二者需先转变为其活化形式——甘油-3-磷酸和脂酰

CoA，然后才能在系列酶的催化下合成脂肪。因此脂肪的生物合成包括甘油-3-磷酸的生物合成、脂肪酸的生物合成及其活化、脂肪合成 3 个环节。

（一）甘油-3-磷酸的生物合成

甘油-3-磷酸的生成方式有 2 种：一种是在细胞质中，由磷酸甘油脱氢酶催化糖酵解途径的中间产物磷酸二羟丙酮还原生成甘油-3-磷酸；另一种是在甘油激酶催化下，消耗 1 分子 ATP，甘油转变为甘油-3-磷酸。

$$
\begin{array}{c}
CH_2OH \\
| \\
C=O \\
| \\
CH_2OP
\end{array}
+ NADH + H^+ \xrightleftharpoons{\text{磷酸甘油脱氢酶}}
\begin{array}{c}
CH_2OH \\
| \\
HOCH \\
| \\
CH_2OP
\end{array}
+ NAD^+
$$

$$
\begin{array}{c}
CH_2OH \\
| \\
CHOH \\
| \\
CH_2OH
\end{array}
+ ATP \xrightarrow[Mg^{2+}]{\text{甘油激酶}}
\begin{array}{c}
CH_2OH \\
| \\
CHOH \\
| \\
CH_2OP
\end{array}
+ ADP
$$

甘油　　　　　　　　　　**甘油-3-磷酸**

（二）脂肪酸的生物合成

生物体内的脂肪酸多种多样，有短链、长链，以及饱和、不饱和脂肪酸之分，因此其合成过程也有所不同。根据脂肪酸碳链的长度及饱和程度，脂肪酸的生物合成可分为饱和脂肪酸的从头合成、饱和脂肪酸的延长和不饱和脂肪酸的合成等不同途径。

1. 饱和脂肪酸的从头合成　　脂肪酸的从头合成（*de novo* synthesis）是以乙酰 CoA 为原料，在乙酰 CoA 羧化酶和脂肪酸合成酶系的催化下，合成不超过 16 个碳原子的饱和脂肪酸的过程。脂肪酸的从头合成发生在动物细胞的细胞质基质、植物叶细胞的叶绿体和种子细胞的前质体。其过程分为乙酰 CoA 的转运、丙二酸单酰 CoA 的生成和脂肪酸链的合成 3 个阶段。图 11-16 为软脂酸生物合成示意图。

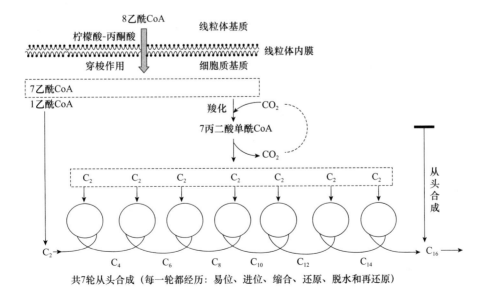

共 7 轮从头合成（每一轮都经历：易位、进位、缩合、还原、脱水和再还原）

图 11-16　软脂酸生物合成示意图

（1）乙酰 CoA 的转运   脂肪酸从头合成的原料乙酰 CoA 主要来自线粒体内丙酮酸氧化脱羧、氨基酸氧化等反应。由于乙酰 CoA 不能直接穿过线粒体内膜，需要通过柠檬酸-丙酮酸穿梭进入细胞质基质：柠檬酸合酶催化线粒体内的乙酰 CoA 与草酰乙酸缩合生成柠檬酸；后者经线粒体内膜上的三羧酸载体运至细胞质基质；细胞质基质中的柠檬酸裂解酶催化柠檬酸裂解为草酰乙酸和乙酰 CoA，此步反应消耗 1 分子 ATP；生成的乙酰 CoA 用于脂肪酸合成，而草酰乙酸由于不能直接穿过线粒体内膜，需经苹果酸脱氢酶还原为苹果酸；苹果酸可直接被转运至线粒体内，也可在苹果酸酶的催化下氧化脱羧转变为丙酮酸，同时生成 1 分子 NADPH＋H＋，NADPH＋H＋可为脂肪酸合成提供还原力；丙酮酸被转运至线粒体后，在丙酮酸羧化酶催化下转变为草酰乙酸，参与下一次乙酰 CoA 的转运。柠檬酸-丙酮酸穿梭过程见图 11-17。

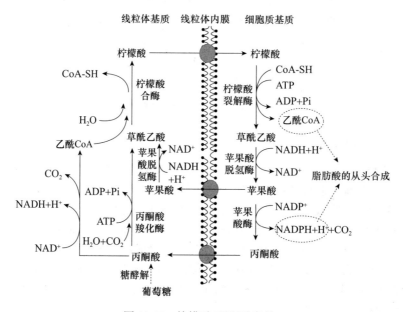

图 11-17   柠檬酸-丙酮酸穿梭

（2）丙二酸单酰 CoA 的生成   乙酰 CoA 除了作为脂肪酸从头合成的"引物"外不能直接参与反应，需在乙酰 CoA 羧化酶（acetyl CoA carboxylase，ACC）催化下羧化为活性形式丙二酸单酰 CoA。此反应不可逆，是脂肪酸合成的限速步骤。反应所需的 CO_2 以 HCO_3^- 提供，能量由 ATP 水解提供。

$$CH_3-\overset{\overset{\displaystyle O}{\|}}{C}-SCoA + HCO_3^- + ATP \longrightarrow HOOC-CH_2-\overset{\overset{\displaystyle O}{\|}}{C}-SCoA + ADP + Pi$$

乙酰CoA   丙二酸单酰CoA

作为脂肪酸从头合成的限速酶，乙酰 CoA 羧化酶有 3 个亚基：生物素羧化酶、羧基转移酶和生物素羧基载体蛋白（biotin carboxyl carrier protein，BCCP），其中 BCCP 上连接有生物素。

$$HCO_3^- + H^+ + ATP \diagdown \quad BCCP \quad \diagup HOOCCH_2\overset{\overset{\displaystyle O}{\|}}{C}\sim SCoA$$

生物素 ⟩羧化酶   羧基⟩ 转移酶

$$ADP + Pi \diagup \quad BCCP-CO_2 \quad \diagdown CH_3\overset{\overset{\displaystyle O}{\|}}{C}\sim SCoA$$

（3）脂肪酸合成酶系　　脂肪酸的合成由脂肪酸合成酶系（FAS）催化完成。脂肪酸合成酶系包含6种酶和1个酰基载体蛋白（ACP）。这6种酶分别是乙酰CoA-ACP酰基转移酶（AT）、丙二酸单酰CoA-ACP酰基转移酶（MAT）、β-酮脂酰-ACP合酶（KS）、β-酮脂酰-ACP还原酶（KR）、β-羟脂酰-ACP脱水酶（DH）和烯脂酰-ACP还原酶（ER）。ACP首次从大肠杆菌分离得到。不同生物的ACP组成十分相似。大肠杆菌ACP是77个氨基酸残基组成的热稳定蛋白，其第36位丝氨酸的羟基与磷酸泛酰巯基乙胺的磷酸基以酯键相连（图11-18）。ACP上的活性巯基（—SH）可与脂酰基形成硫酯键。在脂肪酸合成时，ACP借助磷酸泛酰巯基乙胺这个"摆臂"，将脂酰基有序"吊运"到各个酶的活性中心，依次发生相应反应（图11-19）。脂肪酸合成酶系中除ACP上的活性巯基外，β-酮脂酰-ACP合酶上还存在一个由Cys提供的活性巯基。通常将ACP上的巯基称为中央巯基，β-酮脂酰-ACP合酶上的巯基称为外围巯基。中央巯基和外围巯基协同配合用于脂肪酸合成过程中脂酰基的运载（图11-20）。

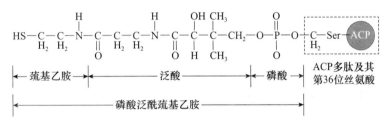

图11-18　ACP的辅基结构

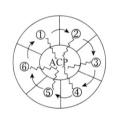

图11-19　ACP的作用模式
①～⑥分别表示脂肪酸合成酶系的6种酶：AT、
MAT、KS、KR、DH、ER。图11-20～图11-22同此

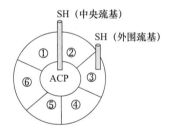

图11-20　脂肪酸合成酶系上的
中央巯基和外围巯基

　　脂肪酸合成酶系中的各种酶与ACP的装配因生物类型不同而有所差异。大肠杆菌的脂肪酸合成酶系是上述6种酶围绕ACP组成的一个多酶复合体（图11-21）。酵母的脂肪酸合成酶系由6个异源二聚体组成，异源二聚体的多功能α链具有ACP功能、β-酮脂酰-ACP合酶和β-酮脂

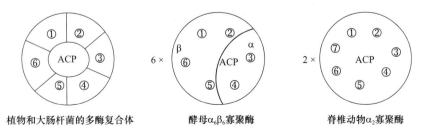

图11-21　脂肪酸合成酶系模式图
⑦表示硫酯酶

酰-ACP 还原酶活性；多功能 β 链则具有其余的 4 种酶活性。2020 年，科学家发现了酵母脂肪酸合成酶系的调节亚基——γ 亚基。γ 亚基具有调节脂肪酸合成酶系的酶活性（尤其是还原酶活性）的功能。植物的脂肪酸合成酶系同大肠杆菌相似，由上述 6 种酶围绕 ACP 组成。动物的脂肪酸合成酶系是含 2 个相同多功能亚基的二聚体，每个多功能亚基具有 ACP 活性、上述 6 种酶活性和硫酯酶（thioesterase，TE）活性。

（4）脂肪酸的从头合成过程　　脂肪酸合成酶系的 6 种酶分别催化脂肪酸从头合成的 6 步反应：易位、进位、缩合、还原、脱水和再还原。

1）乙酰基的进位与易位（启动）：乙酰 CoA-ACP 酰基转移酶催化乙酰 CoA 的乙酰基与 ACP 上的中央巯基连接生成乙酰-ACP，随后乙酰基被转移至 β-酮脂酰-ACP 合酶的外围巯基上生成乙酰-S-E，空出中央巯基。哺乳动物体内不经过乙酰-ACP 中间体。

$$CH_3C-SCoA \xrightarrow{\quad ACP\text{-}SH \quad CoA \quad} CH_3C-SACP \xrightarrow{\quad 合酶\text{-}SH \quad ACP\text{-}SH \quad} CH_3C-S-合酶$$

乙酰CoA　　　　　　　　　　　乙酰-ACP　　　　　　　　　　乙酰-S-E

2）丙二酸单酰基的进位（装载）：丙二酸单酰 CoA-ACP 酰基转移酶催化丙二酸单酰 CoA 的丙二酸单酰基转移至 ACP 的中央巯基上，生成丙二酸单酰-ACP。

$$HOOCCH_2C-SCoA + ACP\text{-}SH \longrightarrow HOOCCH_2C-SACP + CoA\text{-}SH$$

丙二酸单酰CoA　　　　　　　　　　丙二酸单酰-ACP

3）缩合：β-酮脂酰-ACP 合酶催化其上连接的乙酰基与 ACP 上连接的丙二酸单酰基缩合成乙酰乙酰-ACP，同时释放 1 分子 CO_2，此 CO_2 正是乙酰 CoA 羧化反应引入的碳原子。

$$CH_3C-S-合酶 + HOOCCH_2C-SACP \longrightarrow CH_3CCH_2C-SACP + 合酶\text{-}SH + CO_2$$

乙酰-S-E　　　　　　丙二酸单酰-ACP　　　　乙酰乙酰-ACP

4）还原：β-酮脂酰-ACP 还原酶催化乙酰乙酰-ACP 还原成为 β-羟丁酰-ACP，$NADPH+H^+$ 提供还原力。

$$CH_3CCH_2C-SACP + NADPH + H^+ \longrightarrow CH_3CHCH_2C-SACP + NADP^+$$

乙酰乙酰-ACP　　　　　　　　　　　β-羟丁酰-ACP

5）脱水：β-羟脂酰-ACP 脱水酶催化 β-羟丁酰-ACP 的 C_α 与 C_β 间脱水，生成 Δ^2-反-丁烯酰-ACP。

$$CH_3CHCH_2C-SACP \longrightarrow CH_3CH=CHC-SACP + H_2O$$

β-羟丁酰-ACP　　　　　　　Δ^2-反-丁烯酰-ACP

6）再还原：烯脂酰-ACP 还原酶催化 Δ^2-反-丁烯酰-ACP 还原为丁酰-ACP，$NADPH+H^+$ 提供还原力。

$$\underset{\Delta^2\text{-反-丁烯酰-ACP}}{CH_3CH{=}CH\overset{\overset{O}{\|}}{C}{-}SACP} + NADPH{+}H^+ \longrightarrow \underset{\text{丁酰-ACP}}{CH_3CH_2CH_2\overset{\overset{O}{\|}}{C}{-}SACP} + NADP^+$$

经上述 6 个反应，消耗分子丙二酸单酰 CoA，在"引物"乙酰基上添加 1 个二碳单位合成了丁酰-ACP。合成的丁酰-ACP 直接经转酰基作用易位到外围巯基上生成丁酰-S-E，空出的中央巯基接受下一个丙二酸单酰 CoA 进位生成丙二酸单酰-ACP，外围巯基上的丁酰-S-E 与中央巯基上的丙二酸单酰-ACP 经缩合、还原、脱水、再还原即生成己酰-ACP。重复上述易位、进位、缩合、还原、脱水和再还原的反应，每重复一次即可增加 1 个二碳单位，直至生成软脂酰-ACP 为止（图 11-22）。经过 7 轮上述反应即可合成 1 分子软脂酸。但由于 β-酮脂酰-ACP 合酶只对 2 碳～14 碳的脂酰-ACP 有催化活性，故从头合成只能合成不超过 16 个碳原子的饱和脂酰-ACP。

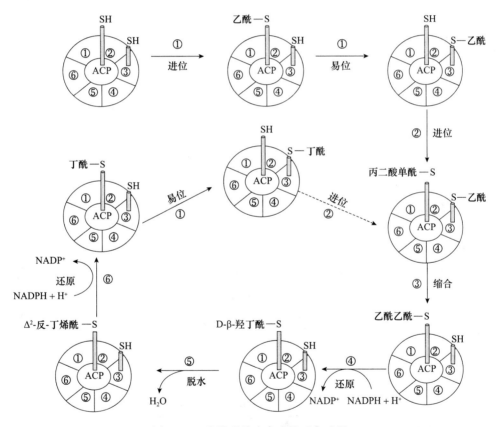

图 11-22　脂肪酸从头合成的反应过程

软脂酸的释放：当碳链延长到 16 个碳原子并还原成软脂酰-ACP 时，硫酯酶催化软脂酰-ACP 上的软脂酰基转移给水分子，反应终产物软脂酸从 ACP 上释放。反应式为：

$$\text{软脂酰-ACP} + H_2O \longrightarrow \text{软脂酸} + \text{ACP-SH}$$

从头合成过程中，软脂酸甲基端的两个碳直接来自"引物"乙酰 CoA 的乙酰基，其他二碳单位均来自丙二酸单酰 CoA。故合成 1 分子软脂酸需要 1 分子乙酰 CoA、7 分子丙二酸单酰 CoA 和 14 分子 NADPH＋H$^+$（图 11-16）。综上所述，由乙酰 CoA 合成软脂酸的 2 步反应式为：

$$7\text{乙酰 CoA}+7\text{ATP}+7\text{CO}_2 \longrightarrow 7\text{丙二酸单酰 CoA}+7\text{ADP}+7\text{Pi}$$

$$\text{乙酰 CoA}+7\text{丙二酸单酰 CoA}+14\text{NADPH}+14\text{H}^+ \longrightarrow \text{软脂酸}+7\text{CO}_2+14\text{NADP}^++8\text{CoA-SH}+6\text{H}_2\text{O}$$

总反应式则为：

$$8\text{乙酰 CoA}+14\text{NADPH}+14\text{H}^++7\text{ATP} \longrightarrow \text{软脂酸}+14\text{NADP}^++8\text{CoA-SH}+6\text{H}_2\text{O}+7\text{ADP}+7\text{Pi}$$

脂肪酸从头合成所需的 $\text{NADPH}+\text{H}^+$，约 60% 由戊糖磷酸途径提供，其余的则由苹果酸经苹果酸酶催化的反应提供。叶绿体内，脂肪酸从头合成所需的 $\text{NADPH}+\text{H}^+$ 来自光合电子传递链。

（5）饱和脂肪酸从头合成与脂肪酸 β-氧化作用的比较　　虽然饱和脂肪酸从头合成与脂肪酸 β-氧化作用存在一些共同的中间产物，如酮脂酰基、羟脂酰基、烯脂酰基等，但脂肪酸从头合成绝不是脂肪酸 β-氧化作用的简单逆转。两者在反应场所、脂酰基载体、二碳单位形式、电子供体或受体、羟脂酰基构型、底物转运、反应方向和参与的酶类等方面都具有显著的差异（表 11-1）。

表 11-1　脂肪酸从头合成和 β-氧化作用的区别

区别要点	从头合成	β-氧化
反应场所	细胞质基质	线粒体
脂酰基载体	ACP	CoA-SH
二碳单位形式	丙二酸单酰 CoA	乙酰 CoA
电子供体或受体	$\text{NADH}+\text{H}^+$	FAD、NAD^+
羟脂酰基构型	D-构型	L-构型
反应底物的转运	柠檬酸-丙酮酸穿梭	肉碱穿梭
基本反应性质	易位、进位、缩合、还原、脱水和再还原	脱氢、水化、脱氢和硫解
反应方向	甲基端到羧基端	羧基端到甲基端
参与的酶类	6 种	4 种

内质网

细胞质

2. 饱和脂肪酸的延长　　饱和脂肪酸从头合成最多只能合成 16 个碳原子的软脂酸，而更长碳链脂肪酸的合成则是在延长酶系的催化下，对软脂酸进行加工，使其延长碳链。不同生物体内脂肪酸碳链的延长系统有所差异（表 11-2）。植物细胞的脂肪酸延长系统位于内质网和细胞质，其延长过程与从头合成类似。细胞质基质中的延长系统只能延长 1 个二碳单位，生成硬脂酸；内质网中的延长系统可合成 20 碳及以上的脂肪酸。动物细胞的脂肪酸延长系统位于内质网和线粒体。内质网中的延长过程与细胞质基质中脂肪酸的从头合成相似，只是酶的组成有所改变，并以 CoA-SH 代替 ACP 作为脂酰基的载体。线粒体中的延长过程可视为 β-氧化的逆反应，但延长反应最后一步的电子供体为 $\text{NADPH}+\text{H}^+$，并非 FADH_2。

表 11-2　不同生物的脂肪酸延长系统

生物类型	亚细胞部位	脂酰基载体	反应物
植物	细胞质、内质网	ACP	软脂酰 ACP、丙二酸单酰 ACP、$\text{NADPH}+\text{H}^+$
动物	内质网	CoA-SH	软脂酰 CoA、丙二酸单酰 CoA、$\text{NADPH}+\text{H}^+$
	线粒体	ACP	软脂酰 CoA、乙酰 CoA、$\text{NADPH}+\text{H}^+$

3. 不饱和脂肪酸的合成　　不同生物合成不饱和脂肪酸的途径有所不同。细菌在从头合成过程中利用专一性脱水酶直接产生单不饱和脂肪酸，此过程不需氧参与，是厌氧途径。细菌脂肪酸合成酶系上合成的含 10 个碳的 β-羟癸酰-ACP，在脱水酶催化下转变为顺-β,γ-癸烯脂

酰-ACP，然后在 C_{10} 上从酰基端再逐步添加二碳单位，使碳链不断延长，最后生成不同长度的单不饱和脂肪酸。

真核生物在去饱和酶的作用下合成不饱和脂肪酸，此过程需要氧的参与，属于需氧途径。植物和动物的去饱和酶都能以软脂酸和硬脂酸为前体合成单不饱和脂肪酸棕榈油酸和油酸（图 11-23）。植物的去饱和酶能催化油酸进一步去饱和生成亚油酸和亚麻酸，亚麻酸通过延长途径可生成更长碳链的多不饱和脂肪。常见的多不饱和脂肪酸见表 11-3。大量多不饱和脂肪酸的存在有利于植物在低温下维持生物膜的流动性。动物细胞的去饱和能力是有限的，不能在 C_9 以上的位置直接引入双键，故无法合成亚油酸和 α-亚麻酸，必须从食物中摄取，因此，亚油酸和 α-亚麻酸是动物的必需脂肪酸。动物可利用吸收的亚油酸合成 γ-亚麻酸和花生四烯酸，利用吸收的 α-亚麻酸合成二十碳五烯酸（EPA）和二十二碳六烯酸（DHA）等高度不饱和脂肪酸。

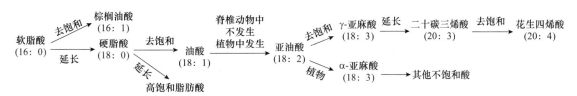

图 11-23 脂肪酸链的延长和去饱和

表 11-3 常见的多不饱和脂肪酸

习惯名称	系统名称	简写符号	来源
亚油酸	9,12-十八碳二烯酸（顺、顺）	$18:2\Delta^{9,12}$	大豆油、亚麻子油等
α-亚麻酸	9,12,15-十八碳三烯酸（全顺）	$18:3\Delta^{9,12,15}$	亚麻子油等
γ-亚麻酸	6,9,12-十八碳三烯酸（全顺）	$18:3\Delta^{6,9,12}$	月见草种子油、动物脂中有微量存在
花生四烯酸	5,8,11,14-二十碳四烯酸（全顺）	$20:4\Delta^{5,8,11,14}$	卵磷脂、脑磷脂
EPA	5,8,11,14,17-二十碳五烯酸（全顺）	$20:5\Delta^{5,8,11,14,17}$	鱼油、动物磷脂
DHA	4,7,10,13,16,19-二十二碳六烯酸（全顺）	$22:6\Delta^{4,7,10,13,16,19}$	鱼油、动物磷脂

4. 奇数脂肪酸的生成 奇数脂肪酸可通过偶数脂肪酸的 α-氧化转变而成，也可以被直接合成。合成的机制类似于偶数脂肪酸，只是使用丙酰 CoA 代替乙酰 CoA 作"引物"。

5. 脂肪酸合成代谢的调控 脂肪酸从头合成的限速酶为乙酰 CoA 羧化酶。以哺乳动物为例，其调控方式有两种。一种是由别构调节引起的单体和多聚体形式的互变。柠檬酸能促进无活性的单体转变为有活性的多聚体；而脂肪酸合成的终产物软脂酰 CoA 则使有活性的多聚体转变为无活性的单体。另一种是磷酸化和去磷酸化的共价修饰调节。乙酰 CoA 羧化酶的磷酸化为无活性形式，去磷酸化为活性形式。蛋白激酶促进乙酰 CoA 羧化酶的磷酸化；而蛋白磷酸化酶-2A 促进乙酰 CoA 羧化酶的去磷酸化。

（三）脂肪合成

动物肝和脂肪组织是合成脂肪最活跃的组织，小肠黏膜细胞能利用外源脂肪的消化产物单酰甘油和脂肪酸合成脂肪。高等植物能大量合成脂肪。微生物含脂肪则较少。甘油和脂肪酸是脂肪合成的原料，其活化形式分别为甘油-3-磷酸和脂酰 CoA。甘油-3-磷酸可由甘油在甘油激酶催化下形成，也可由糖酵解中间产物磷酸二羟丙酮经磷酸甘油脱氢酶还原形成。脂酰 CoA 可通过硫酯酶和硫激酶催化生成。

$$脂酰\ ACP+H_2O \xrightarrow{\text{硫酯酶}} 脂肪酸+ACP\text{-}SH$$

$$脂肪酸+CoA\text{-}SH+ATP \xrightarrow{\text{硫激酶}} 脂酰\ CoA+AMP+PPi$$

　　微生物、植物和动物体内脂肪合成的主要途径都是磷脂酸合成途径，其反应过程如下：磷酸甘油转酰酶催化脂酰 CoA 的脂酰基转移到甘油-3-磷酸的 C_1 和 C_2 上形成磷脂酸（phosphatidic acid）；后者在磷脂酸磷酸酶催化下水解脱去磷酸生成二酰甘油；二酰甘油在二酰甘油转酰酶催化下与另 1 分子脂酰 CoA 缩合生成三酰甘油（脂肪）（图 11-24）。

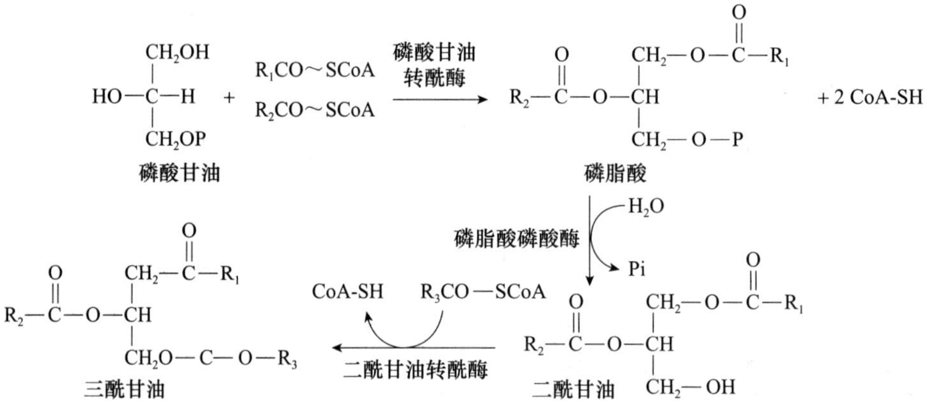

图 11-24　脂肪的磷脂酸合成途径

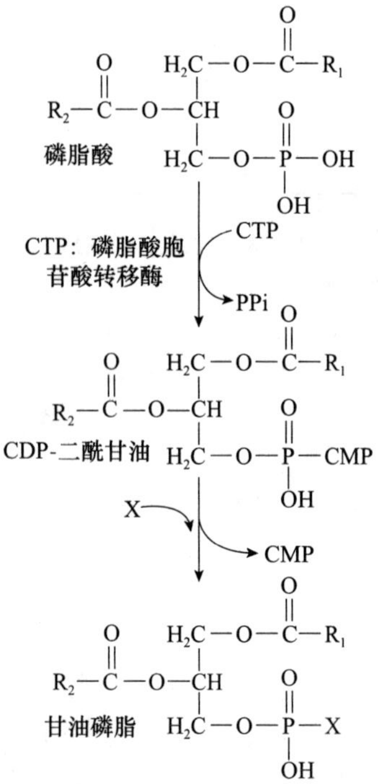

图 11-25　甘油磷脂合成方式 I

二、磷脂的生物合成

（一）甘油磷脂的生物合成

　　甘油磷脂的合成是在光面内质网面向细胞质基质一侧的膜上进行的，同脂肪的合成一样，也需要先合成磷脂酸。磷脂酸由磷酸甘油转酰酶催化 2 个脂酰 CoA 的脂酰基先后转移到甘油-3-磷酸的 C_1 和 C_2 上形成。磷脂酸和 X 基团反应生成甘油磷脂，此阶段的反应有 2 种方式，它们的差别在于是先活化磷脂酸还是先活化 X 基团。第一种方式是磷脂酸在磷脂酸胞苷酸转移酶催化下被激活为 CDP-二酰甘油，然后在相应的合酶催化下，与非活化的 X 基团起反应，生成各种甘油磷脂，同时释放 CMP（图 11-25）。

　　第二种方式是 X 基团在激酶催化下消耗 ATP 转变为磷酸 X，后者在磷酸 X 胞苷酸转移酶催化下接受 CTP 上的 CMP 被活化为 CDP—X；磷脂酸被磷脂酸磷酸酶水解成二酰甘油。然后在二酰甘油磷酸 X 转移酶催化下，活化的 CDP—X 上的磷酸 X 转移到二酰甘油上生成甘油磷脂，同时释放 CMP（图 11-26）。能被直接激活的 X 基团有丝氨酸、

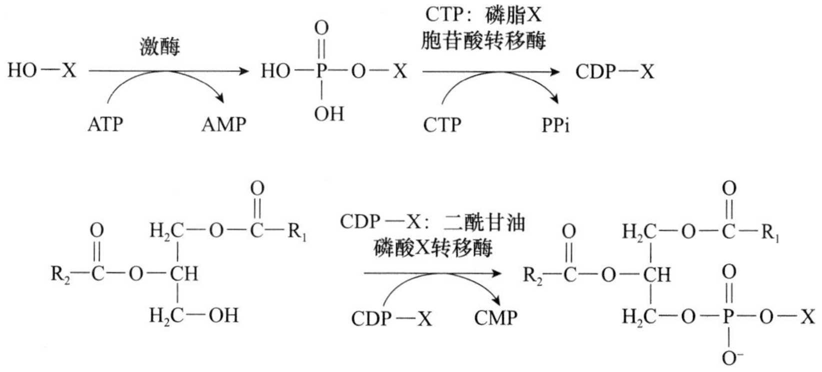

图 11-26　甘油磷脂合成方式 II

乙醇胺和胆碱。

　　一般细菌采用第一种方式，真核细胞两种方式都存在：磷脂酰肌醇和二磷脂酰甘油的合成采用第一种方式，而磷脂酰胆碱、磷脂酰乙醇胺和磷脂酰丝氨酸的合成采用第二种方式。

（二）鞘磷脂的生物合成

　　机体内的组织均可合成鞘磷脂，以脑组织最为活跃。光面内质网膜和高尔基体膜是鞘磷脂合成的场所。鞘磷脂的合成过程如下。

1. 鞘氨醇的合成　　3-酮鞘氨醇合酶催化软脂酰 CoA 和丝氨酸形成 3-酮鞘氨醇；后者在 3-酮鞘氨醇还原酶催化下转变为二氢鞘氨醇，此反应消耗 NADPH；二氢鞘氨醇在脱氢酶催化下氧化为鞘氨醇（图 11-27）。

2. 神经酰胺的合成　　软脂酰 CoA 和鞘氨醇在鞘氨醇酰基转移酶催化下转变为神经酰胺（图 11-28）。

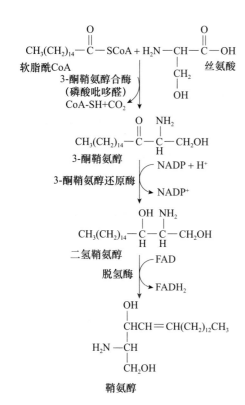

图 11-27　鞘氨醇的合成

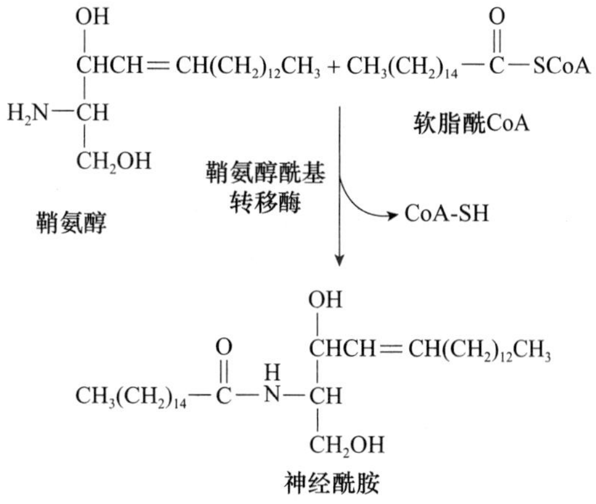

图 11-28　神经酰胺的合成

3. 鞘磷脂的合成 在神经酰胺磷酸胆碱转移酶催化下，神经酰胺接受 CDP-胆碱上的磷酸胆碱形成鞘磷脂（图 11-29）。

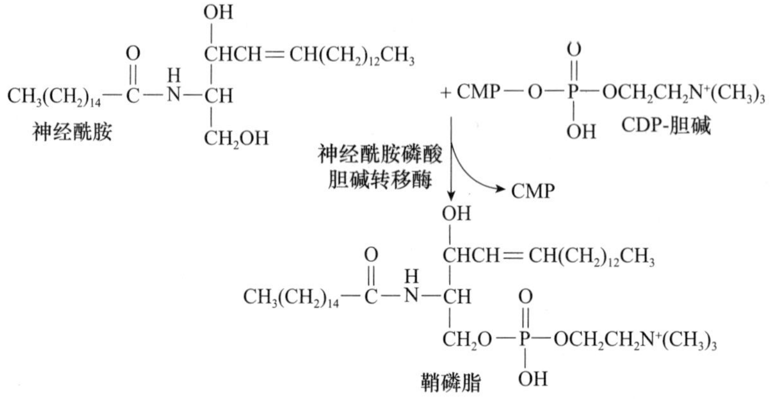

图 11-29 鞘磷脂的合成

三、胆固醇的生物合成

胆固醇是生物膜的重要组分，在哺乳动物中还是合成固醇类激素和胆汁酸的前体。动物体内的胆固醇 80% 由体内组织合成，20% 来自食物，食物中胆固醇的吸收率约为 30%，且吸收率会随血液中胆固醇水平的升高而降低。几乎所有组织都能合成胆固醇，但其主要合成场所是肝细胞的内质网。胆固醇的合成原料为乙酰 CoA，需要 ATP 和 NADPH 的参与。其合成过程可分为以下 5 个阶段。

$$\underset{C_2}{乙酰CoA} \xrightarrow{\text{I}} \underset{C_6}{甲羟戊酸} \xrightarrow{\text{II}} \underset{C_5}{异戊烯焦磷酸} \xrightarrow{\text{III}} \underset{C_{30}}{鲨烯} \xrightarrow{\text{IV}} \underset{C_{30}}{羊毛固醇} \xrightarrow{\text{V}} \underset{C_{27}}{胆固醇}$$

第 1 阶段：甲羟戊酸的合成。在乙酰乙酰硫解酶催化下，2 分子乙酰 CoA 缩合成 1 分子乙酰乙酰 CoA，再在 β-羟-β-甲基戊二酸单酰 CoA 合酶（HMG-CoA 合酶）催化下与另 1 分子乙酰 CoA 缩合成 β-羟-β-甲基戊二酸单酰 CoA（HMG-CoA）；在 HMG-CoA 还原酶催化下，消耗 NADPH＋H^+，HMG-CoA 生成甲羟戊酸（β-δ-二羟-β-甲基戊酸）（图 11-30）。

第 2 阶段：异戊烯焦磷酸的合成。在甲羟戊酸激酶、磷酸甲羟戊酸激酶和焦磷酸甲羟戊酸激酶的先后催化下，甲羟戊酸磷酸化形成 3-磷酸-5-焦磷酸甲羟戊酸，后者脱去 CO_2 生成异戊烯焦磷酸。甲羟戊酸合成异戊烯焦磷酸的过程见图 11-31。

第 3 阶段：鲨烯的合成。异戊烯焦磷酸在异戊烯焦磷酸异构酶催化下转变为二甲丙烯焦磷酸；1 分子二甲丙烯焦磷酸与 1 分子异戊烯焦磷酸在异戊烯转移酶催化下首尾相连缩合成 10 个碳原子的牻牛儿焦磷酸，接着又与 1 分子异戊烯焦磷酸在异戊烯转移酶催化下首尾相连缩合成 15 个碳原子的法尼焦磷酸；最后 2 分子的法尼焦磷酸在鲨烯合酶催化下，头对头相连缩合成 30 个碳原子的鲨烯，并释放 2 分子焦磷酸。反应需 NADPH＋H^+ 的参与（图 11-32）。

第 4 阶段：羊毛固醇的生成。鲨烯经单加氧酶、环化酶催化后转变为 30 个碳原子的羊毛固醇。反应需 O^2 和 NADPH＋H^+ 参与。鲨烯形成羊毛固醇的过程见图 11-33。

第 5 阶段：胆固醇的生成。羊毛固醇经过约 20 步反应最终形成含 27 个碳原子的胆固醇。反应需 ATP、NADPH＋H^+ 和 O_2 的参与。羊毛固醇合成胆固醇的简略过程见图 11-34。

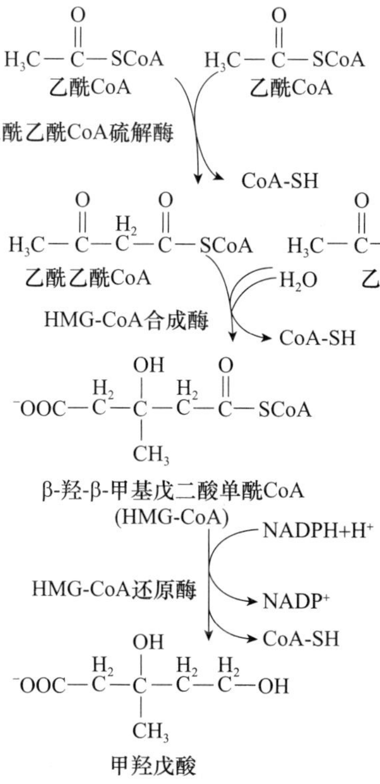

图 11-30　甲羟戊酸的合成

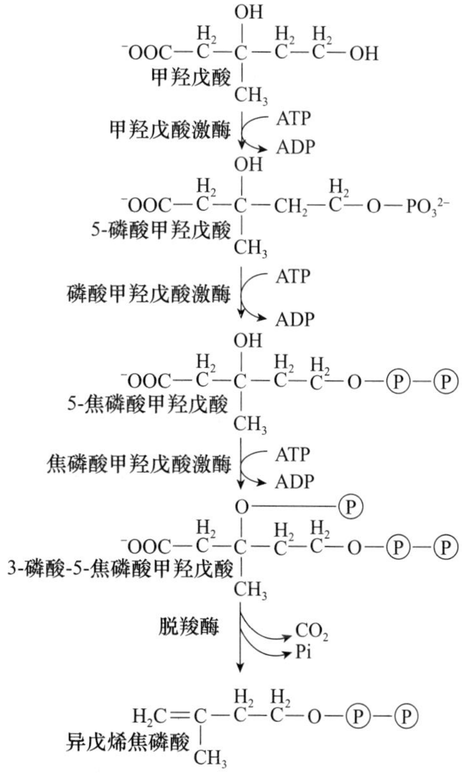

图 11-31　异戊烯焦磷酸的合成

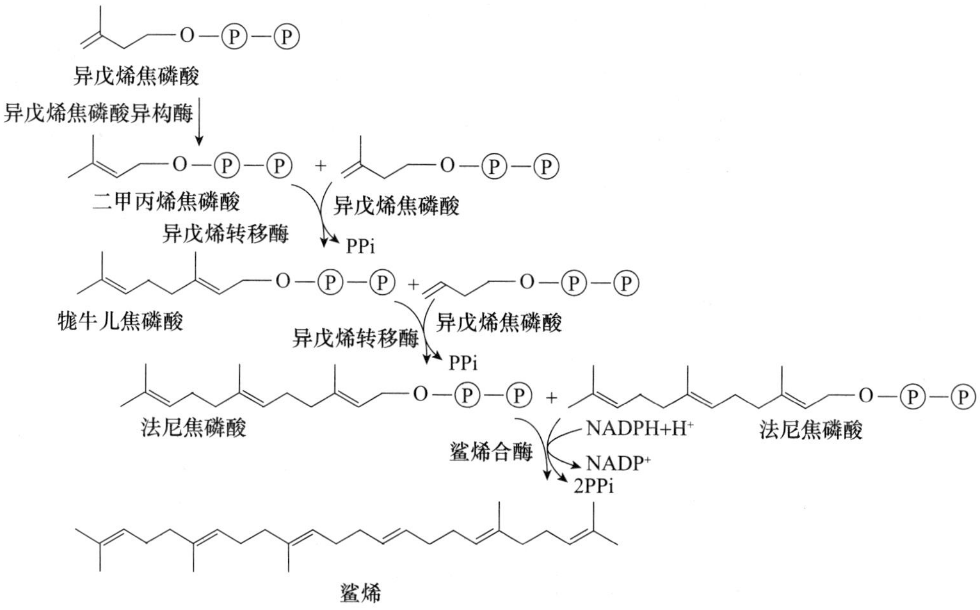

图 11-32　鲨烯的合成

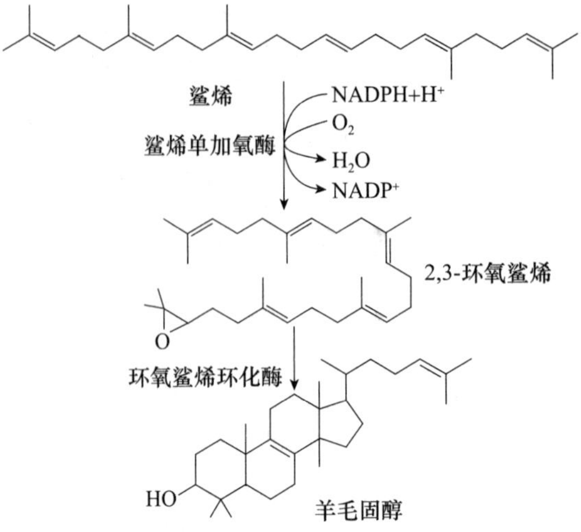

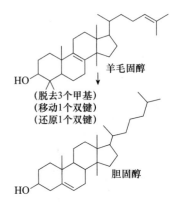

图 11-33 羊毛固醇的合成

图 11-34 胆固醇的合成

第三节 脂质代谢的应用

脂质在生物体内发挥着不可替代的作用，为保证机体的正常运转，生物体需自身合成或从食物中摄入适量的脂质。脂质在体内通过合成代谢和分解代谢保持动态平衡，当代谢失衡或受阻时会出现一定的疾病或代谢障碍。

一、在畜牧业、农业和食品加工业中的应用

动物摄取的过多的糖类或蛋白质在体内一系列酶的催化下可"顺利"转变为脂肪。因此，在畜牧业上，常用富含糖类或蛋白质的饲料育肥禽类和肉畜。亚油酸和亚麻酸是动物的必需脂肪酸。在畜牧业上，用富含亚油酸和亚麻酸的亚麻子、紫苏子等作为饲料添加剂，一方面可提供禽畜生长发育所需的多不饱和脂肪酸，另一方面有利于稳定或提高相应动物性食品（如肉类、蛋、乳）中亚油酸和亚麻酸的含量。农业生产中，通过传统育种与分子育种相结合的方式选育富含亚油酸和亚麻酸的作物新品种。食品加工中，也可将亚油酸和亚麻酸作为食品营养强化剂以提高人体健康。

二、在日常膳食中的应用

（一）脂肪代谢对日常膳食的指导

亚油酸是 γ-亚麻酸和花生四烯酸（ARA）合成的前体，具有降血脂、降血压、软化血管、促进微循环、预防或减少心血管疾病发生等作用，其中，γ-亚麻酸能降低血浆中过氧化脂质的生成；ARA 是多种前列腺素合成的前体。α-亚麻酸是 EPA 和 DHA 合成的前体。α-亚麻酸、EPA 和 DHA 被称为 ω-3 脂肪酸。ω-3 脂肪酸具有降低血脂、舒张血管、抗炎症、抗血栓和动脉粥样斑形成的特性，经常食用这几种脂肪酸可显著降低心血管疾病的风险。大家熟知的鱼油，其有效成分就是 DHA 和 EPA。此外，俗称脑黄金的 DHA 还有助于智力和视力的发育，这是因为 DHA 在体内可优先被脑组织吸收并深入脑细胞和视网膜细胞膜的磷脂分子上，脑细胞膜上含

有 DHA 的磷脂似乎是轴突形成所必需的。DHA 在人体大脑皮层和视网膜中的含量高达 20% 和 50%。因此，孕妇、乳母和婴幼儿需补充适量的 DHA 或食用富含 DHA 的食物，以满足胎儿和婴幼儿大脑和视力的快速发育。

鉴于必需脂肪酸及由其为前体合成的其他多元不饱和脂肪酸在机体中的重要生理作用，日常膳食中，在保证脂肪总量摄入不变的前提下，应减少膳食中饱和脂肪酸的摄入量，增加必需脂肪酸的摄入量。从表 11-3 可知，鱼类是 ω-3 脂肪酸的主要动物性食物，亚麻子油是富含亚油酸和亚麻酸的植物油。

（二）磷脂酰胆碱代谢对日常膳食的指导

磷脂酰胆碱俗称卵磷脂，被誉为与蛋白质、维生素并列的"第三营养素"。磷脂酰胆碱能促进大脑发育，增强记忆力及预防阿尔茨海默病。磷脂酰胆碱含量占脑神经细胞的17%～20%。人体虽然能合成磷脂酰胆碱，但对于大脑发育处于黄金时期的胎儿和婴幼儿则需要更多的磷脂酰胆碱，因此孕妇、乳母和婴幼儿补充足量的磷脂酰胆碱是非常必要的。蛋黄、大豆、牛奶、酵母，以及动物的脑、骨髓、心、肝、肾中都含有磷脂酰胆碱。

（三）膳食中的胆固醇摄入量与血液中胆固醇水平无明显的直接关系

血液中胆固醇水平的升高是导致动脉粥样硬化的最主要元凶。但已有的研究表明：对于健康人群，膳食中胆固醇的摄入量同血液中的胆固醇水平无明显的直接关系，主要原因如下：一是血液中的胆固醇约80%由人体自身合成，来源于食物的胆固醇约为20%；二是食物中胆固醇的吸收率约为30%，且随着食物胆固醇含量的增加，吸收率还会下降；三是膳食胆固醇的吸收及其对血脂的影响，因个体遗传和代谢情况的不同存在较大的个体差异，部分个体摄入胆固醇量高时，反而抑制自身胆固醇的合成；四是身体工作正常时肝会不断自行调节以阻止低密度脂蛋白及其所运载的胆固醇在血液中的积存。一个有效避免血液中胆固醇水平升高的方法是减少食物中的脂肪，特别是饱和脂肪的摄入。

三、在体重控制中的应用

肥胖是许多慢性疾病酝酿的温床，也是许多爱美人士的头号宿敌。人体吸收过多的糖类、蛋白质和脂肪将导致脂肪在体内的贮存。对于由不良饮食习惯导致的后天性肥胖，减肥人士可采用"管住嘴，迈开腿"双管齐下的策略来减少体内脂肪的贮存。"管住嘴"可减少糖类、蛋白质等的摄入，进而降低其转变为脂肪的可能性；"迈开腿"则增加了机体中贮存脂肪的消耗。但对于由基因突变（如瘦素基因突变或瘦素受体基因突变）导致的肥胖表型，以及由激素（如胰岛素）导致的肥胖表型，则需在医生指导下通过药物治疗。

肉碱是脂肪酸分解过程中脂酰 CoA 从细胞质转运至线粒体的载体。如果肉碱缺乏，就会影响脂酰 CoA 的转运。鉴于肉碱在脂酰基转运过程中的作用及其小分子有机物的特点，肉碱被一些人视为减肥药物。但将肉碱视为减肥药物缺乏科学依据，因为人体肝细胞能以赖氨酸和甲硫氨酸为前体合成肉碱，也可以从肉类和乳制品中摄取肉碱，可见人体一般很少缺乏肉碱。因此，我们要理性科学地看待减肥问题，不宜跟风盲从、损害健康。

四、胆固醇代谢途径关键酶在药物开发中的应用

胆固醇是人体行使正常功能不可缺少的，但血液中胆固醇水平的升高可导致动脉粥样硬化的发生。胆固醇合成途径中的限速酶 HMG-CoA 还原酶和特有的鲨烯单加氧酶被视为降胆固醇

药物设计的靶点。HMG-CoA 还原酶催化胆固醇合成第 I 阶段甲羟戊酸的形成，它是大多数降胆固醇药物（如斯达汀）的作用靶点。由于甲羟戊酸不仅参与胆固醇的合成，还参与体内其他一些重要分子如多萜醇和 CoQ 等的合成，因此以 HMG-CoA 还原酶为靶点开发的降胆固醇药物（如斯达汀）会产生副作用（如肌肉疼）。鲨烯单加氧酶是胆固醇合成过程特有的酶，抑制其活性应能降低胆固醇的水平，同时不影响体内其他物质的合成。这让人相信，将来市场上开发的以人鲨烯单加氧酶为靶点的降胆固醇药物应不会有斯达汀带来的副作用。此外，广泛用于浅表皮肤真菌感染和花斑癣治疗的有效抗真菌药物脱萘酯（tolnaftate），其作用的靶点也是真菌细胞的鲨烯单加氧酶。

知识拓展

减肥新希望——心肌细胞和骨骼肌细胞中的 ACC2 可能是开发减肥药物的新靶点

乙酰CoA羧化酶（ACC）是脂肪酸从头合成的关键酶。哺乳动物体内有两种形式的 ACC：ACC1 存在于肝细胞和脂肪细胞，其功能是为脂肪酸从头合成提供活化的二碳单位丙二酸单酰CoA；ACC2 存在于心肌细胞和骨骼肌细胞。

心肌细胞和骨骼肌细胞只能氧化脂肪酸，不能合成脂肪酸，为什么要表达ACC2呢？ACC2的功能可能是在需要抑制脂肪酸氧化的时候，为心肌细胞和骨骼肌细胞制造脂肪酸氧化的限速酶肉碱脂酰转移酶 I（CPT1）的抑制剂——丙二酸单酰CoA。机体处于高糖和高胰岛素的情况下，ACC2催化合成的丙二酸单酰CoA即可抑制心肌细胞和骨骼肌细胞中的脂肪酸氧化；相反，当机体饥饿或剧烈运动时，ACC2因磷酸化而失去活性，脂肪酸氧化变得活跃。

研究发现，缺失 *ACC2* 基因的小鼠，吃得多但体内贮存的脂肪量却只有正常小鼠的一半。正常的小鼠体内，胰岛素能激活 *ACC1* 基因和 *ACC2* 基因的表达，从而提高脂肪酸的合成和抑制脂肪酸的氧化。而 *ACC2* 基因缺乏的小鼠，即使有胰岛素，脂肪酸也照常氧化。且 *ACC2* 基因缺乏的小鼠除了脂肪含量下降外，其余功能一切正常，如繁殖正常。ACC2 的发现为人类寻找新的减肥药物靶点提供了新的方向，若能得到ACC2的特异抑制剂，则这种抑制剂极有可能是一种有效的减肥药物。

思考题

1. 脂肪酸的氧化方式有哪几种？其中哪种氧化方式最主要？
2. 请简述脂肪酸 β-氧化的过程。
3. 脂肪酸 β-氧化的产物乙酰 CoA 可进入哪些代谢途径？
4. 乙醛酸循环有何生物学意义？
5. 为什么发芽的花生种子会变甜？
6. 请简述脂肪酸的从头合成过程。
7. 软脂酸、硬脂酸和油酸是怎样合成的？
8. 脂肪酸从头合成是否是脂肪酸 β-氧化的简单逆转？为什么？
9. 1mol 软脂酸完全氧化成 CO_2 和 H_2O 可生成多少摩尔 ATP？
10. 假设线粒体外 NADH 都通过磷酸甘油穿梭作用进入线粒体，1mol 甘油完全氧化成 CO_2 和 H_2O 时可生成多少摩尔 ATP？

第十二章 核酸代谢

第一节 核酸的分解

生物体内存在多种水解磷酸二酯键的酶类，可以把核酸大分子水解为核苷酸。核酸经过一系列酶的作用，最终降解成 CO_2、水、氨、磷酸等小分子的过程称为核酸的分解代谢（catabolism），也叫降解代谢。核苷酸代谢的中间产物或其衍生物在代谢上非常重要，几乎参与细胞的所有生化过程。动物摄入的食物中的核酸在胃的酸性条件下不被降解，它们主要在小肠中被胰腺分泌的核酸酶及磷酸二酯酶降解为核苷酸；离子化状态的核苷酸不能通过细胞膜，它们被核苷酸酶水解为核苷；核苷可直接被肠黏膜吸收，或在核苷酶作用下降解为游离的碱基和核糖，通过进一步转化进入 TCA 循环彻底降解。核酸酶解概况如图 12-1 所示。

核酸 —核酸酶→ 核苷酸 —核苷酸酶→ 核苷 —核苷酶→ 嘌呤（或嘧啶）碱基 + 核糖（或脱氧核糖）
                    ↘磷酸

图 12-1 核酸酶解示意图

一、核酸的酶促降解

核酸酶（nuclease）水解连接核苷酸的磷酸二酯键，生成寡核苷酸和单核苷酸。所有生物的细胞中都含有多种核酸酶，它们在催化核酸的分解更新、消除异常和外源的核酸等方面具有重要作用。核酸酶还是分子生物学研究的重要工具，特别是限制性内切酶（restriction endonuclease）的应用引发了一系列生物技术的跨越发展。生物体内降解核酸的酶很多，但专一性各不相同。根据作用底物不同，可分为水解核糖核酸的核糖核酸酶（RNase）和水解脱氧核糖核酸的脱氧核糖核酸酶（DNase）；根据作用位置不同，可分为核酸外切酶（exonuclease）和核酸内切酶（endonuclease）两类。其中，核糖核酸酶和脱氧核糖核酸酶水解核酸分子内部的磷酸二酯键，故又同属核酸内切酶。

（一）核酸外切酶

从核酸链一端逐个水解下核苷酸的酶称为核酸外切酶，是非特异的磷酸二酯酶。例如，蛇毒磷酸二酯酶和牛脾磷酸二酯酶，两者均能分解核酸，但作用方式不同。

1. 蛇毒磷酸二酯酶 从响尾蛇毒腺中分离到的磷酸二酯酶是 $3' \rightarrow 5'$ 核酸外切酶，作用于单链 DNA 或 RNA，从核苷酸链的 3' 端开始，逐个水解下 5' 核苷酸。

2. 牛脾磷酸二酯酶 从牛脾分离到的磷酸二酯酶，表现出与蛇毒磷酸二酯酶相反的专一性；它具有 $5' \rightarrow 3'$ 核酸外切酶活性，作用于 DNA 或 RNA 底物，从核苷酸链的 5' 端开始，逐个水解下 3' 核苷酸。

（二）核酸内切酶

能特异性地水解多核苷酸内部键的酶称为核酸内切酶，是特异的磷酸二酯酶。核酸内切酶攻击核酸内部的磷酸二酯键，攻击的部位可能是 3′-磷脂键一侧，也可能是 5′-磷脂键一侧。有些内切酶水解双链 DNA，有些则水解单链 DNA。

1. 核糖核酸酶　　特异性地水解 RNA，切割发生在嘧啶核苷酸的 3′-磷酸基和相邻核苷酸的 5′-羟基之间。例如，RNase H 是来自大肠杆菌的内切酶，特异性地水解 RNA：DNA 杂交体中 RNA 的磷酸二酯键，产生末端为 3′-羟基和 5′-磷酸的产物，它不能降解单链或双链的 DNA 或 RNA。

2. 脱氧核糖核酸酶　　脱氧核糖核酸酶 I 是由胰分泌的一种消化酶，作用于双链 DNA。起初，双螺旋中仅一条链被切开，因而在切点处留下 5′-磷酸和 3′-羟基末端，继续降解后得到寡核苷酸的混合物。脱氧核糖核酸酶 II 是从脾分离到的一种溶酶体酶，可同时切开 DNA 的两条链。

3. 限制性内切核酸酶　　限制性内切核酸酶是一类能够识别 DNA 链上的特定序列、并在该特定序列上将 DNA 切断的核酸水解酶。细菌的限制性内切核酸酶一般不会对该菌自身内的 DNA 进行内切，因为该菌除了有限制性内切核酸酶外，还有一种甲基化酶，甲基化酶可对限制性内切核酸酶所识别的序列进行甲基化修饰，从而避免细胞自身的 DNA 被限制性内切核酸酶切割。限制性内切核酸酶不仅可降解外来 DNA，还可在基因工程操作中作为切割 DNA 分子的"手术刀"，是分子生物学技术的重要工具酶。

二、核苷酸的分解

各种单核苷酸经核苷酸酶（nucleotidase）作用，生成核苷和磷酸。因核苷酸酶催化磷酸单酯键的水解，故属磷酸单酯酶。核苷酸酶分两类：①专一性的核苷酸酶，只能将 3′-核苷酸或 5′-核苷酸的磷酸基水解下来，分别称为 3′-核苷酸酶或 5′-核苷酸酶；②非专一性的核苷酸酶，无论磷酸基在核苷的 2′、3′ 还是 5′ 位都可水解。

核苷经核苷酶（nucleosidase）作用分解为碱基（嘌呤或嘧啶）和戊糖。核苷酶有两类：一类是核苷水解酶，存在于植物和微生物体内，具有一定的特异性，只能作用于核糖核苷，对脱氧核糖核苷无作用，催化反应不可逆；另一类是核苷磷酸化酶，广泛存在于生物体内，催化反应为可逆反应。前者分解核苷生成含氮碱和戊糖，后者生成含氮碱和戊糖的磷酸酯。反应过程为：

$$核苷 + H_2O \xrightarrow{\text{核苷水解酶}} 碱基 + 戊糖$$

$$核苷 + 磷酸 \underset{}{\overset{\text{核苷磷酸化酶}}{\rightleftharpoons}} 碱基 + 戊糖\text{-}1\text{-}磷酸$$

同位素标记实验表明，摄入核酸中的嘌呤和嘧啶都只有少量用于组织中核酸的合成，大部分被降解和排出。

三、碱基的分解

（一）嘌呤的降解

嘌呤核苷酸在降解过程中产生的嘌呤经氧化、脱氢或脱氨都能转化为黄嘌呤，黄嘌呤在黄嘌呤氧化酶催化的反应中，将电子传递给 O_2 形成过氧化氢 H_2O_2（在过氧化氢酶作用下转化为 H_2O 和 O_2），而自身被氧化为尿酸（uric acid）（图 12-2）。此外，黄嘌呤也可在黄嘌呤脱氢酶作用下将电子和氢传递给 NAD^+，形成 NADH 和尿酸。血液中尿酸浓度过高会引发痛风，而别嘌呤醇能治疗痛风，因为它的氧化产物能与黄嘌呤氧化酶活性中心紧密结合，强烈抑制该酶活性，从而防止尿酸的大量形成和尿酸钠的沉积。

不同生物对嘌呤降解形成的终产物不同。鸟类、部分爬行类和灵长类（包括人类）能将嘌

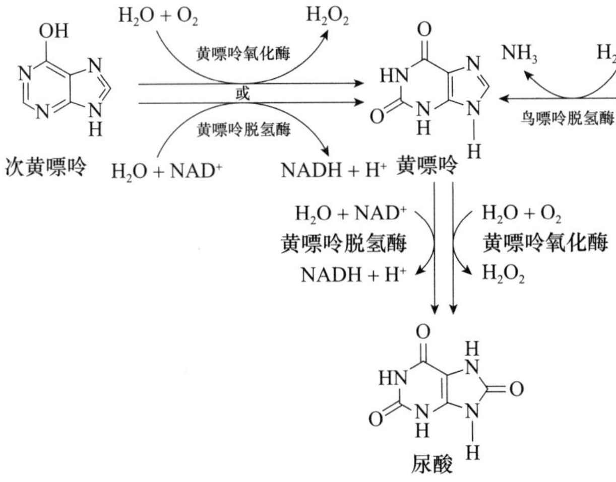

图 12-2 嘌呤氧化降解为尿酸（刘国琴和杨海莲，2019）

吟降解为尿酸排出体外（图 12-2），但大多数生物可在尿酸氧化酶催化下将尿酸氧化为尿囊素，且反应具有氧依赖性（图 12-3）。尿囊素是除人和猿类以外大多数哺乳动物的嘌呤降解终产物，其他多数种类生物因含有尿囊素酶，可以水解尿囊素生成尿囊酸。尿囊酸是某些硬骨鱼嘌呤代谢的排泄物，在大多数鱼类、两栖类动物中可在尿囊酸酶作用下进一步分解成尿素。某些低等动物（如海生无脊椎动物和甲壳动物）还能将尿素分解成氨和二氧化碳再排出体外。植物和微生物体内嘌呤的降解途径与动物相似。植物广泛存在尿囊素酶、尿囊酸酶和脲酶等，嘌呤分解主要发生在衰老叶片和贮藏胚乳的组织内。微生物分解嘌呤最终生成氨、CO_2 及一些有机酸，如甲酸、乙酸、乳酸等。

（二）嘧啶的降解

尿嘧啶和胸腺嘧啶经还原发生嘧啶环断裂，再经 2 次水解分别生成 β-丙氨酸和 β-氨基异丁酸（图 12-4）。在嘧啶降解过程中，它们的二氢衍生物的生成是由二氢嘧啶脱氢酶催化的。在哺乳动物肝中，尿嘧啶脱氢酶和胸腺嘧啶脱氢酶以 NADPH 作为供氢体；细菌中则以 NADH 作为供氢体。此外，胞嘧啶需要先脱氨生成尿嘧啶，再进入尿嘧啶降解途径。

嘧啶碱基降解的终产物 β-丙氨酸先转变成乙酸进入乙酸代谢，最终生成乙酰 CoA。然而，β-氨基异丁酸经转氨等多步反应转变成琥珀酰 CoA。乙酰 CoA 和琥珀酰 CoA 是 TCA 循环的重要中间物，嘧啶碱基实现彻底降解。

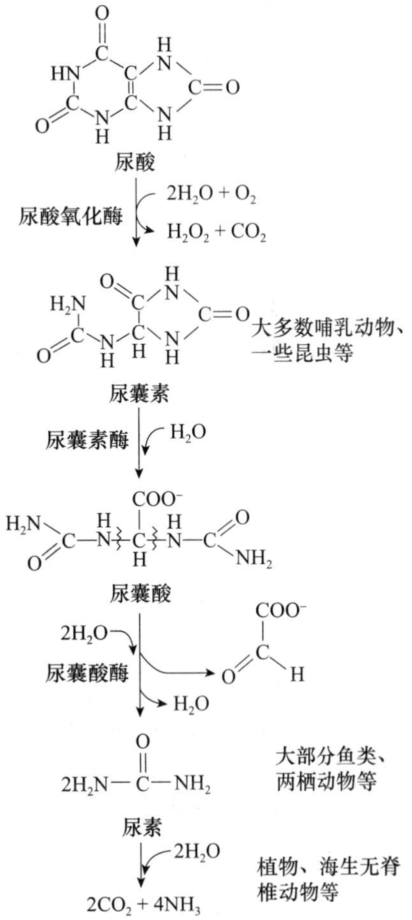

图 12-3 不同生物尿酸的降解产物
（刘国琴和杨海莲，2019）

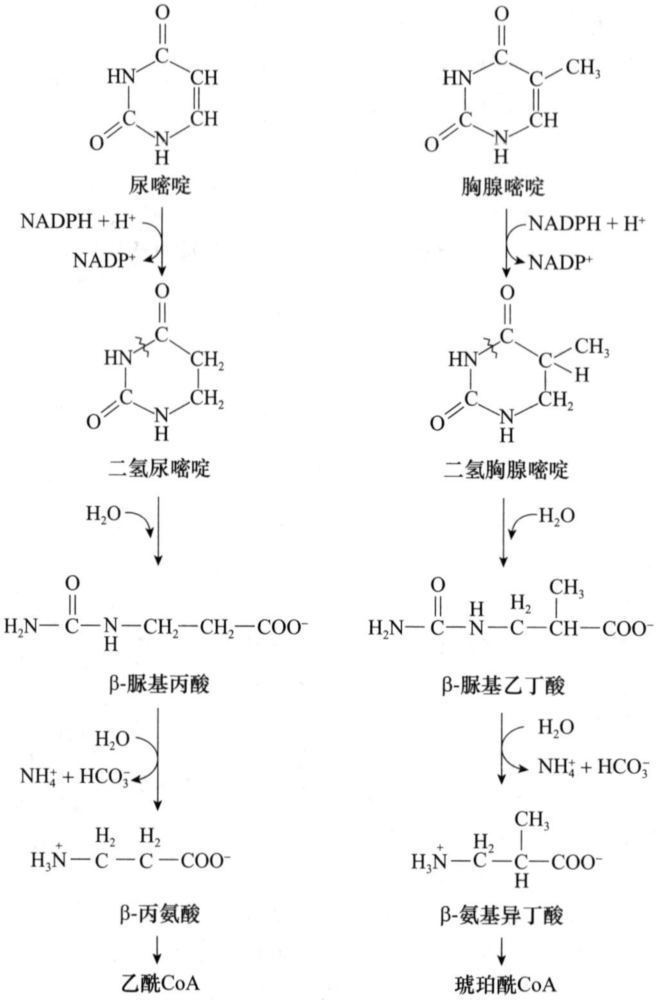

图 12-4　嘧啶的降解（刘国琴和杨海莲，2019）

第二节　核苷酸的合成

　　合成代谢（anabolism）和分解代谢是代谢过程的两个方面，二者同时进行。分解代谢生成的 ATP 可供合成代谢使用，合成代谢的构件分子也常来自分解代谢的中间产物；与分解代谢相反，合成代谢是从少数种类的构件出发，合成各式各样的生物大分子。核苷酸的生物合成途径可能是生命起源早期形成的古老代谢途径之一。无论动物、植物或微生物，通常都能用少数简单化合物合成各种嘌呤和嘧啶核苷酸，而且合成途径基本相同。核苷酸是合成核酸的原料。核苷酸的合成有两条基本途径：从头合成（*de novo* synthesis）途径和补救合成（salvage pathway）途径。其中从头合成途径是核苷酸主要的合成途径。

一、嘌呤核苷酸的生物合成

（一）从头合成途径

　　嘌呤核苷酸的从头合成途径是以氨基酸、磷酸戊糖、CO_2 和 NH_3 等小分子化合物为原料合成核苷酸的过程。该途径不经过碱基、核苷的中间阶段而直接合成核苷酸，称为从头合成途径。

1. 嘌呤环的元素来源 同位素示踪技术研究指出，嘌呤环中各元素来源于不同的化合物：第 1 位 N 来源于天冬氨酸，第 2 位和第 8 位 C 来源于甲酸盐，第 3 位和第 9 位 N 来源于谷氨酰胺，第 4 位和第 5 位 C 及第 7 位 N 来源于甘氨酸，第 6 位 C 来源于 CO_2（图 12-5）。

2. 生化过程 嘌呤核苷酸从头合成过程分两阶段进行。

第一阶段是次黄嘌呤核苷酸（IMP）的形成。先是核糖与磷酸结合形成 5′-磷酸核糖-1′-焦磷酸（PRPP），然后经一系列酶促反应，逐步把各个原子加到 5′-磷酸核糖的 $C_{1'}$ 上形成次黄嘌呤核苷酸（图 12-6）。其中包括：①在谷氨酰胺磷酸核糖焦磷酸酰胺转移酶作用下，5′-磷酸核糖-1′-焦磷酸可与谷氨酰胺反应生成 5′-磷酸

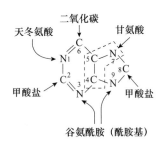

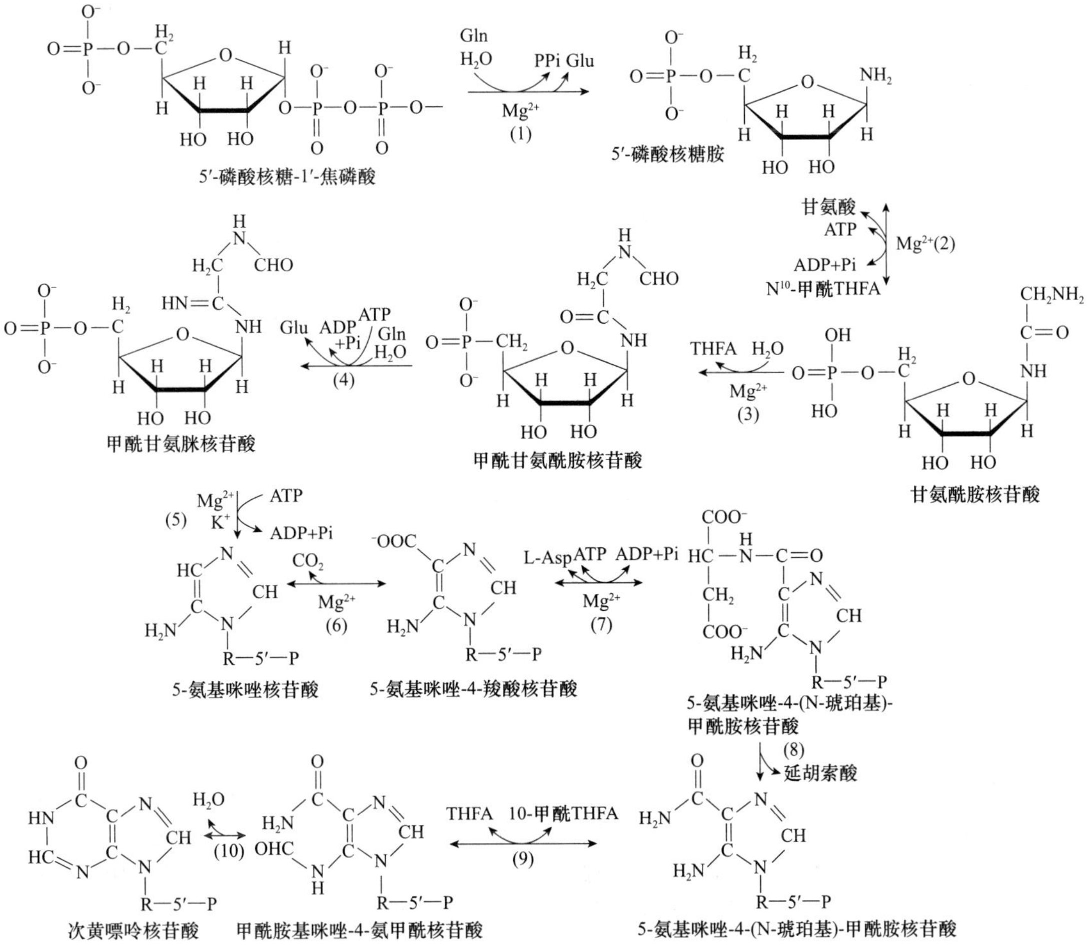

图 12-5 嘌呤环元素的来源
（黄卓烈和朱利泉，2015）

图 12-6 次黄嘌呤核苷酸的从头合成（黄卓烈和朱利泉，2015）

（1）酰胺转移酶；（2）甘氨酰胺核苷酸合成酶；（3）转甲基酶；（4）甲酰甘氨酰胺核苷酸合成酶；
（5）氨基咪唑核苷酸合成酶；（6）氨基咪唑核苷酸羧化酶；（7）氨基咪唑琥珀基氨甲酰核苷酸合成酶；
（8）腺苷酸琥珀酸裂解酶；（9）氨基咪唑氨甲酰核苷酸转甲基酶；（10）次黄嘌呤核苷酸合酶

核糖胺、谷氨酸和无机焦磷酸盐。使原来的 α-构型核糖化合物变为 β-构型，5′-磷酸核糖-1′-焦磷酸具有 α-构型，而 5′-磷酸核糖胺则具有 β-构型。②在甘氨酰胺核苷酸合成酶作用下，5′-磷酸核糖胺和甘氨酸在有 ATP 供给能量的情况下合成为甘氨酰胺核苷酸，同时 ATP 分解成 ADP 和正磷酸盐，反应可逆。③在甘氨酰胺核苷酸转甲酰基酶作用下，甘氨酰胺核苷酸经甲酰化生成甲酰甘氨酰胺核苷酸。在此处甲酰基的供体为 N^{10}-甲酰四氢叶酸（N^{10}-甲酰 THFA）。④在甲酰甘氨脒核苷酸合成酶作用下，甲酰甘氨酰胺核苷酸在有谷氨酰胺供给酰胺基并有 ATP 存在时，转变成甲酰甘氨脒核苷酸。谷氨酰胺脱去酰胺基后生成谷氨酸，ATP 则分解成 ADP 和正磷酸盐。⑤在氨基咪唑核苷酸合成酶作用下，且有 ATP 存在时，甲酰甘氨脒核苷酸转变成 5-氨基咪唑核苷酸。这个作用可被镁离子和钾离子激活。⑥在氨基咪唑核苷酸羧化酶作用下引入一个羧基，生成羧基氨基咪唑核苷酸。与一般羧化反应不同，溶液中的碳酸氢盐经 ATP 磷酸化所激活，随即加在咪唑环的氨基上，然后经分子重排转移至咪唑环的第 4 位上。⑦在氨基咪唑琥珀基氨甲酰核苷酸合成酶作用下，且有 ATP 存在时，5-氨基咪唑-4-羧酸核苷酸与天冬氨酸缩合生成 5-氨基咪唑 -4-（N-琥珀基)-甲酰胺核苷酸。⑧在腺苷酸琥珀酸裂解酶作用下，脱去延胡索酸，生成 5-氨基咪唑 -4-（N-琥珀基)甲酰胺核苷酸。⑨在氨基咪唑氨甲酰核苷酸转甲酰基酶作用下，在以 N^{10}-甲酰四氢叶酸供给甲酰基的情况下，甲酰化生成甲酰胺基咪唑-4-氨甲酰核苷酸。⑩在次黄嘌呤核苷酸合酶作用下，脱水环化，形成次黄嘌呤核苷酸，无须 ATP 供给能量。

第二阶段是腺嘌呤核苷酸（AMP）和鸟嘌呤核苷酸（GMP）的形成，具体可见图 12-7 和 12-8。

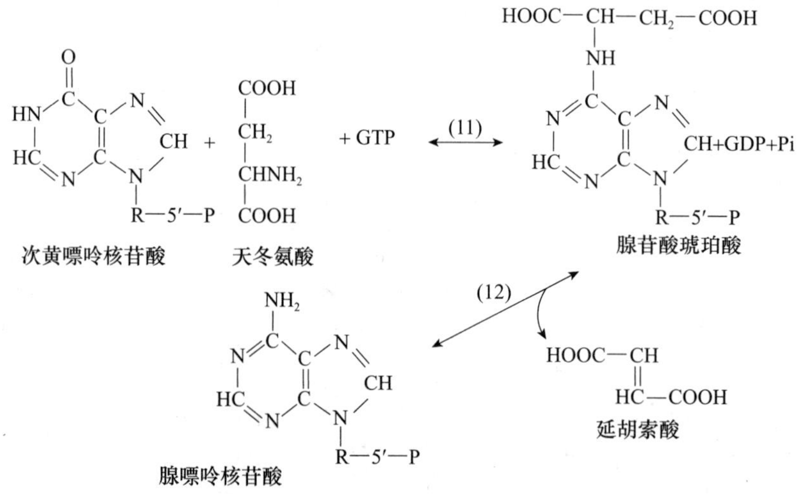

图 12-7　腺嘌呤核苷酸的合成过程（黄卓烈和朱利泉，2015）

（11）腺苷酸琥珀酸合成酶；（12）腺苷酸琥珀酸裂解酶

3. 嘌呤核苷酸生物合成的调节　　嘌呤核苷酸的从头合成受其 2 个终产物腺苷酸和鸟苷酸的反馈调节，代谢调节主要控制点有 3 个：一是在次黄嘌呤合成阶段（1），酰胺转移酶受终产物次黄苷酸、腺苷酸和鸟苷酸抑制；二是腺嘌呤核苷酸合成阶段（11），腺苷酸琥珀酸合成酶受产物腺苷酸抑制；三是鸟嘌呤核苷酸合成阶段（14），鸟嘌呤核苷酸合成酶受鸟苷酸的抑制（图 12-6～图 12-8）。

医学中由于癌细胞核酸的合成过快，可通过抑制酶活性调节核苷酸的合成，从而起到治疗作用。例如，氨基蝶呤与四氢叶酸相似，对如图 12-6 所示的反应（3）和反应（9）有竞争性抑制作用，从而减慢核酸合成。因此，嘌呤核苷酸生物合成的调节在临床医学及生产实践中意义重大。

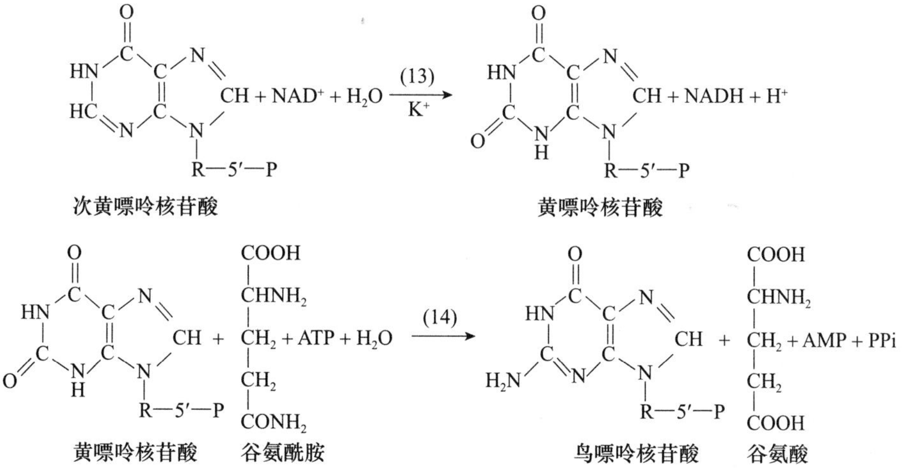

次黄嘌呤核苷酸 → 黄嘌呤核苷酸

反应(13) K⁺ 催化：次黄嘌呤核苷酸 + NAD⁺ + H₂O → 黄嘌呤核苷酸 + NADH + H⁺

$$\text{次黄嘌呤核苷酸} + NAD^+ + H_2O \xrightarrow[K^+]{(13)} \text{黄嘌呤核苷酸} + NADH + H^+$$

黄嘌呤核苷酸 + 谷氨酰胺 → 鸟嘌呤核苷酸 + 谷氨酸

$$\text{黄嘌呤核苷酸} + \text{谷氨酰胺} + ATP + H_2O \xrightarrow{(14)} \text{鸟嘌呤核苷酸} + \text{谷氨酸} + AMP + PPi$$

图 12-8　鸟嘌呤核苷酸的合成过程（黄卓烈和朱利泉，2015）

（13）次黄嘌呤核苷酸脱氢酶；（14）鸟嘌呤核苷酸合成酶

（二）补救合成途径

有时细胞会利用现成的碱基或核苷重新合成核苷酸，即为补救合成途径。这不仅能节约时间，还能节省能量，因此，补救合成途径的重要性有时不亚于从头合成。据估计约 90% 的嘌呤可用于补救合成。在生活细胞中，嘌呤核苷酸的从头合成和补救合成途径之间通常平衡存在，如果缺少补救合成途径，则会引起嘌呤核苷酸合成速率的加快，结果造成尿酸大量积累，并导致肾结石和痛风。人体细胞中腺嘌呤核苷酸的合成主要通过从头合成途径进行，但在脑细胞内则通过补救合成途径合成。

嘌呤核苷酸的补救合成需有两类酶参与：一类属于嘌呤碱基磷酸核糖转移酶，催化嘌呤碱基和 PRPP 生成相应的核苷酸。包括腺嘌呤磷酸核糖转移酶和次黄嘌呤-鸟嘌呤磷酸核糖转移酶：前一种用于 AMP、后一种用于 IMP 或 GMP 的补救合成，反应的副产物都有焦磷酸，可在胞内焦磷酸酶的催化下水解，并释放出大量能量，因此这两个补救反应在热力学上都非常有利。另一类包括核苷磷酸化酶和核苷激酶：前一种酶将碱基和核糖-1-磷酸转变为核苷，后一种酶利用 ATP 将核苷转化为核苷酸。

二、嘧啶核苷酸的生物合成

（一）从头合成途径

嘧啶核苷酸的从头合成途径是由氨甲酰磷酸和天冬氨酸先形成嘧啶环，然后与磷酸核糖结合成为乳清苷酸，最后生成尿嘧啶核苷酸；其他嘧啶核苷酸则由尿嘧啶核苷酸转变而成。

1. 嘧啶环中各元素来源　　同位素示踪研究表明嘧啶环中各元素来源于不同的化合物：第 1 位 N 及第 4 位、第 5 和第 6 位 C 来自天冬氨酸；第 2 位 C 和第 3 位 N 来自氨甲酰磷酸（图 12-9）。

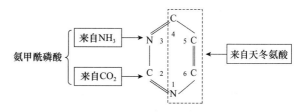

图 12-9　嘧啶环中各元素来源
（黄卓烈和朱利泉，2015）

2. 生化过程 嘧啶核苷酸从头合成过程可分2步进行。

第1步：先合成尿嘧啶核苷酸（UMP）。在酶（1）作用下，氨甲酰磷酸与天冬氨酸合成氨甲酰天冬氨酸，酶（2）催化脱水环化生成二氢乳清酸，经酶（3）氧化生成乳清酸，酶（4）催化乳清酸与5'-磷酸核糖-1'-焦磷酸（PRPP）生成乳清苷酸，然后在酶（5）作用下脱羧生成尿嘧啶核苷酸（图12-10）。从反应可以看出，嘧啶核苷酸的合成是需首先组装嘧啶环，这与嘌呤核苷酸的合成相反；5'-磷酸核糖-1'-焦磷酸也是核苷酸中磷酸核糖的供体。

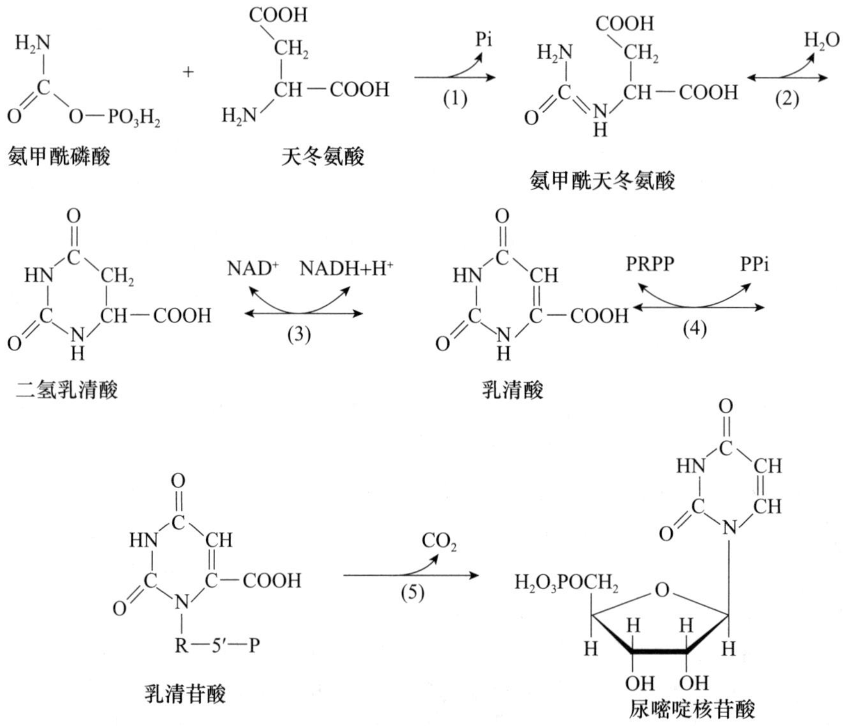

图 12-10 尿嘧啶核苷酸的合成（朱圣庚和徐长法，2017）
（1）天冬氨酸转氨甲酰酶；（2）二氢乳清酸酶；（3）二氢乳清酸脱氢酶；（4）乳清酸磷酸核糖转移酶；
（5）乳清酸核苷-5'-磷酸脱羧酶

第2步：胞嘧啶核苷酸的合成。首先，尿嘧啶核苷酸在相应激酶的作用下，形成尿嘧啶核苷三磷酸（UTP）；然后通过氨基化生成胞嘧啶核苷三磷酸（CTP），再转化为胞嘧啶核苷酸（CMP）（图12-11）。

3. 嘧啶核苷酸生物合成的调节 大肠杆菌中嘧啶核苷酸生物合成可在3个控制点上受到终产物的反馈抑制：一是原料氨甲酰磷酸的合成受UMP反馈抑制；二是如图12-10所示的尿嘧啶核苷酸合成阶段（1）反应中天冬氨酸转氨甲酰酶受CTP的反馈抑制；三是胞嘧啶核苷酸合成阶段CTP合成酶受CTP的反馈抑制。

（二）补救合成途径

有2类酶参与嘧啶核苷酸的补救合成：一类是磷酸核糖转移酶，包括UMP磷酸核糖转移酶和尿苷磷酸化酶，分别催化尿嘧啶与5'-磷酸核糖-1'-焦磷酸和核糖-1'-磷酸生成尿嘧啶核苷酸；另一类是激酶，催化尿嘧啶核苷或胞嘧啶核苷与ATP生成相应核苷酸。

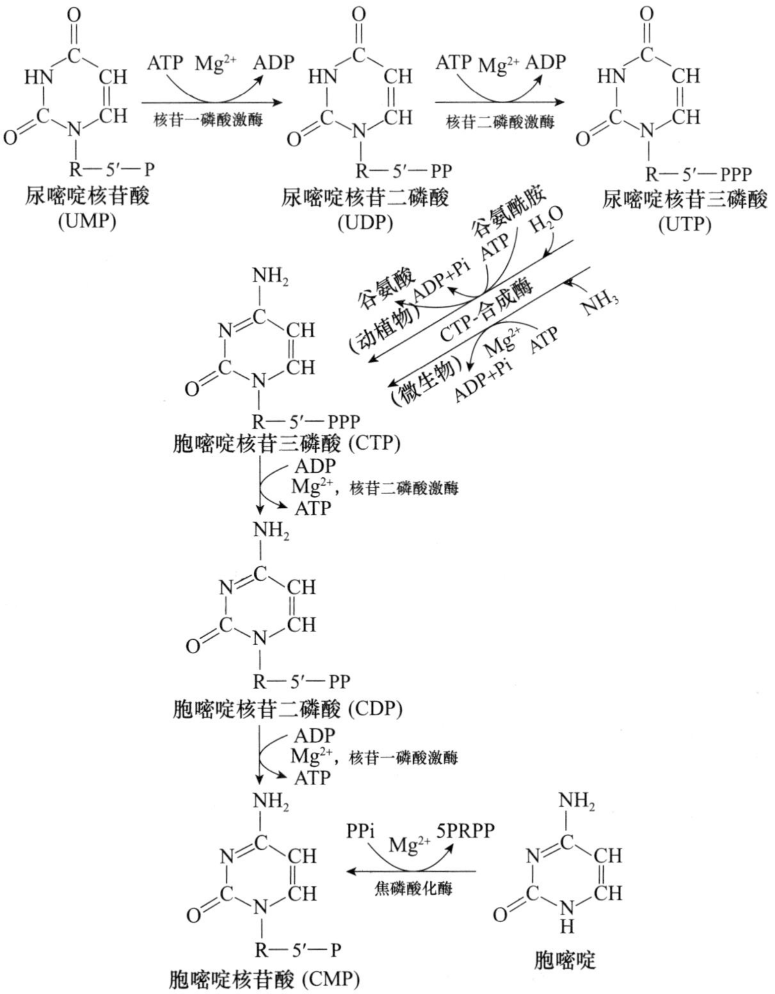

图 12-11　胞嘧啶核苷酸的合成

三、脱氧核糖核苷酸的生物合成

在生物体内，脱氧核糖核苷酸可由核糖核苷酸还原形成。腺嘌呤、鸟嘌呤和胞嘧啶核糖核苷酸经还原，将其中核糖第 2 位碳原子上的氧脱去，即可形成相应的脱氧核糖核苷酸；而脱氧胸腺嘧啶核苷酸则可通过脱氧尿嘧啶核苷酸转变而来，或通过补救途径合成。

脱氧核糖核苷酸是由相应的核苷二磷酸生成的，在生物体内，ADP、GDP、CDP 和 UDP 4 种核糖核苷酸均可被还原成相应的脱氧核糖核苷酸。在一个由多组分组成的还原系统的作用下，核糖核苷二磷酸（核苷二磷酸）在核糖 C_2 羟基发生脱氧反应，还原力的最初供体是 NADPH（图 12-12）。该还原系统涉及 3 种蛋白质：硫氧还蛋白还原酶、硫氧还蛋白和核糖核苷酸还原酶（核苷酸还原酶），它们在活性部位有一个共同特点，即都能通过二硫键和一对巯基的转化发生可逆氧化还原反应。其中，硫氧还蛋白还原酶的活性部位在不同生物中略有不同，硫氧还蛋白的作用是作为氢的传递体，核苷酸还原酶有多种类型、为别构酶。

从图 12-12 可以看出，NADPH 首先将硫氧还蛋白还原酶的二硫键还原，接着将硫氧还蛋白从氧化态转变为还原态，继而又将核苷酸还原酶活性中心的二硫键还原，使该酶转变为活性形

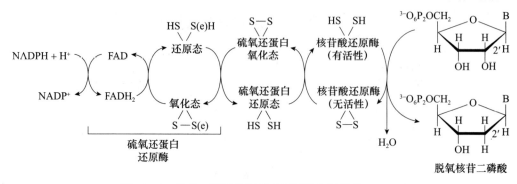

图 12-12   核苷二磷酸的还原（刘国琴和杨海莲，2019）

B 表示碱基；S（e）表示硫或硒

式。在核苷酸还原酶作用下，核苷二磷酸在 $C_{2'}$ 脱氧，生成脱氧核苷二磷酸。生物体还存在另一类核苷酸二磷酸还原系统，由谷氧还蛋白还原酶、谷氧还蛋白和谷胱甘肽还原酶组成，作用机制类似。值得注意的是，dADP、dGDP 和 dCDP 一旦形成便可在相应的核苷二磷酸激酶作用下转化为三磷酸水平（dATP、dGTP 和 dCTP）；然而，脱氧胸苷酸（dTMP、dTDP 和 dTTP）需要经由特殊的中间体才能形成。

核苷酸还原酶含有酶活性调节位点和底物特异性调节位点，受两方面调节：①核糖核苷酸和脱氧核糖核苷酸供求关系的调节；②4 种脱氧核苷二磷酸之间平衡调节。可见，核苷酸合成有 3 个要点：①嘧啶核苷酸和嘌呤核苷酸两条途径不同；②嘧啶核苷酸和嘌呤核苷酸途径基本都可划分为两个阶段；③脱氧核苷酸来源于核苷酸还原反应（图 12-13）。

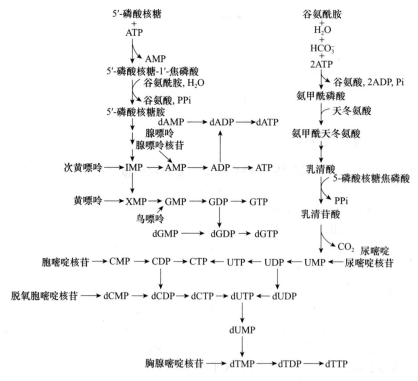

图 12-13   核苷酸的生物合成简图（朱圣庚和徐长法，2017）

四、其他核苷酸的生物合成

（一）核苷三磷酸的生成

许多核苷酸参与的反应常以核苷三磷酸的形式进行，细胞内核苷一磷酸可转变为核苷三磷酸。其中催化 AMP 磷酸化为 ADP 的酶称为腺苷酸激酶，反应为 ATP＋AMP $\Longleftrightarrow$ 2ADP。由此形成的 ADP 经酵解或氧化磷酸化（或光合磷酸化）转变成 ATP。而 4 种核苷（或脱氧核苷）一磷酸可在对碱基特异但对糖不特异的核苷一磷酸激酶（nucleoside monophosphate kinase，NMK）作用下，由 ATP 供给磷酸基，然后转变成核苷（或脱氧核苷）二磷酸。从动物和细菌中已分别提取出 AMP 激酶、GMP 激酶、UMP 激酶、CMP 激酶和 dTMP 激酶，如以 N 代表核糖核苷或脱氧核糖核苷，则该类反应可表示为 ATP＋NMP $\Longleftrightarrow$ ADP＋NDP。

核苷二磷酸与核苷三磷酸可在核苷二磷酸激酶（nucleoside diphosphate kinase，NDK）作用下相互转变。核苷二磷酸激酶的特异性很低，如以 X 和 Y 代表几种核糖核苷和脱氧核糖核苷，可催化如下反应：XDP＋YTP $\Longleftrightarrow$ XTP＋YDP。

（二）辅酶核苷酸的生成

生物体内尚有多种核苷酸衍生物作为辅酶而起作用，如烟酰胺腺嘌呤二核苷酸、烟酰胺腺嘌呤二核苷酸磷酸、黄素单核苷酸、黄素腺嘌呤二核苷酸和辅酶 A 等，它们可在体内自由存在。以烟酰胺核苷酸的合成为例，烟酰胺腺嘌呤二核苷酸（即辅酶 I、NAD 或 DPN）和烟酰胺腺嘌呤二核苷酸磷酸（辅酶 II、NADP 或 TPN）是含有烟酰胺的 2 种腺嘌呤核苷酸的衍生物，它们是脱氢酶的辅酶，在生物氧化还原系统中起着氢传递体的作用。烟酰胺腺嘌呤二核苷酸由一分子烟酰胺核苷酸（NMN）和一分子腺嘌呤核苷酸连接而成；烟酰胺腺嘌呤二核苷酸磷酸则在腺苷酸核糖的 $2'$-羟基上多一个磷酸基。

由烟酸合成烟酰胺腺嘌呤二核苷酸需要经过三步反应：第一步，烟酸在烟酸单核苷酸焦磷酸化酶的催化下先与 $5'$-磷酸核糖-$1'$-焦磷酸反应产生烟酸单核苷酸。在 $5'$-磷酸核糖-$1'$-焦磷酸中，焦磷酸部分为 α-构型，而在 NAD 中，核糖与烟酰胺之间的连接为 β-构型，因此认为可能在这一步发生构型的变化。第二步为烟酸单核苷酸与三磷酸腺苷在脱酰胺-NAD 焦磷酸化酶催化下进行缩合。第三步，烟酸腺嘌呤二核苷酸（脱酰胺-NAD）酰胺化形成烟酰胺腺嘌呤二核苷酸，催化该反应的酶称为 NAD 合成酶，并且需要谷氨酰胺作为酰胺氮的供体。

第三节　DNA 的生物合成

生物遗传信息并不是杂乱无章的，它以密码形式编码在 DNA 分子上，表现为特定的核苷酸排列顺序。中心法则（central dogma）对生物遗传信息的流向进行了很好的解释：生物体通过以 DNA 为模板合成 DNA［即 DNA 复制（DNA replication）］使遗传信息从亲代传递给子代；通过以 DNA 为模板合成 RNA 的转录（transcription）过程，以及以 RNA 为模板合成蛋白质的翻译（translation）过程，从而使遗传信息在个体内得以表达。对于以 RNA 为遗传物质的生物体，通过 RNA 的自我复制，或者以 RNA 为模板进行逆转录（reverse transcription，又称反转录）使遗传信息在亲代和子代之间传递（图 12-14）。综上，无论是 DNA 复制还是 RNA 的逆转录，因其都会生成 DNA，所以均属于 DNA 的生物合成。

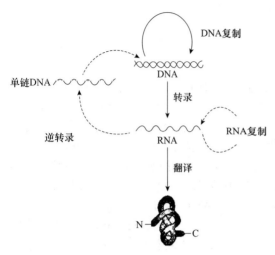

图 12-14 遗传信息传递的中心法则
（刘国琴和杨海莲，2019）

一、DNA 复制

（一）复制的基本特点

1. DNA 的半保留复制 DNA 两条亲代链在解开时，以其中一条链为模板进行复制，进而由一条亲代链与其复制的子代链重新形成新的双螺旋分子，称为半保留复制（semiconservative replication）。1958 年，Matthew Meselson 和 Franklin Stahl 设计了一个以 N 同位素作为氮源培养大肠杆菌的精巧实验，证明 DNA 是按照半保留复制方式进行亲代与子代之间的遗传信息传递。此后，又对病毒、植物和动物细胞进行类似实验，在不同角度和层面都证明了 DNA 复制的半保留方式。

2. DNA 的半不连续复制 如果按照 DNA 的半保留复制规律，两条链部分打开时，已打开的两条单链部分必然一条具有 3′ 端、另一条具有 5′ 端，要是以打开的两条单链为模板合成新链，聚合酶就必须沿着两个相反的方向复制（图 12-15）。但是，已知的 DNA 聚合酶的合成方向都是 5′→3′（即催化 DNA 链从 5′ 端向 3′ 端延长）。所以为了解决这个问题，1968 年冈崎（Okazaki）提出了 DNA 不连续复制模型。他认为 3′→5′ 走向的 DNA 链的合成是不连续的，而是由许多 5′→3′ 方向合成的 DNA 片段连接起来的。

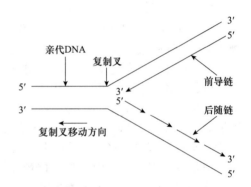

图 12-15 DNA 的半不连续复制
（陈钧辉和张冬梅，2015）

冈崎等用 H-脱氧核糖核苷酸标记噬菌体 T4 感染的大肠杆菌，然后分离标记的 DNA 产物，发现短时间内会先合成较短的 DNA 片段，然后这些短片段由 DNA 连接酶连接成大分子 DNA。而通过温度敏感的突变菌株实验发现，在 DNA 连接酶失效的温度下会有大量的 DNA 片段积累，由此也证明，在 DNA 合成时是先合成小片段然后再通过 DNA 连接酶进行连接形成长链 DNA 分子。后来这些较短的 DNA 片段被命名为冈崎片段（Okazaki fragment）。因此，DNA 的半不连续复制就是指 DNA 分子进行复制时，解开的两条亲代链（前导链、后随链）其中一条链的互补链为连续合成，而另一条链的互补链为不连续合成，这种复制方式被称作 DNA 的半不连续复制（semidiscontinuous replication），实际上半不连续复制是 DNA 半保留复制学说的补充。

（二）复制所需的酶和蛋白

1. DNA 聚合酶 DNA 聚合酶（DNA polymerase，DNA Pol）的活性不仅跟它所处的环境有关，如温度和 pH 等，还须提供单链模板和游离的 3′-OH 引物，才能沿 5′→3′ 方向合成新的子代 DNA 链。生物体内，复制叉的形成提供了临时单链模板，从引物的 3′-OH 开始，在 DNA 聚合酶的催化作用下，当有模板 DNA 和 Mg^{2+} 存在时，4 种脱氧核糖核苷三磷酸之间形成了

3′,5′-磷酸二酯键，生成多聚脱氧核糖核苷酸（DNA）长链，同时释放焦磷酸，焦磷酸水解放能，推动反应的向右进行。其中，dATP、dGTP、dCTP 和 dTTP 这 4 种脱氧核糖核苷三磷酸是必需的，不能被相应的脱氧核苷二磷酸或脱氧核苷一磷酸所取代，也不能被核糖核苷酸所取代。

研究表明，大肠杆菌 DNA 的复制错误率为 $10^{-10} \sim 10^{-9}$。目前一般认为 DNA 聚合酶活性的错误率为 $10^{-5} \sim 10^{-4}$，而外切酶活性的校读功能可再使错误率下降至 $10^{-4} \sim 10^{-2}$，其余准确度的提高则是由 DNA 复制以后的错配修复系统来完成的。DNA 聚合酶按功能性质可以划分为不同类型，主要有以下 3 类（表 12-1）。

表 12-1 大肠杆菌 3 种 DNA 聚合酶的性质比较（黄卓烈和朱利泉，2015）

项目	DNA 聚合酶 I	DNA 聚合酶 II	DNA 聚合酶 III
分子质量/ku	109	120	400
单细胞的分子数（估值）	400	100	$10 \sim 20$
5′→3′ 聚合作用	+	+	+
3′→5′ 核酸外切酶	+	+	+
5′→3′ 核酸外切酶	+	−	+
转化率	1	0.05	50

注：+表示有相应功能，−表示无相应功能

（1）DNA 聚合酶 I　　DNA 聚合酶 I 是一种多功能酶，在 DNA 损伤的修复中起重要作用，主要有 3 种功能：①聚合酶功能，催化新生子代 DNA 链沿 5′→3′ 方向延长，将脱氧核糖核苷酸逐个加到具有 3′-OH 的多聚核苷酸链（RNA 引物或 DNA）上，形成 3′,5′-磷酸二酯键。由于该聚合酶的移动速率仅为复制叉移动速率的 1/20 左右，且聚合不到 50 个核苷酸的子代链就与模板链解离，所以它不是主要的聚合酶。②校对功能，具有 3′→5′ 外切酶活性，能识别和切除错配的脱氧核苷酸末端，以确保复制的高度准确性。但是也仅限于单链，对于双链的 DNA 则不起作用。③切除 RNA 引物并填补其留下的空隙缺口的功能，只作用于双链 DNA，从 5′ 端切下单个核苷酸或一段单独的核苷酸。由于能跳过几个脱氧核苷酸起作用，因此能切除由紫外光照射而形成的二聚体。

（2）DNA 聚合酶 II　　其性质和功能与 DNA 聚合酶 I 有相同之处：具有催化沿 5′→3′ 方向合成 DNA 和 3′→5′ 外切酶活性，但无 5′→3′ 外切酶活性。该酶活性很低，具体生理功能及在 DNA 复制中的作用尚不明确。

（3）DNA 聚合酶 III　　DNA 聚合酶 III 不仅可催化 DNA 的聚合反应，也同样具有 3′→5′ 外切酶和 5′→3′ 外切酶的活性，但相比 DNA 聚合酶 I 要复杂得多。该酶至少含有 10 个亚基（图 12-16），且活性很强，转化率相当于 DNA 聚合酶 I 的 50 倍（每秒聚合 150 个核苷酸）、DNA 聚合酶 II 的 1000 倍。大肠杆菌含 DNA 聚合酶 I 最多，而 DNA 聚合酶 II 和 DNA 聚合酶 III 的含量仅分别为 DNA 聚合酶 I 的 1/10 和 1/40。

2. DNA 解链酶　　DNA 旋转酶（gyrase）具有能迅速使 DNA 正超螺旋的紧张状态变为松弛状态，便于 DNA 解链，以及切断 DNA 双链并且放

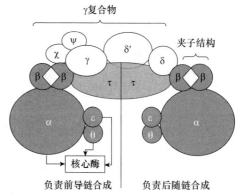

图 12-16　大肠杆菌 DNA 聚合酶 III 的亚基组成（陈钧辉和张冬梅，2015）

出超螺旋张力的双重作用。解链酶（helicase）可使 DNA 双链打开为单链。每解开一对碱基，需将两分子 ATP 水解为 ADP 和 Pi，也就是利用 ATP 水解的能量打破 DNA 双链中的氢键。因此，在这 2 个酶的作用下 DNA 先解旋再解链。它们三者相互联系，保证 DNA 解链过程顺利完成。

3. 单链 DNA 结合蛋白　为了防止解开的单链 DNA 重新形成双链，单链 DNA 结合蛋白（single-strand DNA binding protein，SSB）会立刻结合由 DNA 解链酶解开的 DNA 单链，而且单链结合蛋白的结合部位，主要是在含 AT 碱基对较密集的部位，为 DNA 复制、修复和重组所必需。SSB 本身并无酶活性，但通过与 DNA 单链区段的结合可至少发挥 3 个作用：①暂时维持 DNA 的单链状态。当双链解开以后互补的碱基对还是会进行碱基的配对，从而恢复双螺旋结构，SSB 可防止互补的单链在作为复制模板之前重新恢复成双螺旋状态；②防止 DNA 的单链区自发形成链内双螺旋而影响 DNA 聚合酶的作用；③防止核酸酶对 DNA 单链区的水解。

4. DNA 拓扑异构酶　拓扑异构酶（topoisomerase）是一类通过催化 DNA 链的断裂、旋转和重新连接而直接改变 DNA 拓扑学性质的酶。它的作用是通过这 2 次转酯反应来完成的，既可以细调细胞内的超螺旋程度，促进 DNA 与蛋白质的相互作用，又可以解决在 DNA 复制、转录、重组和染色质重塑过程中遇到的拓扑学障碍。DNA 拓扑异物酶根据 DNA 链的断裂方式分为 2 种类型，即 I 型和 II 型，而每一种类型中还有 A 类和 B 类，它们的作用也不尽相同。其中，I 型拓扑异构酶在作用过程中只能切开 DNA 的一条链；II 型会同时交错切开 DNA 的两条链，并在消耗 ATP 的同时，将一个 DNA 双螺旋从一处经过另一个双螺旋的裂口"主动转运"到另一条链。

其中，DNA 旋转酶又称 DNA 拓扑异构酶 I，兼有内切酶和连接酶的活性，既能切断 DNA 双链并释放超螺旋张力，使其结构改变后又在原位将其连接，起到分子旋转器的作用，又能迅速使 DNA 正超螺旋的紧张状态变为松弛状态，便于 DNA 解链。拓扑异构酶 II 在 DNA 复制过程中发挥主要作用，负责复制过程中几种不同类型的拓扑学转变，包括松弛正 / 负超螺旋、环形 DNA 的连环化（catenation）和去连环化（decatenation）等，而在整个过程中除了可在 DNA 分子复制之前引入有利于复制的负超螺旋，还可及时清除在复制叉前进中形成的正超螺旋，并分开复制结束后缠绕在一起的两个子代链。

需要注意的是，拓扑异构酶发挥部分作用需要能量，在 ATP 的存在下，一个 DNA 双螺旋上的 2 条链会同时出现切口。在消耗 ATP 的条件下，它可在共价闭环 DNA 分子中连续引入负超螺旋。在无 ATP 的情况下，可以松弛负超螺旋。环丙沙星和新生霉素是 2 种作用于旋转酶的抗生素：前者的作用位点是 A 亚基，能抑制旋转酶的 ATP 酶活性；后者的作用位点是 B 亚基，能增强旋转酶切断 DNA 链的能力，但抑制 DNA 链的重新连接。

5. DNA 引发酶　DNA 引发酶（primase）主要负责催化 RNA 引物的合成，它会在启动引物合成及引物合成后与复制叉发生结合与解离，是一类特殊的 RNA 聚合酶。由于 DNA 复制的半不连续性，引发酶在前导链上只需要引发一次，而在后随链（DNA 片段）上则需要引发多次。

6. 引物切除酶　为什么要切除引物呢？由于 RNA 引物只是用来启动 DNA 的复制，没有其他的实际作用，所以要被切除。实际上，细胞内有专门负责切除 RNA 引物的酶，而且依据它们的特性作用于特定的细胞。细菌切除 RNA 引物的酶是 DNA 聚合酶 I 或核糖核酸酶 H（RNase H），这两类酶的区别在于 DNA 聚合酶 I 凭借自带的 5′-外切酶活性，切除总是位于 5′端的引物，而 RNase H 专门水解与 DNA 杂交的 RNA，包括 RNA 引物。但在真核细胞中，没有哪一种 DNA 聚合酶兼有 5′-外切酶活性，所以切除 RNA 引物的酶不可能是 DNA 聚合酶，而是利用具有 5′-外切酶和内切酶活性的核糖核酸酶，也被称为 flap 内切核酸酶 1（flap endonuclease 1，FEN1）。一般认为核糖核酸酶负责切割连接在 DNA 链 5′ 端的 RNA，但会留下一个核糖核苷酸，由 flap 结构特异内切核酸酶 1（flap structure-specific endonuclease 1）最后来切除。

7. DNA 连接酶　　DNA 连接酶（ligase）能够催化一个 DNA 双螺旋分子内相邻核苷酸的 3′-羟基和 5′-磷酸基团，甚至两个 DNA 双螺旋分子两端的 3′-羟基和 5′-磷酸基团发生连接反应，形成 3′,5′-磷酸二酯键。DNA 连接酶在 DNA 复制、修复及重组中的作用不同，在 DNA 复制中起"缝合"作用，使不连续合成的后随链成为一条连续的链，而在 DNA 修复和重组中则起闭合作用，闭合 DNA 链上产生的切口，从而使其成为一个完整的链。此外，DNA 连接酶在催化连接反应时需消耗能量。根据能量供体的性质不同，连接酶也可分为 2 类：第 1 类是使用烟酰胺腺嘌呤二核苷酸（NAD$^+$）作用所释放的能量，第 2 类是使用 ATP。而且绝大多数细菌的 DNA 连接酶都属于第 1 类，真核生物、古菌、病毒和少数细菌的连接酶属于第 2 类。

（三）复制的过程

1. 起始

（1）复制的起点和方向　　研究发现大肠杆菌染色体 DNA 复制时，环状 DNA 分子双链首先形成泡状或眼形结构，因其形状类似希腊字母"O"故称 O 结构。原核细胞 DNA 分子只有一个复制起点（origin of replication）。复制起点的碱基序列高度保守，并富含 AT，从而有利于 DNA 的解链。复制方向大多数是双向，DNA 的两条链在起点分开形成叉子形状，称复制叉（replication fork），少数为单向复制。而真核细胞 DNA 有多个复制起点，复制方向为双向，形成多个复制泡（或称复制眼）。因为真核生物基因组比原核生物大得多，所以要有多个复制起点同时开始双向复制，电子显微镜下可以看到许多复制眼存在。

（2）起始点的识别和双链解开　　大肠杆菌的复制起点（origin, ori）由 245 个碱基对组成，其序列和控制元件在细菌复制起点中十分保守。起点中有 2 个关键序列：①4 个 9bp 的重复序列，其保守序列为 TTATCCACA；②3 个 13bp 富含 AT 的重复序列。细胞内由 *dnaA* 基因编码的 DnaA 蛋白识别起始位点（图 12-17），然后与 9bp 的重复序列结合形成起始复合物（initial complex）。

HU 是类组蛋白，可与 DNA 结合，促进复制起始。受其影响，邻近的 3 个 13bp 重复序列变性形成开链复合物（open complex），所需能量由 ATP 提供。随后

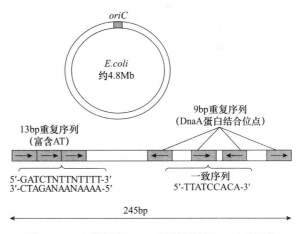

图 12-17　大肠杆菌 DNA 复制起始区 *oriC* 的结构
（杨荣武，2017）

DnaB 在 DnaC 帮助下进入解链区，使双螺旋解开成单链，扩大解链区。这些蛋白质向复制叉移动，逐步置换出 DnaA 蛋白，形成引发体前体（preprimosome）（图 12-18），一旦双螺旋解开成单链，单链结合蛋白即结合于单链 DNA 部分，稳定单链 DNA。

DNA 双螺旋的解开还需要拓扑异构酶 II（Top II），在解开双螺旋时，由于高速解旋，这部分 DNA 螺旋松开，造成其后的部分形成正超螺旋，这需 Top II 通过切开、旋转和再连接的作用，使 DNA 正超螺旋变为负超螺旋。然后再解开成单链。

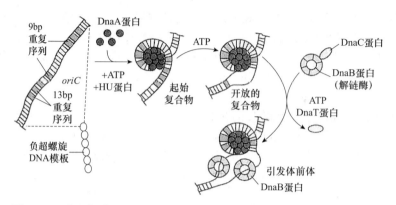

图 12-18　大肠杆菌 DNA 复制过程中引发体前体的形成（杨荣武，2017）

（3）RNA 引物的合成　　在已解链的 DNA 引发体前体基础上，PriA、PriB 和 PriC 等蛋白及引发酶进入引发前体组装成引发体（primosome），引发复制，即合成 RNA 引物。引发体可沿模板 5'→3' 方向移动，与复制叉移动方向一致。移动到一定位置即可引发 RNA 引物的合成，移动和引发均需 ATP 提供能量。引发体催化合成一个低聚 RNA 引物，引物的第一个核苷酸通常是 pppA，个别为 pppG，其长度通常为几个到几十个核苷酸：细菌为 50～100 个，噬菌体为 20～30 个，哺乳动物 RNA 引物都较短，约 10 个核苷酸。在 DNA 复制中，RNA 引物的长度通常不是恒定不变的。

2. 延伸　　在 DNA 合成延伸过程中主要是 DNA 聚合酶Ⅲ起作用。RNA 引物合成后，DNA 聚合酶Ⅲ与复制叉结合形成复制体（replisome）的大分子复合物。复制体由 DNA 聚合酶及其他酶和蛋白质组成，组装于复制叉处，并在 DNA 复制中完成各种反应。在 RNA 引物上，由 DNA 聚合酶Ⅲ催化按照模板 3'→5' 链上的序列在引物 3'-OH 端添加相应脱氧核苷酸。前导链的合成按 5'→3' 的方向连续合成，与复制叉的移动保持同步。而后随链的合成是不连续的，需要不断合成冈崎片段的 RNA 引物，然后由 DNA 聚合酶Ⅲ催化加入脱氧核苷酸。DNA 后随链的合成比较复杂，由于 DNA 的两条互补链方向相反，为使后随链能与前导链被同一个 DNA 聚合酶Ⅲ不对称二聚体所合成，后随链必须绕成一个回折环（图 12-19）。合成冈崎片段需要 DNA 聚合酶Ⅲ不断与模板脱开，然后在新的位置上又与模板结合。这一作用由 DNA 聚合酶的 2 个 β 亚基形成的 β 夹子和 γ 复合物来完成。

当 RNA 引物合成后，β 夹子的两个亚基在 γ 复合物的帮助下夹住引物与模板双链，并与 DNA 聚合酶Ⅲ的核心酶结合。此时，β 夹子形成环套，并套在 DNA 分子上，使得聚合酶能在 DNA 双链上移动，完成催化反应。当一个冈崎片段合成完毕后，β 夹子在 γ 复合物的帮助下脱离 DNA 聚合酶Ⅲ的核心酶，再次与复合物结合，通过水解 ATP 的能量开环，并与模板 DNA 脱开，使之再循环到下一个引物处，准备合成下一个冈崎片段。

当冈崎片段形成后，DNA 聚合酶Ⅰ通过其核酸外切酶的活性切除冈崎片段上的 RNA 引物。同时，利用冈崎片段作为模板由 DNA 聚合酶Ⅰ催化 5'→3' 合成 DNA，填补切除引物后形成的空隙，最后两个冈崎片段由 DNA 连接酶将其连接起来，形成完整的 DNA 后随链。

3. 终止　　单向复制的环状 DNA，其复制的终点就是其起点；双向复制的双链 DNA，两个复制叉最终在与其起点相对的终止区（terminus region）相遇，并停止复制。大肠杆菌复制的终止区含有 7 个 23bp 左右共有序列的终止子（terminator）位点，分别称为 TerA～TerG，其中 TerE、TerD 和 TerA 在一侧，而 TerG、TerF、TerB 和 TerC 位于另一侧（图 12-20）。这些

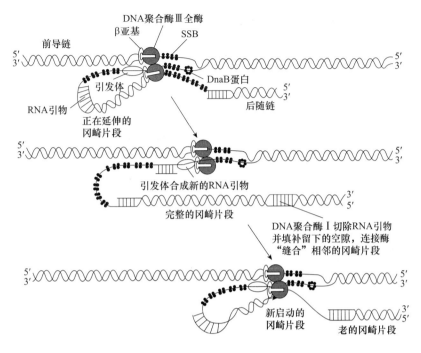

图 12-19 大肠杆菌 DNA 复制的延伸（杨荣武，2017）

Ter 位点可结合专一的终止蛋白，阻止复制叉的移动。多个 Ter 位点组成一个复制叉陷阱，使复制叉进入终止区，而不能离开。每个终止区只对一个方向的复制叉有作用，例如，大肠杆菌中顺时针方向的复制叉（即复制叉 1）通过 TerE、TerD 和 TerA，而停止于 TerC，如果失败的话，将停止于 TerB、TerF 或 TerG。逆时针方向的复制叉（即复制叉 2）通过 TerG、TerF、TerB 和 TerC，而停止于 TerA、TerD 或 TerE。通过这种巧妙的安排，每个复制叉在到达其专一的终止区前不得不越过另一个复制叉。在正常情况下，两个复制叉前移的速率是相等的，到达终止区后就停止复制；但如果由于某种原因一个复制叉

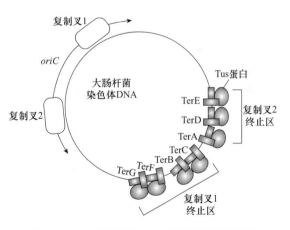

图 12-20 大肠杆菌 DNA 复制终止区的结构
（陈钧辉和张冬梅，2015）

前移延迟，导致两个复制叉不能在通常的中心点相遇，稍快的复制叉将被陷于 Ter 区域，等待较慢的复制叉到来。

（四）真核与原核生物复制比较

真核和原核生物 DNA 的复制大体相同，不同之处主要表现在以下几方面。

1. 复制起点数不同 原核细胞 DNA 复制只有一个起点，而真核细胞 DNA 复制有许多起点。复制子（replicon）是复制的功能单位，复制子是受同一个复制起点控制的 DNA。原核细胞的复制子是唯一的，通常细菌、病毒和线粒体的 DNA 分子都是作为单个复制子完成复

制；而真核细胞的复制是由许多复制子共同完成，所以它有多个复制起点，如动物细胞 DNA 由 1000 个以上的复制子组成。所以，真核生物即使基因组比原核生物大也可快速完成复制。

2. 复制的酶不同 原核生物中主要的复制酶是 DNA 聚合酶Ⅲ；真核生物有多种 DNA 聚合酶，按照它们被发现的顺序依次命名为 DNA 聚合酶 α、β、γ、δ、ε 等多种（表 12-2）。它们和细菌 DNA 聚合酶的基本性质相同，均以 4 种 dNTP 为底物，聚合时须有模板和引物 3′-OH 存在，链的延伸方向为 5′→3′。其中，聚合酶 α 可能是真核细胞的 DNA 复制酶，在增殖较快的细胞中活性较高，在 DNA 合成期达到高峰，一旦 DNA 合成结束，此酶活性就降低，表明该酶在细胞内 DNA 复制中起关键作用；聚合酶 β 主要在 DNA 损伤的修复中起作用；聚合酶 γ 可能在真核细胞 DNA 复制的启动过程中起重要作用，并与线粒体 DNA 合成有关；聚合酶 δ 和聚合酶 ε 除能催化 5′→3′ 的聚合反应外，尚有 3′→5′ 核酸外切酶活性，它能切除 3′ 端错配的核苷酸残基，从而保证真核细胞 DNA 复制的准确性。

表 12-2 真核生物 DNA 聚合酶（黄卓烈和朱利泉，2015）

项目	DNA 聚合酶 α	DNA 聚合酶 β	DNA 聚合酶 γ	DNA 聚合酶 δ	DNA 聚合酶 ε
分子质量 /ku					
催化亚基	165	40	140	125	265
结合亚基	70，58，48	无	未知	48	未知
亚细胞定位	细胞核	细胞核	线粒体	细胞核	细胞核
酶活性					
5′→3′ 聚合作用	+	+	+	+	+
5′→3′ 外切活性	−	−	+	+	+
引物酶活性	+	−	−	−	−

3. 端粒和端粒酶 在 DNA 复制过程中 RNA 引物被切掉后会缺失一段基因，每经过一次 DNA 复制，在 5′ 端都会缩短一个 RNA 引物长度，可通过端粒（telomere）和端粒酶（telomerase）解决。

（1）端粒 是位于一条线形染色体末端的特殊结构，由蛋白质和 DNA 组成，其中的 DNA 称为端粒 DNA。端粒的主要功能是保护染色体，防止染色体降解和相互发生不正常的融合或重组。端粒 DNA 由许多短重复序列组成，一般无编码功能。端粒序列最先是从一种称为嗜热四膜虫（*Tetrahymena thermophilus*）的原生动物体内分离得到的。

（2）端粒酶 也称为端聚酶或端粒末端转移酶（telomere terminal transferase，TTT），是真核生物所特有的，其作用是维持染色体端粒结构的完整。端粒酶由蛋白质和 RNA 两种成分组成，酵母和人的端粒酶的蛋白质部分由 1 个 RNA 结合亚基、1 个逆转录酶亚基和其他几个亚基组成。端粒酶使用"滑移"机制（slippage mechanism）来延长端粒的长度，它每合成 1 拷贝的重复序列，就滑移到端粒新的末端，往复启动重复序列的合成。由于端粒酶的存在，端粒可以保持固定的长度，但是随着细胞的分化，端粒酶失去活性，端粒就无法正常发挥保护作用，这也就导致多代之后染色体无法保持完整，从而越来越短，染色体的稳定结构就会被破坏，导致细胞无法正常生活，继而衰老死去。

二、RNA 逆转录

随着 RNA 指导的聚合酶的发现，人们进一步确认这个酶是以 RNA 为模板来指导 DNA 合成，它的作用恰好与转录过程相反，因此，也被称为逆转录过程（图 12-21），而这个 RNA 指导的聚合酶也被称为逆转录酶（reverse transcriptase）。由于逆转录酶这一发现完善了生物遗传信息的传递过程，它的发现者 David Baltimore、Renato Dulbecco 和 Howard Martin Temin 也因此被授予诺贝尔生理学或医学奖（1975 年）。而且后续研究也发现，该酶不仅存在于病毒中，也可能存在于哺乳动物或正在分裂的细胞中。

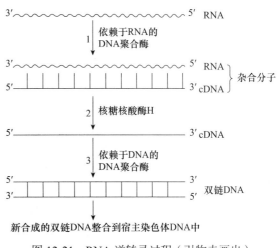

图 12-21　RNA 逆转录过程（引物未画出）
（陈钧辉和张冬梅，2015）

（一）逆转录酶催化的反应

逆转录酶催化 DNA 链的延伸方向为 $5' \rightarrow 3'$。逆转录酶的模板为单链 RNA，人工合成的多聚核苷酸等也可作模板。逆转录酶的反应还需要引物，这个引物可以是寡聚脱氧核苷酸或寡聚核糖核苷酸，而且它的长度必须在 4 个核苷酸以上，必须与模板互补，并且有游离的 $3'$-OH。此外，还需要 Mg^{2+} 或 Mn^{2+} 和还原剂（以保护酶蛋白中的筑基）。

（二）逆转录酶合成 DNA 的过程

逆转录酶首先以单链 RNA 为模板合成一条与模板 RNA 链碱基互补的互补 DNA（complementary DNA，cDNA）单链，此时双链为 DNA 和 RNA 杂合分子，最后由 RNase H 水解，将 RNA 模板链去除；剩下的互补 DNA 单链作为模板再进行 DNA 的复制，从而合成双链 DNA 分子。

逆转录酶既有依赖于 RNA 的 DNA 聚合酶的活性，也有依赖于 DNA 的 DNA 聚合酶活性，还有核糖核酸酶 H 活性，即沿 $3' \rightarrow 5'$ 和 $5' \rightarrow 3'$ 两个方向起核酸外切酶的作用，专门水解 RNA-DNA 杂合分子中的 RNA。此外，有些逆转录酶还有 DNA 内切酶活性，这可能与病毒基因整合到宿主细胞染色体 DNA 中有关。

（三）逆转录的生物学意义

1. 补充和丰富了中心法则　中心法则一直认为 DNA 指导其自身复制及转录成 RNA，然后翻译成蛋白质。遗传信息的流向是从 DNA 到 RNA，再到蛋白质。逆转录酶的发现指出遗传信息也可以从 RNA 传递到 DNA，这进一步补充和丰富了中心法则。

2. 对病毒致癌机制提供了解释　逆转录酶存在于所有病毒中，当病毒在宿主细胞中进行逆转录合成 DNA 时，遗传物质中就掺进了病变基因，从而导致细胞恶性增殖，形成癌症。现已证实白血病和艾滋病的发生都与逆转录有关。

3. 开发逆转录工具酶　逆转录工具酶作为基因工程中重要的工具酶，可催化目的基因的 mRNA 逆向转录形成互补 DNA，用以获得目的基因，这也为基因工程的发展做出了基础准备。

三、DNA 损伤、修复和突变

DNA 双螺旋结构的稳定性和复制过程的准确性等因素高度维护着 DNA 的遗传稳定性。但 DNA 复制过程很快，难免会出现基因的差错，一旦出现差错就会造成 DNA 损伤（DNA damage）。生物体具有自愈的能力，可完成对 DNA 损伤的修复（DNA repair），这样可以保证物种的稳定性。那些不能修复的损伤或修复过程带来的差错，将引起 DNA 序列的永久性改变，这种改变称为突变（mutation）。此外，突变还可以由一些致变剂直接引起，如甲基磺酸乙酯（ethylmethane sulfonate，EMS）。

（一）DNA 损伤

DNA 损伤（DNA damage）是指在生物体生命过程中 DNA 双螺旋结构发生的任何改变，大体上分为两类：单个碱基改变和结构扭曲。单个碱基改变影响 DNA 序列但不改变 DNA 的整体结构；结构扭曲对复制或转录产生物理性损伤。除却基因本身的问题，一些化学诱变剂、各种高能射线及强烈的紫外光等化学因素和物理因素均能造成 DNA 的损伤。例如，烷化剂硫酸二甲酯（dimethyl sulfate，DMS）可使脱氧核糖核苷酸的鸟嘌呤的 7 位氮原子甲基化，形成四价氮，这使氮糖苷键不稳定、发生水解，从而失去嘌呤碱基，严重时还可能引起 DNA 链断裂，失去模板功能；紫外光照射可使 DNA 分子中同一条链上邻近的核苷酸碱基之间形成共价键，连接成一个环丁烷，生成二聚体，DNA 聚合酶的作用受到阻碍，正常的复制不能继续进行。最常见的是由两个胸腺嘧啶碱基形成的二聚体。

（二）DNA 修复

DNA 损伤是由生物所处体外环境和体内因素共同导致的，面对不同种类的损伤，机体启动多种不同的修复机制，保护基因组稳定性。Tomas Lindahl、Paul Modrich 和 Aziz Sancar 3 位科学家因发现 DNA 损伤修复机制获得了 2015 年诺贝尔化学奖。常见的修复系统有光修复（photoreactivation）、切除修复（excision repair）、重组修复（recombination repair）和 SOS 修复等主要类型。其中，只有光修复是利用光能，其余均利用 ATP 水解所释放的能量，尤其是切除修复需要耗费大量能量。光修复和切除修复是修复模板链；重组修复不是对损伤链进行直接修复，而是形成一条新的正常模板链；SOS 修复是导致突变的修复。

不导致 DNA 突变的修复都叫作避免差错修复（error free repair），上文提到的光修复、切除修复及重组修复都属于这一种。其中，光修复和切除修复都是先进行修复然后进行复制，称复制前修复；而重组修复是复制后修复。

1. 光修复　　光修复指受紫外光损伤的细胞经强的可见光（400～500nm）照射后能够修复损伤。这是由于可见光激活了细胞内的光裂合酶（photolyase），使之与胸腺二聚体结合并将其分开，恢复成两个单独的碱基。除了高级哺乳动物外，几乎在所有的生物中都存在光修复。其修复过程大致可以分为识别、形成复合物、解聚、释放 4 个步骤，即光裂合酶能专一地识别损伤二聚体，并覆盖在二聚体上形成酶-DNA 复合物，光裂合酶利用可见光提供的能量使二聚体解聚成单体，修复后释放酶完成修复过程。

2. 切除修复　　切除修复指在一系列酶的作用下将 DNA 分子中受损伤的部分切除，保留未受损序列进行复制，从而使 DNA 恢复正常结构的过程。这是比较普遍的一种修复机制，它对多种损伤均能起修复作用。切除修复需要在到达特定的碱基时才会终止切除，而切除掉的碱基在后续又需要（互补配对）补回来，因此，需要耗费大量的能量。其修复过程可概括为切开、修补、切错、封口 4 个步骤。

切除修复主要有核苷酸切除修复（NER）和碱基切除修复（BER）。NER 是最复杂的 DNA 修复机制，可以移除造成 DNA 双螺旋结构扭曲的损伤，干扰碱基配对，阻断 DNA 复制及转录的损伤。可修复包括紫外光照射导致的环嘧啶二聚体（CPD）和 6-4 嘧啶酶光产物（6-4PP），以及化学试剂诱导的多种大化合物等常见损伤。尽管 NER 在原核和真核细胞中涉及的酶有所不同，但其基本机制在进化上高度保守。BER 主要用于修补微小的碱基损伤，这些损伤并不严重影响 DNA 双螺旋结构。损伤的发生是由体内自发的生物化学反应或体外环境造成的，主要体现形式是碱基的去氨基化、氧化或甲基化。碱基切除修复的步骤简单，但是机制复杂。

3. 重组修复   重组修复是利用 DNA 重组交换的方法进行损伤修复。含有嘧啶二聚体或其他损伤的 DNA 在修复前仍可进行复制，但在新合成的子代链中，与模板链损伤部位对应的地方因复制受阻而留下缺口。基本过程为复制、重组、填补和连接 4 个步骤。

在重组酶的作用下，带缺口的 DNA 分子与完整的姊妹双链进行重组交换，用相应的姊妹双链的亲代互补 DNA 片段填补子代链上的缺口。在另一条亲代链上重组产生的缺口，则由 DNA 聚合酶 I 以与其互补的完整子代链为模板进行修复合成，最后由 DNA 连接酶将切口封好。实际上，重组修复并没有把改变的基因切除，而是通过多次复制，稀释、减弱它的表达能力。如果发生错配修复将会产生严重的后果，最普遍的后果之一就是引发遗传性癌症。

4. SOS 修复   SOS 修复是指在 DNA 损伤后，在 DNA 复制过程中以脱氧核苷酸的聚合发生差错为代价，强行合成完整子代链的一种挽救性修复。这样即使子代发生了大量变异，也可以避免死亡。SOS 修复是一种紧急修复，允许 DNA 链在复制延伸时对损伤处的模板进行错配而越过损伤片段，进行粗略的修复，为一种倾向差错修复。目前 SOS 修复的机制尚不清楚，可能与其他蛋白质对 DNA 聚合酶的紧急修饰有关，这些未知的修饰可能会使 DNA 聚合酶的校对功能完全丧失，明显增加聚合功能，从而使聚合作用在模板 DNA 损伤和双螺旋变形的情况下也能越过损伤部位，将不准确的复制进行下去，合成含有大量突变的完整子代链。

（三）DNA 突变

突变是 DNA 的核苷酸序列改变的结果，包括由于 DNA 损伤和错配得不到修复而引起的突变，以及由于不同 DNA 分子之间片段的交换而引起的遗传重组。大多数突变是有害突变，只有少数突变才是有利突变，有利突变是推动生物进化的唯一力量源泉；还有一些突变是既无利、又无害的中性突变，中性突变是同一基因的 DNA 序列呈现多态性的重要原因。

突变并不总是产生表型的变化，因为一些突变位点并没有影响基因的功能或表达，或者高一级的基因组功能（如 DNA 复制）。由于密码的简并性，突变使核苷酸序列改变但不改变蛋白质序列，称沉默突变（silent mutation）。如果三联体密码子发生突变导致蛋白质中原有氨基酸被另一种氨基酸取代，称错义突变（missense mutation）。当氨基酸密码子变为终止密码子时称为无义突变（nonsense mutation），可导致翻译提前结束而常使产物失活。

单细胞生物能够将新产生的突变直接传给其后代，而多细胞生物能否将突变传给后代则取决于突变是发生在生殖细胞还是体细胞。如果突变发生在生殖细胞，则与单细胞生物一样，可传给后代；如果是发生在体细胞，则一般不会传给后代，除非后代是由突变的体细胞克隆而成。根据碱基序列变化的方式，DNA 突变可分为点突变（point mutation）、移码突变（frameshift mutation）、片段的缺失（deletion）和重复（repetition）。

1. 点突变   点突变也称为碱基对置换（substitution），包括两种类型：①转换（transition），即两种嘧啶或嘌呤之间互换，这种置换方式最为常见；②颠换（transversion），是在嘌呤与嘧啶之间发生互换，较为少见。

2. 移码突变   移码突变是由于一个或多个非三整倍数的核苷酸插入（insertion）或缺失（deletion），而使编码区该位点后的密码阅读框架改变，导致其后氨基酸发生错误，如出现终止密码子则使翻译提前结束，致使基因产物完全失活。

3. 片段的缺失和重复　大片段缺失或重复突变是常见的基因组突变，与点突变不同，主要是染色体一段区域拷贝数发生变化，缺失或重复的核苷酸可以达十几至几千碱基对。该类突变与许多疾病的发生密切相关。

四、DNA 修饰与表观遗传

表观遗传学（epigenetics）是遗传学的伴生学科，发源于对多个不能被传统遗传学理论解释的意外现象的探究。表观遗传学主要是研究在没有细胞核 DNA 序列改变的情况时，基因功能可逆的、可遗传的改变。以 DNA 为载体的中心法则仍是传递遗传信息的主要方式；而表观遗传可作为它重要的有益补充，帮助生命体利用同一套基因组实现多种细胞形态的分化与稳定。表观遗传修饰具有三个主要特点：DNA 没有发生改变、可遗传、可恢复。表观遗传现象主要包括 DNA 甲基化、RNA 干扰（RNAi）、组蛋白修饰等。

DNA 甲基化是最早被发现、也是研究最深入的表观遗传调控机制之一。DNA 甲基化作为一种相对稳定的修饰状态，在 DNA 甲基转移酶的作用下，可随 DNA 的复制过程遗传给新生的子代 DNA。广义上的 DNA 甲基化是指 DNA 序列上特定的碱基在 DNA 甲基转移酶（DNMT）的催化作用下，以 S-腺苷甲硫氨酸（SAM）作为甲基供体，通过共价键结合的方式获得一个甲基基团的化学修饰过程。这种 DNA 甲基化修饰可以发生在胞嘧啶的 C_5 位、腺嘌呤的 N_6 位及鸟嘌呤的 N_7 位等位点。一般研究中所涉及的 DNA 甲基化主要是指发生在 CpG 二核苷酸中胞嘧啶上第 5 位碳原子的甲基化过程，其产物称为 5-甲基胞嘧啶（5-mC），是真核生物 DNA 甲基化的主要形式，也是哺乳动物 DNA 甲基化的唯一形式。DNA 甲基化反应分为两种类型：一种是两条链均未甲基化的 DNA 被甲基化，称为从头甲基化（de novo methylation）；另一种是双链 DNA 的其中一条链已存在甲基化，另一条未甲基化的链被甲基化，这种类型称为保留甲基化。

第四节　RNA 的生物合成

储存于 DNA 的遗传信息需通过转录成 RNA，进而翻译成蛋白质等功能性分子以得到表达（expression）。当然，基因表达产物有蛋白质也有功能 RNA 分子。RNA 的生物合成与 DNA 相似，有两种方式：一种是转录，以 DNA 为模板合成 RNA（依靠 DNA 转录合成 RNA）；另一种是复制，以 RNA 为模板合成 RNA。

一、DNA 转录

（一）DNA 转录的基本特点

1. 转录的不对称性　与 DNA 复制不同，基因转录是有选择的。同一条 DNA 分子上的基因，在某一特定时间可能只有一个基因在转录，也可能有一组基因在转录；有些基因转录以 DNA 双链中的一条为模板链，而另一些则以另一条为模板链。也就是说，对于双链的 DNA 分子，其中任何一条链都可以作为模板进行转录，转录具有不对称性。

基因进行转录时，DNA 两条链中只有一条链作为模板，称为模板链；与模板链互补的 DNA 链为非模板链。显然，新转录的 RNA 序列与模板链互补，而与非模板链完全一致，只是用 U 代替了 T。由于蛋白质是依据 RNA 编码生成的，非模板 DNA 链又称为编码链（coding strand）、正链（＋）或有意义链（sense strand）；而模板链则称为非编码链、负链（－）或无意义链（antisense strand）（图 12-22）。

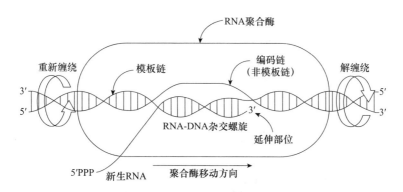

图 12-22 DNA 的不对称转录（陈钧辉和张冬梅，2015）

图中椭圆圈内区域为转录泡（transcription bubble），含有 RNA 聚合酶、RNA-DNA 杂交螺旋、模板链、编码链和新生 RNA。
左右两端的弧形箭头表示 DNA 双链在转录开始前和终止后开合的扭转方向

2. 转录基本过程　　DNA 指导的 RNA 聚合酶也称依赖于 DNA 的 RNA 聚合酶，简称 RNA 聚合酶，又称转录酶（transcriptase）。RNA 聚合酶能以 4 种核苷三磷酸（ATP、GTP、CTP、UTP）为底物，以 DNA 为模板合成与模板 DNA 互补的 RNA。

反应过程如下：第一步，RNA 聚合酶与 DNA 模板链的嘌呤核苷-5′-三磷酸结合形成酶-DNA 复合物，DNA 的构象从而发生改变，两链即解旋分开，并以其中的一条链作为模板，此时与模板配对的相邻两个核苷酸在 RNA 聚合酶催化下直接结合，形成 3′,5′-磷酸二酯键，产生与 DNA 模板链互补的新 RNA 片段；第二步，新合成的初期产物的第 1 个核苷残基的 5′ 位有 1 个三磷酸基，在另一端（即生长端）的 3′ 位有 1 个游离的羟基，后来的核苷酸就在这个游离羟基上逐个加接，使链沿 5′→3′ 方向延伸；第三步，当在第 1 轮转录完成后分开的两条 DNA 链重新结合成螺旋结构时，RNA 链的延长即告终止，RNA 随即脱离 DNA 模板，并立刻同核糖体结合。

（二）原核生物的转录

1. 原核生物 RNA 聚合酶　　大肠杆菌 RNA 聚合酶含有 5 种亚基，各亚基以非共价键聚合在一起（$\alpha_2\beta\beta'\omega\sigma$）（图 12-23），其中 σ 亚基具有识别启动子序列、引发 RNA 转录起始的作用；$\alpha_2\beta\beta'\omega$ 构成核心酶（core enzyme），以 DNA 为模板，按 5′→3′ 方向催化合成 RNA。在 RNA 聚合酶核心酶中，各亚基分工合作，其中 α 亚基作为"脚手架"参与核心酶组装；β 亚基与底物结合，催化形成磷酸二酯键；β′ 亚基与模板结合；ω 亚基能够促进酶的组装（表 12-3）。

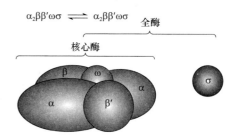

图 12-23　大肠杆菌 RNA 聚合酶
（陈钧辉和张冬梅，2015）

表 12-3　RNA 聚合酶各亚基的性质和功能

亚基	基因	相对分子质量	亚基数目	功能
α	rpo A	37 000	2	酶的装配、与启动子上游元件的活化因子结合
β	rpo B	151 000	1	结合核苷酸底物、催化磷酸二酯键形成催化中心
β′	rpo C	155 000	1	与模板 DNA 结合
σ	rpo D	32 000～92 000	1	识别启动子、促进转录的起始
ω	rpo Z	9 000	1	酶的组装、功能调节

2. 原核生物启动子　　不论是哪种转录系统，转录都是从特定的位置开始，即转录具有固定的起点。那么 RNA 聚合酶是如何发现正确的起点并启动基因转录的呢？通过分析比较多种基因转录起始点周围的碱基序列发现：在转录起始点的上游存在一些特殊的具有高度保守性的碱基序列。RNA 聚合酶能够直接或间接地识别这种标记，从而启动从特定的位点开始的基因转录，它们也因此被称为启动子（promoter）。在细菌转录系统中，RNA 聚合酶的 σ 因子能够直接识别启动子，并与之结合而启动基因的转录；但在古菌和真核转录系统中，RNA 聚合酶并不能直接识别启动子，识别启动子的是一些特殊的转录因子。启动子有的位于基因的上游，有的全部或部分序列位于基因的内部。不管是哪一类，它们与转录起始点的距离和方向都有严格的要求。

细菌启动子的序列位于转录起始点的 5′ 端（图 12-24），覆盖 40bp 左右的区域，它包含两段共有序列（consensus sequence）：TTGACA 和 TATAAT。前者位于 −35 区，后者位于 −10 区，富含 A-T，又称 Pribnow 盒（Pribnow box）。不同基因启动子共有序列变化很小，一般只有 1 或 2 个核苷酸差异。−35 区和 −10 区之间的距离同样重要，一般为（17±1）bp，原因是这样的距离可以保证这两段启动子序列处于 DNA 双螺旋的同一侧，从而有利于 RNA 聚合酶的识别和结合，否则它们会处于 DNA 双螺旋的异侧，不利于 RNA 聚合酶的识别和结合。此外，在转录活性超强的 rRNA 基因的上游 −40 区和 −60 区之间，还有一段富含 A-T 的启动子序列。该序列的一致序列是 5′-AAAATTATTTT-3′，可将转录活性提高 30 倍，因此被称为增效元件。实验证明，RNA 聚合酶的 α 亚基在 C 端的结构域可与该元件结合，而使 RNA 聚合酶与启动子的亲和力增强。此外，在描述启动子的位置时，碱基的位置一般以转录的起始点为参照，转录起点的位置定为 +1，位于它上游的序列为负数，下游的碱基为正数，没有 0。另外，写出的碱基序列应该属于编码链。

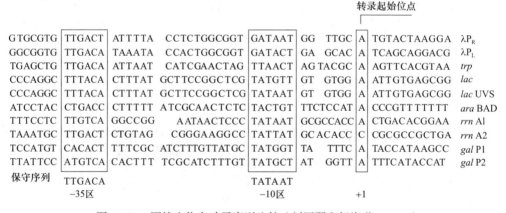

图 12-24　原核生物启动子序列比较（刘国琴和杨海莲，2019）

需要指出的是，启动子的一致序列是对多种基因的启动子序列的统计结果，即为出现频率最高的碱基合在一起的序列。迄今为止，在大肠杆菌中还没有发现哪一个基因的启动子序列与一致序列完全一致。显然，一个基因的启动子序列与一致序列越相近，则该启动子的效率就越高，属于强启动子；相反则属于弱启动子。

3. 原核生物转录过程　　原核生物的转录过程分为 3 个阶段：起始（initiation）、延伸（elongation）和终止（termination）。下文以大肠杆菌为例进行介绍。

（1）起始　　转录起始是 RNA 聚合酶与启动子相互识别并形成转录起始复合物的过程（图 12-25），可分为 2 步：第 1 步，RNA 聚合酶全酶与 DNA 分子非特异结合，并沿 DNA 分

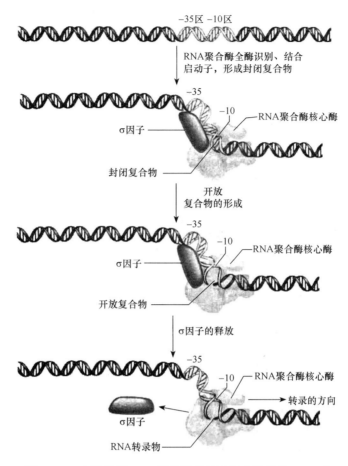

−35区 −10区

RNA聚合酶全酶识别、结合
启动子，形成封闭复合物

−35
σ因子
−10
RNA聚合酶核心酶
封闭复合物

开放
复合物的形成

−35
σ因子
−10
RNA聚合酶核心酶
开放复合物

σ因子的释放

−35
σ因子
−10
RNA聚合酶核心酶
转录的方向
RNA转录物

图 12-25　大肠杆菌 RNA 的转录起始过程（杨荣武，2018）

子滑动搜索启动子序列；当 σ 因子识别出启动子后，引导 RNA 聚合酶与 DNA 分子特异结合成转录起始复合物。刚结合时，DNA 分子尚未解链，所形成的转录起始复合物称为封闭复合物（closed complex）；随着 RNA 聚合酶构象发生变化，启动子在 −10 区解链，闭合复合物随即转化为开放复合物（open complex）。第 2 步，转录起始位点暴露，RNA 聚合酶开始沿模板转录；当转录长度大约为 10nt 时，σ 因子从复合物上脱落下来，核心酶沿模板前行，启动子清空。

（2）延伸　　转录起始完成后，RNA 聚合酶核心酶沿 DNA 模板链 3′→5′ 方向滑行，一边使双股 DNA 解旋，一边以 NTP 为底物、按照 5′→3′ 方向合成 RNA，使 RNA 链不断延伸。新合成的 RNA 片段暂时与模板以 RNA-DNA 杂交链形式存在，当长度超过 12nt 后，RNA 链和 DNA 链之间的结合力不足以维持杂交链的存在，RNA 单链便游离下来。已完成任务并被清空的 DNA 模板链随后与编码链互补，恢复双螺旋结构。RNA 转录延伸过程中，核心酶在整个转录过程中沿模板链的移动具有连续性。RNA 转录延伸不仅速度快（每秒 50～90nt），而且准确性高。

（3）终止　　RNA 聚合酶核心酶在 DNA 模板上遇到终止序列后便停止前进，转录产物从转录复合物上释放下来，即为转录终止。终止序列称为终止子（terminator）。依据 RNA 聚合酶在终止转录时是否需要其他蛋白质协助，转录终止分为以下两种方式。

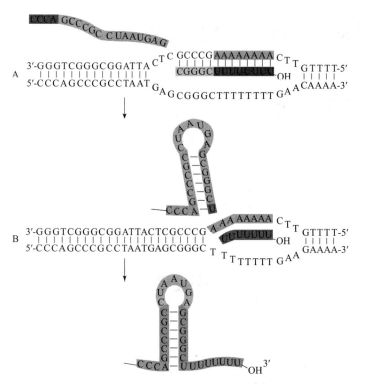

图 12-26　大肠杆菌内部结构引起的转录终止
（刘国琴和杨海莲，2019）

A. 终止信息的识别；B. 形成发夹结构；C. 解链释放

如图 12-27 所示，在 RNA 转录过程中，当 rho 因子的识别序列出现以后，rho 因子便与之结合，利用水解 ATP 产生的能量沿新生 RNA 链 5′→3′ 方向移动，到达 DNA-RNA 杂交链区域后，rho 因子发挥解旋酶作用打开杂交链的氢键。同时，RNA 聚合酶移动到转录终止位点时暂停，rho 因子追上 RNA 聚合酶并与之互作，在 NusA 等蛋白的参与下引起核心酶构象发生变化，从模板上脱落下来，结束转录，释放出 RNA 链。

4. 原核生物转录后加工　对 RNA 前体进行加工的过程称为 RNA 转录后加工（posttranscriptional processing）。原核生物合成的 mRNA 可直接作为功能分子，实际上在转录过程还没有结束之前就作为模板用于蛋白质的合成，因此不需要加工。而 rRNA

1）内部终止（不依赖 rho 因子的转录终止）：指 RNA 聚合酶依据自身结构终止转录，不需要其他蛋白质的参与。如图 12-26 所示，内部终止取决于 DNA 模板上终止子的两个特征：具有富含 G-C 的序列，在 G-C 序列下游有一段 poly（A）。由此转录得到的 RNA 产物因在相应序列也富含 G-C，很容易回折，自身形成发夹结构或茎-环结构，迫使 RNA 聚合酶停止移动；DNA-RNA 杂交链的末端因富含 AU 配对，很容易解链释放出 RNA，导致转录终止。

2）外部终止（依赖 rho 因子的转录终止）：rho（ρ）因子是一种由 6 个相同亚基组成的寡聚蛋白质，属于 ATP 依赖的解旋酶，亚基上含有 RNA 结合结构域和 ATP 水解结构域，参与转录终止反应。rho 因子的特异识别序列存在于转录产物 RNA 上，长度为 80～100nt，富含 C 而缺乏 U。

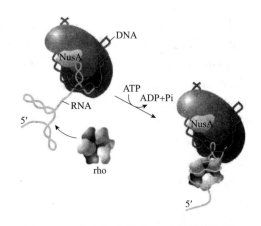

图 12-27　大肠杆菌依赖 rho 因子的转录终止过程（刘国琴和杨海莲，2019）

和 tRNA 的最初转录产物大多为不成熟的 RNA 前体，需要经过相应加工才有功能。RNA 转录后加工有多种类型，如剪接（splicing）、末端切除、碱基修饰和核糖修饰等。

（1）rRNA 转录后加工　大肠杆菌有 16S、23S 和 5S 共 3 种成熟 rRNA 分子，它们的最初转录产物是同一个 30S 前体（图 12-28），前体中还包括一个 4S tRNA。加工时，首先在甲基化酶的作用下，通过定点甲基化，将拟切除的片段进行标记；而后在核酸内切酶 RNase Ⅲ 的催化下切除部分片段，产生中间产物 17S、25S、5S rRNA 及 tRNA；中间产物分别在 M16、M23、M5 等核酸内切酶的作用下进行末端修剪；最终形成 3 种成熟 rRNA，以及 1 分子 tRNA。

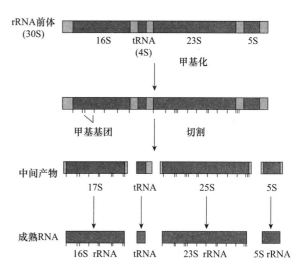

图 12-28 大肠杆菌 rRNA 的转录后加工过程（刘国琴和杨海莲，2019）

（2）tRNA 转录后加工　　大肠杆菌基因组含有大约 60 个 tRNA 基因，其中一些 tRNA 随着核糖体 rRNA 的转录和转录后加工一起成熟，另外一些散落在基因组 DNA 中或成簇排列，它们的最初转录产物通常是 1 个或者 4～5 个相同 tRNA 的前体。

tRNA 转录后加工主要有切除多余核苷酸序列、添加所需核苷酸序列和特定碱基的共价修饰等。如图 12-29 所示，RNase P 在 tRNA 5′ 端切断磷酸二酯键，同时核酸内切酶在另一侧切割，得到最初的单个 tRNA 转录产物；然后由 RNase D 修剪掉 tRNA 3′ 端多余核苷酸，并由 tRNA 核苷转移酶将 "CCA" 加上形成氨基酸接受臂。另外，tRNA 共价修饰比其他 RNA 要丰富得多，在一个约 80 个核苷酸的 tRNA 分子中，被共价修饰的核苷酸有 26～30 个。

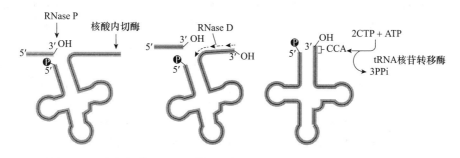

图 12-29 大肠杆菌 tRNA 的转录后加工过程（刘国琴和杨海莲，2019）

（三）真核生物的转录

1. 真核生物 RNA 聚合酶　　真核生物 RNA 聚合酶有 3 种：RNA 聚合酶 Ⅰ 分布于核仁，用于合成大多数 rRNA 前体；RNA 聚合酶 Ⅱ 存在于核质，用于合成 mRNA 前体；RNA 聚合酶 Ⅲ 也存在于核质，功能是合成 5S rRNA 和 tRNA 的前体。与原核生物 RNA 聚合酶相比，真核生物 RNA 聚合酶较多，亚基比较大，结构也较复杂。

2. 真核生物启动子　　在细菌转录系统中，RNA 聚合酶的 σ 因子能够直接识别启动子，并与之结合而启动基因的转录；但在古菌和真核转录系统之中，RNA 聚合酶并不能直接识别启动子，识别启动子的是一些特殊的转录因子。

真核生物启动子一般更长，含有更多长度为 6～8bp 的保守小片段，称为元件（element）。

不同基因启动子中的元件数量、排序和方向不同，各元件在基因表达中的作用也不同。真核生物启动子分为 3 类，分别被 RNA 聚合酶Ⅰ、Ⅱ、Ⅲ识别。RNA 聚合酶Ⅰ和Ⅲ识别的启动子种类有限，而 RNA 聚合酶Ⅱ所识别的启动子包含 5 类控制元件：TATA 盒（TATA box）、起始子（initiator）、上游元件（upstream element）、下游元件（downstream element）和应答元件（response element）。其中，TATA 盒即"TATAAA"位于−25 区，序列全为 A-T 对，仅少数启动子含有 C-G 对；起始子位于−3bp 和＋5bp 之间，是转录的起始点。真核生物启动子不仅变化较大，整个序列也可以很长，通常将能够准确进行转录的最小序列称为核心启动子，包括 TATA 盒和起始子。有些启动子无起始子，核心启动子由起始子和下游元件（AGAC）组成；有些 TATA 盒和起始子均无，仅上游元件发挥关键作用。真核生物核心启动子与原核生物启动子相比较，真核生物启动子 TATA 盒与大肠杆菌−10 区的 Pribnow 盒相似；另一个元件则不同，"GGXCAATCT"（X 表示任意碱基）位于−75 区，称为 CAAT 盒（CAAT box）（图 12-30）。

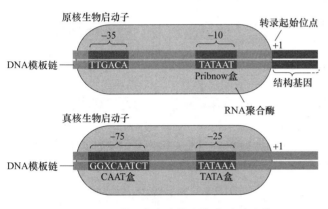

图 12-30　原核生物与真核生物启动子比较
（刘国琴和杨海莲，2019）

3. 真核生物转录过程　　真核生物的转录过程分起始、延伸和终止 3 个阶段，与大肠杆菌转录过程基本一致，在此不再赘述。

4. 真核生物转录后加工　　真核生物 RNA 最初的合成产物是完全没有活性的前体，被称为初级转录物（primary transcript）。初级转录物经过各种加工、修饰，生成成熟的 mRNA、rRNA 和 tRNA。下面简要介绍 rRNA 和 tRNA 转录后加工，重点讨论 mRNA 转录后加工。

（1）rRNA 转录后加工　　典型的真核生物核基因组含有几百个拷贝的 rRNA 基因，它们成簇排列。其中最小的 5S rRNA 单独作为一个单顺反子，由 RNA 聚合酶Ⅲ催化转录，其转录产物以 UUUUU 结尾，仅由 3′-外切酶做简单的修剪就可以，而 5.8S、18S 和 28S rRNA 则作为一个多顺反子，由 RNA 聚合酶Ⅰ催化转录，需要经历较为复杂的剪切和修剪，以释放单个 rRNA。此外，成熟的 rRNA 含有大量的甲基化修饰和假尿苷 ψ，因此，真核生物 rRNA 前体的后加工还包括核苷酸的修饰（图 12-31）。而某些生物，如四膜虫 rRNA 前体还有内含子，因此这些 rRNA 前体的后加工还应包括剪接。

真核生物 rRNA 前体的后加工需要一系列核仁小 RNA（snoRNA）的帮助。这些 snoRNA 和特定的蛋白质组装成核仁小核糖核蛋白（snoRNP）。某些 snoRNA 在将 rRNA 前体剪切成单个 rRNA 的过程中起作用，但绝大多数 snoRNA 通过与 rRNA 前体修饰位点周围序列的互补配对来确定修饰位点。修饰位点确定之后的修饰反应由 snoRNP 中专门的修饰酶催化。

（2）tRNA 转录后加工　　真核生物的基因组通常含有成百上千个 tRNA。这些基因的初级转录物除了在 5′ 端和 3′ 端含有多余的核苷酸序列以外，某些还具有小的内含子，而且内含子的位置似乎是固定的，都位于反密码子的 3′ 端。此外，真核生物的成熟 tRNA 也是被高度修饰的。但与细菌不同的是，真核生物 tRNA 的基因本来并没有 CCA 序列，需要通过后加工添加上去。因此，真核生物 tRNA 前体的后加工方式应包括剪切、修剪、碱基修饰、添加 CCA 和剪接，其中剪切、修剪和碱基修饰与细菌相似。

添加 CCA 是在 3′ 端拖尾序列被核糖核酸酶 Z 切除后进行的，由 tRNA 核苷酸转移酶催化。以酵母细胞的 tRNA 为例，含有内含子的 tRNA 的剪接共由 3 步反应组成（图 12-32）。第一步剪切：特定的 tRNA 内切酶在内含子的两端切开 tRNA，直接释放出内含子。内含子去除后在 5′-外显子的 3′ 端和 3′-外显子的 5′ 端分别留下 2′,3′-环磷酸和 5′-OH，产生 2 个半分子 tRNA。由于 tRNA 前体已形成了三叶草二级结构，因此失去内含子的 2 个半分子 tRNA 仍然通过受体茎的碱基配对结合在一起。第二步改造切口：磷酸二酯酶切开 1 个半分子 tRNA 上的 2′,3′-环磷酸，游离出 3′-OH，激酶则利用 GTP 在另 1 个半分子 tRNA 上的 5′-OH 加上磷酸基团。第三步连接切口：tRNA 连接酶消耗 ATP 将 2 个半分子连接起来，而 2′-磷酸转移酶则水解掉 2′-磷酸基团。

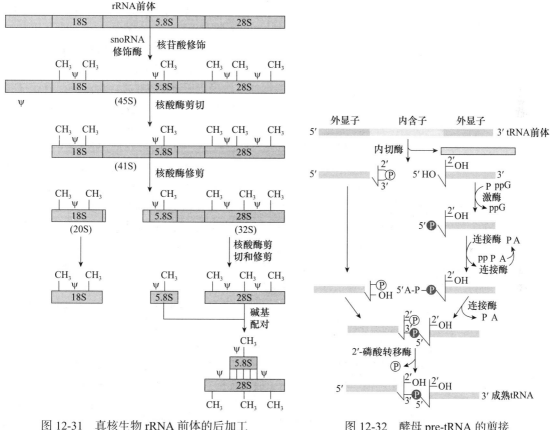

图 12-31 真核生物 rRNA 前体的后加工
（杨荣武，2018）

图 12-32 酵母 pre-tRNA 的剪接
（杨荣武，2018）

（3）mRNA 转录后加工　　真核生物的核 mRNA 在细胞核必须经历多种形式的后加工才会成为有功能的分子，并被运输出细胞核，在细胞质基质作为翻译的模板。mRNA 转录后加工反应包括 5′ 端"加帽"（capping）、3′ 端"加尾"（tailing）和外显子剪接（splicing）。

1）5′ 端加帽反应。在真核生物细胞核 mRNA 的 5′ 端，含有一个以 5′,5′-三磷酸酯键相连的修饰鸟苷酸，这种特殊的鸟苷酸就是帽子结构，某些 snRNA 和 snoRNA 也有类似的结构。帽子结构有 0 型、Ⅰ 型和 Ⅱ 型：对有 0 型帽子的 mRNA 来说，前两个被转录的核苷酸的 2′-核糖羟基都没有被甲基化；对有 Ⅰ 型帽子的 mRNA 而言，第一个被转录的核苷酸的 2′-核糖羟基也被甲基化了；而具有 Ⅱ 型帽子的 mRNA，前两个被转录的核苷酸的 2′-核糖羟基都发生了甲基化。

加帽反应是一种共转录反应，一般在转录物的 5′ 端从 RNA 聚合酶离开通道内暴露出来以后就开始了。但为什么 tRNA 和 rRNA 没有帽子结构呢？之所以只有 mRNA 及某些 snRNA 和 snoRNA 才有帽子结构，是因为它们都由 RNA 聚合酶Ⅱ催化。事实上，任何由 RNA 聚合酶Ⅱ催化转录的 RNA 肯定都有帽子结构，除非后来被切除了。转录进入延伸阶段后，转录因子 TFⅡH 很快磷酸化羧基末端结构域（CTD）重复序列中的丝氨酸 Ser5，磷酸化的 Ser5 将转录因子 DSIF 招募到转录复合物。DSIF 随后又将另一种转录因子 NELF 招募进来，致使转录暂停。上述暂停允许加帽酶进入，来修饰转录物的 5′ 端。第三种转录因子 P-TEFb 是一种激酶，在帽子结构形成不久，也被招募到复合物，然后磷酸化 CTD 的 Ser2 和 NELF。NELF 随之失活，转录得以继续延伸（图 12-33）。

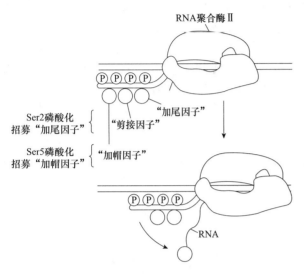

图 12-33 CTD 的磷酸化与加尾和加帽反应
（杨荣武，2018）

理论上，帽子具有 4 种可能的功能：①提高 mRNA 的稳定性，帽子与第一个转录出来的核苷酸之间独特的连接方式，可保护 mRNA 抵抗 5′-外切酶的水解；②参与翻译起始阶段识别起始密码子的过程，提高 mRNA 的可翻译性，这也就解释了为什么几乎所有的真核生物的细胞核 mRNA 都是单顺反子；③有助于 mRNA 被运输到细胞质；④提高剪接反应的效率。

2）3′ 端加尾反应。多腺苷酸尾［poly（A）tail，A 指腺苷酸］可视为大多数真核生物核 mRNA 3′ 端特有的结构，其长度在 250 个 A 左右。由于含有多腺苷酸尾的 mRNA 的编码链上并无多腺苷酸序列，因此多腺苷酸尾是在转录后添加上去的。多腺苷酸尾并不是 mRNA 翻译必不可少的，某些 mRNA 虽然没有，但仍然能够正常翻译，如组蛋白的 mRNA。加尾反应是精确的，受到两种因素控制：一种为顺式元件，位于 mRNA 前体内部，为特殊的核苷酸序列，充当加尾信号，可将它们视为加尾反应的“内因”；另一种为识别加尾信号的蛋白质或催化加尾反应的酶，可将它们视为加尾反应的“外因”。其中，最重要的加尾信号是 AAUAAA。

加尾并不是直接在 mRNA 前体的 3′ 端进行，而是在末端核苷酸上游某一特定的位置发生的，因此在真正的加尾反应发生之前，先要进行一次精确的剪切反应，以暴露出加尾处的 3′-OH。至于加尾点的选择主要由加尾信号 AAUAAA 决定，该信号位于加尾点上游 20～30nt 的区域。正确的加尾反应不仅取决于上述加尾信号，还取决于一系列酶和蛋白质因子，它们所起的作用是识别加尾信号，并催化剪切及多聚腺苷酸化反应。例如，①剪切 / 多聚腺苷酸化特异性因子（CPSF），此蛋白质识别和结合 AAUAAA 序列，并参与和多聚 A 聚合酶及剪切刺激因子的相互作用；②剪切刺激因子（CstF），此蛋白质识别 GU/U 序列并与 CPSF 结合，刺激剪切反应；③剪切因子Ⅰ和Ⅱ（CF-Ⅰ/Ⅱ），为特殊的内切核酸酶，负责剪切反应。与加帽反应一样，只有 mRNA 才会加尾，也是因为聚合酶Ⅱ最大亚基上的 CTD 重复序列被 TFⅡH 磷酸化，但磷酸化位点为 Ser2。Ser2 的磷酸化将加尾因子招募到 mRNA 前体上进行加尾反应（图 12-34）。

多腺苷酸尾可能的功能包括：①能够与帽子相呼应，保护 mRNA 免受 3′-外切酶的消化，提高 mRNA 的稳定性，增强 mRNA 的可翻译性；②影响最后一个内含子的剪接；③通过选择性加尾调节基因的表达；④有助于加工好的 mRNA 运输出细胞核。

3）mRNA 剪接。真核生物的断裂基因结构中包括内含子和外显子。其中内含子（intron）又称间隔顺序，指一个基因或 mRNA 分子中无编码作用的片段。内含子为基因中在 mRNA 剪切时切除的部分。外显子（exon）是基因中在 mRNA 剪切后保留的片段，绝大部分的外显子为编码序列。断裂基因结构中，多数散落的外显子只有经过剪切、拼接在一起形成完整外显子序列后，才能形成肽链编码的成熟 mRNA。

剪接的精确性及其对细胞功能的影响高度依赖于剪接体（spliceosome）的组装与调控。许多前体 mRNA 分子经过加工只产生一种成熟的 mRNA，翻译成一种相应的多肽，有些则可经过剪切或（和）剪接加工生成序列有所不同的 mRNA，这一现象称为选择性剪接（alternative splicing，AS）。选择性剪接发生模式主要包括可变的 5′ 剪接位点、可变的 3′ 剪接位点、选择性内含子保留、外显子跳跃和互斥外显子 5 种。另外，聚腺苷酸化位点和启动子的可变选择也可以增加 mRNA 的多样性。

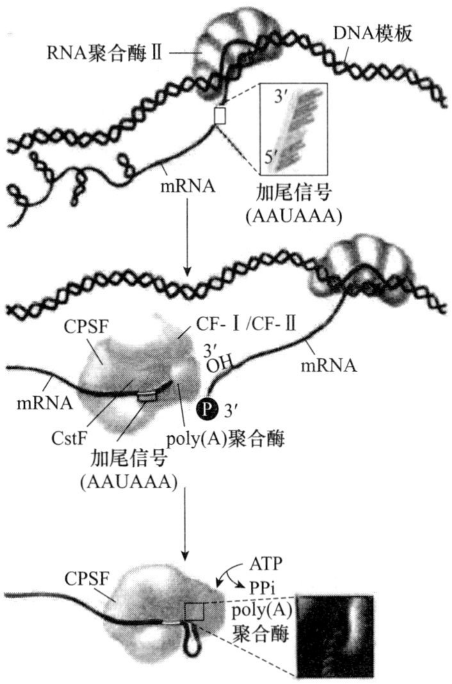

图 12-34　真核生物 pre-mRNA 加尾反应模式图
（杨荣武，2018）

二、RNA 复制

RNA 病毒是靠 RNA 的复制将遗传信息传至下一代，在这种情况下，RNA 既是遗传信息的载体又是信使。从感染 RNA 病毒的细胞中可以分离出 RNA 复制酶，这种酶以病毒 RNA 作模板，在有 4 种核苷三磷酸和镁离子存在时通过两次复制合成互补链，最后产生病毒 RNA。

（一）基本特点

RNA 复制是以 RNA 为模板合成 RNA 的过程，催化此过程的酶称 RNA 指导的 RNA 聚合酶，或称依赖于 RNA 的 RNA 聚合酶、RNA 复制酶。该酶以 RNA 为模板，4 种核苷三磷酸为底物，需 Mg^{2+} 催化 RNA 的生成。实验中，当病毒 RNA 侵入宿主细胞后，这些病毒在 RNA 复制酶催化下即可自行复制产生新的病毒 RNA。复制酶不存在于正常大肠杆菌细胞中，只有受感染时，宿主细胞才产生复制酶。RNA 复制酶需要专一性的 RNA 模板，如 Qβ 噬菌体的 RNA 复制酶只能用 Qβ 病毒 RNA 为模板，它不以宿主的 RNA 为模板。

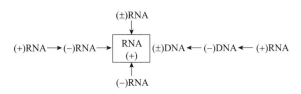

图 12-35　RNA 病毒复制 RNA 的不同途径
（黄卓烈和朱利泉，2015）

（二）类型

RNA 病毒感染宿主细胞后，在宿主细胞中制造特殊的 RNA 复制酶或逆转录酶，完成 RNA 复制（图 12-35）。RNA 复制过程具有很高的模板专一性，只复制病毒自身的 RNA，对宿主细胞的 RNA 均无反应。RNA 病毒的复制方式可归纳为以下 4 种类型。

1. 含正链 RNA 病毒的复制　　含正链 RNA 的病毒进入寄主细胞后，首先合成复制酶和相关蛋白，然后由复制酶以正链 RNA 为模板合成负链 RNA，再以负链 RNA 为模板合成新的病毒 RNA，并与蛋白质组装成病毒颗粒。例如，脊髓灰质炎病毒和大肠杆菌 Qβ 噬菌体等。

2. 含负链 RNA 病毒的复制　　含负链 RNA 的病毒侵入寄主细胞后，借助病毒带入的复制酶合成正链 RNA，再以正链 RNA 为模板合成新的负链 RNA，同时由正链 RNA 合成病毒复制酶及相关蛋白，再组装成新的病毒颗粒。例如，狂犬病毒和水疱性口炎病毒等。

3. 含双链 RNA 病毒的复制　　含双链 RNA 的病毒，侵入寄主细胞后在病毒复制酶作用下，以双链 RNA 为模板进行不对称转录，合成正链 RNA，再以正链 RNA 为模板合成负链，形成病毒 RNA 分子，同时由正链 RNA 翻译出复制酶及相关蛋白，组装成新的病毒颗粒。例如，呼肠孤病毒等。

4. 逆转录病毒 RNA 的复制　　逆转录病毒含正链 RNA，在病毒特有的逆转录酶的催化下合成负链 DNA，进一步生成双链 DNA（前病毒），然后由宿主细胞酶系统以负链 DNA 为模板合成病毒的正链 RNA，同时翻译出病毒蛋白和逆转录酶，组装成新的病毒颗粒。

第五节　基　因　工　程

一、基因工程概念

分子生物学与分子遗传学的发展为基因工程的诞生奠定了坚实的理论基础。随着 DNA 内部结构和遗传机制的秘密被研究者逐渐解开，生物学家不再仅仅满足于探索和揭示生物遗传的规律，而是开始设想在分子水平上干预生物的遗传特性——如果将另一种生物的 DNA 放入被研究的生物中，是不是就能按照人们意愿来设计和改造生物呢？

基因工程（genetic engineering）是以分子遗传学为理论基础，以分子生物学和微生物学的现代方法为手段，将外源基因与载体 DNA 连接，在体外构建重组 DNA 分子后导入受体或宿主细胞，使外源基因在受体或宿主细胞中复制和表达，以改变生物原有的遗传特性、获得新品种、生产新产品。同时，基因工程技术也为基因结构和功能的研究提供了有效手段。

二、基因工程技术要件

基因工程是当代生物工程领域的重要内容，是利用 DNA 重组技术改造生物的基因结构，从而改造生物物种或创造新的物种，以生产系列生物产品造福人类的一项高新技术。基因工程的内容比较广泛，不但包括 DNA 的体外重组，还包括重组基因表达产物的分离纯化、修饰和加工、批量生产的工艺和技术路线等过程。其核心操作为分子克隆，将一个 DNA 分子进行体外复制变成多个相同的 DNA 分子的过程叫分子克隆（molecular cloning），进行 DNA 分子克隆，必须有各种工具酶和能携带 DNA 片段的多样载体。

（一）主要的工具酶

工具酶是指在重组 DNA 技术中用于切割、连接、修饰 DNA 或 RNA 的一系列酶。它们是重组 DNA 技术中的基本工具，其中最重要的是限制性内切核酸酶和 DNA 连接酶，是 DNA 重组技术（DNA recombination technology）的酶学基础。

1. 限制性内切核酸酶　　限制性内切核酸酶是一类能够识别 DNA 链上的特定序列，并在该特定序列上将 DNA 切断的核酸水解酶，一般存在于细菌中。到目前为止，已经在微生物中发现了近千种限制性内切核酸酶。已证实的 DNA 分子上的特异性切点有 150 多种。限制性内切核酸酶可以分为三大类（Ⅰ～Ⅲ），各类酶特性不同。在基因工程中，第二类（Ⅱ）限制性酶较为常用，此类酶能识别、切割特异序列，对特定 DNA 进行切割时既可产生平齐末端（blunt end），也可以产生黏性末端（cohesive end）。在基因工程研究中，黏性末端比平齐末端更为重要。

限制性内切核酸酶的命名较为特殊。1973 年 Smith 和 Nathans 提出修饰-限制酶的命名法：取分离菌属名的第一个字母，种名的前两个字母，如有菌株名也取一个字母，当一个分离菌中不止一种酶时，以罗马数字表示分离出来的先后次序。例如，限制性内切酶 *Eco*R Ⅰ，其中 E 是大肠杆菌（*Escherichia coli*）属名的第一个字母，co 是细菌种名前两个字母，R 是菌株名的一个字母，Ⅰ 表示分离出来酶的顺序编号。

限制性内切核酸酶是一种工具酶，专一性很强，且对底物 DNA 有特异的识别位点（识别序列），这些位点呈回文结构，含 4～8 个碱基对。切割时将 DNA 两条链对应酯键切开形成平齐末端；或是将两条链交错切开，形成单链突出的末端，切开的两末端单链彼此互补，可以配对，故称为黏性末端，如 *Eco*R Ⅰ。不同的限制性内切核酸酶有不同的切割效果。有些限制性内切核酸酶来自不同的细菌，但能识别 DNA 的同一个识别序列，只是所得到的末端不同，这样的限制性内切核酸酶称为同裂酶（isoschizomer）；有些限制性内切核酸酶识别 DNA 不同的序列，但所产生的末端相同，这样的限制性内切核酸酶称为同尾酶（isocaudarner）。在进行 DNA 体外重组时，同尾酶比同裂酶更有应用价值。

2. DNA 连接酶 DNA 连接酶（ligase）的功能是将一个 DNA 片段的 3′-OH 与另一个 DNA 片段的 5′-磷酸基脱水缩合形成磷酸二酯键，从而将两个 DNA 片段连接起来。一般使用的 DNA 连接酶有两种：一种是大肠杆菌 DNA 连接酶，一般应用于连接黏性末端的 DNA 片段，对平齐末端的 DNA 片段连接的催化活性很低，需要 NAD^+ 作为辅因子；另一种是从 T_4 噬菌体感染的大肠杆菌细胞中提取的，称为 T_4 DNA 连接酶。该酶在催化时以 ATP 为辅助因子，既可以催化黏性末端的 DNA 片段连接，又可以催化平齐末端的 DNA 片段连接。在基因工程研究实践中，T_4 DNA 连接酶使用得较多。

3. DNA 聚合酶 DNA 聚合酶的功能是将脱氧核苷酸连接到引物 DNA 片段的 3′-OH 上形成磷酸二酯键，使 DNA 链延长。基因工程中常用 3 种 DNA 聚合酶：①从大肠杆菌细胞中直接提取得到的大肠杆菌 DNA 聚合酶 Ⅰ；②从由 T_4 噬菌体感染的大肠杆菌中提取的 T_4 DNA 聚合酶；③从水生栖热菌（*Thermus aquaticus*）中分离得到的耐热的 DNA 聚合酶，称为 *Taq* DNA 聚合酶。*Taq* DNA 聚合酶由于较耐热，因而常用于聚合酶链式反应（polymerase chain reaction，PCR）。

4. 逆转录酶 在基因工程研究中，逆转录酶主要是以 mRNA 为模板，逆转录成为互补 DNA。常用的逆转录酶有两种：一种是禽类成髓细胞瘤病毒（AMV）感染大肠杆菌后表达出来的逆转录酶，称为 AMV 逆转录酶；另一种是莫洛尼鼠白血病毒（*moloney murine leukemia virus*，MMLV）感染大肠杆菌后的表达产物，称为 MMLV 逆转录酶。在有 RNA 作为模板又有与 RNA 互补的 DNA 引物的情况下，逆转录酶可以催化脱氧核苷酸聚合成为 RNA-DNA 杂合双链，还可以有依赖 DNA 的 DNA 聚合酶的活性。

5. 修饰酶 在基因工程中能对 DNA 分子进行加工、修饰的酶称为修饰酶，涉及碱性磷酸酶、核酸酶、末端转移酶等。其中，碱性磷酸酶可去除核酸分子中的 5′-磷酸基，防止 2 分子 DNA 片段 5′-磷酸基的自身空间障碍影响 DNA 分子之间的连接；核酸酶有 DNase、RNase、核酸酶 S1 等，可水解相应的 DNA 和 RNA。核酸酶 S1 可降解单链 DNA 和 RNA，用量增大时也可降解双链核酸。

（二）主要的载体

1. 定义 载体（vector）就是把一个目的基因通过基因工程手段"送"到生物细胞（受体细胞）的运载工具。基因载体（或称克隆载体）的本质是为"携带"感兴趣的外源DNA并实现外源DNA的无性繁殖或表达有意义的蛋白质所采用的一些DNA分子，它们均具有自我复制能力，可在宿主细胞中扩增。其中，那些为使插入的外源DNA序列可转录并翻译成多肽链而设计的克隆载体又称表达载体。

2. 基本特点 一般来说，天然载体往往不能满足上述要求，因此需要根据不同的目的和需要对载体进行人工改建。满足基因工程操作的载体至少应有4个基本特点：①能自主复制；②具有2个以上的遗传标记物，便于重组体的筛选和鉴定；③有克隆位点（外源DNA插入点），常具有多个单一酶切位点即多克隆位点；④分子质量小，以容纳较大的外源片段。

3. 主要载体介绍 现在所使用的质粒载体几乎都是经过改造的，根据改造载体骨架的来源，可分为质粒（plasmid）DNA、噬菌体（phage）DNA和病毒（virus）DNA改造载体，以及融合载体、穿梭载体和人工染色体等人工构建载体。根据载体用途可以将载体分为克隆载体、表达载体、转移载体、探针载体等。根据载体应用对象分为原核克隆载体、植物克隆载体、动物克隆载体。

（1）质粒 质粒是重组DNA中应用最广泛的载体，是天然存在于细菌染色体外的双链环状DNA分子，大小从几千到几十万碱基对。用作克隆载体的质粒通常都很小（只有几千碱基对），常有1~3个抗药性基因，以利于筛选。例如，质粒pBR322，大小为4361bp，含有 *amp*（抗氨苄青霉素基因）和 *tet*（抗四环素基因）2个抗药性基因。

（2）病毒DNA 病毒DNA是动物细胞中常用的载体。改造的逆转录病毒（retrovirus）、腺病毒（adenovirus）及腺相关病毒（adeno-associated virus）等病毒载体较为普遍。

（3）噬菌体DNA 经改造的 λ 噬菌体DNA是构建文库常用的载体，主要有两种类型：插入型载体和置换型载体。插入型载体（如 λgt10和λgt11）适用于cDNA克隆，置换型载体（如 EMBL3和EMBL4）适用于基因组克隆。

（4）人工构建载体 人工构建载体包括融合载体、穿梭载体、人工染色体等多种类型。①黏粒（cosmid）是典型的融合载体，是人工构建的含有 λ 噬菌体DNA的cos序列和质粒复制子的杂合载体。黏粒的组成包括质粒复制起点（*Col*E1）、氨苄青霉素（ampicillin）抗性标记、cos位点。黏粒具有 λ 噬菌体的特性、质粒的特性、克隆外源DNA的容量大、可与有同源序列的质粒进行重组的能力。②穿梭载体（shuttle vector）是人工构建的能够在两类不同宿主中复制、增殖和选择的载体。例如，有些载体既能在原核细胞中复制又能在真核细胞中复制，或既能在革兰氏阴性菌中复制又能在革兰氏阳性细菌中复制。③人工染色体分为细菌人工染色体（BAC）和酵母人工染色体（YAC）。BAC是基于细菌F质粒而构建的新型载体，可容纳300kb的外源DNA。YAC则是基于酵母染色体而构建的载体，能容纳更大的外源DNA片段，常用于克隆500~600kb的DNA片段，特殊类型的YAC能容纳高达1400kb的DNA。

三、基因工程技术流程

基因工程是在分子水平上对基因进行操作的复杂技术，不仅要将外源基因通过体外重组后导入受体细胞，而且要使这个基因能在受体细胞内复制、转录、翻译表达。基因工程的技术流程（图12-36）主要包括：①目的基因的获得；②目的基因与载体结合；③目的基因导入受体细胞；④转化子的筛选和鉴定；⑤目的基因的表达。

（一）目的基因的获得

目的基因（target gene）就是人们需要某种遗传特性的 DNA 片段，也叫外源 DNA。任何形式基因克隆的第一步都是想方设法获取所需的外源 DNA，或者特定的目的基因。克隆目的不同，其获取外源 DNA 或目的基因的手段也不尽相同。随着分子生物学及其相关技术的发展，人们已经有多种多样的方法分离目的基因，主要有文库亚克隆（基因组文库或 cDNA 文库）法、PCR 扩增法和化学合成法等。

1. 文库亚克隆法

（1）DNA 文库　　建立 DNA 文库（DNA library）是取得基因的重要途径之一。它是将一个生物的基因组用各种方

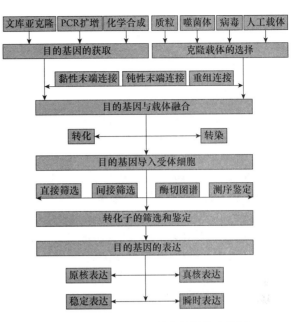

图 12-36　重组 DNA 技术的操作步骤图

法切割为成千上万个片段，然后将每个片段都进行克隆，将这些克隆的产物全部保存起来，就代表了该生物体的全部遗传信息。文库构建大致流程如下：用特定的限制性内切核酸酶裂解分离纯化的基因组 DNA 和相应载体，然后分离提纯酶切基因组片段和切割的载体，再将所有重组的 DNA 都分别转化细菌，或包装成噬菌体粒子。这一大批被转化的细菌或噬菌体粒子就包含所有研究生物的全部基因，故称基因组文库（genomic library）。

（2）cDNA 文库　　真核生物的 DNA 与原核生物的 DNA 有所不同。因真核生物的基因是断裂的，要将其基因组全部克隆，工作量太大，成本太高，且克隆效率也很低。因此，对真核生物来说，应该建立的是互补 DNA（cDNA）库。首先从特定的生物体中提取和分离所有的 mRNA，再将所得的 mRNA 用逆转录酶催化使产生 mRNA-DNA 杂交分子，单链 DNA 经复制就成为双链 DNA。这样生产出来的 DNA 就是互补 DNA。将此 cDNA 与适宜的载体连接，然后导入受体细胞进行复制。由这种方法所建立的 DNA 克隆群体称为 cDNA 文库（cDNA library）。

2. PCR 扩增法　　聚合酶链式反应（PCR）是一种被广泛应用于扩增特定 DNA 片段的分子生物学技术，可看作是生物体外的特殊 DNA 复制，最大特点是能将微量的 DNA 大幅增加。该技术是模仿细胞内 DNA 复制的过程，将有关模板 DNA、合适的缓冲系统、寡核苷酸引物、脱氧核苷酸底物和辅助因子、耐热 DNA 聚合酶等混合，利用仪器在体外控制温度（变性、复性和延伸）和时间，快速合成 DNA 片段。

3. 化学合成法　　如果已知某种基因的核苷酸序列，或根据某种基因产物的氨基酸序列推导出了该多肽编码基因的核苷酸序列，就可以利用 DNA 合成仪通过化学合成原理合成目的基因。有些生长因子、激素、活性肽等小分子肽链的基因很小，一般只有几十个核苷酸。对于这样的小基因可以直接用人工合成。目前，人工合成寡核苷酸的技术已经非常成熟，化学合成 DNA 与细胞中 DNA 分子的合成不同，化学合成 DNA 分子是把新的脱氧核糖核苷酸加到 DNA 链的 5'-羟基端，与所在细胞中 DNA 分子合成的方向恰恰相反。目前使用较多的合成方法是固相合成法。根据固相合成法原理设计出来的仪器已经能够使人工合成 DNA 片段的工作自动化，

整个 DNA 的化学合成过程可以在一个反应柱上连续进行，并且可对合成过程进行计算机控制，大大提高化学合成基因的可能。

（二）目的基因与载体融合

一般来讲，在目的基因与载体连接前要先将二者进行相应的酶切，产生相应的末端，即通常所说的"切"。只有切割后才能进一步将二者相吻合的部分连接起来。切割后的目的基因与载体的连接即是"接"，即 DNA 的重组。

1. 黏性末端连接

（1）基于酶切的黏性末端连接　　即每一种限制性内切核酸酶作用于 DNA 分子上的特定的识别顺序，许多酶作用的结果是产生具有黏性末端的 2 个 DNA 片段，如限制酶 *Xba* I。根据实际情况，可采用以下 2 种方式把所要克隆的 DNA 和载体 DNA 连接起来。①同一限制酶切割位点连接：由同一限制性内切核酸酶切割不同的 DNA 片段（目标 DNA 和载体 DNA）产生完全相同的末端。当具有相同末端的 2 个 DNA 片段一起退火时，黏性末端单链间进行碱基配对，然后在 DNA 连接酶催化作用下形成共价结合的重组 DNA 分子。②不同限制酶切割位点连接：由两种不同的限制性内切核酸酶切割 DNA 片段，产生具有相同类型的黏性末端，即配对末端，也可以进行黏性末端连接。

（2）同聚物加尾连接　　这是利用同聚物序列在脱氧核苷酸转移酶（也称末端转移酶）作用下在 DNA 片段的 3′-羧基端加上低聚多核苷酸序列，制造出黏性末端，再进行黏性末端连接。例如，把所需要的 DNA 片段接上低聚嘌呤核苷酸，而把载体分子接上低聚胸腺嘧啶核苷酸，那么由于两者之间能形成互补氢键，同样可通过 DNA 连接酶的作用完成 DNA 片段和载体间的连接。

（3）连接子或人工接头连接　　相比较而言，黏性末端比钝性末端连接的效率高。因此，有时可通过在钝性末端 DNA 片段的末端接上含有某种限制性酶切位点的双链寡核苷酸片段（连接子），经这一限制性酶处理便可以得到具有相同黏性末端的两个 DNA 片段，进一步便可以用 DNA 连接酶把这样两个 DNA 分子（外源基因和载体）连接起来。

有时，也可利用人工设计好的成对短寡核苷酸片段，经相互退火后得到具有不同黏性末端（或一端黏性一端钝性）的双链 DNA 片段，即接头。将接头连接到一种酶消化产生的限制性片段末端后能得到带有另一种限制性末端的 DNA 片段，从而将这种含有新限制性黏性末端的 DNA 与相应的载体 DNA 连接。

2. 钝性末端连接　　某些限制性内切核酸酶作用的结果是产生不含黏性末端的钝性末端，如 *Hpa* I。用机械剪切方法取得的 DNA 片段末端也是钝性的。有时为了便于连接，也会将限制性内切核酸酶作用产生的黏性末端经特殊酶处理而使之变为钝性末端。而在某些连接酶（T_4 DNA 连接酶）的作用下同样可把 2 个具有钝性末端的 DNA 片段连接起来，虽然连接效率较低，但相容性更好，特别是在缺乏适当限制性内切核酸酶的情况下，钝性连接可能是较好的选择。

3. 重组连接　　采用同源重组（homologus recombination）法构建载体与常规双酶切构建载体方法不同。有时由于载体 DNA 很大，难于进行体外连接，则通常把外源基因先连接到一过渡载体上，再通过该重组 DNA 与目标载体在细胞内发生重组（同源重组），最终产生目标重组体。大致操作流程如下：首先，在目标基因两侧通过 PCR 技术引入一小段与载体末端同源序列；然后，与单酶切载体共同转化受体细胞，进行细胞内重组。一般只需要一步即可重组连接成功，同源重组构建过程相对简单，可以省去很多的时间和精力，但假阳性率略高。

（三）携带目的基因的靶向载体的转化

在目的基因与靶向载体（targetting vector）拼接成为重组的 DNA 分子后，必须将其导入受体细胞（recipient cell），目的基因才能得以扩增或转录。受体细胞也称宿主细胞，是重组子扩增和表达的场所，分原核和真核两类，外源基因导入原核细胞和真核细胞方法有很多，可根据具体情况进行选择。以质粒为载体把外源基因转入细菌称为转化（transformation），以噬菌体（phage）和病毒为载体导入细胞称为转染（transfection），有人又把以噬菌体为载体将外源基因导入细菌称为转导（transduction）。下面简要介绍常见的两种转化方法。

1. 化学法 当细菌处于 0℃、二价阳离子（如 Ca^{2+}、Mg^{2+}）低渗溶液中时，细菌细胞膨胀成球形，处于感受态；此时转化混合物中的 DNA 形成抗 DNA 酶的羟基-钙磷酸复合物黏附于细胞表面，重组 DNA 在 42℃短时间热冲击后吸附在细胞表面，在丰富培养基中生长数小时后，球状细胞恢复原状并繁殖。化学法的关键是选用的细菌必须处于对数生长期，实验操作必须在低温下进行。环状 DNA 比线状 DNA 分子转化效率高 1000 倍左右。

2. 电转法 电转法也称电穿孔法，是利用高压脉冲在细胞表面形成暂时性的微孔，重组 DNA 从微孔中进入，脉冲过后微孔复原，在丰富培养基中生长数小时后细胞增殖，重组 DNA 得到大量复制。除需特殊仪器外，电转法比化学法操作更简单，转化效率更高，无须制备感受态细胞，适用于任何菌株。

（四）转化体的筛选和鉴定

当将外源 DNA 引入受体细胞后，外源 DNA 在受体细胞中复制或转录。但是在导入过程中，不一定所有的受体细胞都接受了外源的 DNA。这些没有接受外源 DNA 的细胞与已经接受外源 DNA 的细胞混合在一起。下一步工作就是要从这个混合物中鉴别和分离出已经接受外源 DNA 的细胞（又称为克隆）来。简言之，重组 DNA 导入受体菌后，经过培养使其大量繁殖，再设法将含有目的基因的菌落区分鉴定出来，这一过程即为筛选（screening）或选择（selection），简称"筛"。这项工作比较细致，一般要根据重组细胞的表型变化或结构变化来区分。

1. 直接筛选 直接筛选是针对载体所携带的某种或某些标志基因和目的基因而设计的筛选方法，可直接测定基因或基因表型。

（1）抗药性标记筛选 由于大多数质粒载体至少携带一种能赋予宿主细胞抗生素抗性的基因，如 *amp*、*tet*、*kan* 等，重组 DNA 分子转化的细菌被赋予了某些抗性，所以这些含有重组 DNA 分子的转化菌可在含有相应抗生素的琼脂平板上生长。利用这种特性可对转化菌进行阳性选择。有时基因克隆的位点被设计在某些抗性基因内部，当外源 DNA 插入到载体后，会使原有的抗性基因遭到破坏而使转化菌失去原有的抗性，这是一种阴性选择。有时可将阴性和阳性筛选相结合。

（2）标志补救筛选 若克隆的基因能够在宿主菌表达，且表达产物与宿主菌的营养缺陷互补，就可以利用营养突变菌株的依赖表型来进行筛选，这就是标志补救（marker rescue）筛选。标志补救是筛选转化酵母的常用方法。例如，酵母（*Saccharomyces cerevisiae*）菌株带有 *trp1* 基因的突变，不能在缺少色氨酸（Trp/W）的培养基上生长。如果载体质粒上带有正常的 *trp1* 基因，转化子则能在色氨酸缺陷的培养基上生长。其他常用的酵母质粒选择性标记有 ura3（尿嘧啶）、leu2（亮氨酸）及 his3（组氨酸）。

2. 间接筛选 应用特异性抗体与目的基因表达产物的相互作用进行筛选，属间接（非直接）筛选，这种方法也称为免疫学方法。此法特异性强，灵敏度高，适用于选择不为宿主菌提供任何标志的基因。具体包括免疫化学方法和酶联免疫检测法。

3. 酶切图谱和测序鉴定 利用酶切质粒图谱和核酸序列分析可直接鉴定外源 DNA。先扩增转化菌获得扩增质粒，然后提取质粒后根据重组质粒上的酶切位点选用适宜的限制性内切核酸酶对其切割，再将切割后的重组质粒片段进行琼脂糖凝胶电泳，通过与标准 DNA 分子标记比较，可大致比较所克隆片段的大小或判断所应切割出片段的大小是否符合预期，从而判断重组质粒的正确性。通常载体的序列已知，可根据克隆位点两侧的序列设计合适的引物，采用 PCR 扩增插入的 DNA 片段，结合序列测定，也可筛选正确的重组子。利用 PCR 结合测序能准确地分析重组 DNA 中所插入片段的序列、方向及阅读框的准确性，因此适合于表达载体的鉴定。

（五）目的基因的表达

克隆基因的表达对于理论研究和实际应用有着十分重要的意义。克隆的基因只有通过表达才能研究基因功能及表达调控的机制，一些有特定生物活性的蛋白质只有在宿主细胞中大量表达才能实现规模化生产。

要使克隆基因在宿主细胞中表达，就要将它放入表达载体之中。被克隆的基因可以在不同的宿主细胞中表达，按宿主细胞可将表达系统分为原核生物表达系统和真核生物表达系统，对不同的表达系统，需要构建不同的表达载体。目前，表达原核生物蛋白多数是在大肠杆菌中实现的，在其他原核生物表达系统中，表达外源基因的原理与大肠杆菌大致相似；表达真核生物的蛋白质，采用的真核表达系统相对选择性比较高，常用的真核表达系统有酵母表达系统、哺乳动物细胞表达系统和昆虫细胞表达系统等。

第六节 核酸代谢的应用

核酸不仅是基本的遗传物质，而且还在生物体的生长、发育、繁殖、遗传及变异等重大生命现象中起决定性作用。核酸作用控制失调会带来很大危害，但使用恰当也可为人类带来很多利益。基因工程的兴起使人们可用人工方法对 DNA 进行重组，获得动植物新品种，还可以控制病毒性疾病、肿瘤及人类遗传性疾病等。此外，核酸的水解物，如腺苷三磷酸（ATP）、肌苷酸（IMP）、环腺苷酸（cAMP）及核酸水解后的核苷酸混合物等，已应用于医学（如核酸水解物"核酪"用作药物）、工业（如 IMP 用作增鲜剂）和农业（如核酸水解物用于农作物增产）等各方面。

一、植物领域

核糖核酸及其降解物的衍生物作为抗生素、杀虫剂，可用于防治植物病虫害，这类核酸农药对人体无毒害，对环境无污染。核酸农药借助碱基序列的互补配对原则实现与靶标的相互作用，最终在 mRNA 水平阻断靶标蛋白产生的源头，进而表现出与小分子抑制剂类似的调节效果，成为一类新型的转录后基因沉默调控工具。通过将核酸农药直接喷施于植物表面，可干扰昆虫或病原菌的发育或者侵染（害）相关的关键基因，从而导致有害生物适合度或侵染（害）力下降，最终降低了有害生物对植物的危害，该防治原理被称为喷雾诱导基因沉默（spray-induced gene silencing，SIGS）。一般将可进一步被生物内源基因沉默系统剪切加工形成的功能性小 RNA（sRNA）作为核酸农药，如具有数百个碱基的 dsRNA 和 20 个核苷酸左右的小干扰 RNA（siRNA），通过直接干扰靶标生物的重要基因表达来实现对有害生物的防治。目前，已经发现有多种 RNA 干扰（RNAi）介体可作为核酸农药参与到 RNAi 之中，其主要分子基础包括 dsRNA 及 siRNA，这些 RNAi 介体通过碱基互补配对，阻碍与其有互补序列的基因转录或翻译，进而抑制基因表达。由于植物、昆虫和植物病原菌均具有产生次级小 RNA 的潜力，这些次级小 RNA 可以进一步放大和传递基因沉默信号。因此，核酸农药可以以较小的用量激发靶标生物体内的 RNAi 反应，使得核酸农药有潜力成为高效、成本可控的植物应对病原菌侵染时的防御产品。近年来，以 RNAi 为主要干预形式的核酸农药广泛应用于各个目昆虫的基因功能研究中，如双翅目、半翅目、鳞翅目、膜翅目、鞘翅目、等翅目和直翅目。例如，孟山都公司开发了一类称为"BioDirect"的核酸农药产品，其有助于对农业害虫与病毒的防治，同时可以与化学除草剂联合使用防治杂草。

通过转基因的方式可将一段核酸序列整合进植物细胞染色体中，并稳定遗传，从而使植物增强病虫害防御能力或胁迫抗性，实现增加产量、改善品质等目标，如转抗虫、抗除草剂基因作物。此外，核酸还可作为一种植物生长调节剂应用在作物上，主要功效如下：第一，核酸可以从分子水平上强健植物细胞，增强每个细胞的免疫调节能力，从根本上增强植株的抗逆能力，是实现优质栽培的有利条件。第二，核酸不仅可促进根系伸长，还可增加侧根的数量，从整体上增加根系吸收水分和营养物质的面积，促进作物产量提高及抗逆性增强。第三，核酸可通过激活羧化酶活性，提高植株的叶绿素含量，延长较老的叶片的光合寿命，有利于干物质的积累，促进作物丰产。有研究表明，核酸在增加果实内含物的同时，在一定程度上还可延长作物的贮藏期，提高商品品质。所以，核酸不仅可作为植物生长调节剂，还可作为肥料增效剂及新型肥料环保剂来开发应用。

二、动物和医药领域

一方面，免疫核糖核酸作为一种重要的免疫触发剂或免疫调节剂已广泛应用在医药方面。免疫核糖核酸不仅能够传递免疫信息，而且对肿瘤有明显的疗效，并能提高机体免疫功能。例如，从脾中提取得到的免疫核糖核酸制成的针剂注入体内可激活人体 T 细胞及 B 细胞的活性，也可提高人体免疫功能，并对一些与人体免疫功能下降有关的疾病，如慢性支气管炎、哮喘、慢性乙型肝炎等，也在胃癌、乳腺癌、大肠癌、鼻咽癌、肺癌等恶性肿瘤方面疗效显著。此外，从微生物或动物脏器中提取的核糖核酸也可用作临床药物的应用研究，如由酵母（白地霉）提取的核糖核酸可用来治疗黄疸型肝炎；从猪肝里提取的核糖核酸可用于治疗慢性肝炎及其他肝类疾病，有效提高免疫力。另一方面，核糖核酸还是许多药物的前体，经过加工、修饰、改造可直接作用于靶细胞，根据碱基互补配对原则能与靶细胞的 RNA 或 DNA 杂交。与 DNA 结合可抑制 DNA 复制，达到阻止靶细胞增殖的目的；与 mRNA 结合，可阻断蛋白质的合成，干扰基因的正常表达，从基因水平上控制肿瘤或病毒的繁殖与扩散，达到治疗疾病的目的。

此外，核苷酸合成代谢机制的阐明也催生了抗代谢药物的发展。20 世纪 40 年代以后，核苷酸合成代谢的原料和途径逐步得以阐明，随之人们发现了一系列可抑制核苷酸合成代谢的药物。这些药物通过抑制核苷酸的合成，进而抑制 DNA 的合成，可用于肿瘤治疗。抑制核苷酸合成代谢的药物也是抗代谢药物的主要类别。例如，叶酸衍生物氨甲蝶呤可以抑制急性白血病的进程，6-巯基嘌呤（6-MP）在结构上与次黄嘌呤相似，是嘌呤核苷酸合成抑制剂，也可用于治疗儿童白血病。5-氟尿嘧啶（5-FU）是胸苷酸合酶抑制剂，干扰了脱氧尿嘧啶核苷酸向脱氧胸腺嘧啶核苷酸的转变，从而抑制 DNA 的合成，可用于治疗消化道癌症和乳腺癌等。

三、微生物领域

通过对功能微生物进行强化和改造可有效控制有害微生物。可采用合成生物学技术在宿主细胞中表达沉默的次生代谢通路中的生物合成酶，或对次生代谢通路中的酶活性进行有针对性的精细调节，可以有目的地提高目标产物的生物合成水平和改善产品品质。例如，红霉素是一种重要的14元环大环内酯类抗生素，其中红霉素A组分是有效组分，而红霉素B和C作为红霉素A的生物合成中间产物，属于杂质组分。通过调整红色糖多孢菌中参与红霉素生物合成的PKS后修饰酶EryK（P450羟基化酶）和EryG（依赖 S-腺苷甲硫氨酸的 O-甲基转移酶）的生物合成量，可实现红色糖多孢菌发酵过程中红霉素A组分绝对产量和相对比例的提高（武临专和洪斌，2013）。

知识拓展

核苷酸代谢病——痛风

痛风（gout）是尿酸过量产生或尿酸排泄不畅造成的一种疾病，其临床特征为高尿酸血症（hyperuricemia）和反复发作的急性单一关节炎。由于尿酸或尿酸盐的溶解度有限，当其在血浆中的浓度超过某临界值（约576μmol/L）时，极易形成结晶，并沉积在关节、软组织和肾等处，导致关节炎、尿路结石和肾疾病等。参与嘌呤核苷酸代谢的PRPP合成酶、谷氨酰胺：PRPP酰胺转移酶或次黄嘌呤-鸟嘌呤磷酸核糖转移酶（HGPRT）的缺陷均可以诱发痛风。PRPP合成酶和谷氨酰胺：PRPP酰胺转移酶是嘌呤核苷酸从头合成的限速酶，这两种酶的任何一种发生突变，将使它们对反馈抑制不再敏感，致使嘌呤核苷酸过量合成，而导致尿酸水平异常。HGPRT的缺陷与痛风之间的关系尚未完全确定，但一种可能的解释是HGPRT能够消耗PRPP，降低PRPP的浓度。若这种酶有缺陷，一方面嘌呤核苷酸合成的补救途径受阻，而减少了嘌呤碱基的消耗，另一方面PRPP浓度的升高可激活其从头合成途径，而增加了嘌呤碱基的合成。两个方面都可以增加体内嘌呤碱基的量，从而使尿酸的水平上升。

临床上治疗痛风的特效药物是别嘌呤醇（allopurinol），它是黄嘌呤氧化酶的一种自杀型抑制剂。当它在细胞内被黄嘌呤氧化酶氧化成别黄嘌呤以后，就与酶的活性中心紧密结合从而强烈抑制了它的活性，有效地抑制了尿酸的产生（图12-37）。此外，别嘌呤醇还可以与PRPP反应生成别嘌呤核苷酸，消耗PRPP，从而阻止PRPP对谷氨酰胺：PRPP酰胺转移酶的激活。

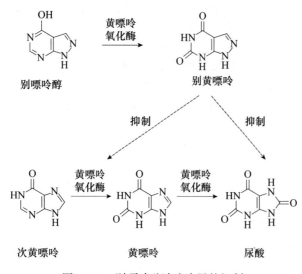

图12-37　别嘌呤醇治疗痛风的机制

思考题

1. 简述核酸降解的过程及相关酶。
2. 简述生物体内嘌呤核苷酸和嘧啶核苷酸的生物合成及其调节。
3. 简述脱氧核苷酸是如何合成的。
4. 简述 DNA 复制的相关酶和蛋白质及其功能。
5. 简述 DNA 如何保持复制准确性。
6. 简述大肠杆菌转录的主要过程。
7. DNA 损伤和修复对生物体有何意义？
8. 试比较真核生物和原核生物转录的异同。
9. 试比较 DNA 与 RNA 生物合成途径的异同。
10. 简述基因工程的技术流程。
11. 基于中心法则试述 DNA 复制与 RNA 转录的关系。
12. 试述核酸代谢与生物合成的关系。

第十三章　蛋白质代谢

本章彩图

第一节　蛋白质的分解

蛋白质作为生命活动的物质基础，经常处于动态变化之中，细胞一方面总是不断地以氨基酸为原料合成蛋白质，另一方面又不断地将蛋白质降解为氨基酸。氨基酸除供给生物体以合成新蛋白质外，其余全部氧化分解产生能量用于代谢，因此氨基酸的分解也是机体获取能量的重要途径。蛋白质分解（proteolysis）是指蛋白质的肽键水解，分解为氨基酸。

一、外源蛋白质的降解

人或动物食用蛋白质食物后，外源蛋白质在胃里受到胃蛋白酶的作用，分解成分子质量较小的短肽。进入小肠后受到来自胰的胰蛋白酶和胰凝乳蛋白酶的作用，进一步分解为更小的肽。这类小肽继续被肠黏膜里的二肽酶、氨肽酶及羧肽酶分解为氨基酸（图 13-1）。

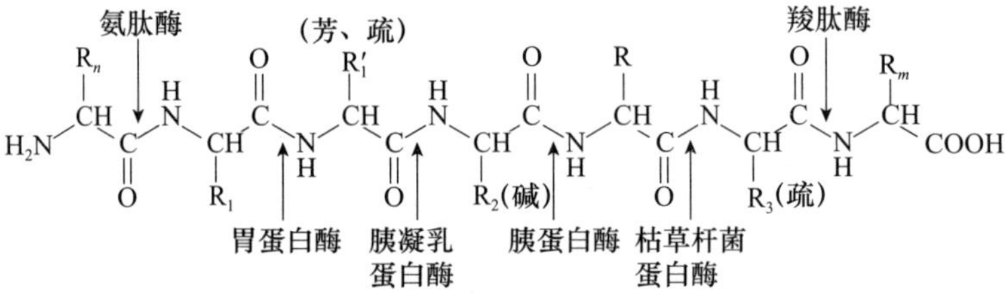

图 13-1　几种蛋白酶的专一性水解
芳表示芳香族氨基酸；疏表示疏水性氨基酸；碱表示碱性氨基酸

高等植物体中也含有多种蛋白酶类。例如，种子及幼苗中都含有活性蛋白酶，种子萌发时蛋白酶的水解作用最旺盛，可将胚乳中贮藏的蛋白质水解为氨基酸，然后再用氨基酸来重新合成蛋白质，以组成植物自身的细胞。某些植物的果实中也含有丰富的蛋白酶，如木瓜中的木瓜蛋白酶，菠萝中的菠萝蛋白酶，无花果中的无花果蛋白酶等。此外，微生物也含有多种多样的蛋白酶，能将蛋白质水解为氨基酸。根据蛋白酶降解方式的不同，可以将其分为内肽酶和端肽酶两大类。

（一）内肽酶

内肽酶（endopeptidase）又称肽链内切酶，能够水解蛋白质和多肽链内部的肽键，形成各种短肽。内肽酶具有底物专一性，不能水解所有肽键，只能水解特定的肽键。根据作用机制不同，内肽酶分为丝氨酸蛋白酶类、硫醇蛋白酶类、羧基蛋白酶类和金属蛋白酶类 4 类（表 13-1）。例如，木瓜蛋白酶只能作用于由碱性氨基酸及含脂肪侧链和芳香侧链的氨基酸所形成的肽键；胰蛋白酶水解由碱性氨基酸的羧基所形成的肽键；胰凝乳蛋白酶水解由芳香族氨基酸的羧基所形成的肽键；胃蛋白酶能迅速水解由芳香族氨基酸的氨基和其他氨基酸形成的肽键，也能较缓慢地水解亮氨酸和酸性氨基酸形成的肽键。

表 13-1 内肽酶的种类（黄卓烈和朱利泉，2015）

名称	作用特征	举例
丝氨酸蛋白酶类	在活性中心含组氨酸和丝氨酸	胰凝乳蛋白酶、胰蛋白酶、凝血酶
硫醇蛋白酶类	在活性中心含半胱氨酸	木瓜蛋白酶、无花果蛋白酶、菠萝蛋白酶
羧基（酸性）蛋白酶类	最适 pH 在 5 以下	胃蛋白酶、凝乳酶
金属蛋白酶类	含有催化活性所必需的金属	枯草芽孢杆菌中性蛋白酶、脊椎动物胶原酶

（二）端肽酶

端肽酶也称为肽链端解酶或外肽酶（exopeptidase），只作用于多肽链的末端，将蛋白质多肽链从末端开始逐一水解成氨基酸。作用于氨基端的称氨肽酶，作用于羧基端的称羧肽酶，作用于二肽的称为二肽酶。还有些端肽酶每次水解下一分子二肽。不同端肽酶及作用特点见表 13-2。

表 13-2 端肽酶的种类（黄卓烈和朱利泉，2015）

名称	作用特征	反应
α-氨酰肽水解酶类	作用于多肽链的氨基端（N 端），生成氨基酸	氨酰＋H_2O ⟶ L-氨基酸 ＋ 肽
二肽水解酶类	水解二肽	二肽＋H_2O ⟶ 2L-氨基酸
二肽基肽水解酶类	作用于多肽链的氨基端（N 端），生成二肽	二肽基多肽＋H_2O ⟶ 二肽＋多肽
肽基二肽水解酶类	作用于多肽链的羧基端（C 端），生成二肽	多肽基二肽＋H_2O ⟶ 二肽＋多肽
丝氨酸羧肽酶类	作用于多肽链的羧基端生成氨基酸，催化部位含有对有机氟磷酸敏感的丝氨酸残基	肽基-L-氨基酸＋H_2O ⟶ 肽＋L-氨基酸
金属羧肽酶类	作用于多肽链的羧基端生成氨基酸，要求二价阳离子	肽基-L-氨基酸＋H_2O ⟶ 肽＋L-氨基酸

在上述内肽酶、端肽酶的共同作用下，蛋白质被水解成蛋白胨、胨、多肽，最后完全分解成氨基酸：

$$蛋白质 \xrightarrow{内肽酶} 胨、胨 \xrightarrow{内肽酶} 多肽 \xrightarrow{端肽酶} 氨基酸$$

二、内源蛋白质的降解

1940 年，Henry Borsook 等证明了活细胞内的组分在不断转换更新，组织内的蛋白质有自己的存活时间，短到几分钟，长到几周。此外，还有衰老异常的细胞器和细胞内异常折叠的冗余蛋白质等，这些机体组织内的蛋白质一旦积聚将对细胞有害，需要及时降解清理。真核细胞内蛋白质的降解主要有 3 种途径：内体-溶酶体途径（endosome-lysosome pathway）、泛素-蛋白水解酶途径（ubiquitin-protease pathway）和含半胱氨酸的天冬氨酸蛋白水解酶途径（caspase pathway）。

（一）内体-溶酶体途径

内体-溶酶体降解蛋白质没有选择性，其降解对象多为大体积目标，如衰老异常的细胞器、细胞内异常产生沉淀的蛋白簇、半衰期长的蛋白质等。细胞质中长寿蛋白的 N 端含有 KFERQ信号，可被 HSC70 识别结合，HSC70 帮助这些蛋白质进入溶酶体。细胞外的蛋白质则通过胞吞作用或胞饮作用进入细胞，被运送至溶酶体中。这些蛋白质在溶酶体的酸性环境中被相应的酶

溶酶体

降解，然后通过溶酶体膜的载体蛋白运送至细胞质中，被作为氨基酸原料补充胞液代谢库。

（二）泛素-蛋白水解酶途径

泛素-蛋白水解酶途径是特异性降解蛋白质的重要途径，主要降解半衰期短的蛋白质，如细胞周期蛋白 Cyclin、纺锤体相关蛋白、转录因子 NF-κB、肿瘤抑制因子 P53、癌基因产物等，应激条件下胞内变性蛋白及异常蛋白也是通过该途径降解。该降解途径主要由泛素和蛋白酶体组成，降解过程依赖 ATP 提供能量。泛素广泛存在于真核生物中，又称遍在蛋白，其作用机制是泛素激活酶 E1 利用 ATP 在泛素分子 C 端 Gly 残基与其自身的半胱氨酸的—SH 间形成高能硫脂键，活化的泛素再被转移到泛素结合酶 E2 上，在泛素连接酶 E3 的作用下，泛素分子从 E2 转移到靶蛋白，与靶蛋白的 Lys 的 ε-NH$_2$ 形成异肽键，接着下一个泛素分子的 C 端连接到前一个泛素的 Lys48 上，完成靶蛋白的多聚泛素化。蛋白水解酶由 30 多种蛋白质及酶组成，又称26S 蛋白酶体，具有胰凝乳蛋白酶、胰蛋白酶等多功能活性。所有蛋白酶体的活性中心都含有Thr 残基。经泛素化的底物蛋白被蛋白酶体识别后运送到复合体核心内，在多种酶的作用下水解为寡肽，最后从蛋白酶体中释放出来。泛素则在去泛素化酶的作用下与底物解离后回到细胞质中被重新利用。该途径降解机制由以色列科学家 Iechanover、Hershko 和美国科学家 Rose 共同揭示，这 3 位科学家因此获得 2004 年诺贝尔化学奖。

（三）caspase 途径

胱天蛋白酶（caspase）全称为含半胱氨酸的天冬氨酸蛋白水解酶（cysteine aspartic acid specific protease），是一组存在于细胞质中具有相似结构的蛋白酶。该途径降解的蛋白质有 DNA 损伤修复酶、U1 小核糖核蛋白组分、核纤层蛋白、肌动蛋白和胞衬蛋白等，这些酶及蛋白质的降解导致细胞形成凋亡小体，最终被吞噬细胞吞噬消化。该类蛋白酶的活性部位是极为保守的半胱氨酸和具有特异性切割底物的天冬氨酸。Caspase 以酶原形式存在于正常细胞中，细胞凋亡启动后被激活：一条途径是由死亡信号分子和受体结合后的死亡结构域介导；另一条途径由位于线粒体上的细胞色素 c 介导。

细胞内蛋白质的降解除上述 3 条途径外，有些细胞器中还有特殊的蛋白水解酶，如线粒体La 蛋白酶、高尔基体内 Kex2 水解酶、细胞膜表面的水解酶系统等，它们共同作用，以确保细胞内各项代谢活动有条不紊地进行。

第二节　氨基酸的分解与转化

蛋白质被水解成氨基酸后，其命运发生分化，一部分用作合成新蛋白质的原料，其余的则参与能量代谢，被分解转化为常见的代谢中间体，如丙酮酸、草酰乙酸、α-酮戊二酸等。因此，氨基酸又成为葡萄糖、脂肪酸及酮体的前体物，是代谢过程中的"燃料"。所有氨基酸都含有 α氨基和 α 羧基，因此，氨基酸分解时都有脱氨基和脱羧基两种共同途径，此外还包括羟基化作用等。

一、脱氨基作用

脱氨基作用（deamination）是从氨基酸上除去氨基的酶促反应过程，是氨基酸代谢的第一步，也是最重要的一步，可在体内大多数组织细胞中发生。脱氨基的主要方式有氧化脱氨基、非氧化脱氨基、转氨基、联合脱氨基作用等。

（一）氧化脱氨基

氧化脱氨基是指氨基酸的氨基在脱氨酶的作用下，将氨基脱下变为 NH_3 的过程。该反应分两步：先脱去氢生成亚氨基酸，然后再自发加水脱 NH_3。反应通式如下：

$$R—CH—COO^- + FAD(FMN) + H_2O \xrightarrow{\text{氨基酸氧化酶}} R—C—COO^- + FADH_2(FMNH_2) + NH_3$$

$$\overset{|}{NH_3^+} \qquad\qquad\qquad\qquad\qquad\qquad \overset{\|}{O}$$

氨基酸　　　　　　　　　　　　　　　　α-酮酸

这个反应的催化酶称氨基酸氧化酶或氨基酸脱氢酶，主要有 L-谷氨酸脱氢酶、L-氨基酸氧化酶和 D-氨基酸氧化酶。其中 L-谷氨酸脱氢酶普遍存在于动植物及大多数微生物中，且脱氨活力最高，在氨基酸代谢中起重要作用。L-谷氨酸脱氢酶催化 L-谷氨酸脱氨生成 α-酮戊二酸，其辅酶是 NAD^+ 或 $NADP^+$。L-谷氨酸脱氢酶的分子质量为 330kDa，由 6 个亚基组成，是一种变构调节酶，GTP 和 ATP 是其变构抑制剂，GDP 和 ADP 是其变构激活剂，当机体能量水平低时氨基酸的氧化分解速度增加。L-谷氨酸脱氢酶作用通式为：

$$CH_2—CH_2—CH—COO^- + NAD(P)^+ \xleftarrow{\text{L-谷氨酸脱氢酶}} R—C—COO^- + NH_3 + NAD(P)H + H^+$$

$$\overset{|}{COO^-} \qquad \overset{|}{NH_3^+} \qquad\qquad\qquad\qquad \overset{\|}{O}$$

L-谷氨酸　　　　　　　　　　　　　α-酮戊二酸

对 L-氨基酸专一的 L-氨基酸氧化酶和对 D-氨基酸专一的 D-氨基酸氧化酶，都是以 FMN 和 FAD 为辅酶的氧化脱氨酶。由于 L-氨基酸氧化酶在体内分布不广泛，活性也不高，D-氨基酸氧化酶活性虽高，但体内缺少 D-氨基酸，所以这两种氨基酸氧化酶在体内都不起主要作用。

（二）非氧化脱氨基

非氧化脱氨基大多发生在微生物中，动物体中也有少量发生。此类脱氨基主要包括脱水脱氨基、直接脱氨基、水解脱氨基、脱酰胺基等方式。

1. 脱水脱氨基作用　　L-丝氨酸和 L-苏氨酸的脱氨基是利用脱水方式完成的，催化此反应的酶称为脱水酶，以磷酸吡哆醛（PLP 基）为辅酶，催化丝氨酸脱氨后发生分子内重排，生成丙酮酸，释放 NH_3，反应式如下：

$$\overset{COOH}{\underset{COOH}{\overset{|}{CHNH_2}}} \xrightarrow[-H_2O]{\text{丝氨酸脱水酶}} \overset{CH_2}{\underset{COOH}{\overset{\|}{C—NH_2}}} \xrightarrow{\text{分子重排}} \overset{CH_3}{\underset{COOH}{\overset{|}{C=NH_2}}} \xrightarrow[+H_2O]{\text{自发水解}} \overset{CH_3}{\underset{COOH}{\overset{|}{C=O}}} + NH_3$$

丝氨酸　　　　　　α-氨基丙烯酸　　　　亚氨基酸　　　　丙酮酸

2. 直接脱氨基作用　　天冬氨酸酶可催化天冬氨酸直接脱下氨基生成延胡索酸和 NH_3，反应式如下：

$$\overset{COOH}{\underset{COOH}{\overset{|}{\underset{|}{\overset{|}{CH} \atop CH}}}} \xrightarrow{\text{天冬氨酸酶}} \overset{COOH}{\underset{COOH}{\overset{|}{\underset{|}{\overset{|}{CHNH_2} \atop CH_2}}}} + NH_3$$

天冬氨酸　　　　　　延胡索酸

苯丙氨酸解氨酶（phenylalanine ammonia lyase，PAL）可以催化L-苯丙氨酸直接脱氨，生成反式肉桂酸和NH_3。在植物体中，反式肉桂酸可进一步转化为香豆素、木质素、单宁等次生物质。

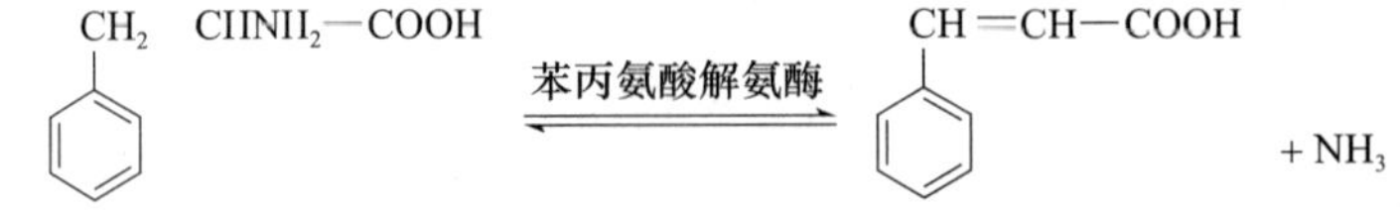

L-苯丙氨酸　　反式肉桂酸

3．水解脱氨基作用　氨基酸在水解酶的作用下脱氨产生羟酸，并释放NH_3，反应式如下：

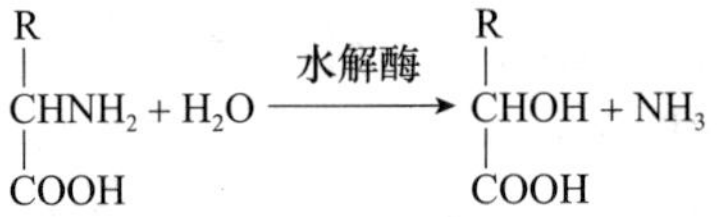

氨基酸　　羟酸

4．脱酰胺基作用　脱酰胺基作用指蛋白质侧链脱去酰胺基团转变为羧基的反应，是蛋白质或肽分子修饰改性的重要手段。组成蛋白质的20种氨基酸中只有谷氨酰胺和天冬酰胺是酰胺型氨基酸，酰胺基在脱酰胺酶（deamidase）作用下脱去，生成NH_3，该反应可逆。此外，半胱氨酸脱氨基由脱硫氢基脱氨基酶催化。在高等植物中存在很多解氨酶，可催化苯丙氨酸和酪氨酸脱氨形成氨和不饱和芳香酸，如苯丙氨酸解氨酶等。

（三）转氨基作用

转氨基作用是指在转氨酶的催化下，α-氨基酸和α-酮酸之间发生的氨基转移反应，从而使原来的氨基酸转变成相应的α-酮酸，而原来的α-酮酸转变成相应的氨基酸。

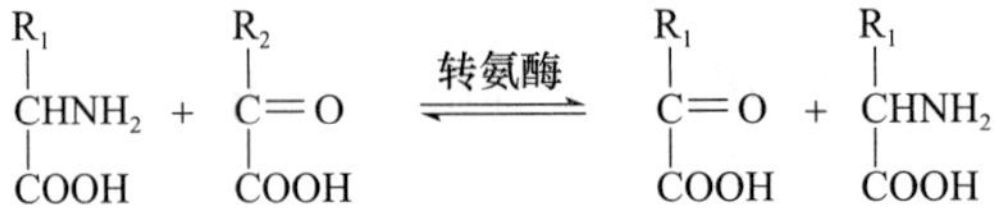

α-氨基酸　α-酮酸　　α-酮酸　α-氨基酸

转氨酶种类很多，在动物、植物及微生物中分布很广。大多数转氨酶对α-酮戊二酸或谷氨酸是专一的，而对另外一个底物则无专一性。例如，最重要并且分布最广泛的天冬氨酸转氨酶［也称谷草转氨酶（GOT）］和丙氨酸氨基转移酶［也称谷丙转氨酶（GPT）］，它们催化下列反应：

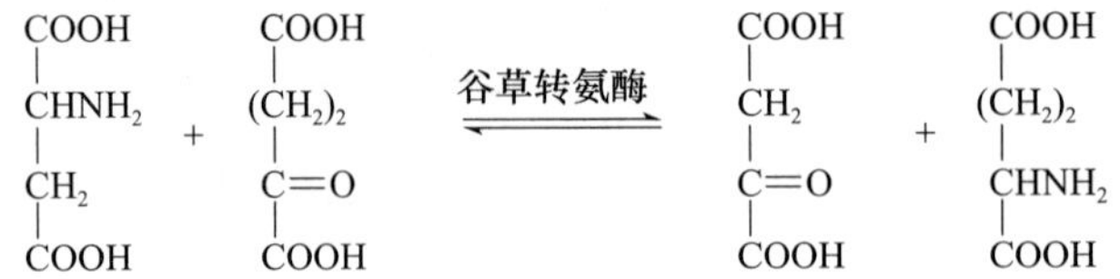

天冬氨酸　α-酮戊二酸　　草酰乙酸　谷氨酸

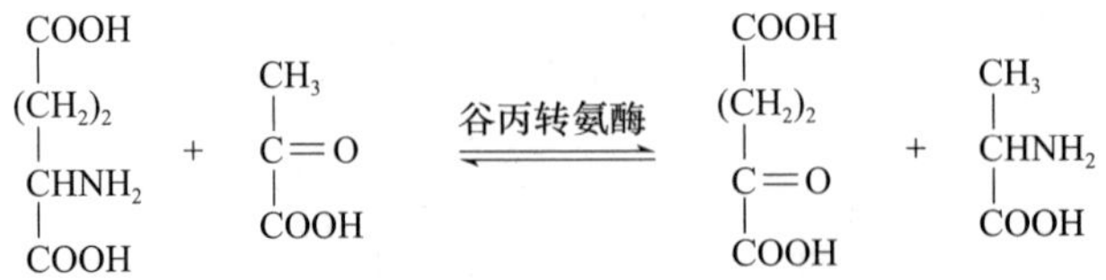

谷氨酸　丙酮酸　　α-酮戊二酸　丙氨酸

　　转氨酶催化可逆反应，平衡常数约为 1.0，说明催化反应可以向 2 个方向进行，但在生物体中转氨基作用与氨基酸氧化分解作用相偶联，最终使氨基酸的转氨基作用向一个方向进行。转氨酶以磷酸吡哆醛（维生素 B_6）为辅酶，分两步进行，属于双底物的"乒乓 BiBi"酶反应机制（图 13-2）：①任意氨基酸和磷酸吡哆醛形成醛亚胺，醛亚胺经双键易位、水解释放出相应的 α-酮酸和磷酸吡哆胺；②磷酸吡哆胺和 α-酮酸反应形成醛亚胺，再经双键易位、水解释放出磷酸吡哆醛，并形成相应的氨基酸。在此过程中 α-酮戊二酸仅传递氨基，本身并无消耗。

图 13-2　转氨酶的作用机制

（四）联合脱氨基作用

　　联合脱氨基作用是指在转氨酶和谷氨酸脱氢酶的作用下，将转氨基和脱氨基相偶联的脱氨方式，辅因子包括磷酸吡哆醛和 NAD^+（$NADP^+$）。在自然界中，L-氨基酸氧化酶活力低，难以满足生物机体脱氨的需要，转氨基作用虽普遍存在，但不能最终将氨基脱去。所以大多数氨基酸都选择联合脱氨基作用（图 13-3）。L-氨基酸与

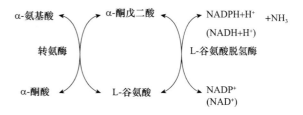

图 13-3　联合脱氨基作用

α-酮戊二酸在转氨酶的催化下转氨基，将氨基转给 α-酮戊二酸生成谷氨酸，本身变成相应的 α-酮酸。然后谷氨酸在 L-谷氨酸脱氢酶的催化下进行氧化脱氨基，生成氨和 α-酮戊二酸，这个过程是可逆的。

二、脱羧基作用

　　氨基酸在氨基酸脱羧酶（decarboxylase）催化下进行脱羧作用，生成 CO_2 和一个伯胺类化合物。脱羧基作用主要有直接脱羧基作用（decarboxylation）和羟化脱羟基作用（hydroxylation）。

（一）直接脱羧基作用

　　氨基酸在氨基酸脱羧酶作用下脱去羧基，生成 CO_2 和相应胺类化合物，氨基酸脱羧酶辅酶为磷酸吡哆醛。反应通式如下：

$$R-\underset{\underset{NH_2}{|}}{CH}-COOH \xrightarrow{\text{脱羧酶}} R-CH_2-NH_2 + CO_2$$

氨基酸   胺类化合物

脱羧酶普遍存在于动物、植物和微生物中，专一性很高，如 L-谷氨酸脱羧酶只能催化 L-脱羧生成 γ-氨基丁酸。γ-氨基丁酸是人和动物脑中具有抑制作用的重要神经递质，在植物组织中也广泛分布，经一系列反应可转化为琥珀酸进入三羧酸循环。谷氨酸脱羧酶催化的反应为：

$$\begin{array}{c} COOH \\ | \\ CH-NH_2 \\ | \\ CH_2 \\ | \\ CH_2 \\ | \\ COOH \end{array} \xrightarrow{\text{谷氨酸脱羧酶}} \begin{array}{c} CH_2NH_2 \\ | \\ CH_2 \\ | \\ CH_2 \\ | \\ COOH \end{array}$$

谷氨酸   γ-氨基丁酸

色氨酸在 L-色氨酸脱羧酶的作用下，直接脱羧生成色胺，再经脱氨变成吲哚乙醛，氧化后变成吲哚乙酸（indole-3-acetic acid，IAA）。IAA 是广泛存在于植物体内的一种生长激素，具有刺激植物生长的作用。可见，色氨酸是植物生长激素合成的前体物。很多氨基酸与色氨酸一样，脱羧后形成的胺类化合物成为某些维生素或激素的组成成分，如天冬氨酸脱羧后生成的 β-丙氨酸是 B 族维生素泛酸的组成成分。

色氨酸   色胺   吲哚乙醛   吲哚乙酸

L-丝氨酸在 L-丝氨酸脱羧酶的作用下，直接脱羧后生成乙醇胺，乙醇胺甲基化后生成胆碱，而乙醇胺和胆碱分别是合成脑磷脂和卵磷脂的成分，反应式为：

$$\begin{array}{c} COOH \\ | \\ CHNH_2 \\ | \\ CH_2OH \end{array} \xrightarrow{-CO_2} \begin{array}{c} CH_2NH_2 \\ | \\ CH_2OH \end{array} \xrightarrow{+3(-CH_3)} \begin{array}{c} CH_2NH_2 \\ | \\ CH_2N^+(CH_3)_3 \end{array}$$

丝氨酸   乙醇胺   胆碱

赖氨酸、精氨酸、鸟氨酸在相应脱羧酶作用下，直接脱羧变成含有多个氨基的相应多胺（polyamine），或者脱羧后参与其他多胺的生成。精氨酸水解生成鸟氨酸，鸟氨酸直接脱羧生成腐胺。甲硫氨酸与 ATP 在其他酶催化下生成 S-腺苷甲硫氨酸（SAM），再与腐胺作用生成亚精胺、精胺。表 13-3 是氨基酸脱羧后生成的胺类物质及其结构式。这些胺类物质在细胞转录、细胞分裂调节中起作用。

表 13-3   氨基酸脱羧后生成的胺类物质及其结构式

氨基酸	胺	结构式
丝氨酸	乙醇胺	$\begin{array}{c} CH_2-CH_2NH_2 \\ \| \\ OH \end{array}$
缬氨酸	丁胺	$\begin{array}{c} CH_3 \\ \diagdown \\ CH_3 \diagup \end{array} CH-CH_2NH_2$

续表

氨基酸	胺	结构式
异亮氨酸	异戊胺	$CH_3 > CH-CH_2-CH_2NH_2$ （CH_3）
甲硫氨酸	甲硫基丙胺	$CH_2-CH_2-CH_2NH_2$ （SCH_3）
赖氨酸	尸胺	$CH_2-(CH_2)_3-CH_2NH_2$ （NH_2）
鸟氨酸	腐胺	$CH_2-(CH_2)_2-CH_2NH_2$ （NH_2）
精氨酸	精胺	$H_2N(CH_2)_3NH(CH_2)_4NH(CH_2)_3NH_2$
	亚精胺	$H_2N(CH_2)_4NH(CH_2)_3NH_2$
苯丙氨酸	苯乙胺	$CH_2-CH_2NH_2$
酪氨酸	酪胺	$HO-CH_2-CH_2NH_2$
色氨酸	色胺	$CH_2-CH_2NH_2$

（二）羟化脱羧基作用

酪氨酸在酪氨酸酶（tyrosinase）催化下发生羟化而生成3,4-二羟苯丙氨酸（简称多巴）。多巴在多巴脱羧酶的作用下可脱羧生成3,4-二羟苯乙胺，即多巴胺（dopamine）。酪氨酸脱羧反应过程为：

酪氨酸 $+ 1/2 O_2$ 酪氨酸酶   多巴   多巴脱羧酶   多巴胺 $+CO_2$

三、氨基酸分解产物的去向

氨基酸经脱氨基作用后生成NH_3和α-酮酸，脱羧后生成胺类化合物和CO_2。CO_2直接通过呼吸排出体外，而α-酮酸、胺类化合物、NH_3将进一步参与新陈代谢，或代谢后排出体外。

（一）胺的代谢

部分氨基酸直接脱羧后生成胺类化合物，如尸胺、腐胺、亚精胺和精胺等，这些胺类在体内大量积累时对生物体不利，因此必须进一步代谢为无毒物质。胺类化合物第一个代谢去向是在胺氧化酶催化下生成醛，继而氧化成脂肪酸，再分解成CO_2和H_2O。第二个代谢途径是转变为其他含氮化合物，如色氨酸脱羧后生成5-羟色胺，这是脊椎动物的一种神经递质，也是血管收缩素。多巴在酪氨酸酶进一步催化下氧化形成聚合物黑色素（melanin），四氢蝶呤作为辅酶，同时需要 Cu^{2+} 作为该酶的辅因子。马铃薯、苹果、梨等切开后由于形成黑素而变黑，人的表皮及毛囊有形成黑素的细胞，使皮肤及毛发呈黑色。在植物体内，由多巴和多巴胺可以生成生物碱；在动物体内可生成激素，如去甲肾上腺素和肾上腺素。

（二）氨的代谢和尿素循环

氨基酸脱氨产生的游离氨对生物机体有毒害作用，特别是高等动物的脑对氨极为敏感，血液中1% 的氨含量就可引起中枢神经系统中毒，因此必须将氨转变为无毒的含氨化合物或者排泄出去。

各种动物排氨的方式不同。水生动物体内外水分供应充足，氨可以直接随水排出体外。鸟类和陆生爬虫类动物体内水分少，需要形成固体尿酸排出，因此这类动物也被称为排尿酸动物（uricotelic animal）。哺乳动物则是通过尿素循环将氨转化为尿素排出体外。尿素的生成需要多种酶催化，反应过程包括鸟氨酸、瓜氨酸、精氨琥珀酸、精氨酸 4 种中间产物，所以尿素循环也称为鸟氨酸循环，主要包括以下几步反应（图 13-4）：①氨甲酰磷酸的合成。在线粒体中，

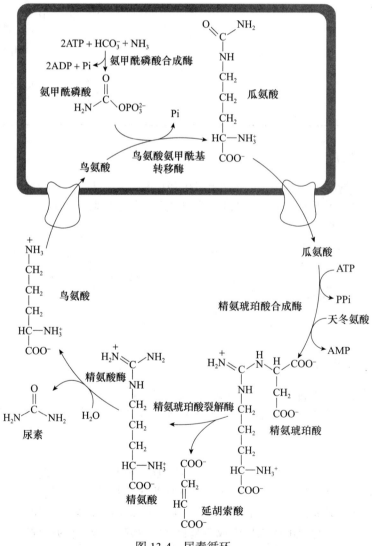

图 13-4 尿素循环

NH_3、CO_2 和 H_2O 由氨甲酰磷酸合成酶催化合成氨甲酰磷酸，反应不可逆。其中 CO_2 是糖代谢的产物，反应消耗 2 分子 ATP。②瓜氨酸的合成。氨甲酰磷酸和鸟氨酸生成瓜氨酸，反应由鸟氨酸氨甲酰基转移酶催化。氨甲酰磷酸的氨甲酰基经酶催化转移给鸟氨酸形成瓜氨酸。③精氨琥珀酸的合成。上一步生成的瓜氨酸在精氨琥珀酸合成酶的催化下与天冬氨酸结合生成精氨琥珀酸，天冬氨酸作为氨基的供体，反应需要 Mg^{2+}。④精氨琥珀酸的裂解。精氨琥珀酸在精氨琥珀酸裂解酶的作用下分解为精氨酸和延胡索酸（反丁烯二酸），延胡索酸可进入三羧酸循环进一步降解。⑤尿素的形成。精氨酸在精氨酸酶的作用下分解为尿素和鸟氨酸。在整个尿素循环中，前两步反应是在线粒体中完成，利于将 NH_3 严格限制在线粒体中，防止氨对生物机体的毒害；其他几步反应则是在细胞质中进行，并通过精氨琥珀酸裂解产生延胡索酸，延胡索酸可进一步氧化为草酰乙酸进入三羧酸循环，也可经转氨基作用重新形成天冬氨酸进入尿素循环，从而把尿素循环和三羧酸循环密切联系在一起。

在植物中，氨与草酰乙酸或天冬氨酸形成天冬酰胺，当需要的时候，天冬酰胺分子内的氨基可以在天冬酰胺酶的作用下分解出来去合成其他氨基酸。脱下的氨也可以和 α-酮酸形成其他氨基酸，或者与植物中大量存在的有机酸形成有机酸盐。

（三）氨基酸碳架的去向

氨基酸氧化脱氨后产生的碳架可进一步转化，根据代谢终产物差异把氨基酸分成两类：第一类称生糖氨基酸，其碳架可生成丙酮酸和三羧酸循环的中间产物，经糖异生作用转化为葡萄糖；第二类称为生酮氨基酸，脱氨后的碳架可转化为乙酰辅酶 A 或乙酰乙酰辅酶 A 作为合成脂肪的前体。这些产物在某些情况下（如饥饿、糖尿病等）在动物体内可转变为酮体（乙酰乙酸、β-羟丁酸和丙酮）。表 13-4 是生糖氨基酸和生酮氨基酸的分类，可以看出大多数氨基酸是严格生糖的，只有亮氨酸和赖氨酸是严格生酮。异亮氨酸、苯丙氨酸、苏氨酸、色氨酸和酪氨酸降解后产生两种产物：一种是生糖产物，另一种是生酮产物。

表 13-4 生糖氨基酸和生酮氨基酸

氨基酸	生糖	生酮	氨基酸	生糖	生酮
丙氨酸	√		亮氨酸		√
精氨酸	√		赖氨酸		√
天冬酰胺	√		甲硫氨酸	√	
天冬氨酸	√		苯丙氨酸	√	√
半胱氨酸	√		脯氨酸	√	
谷氨酸	√		丝氨酸	√	
谷氨酰胺	√		苏氨酸	√	√
甘氨酸	√		色氨酸	√	√
组氨酸	√		酪氨酸	√	√
异亮氨酸	√	√	缬氨酸	√	

当体内需要能量时，α-酮酸经三羧酸循环氧化成 CO_2 和水，同时提供能量。氨基酸也可以作为原料来合成核酸、磷脂、激素、辅酶、叶绿素、血红素、生物碱、生氰糖苷、细胞色素等

重要生命物质。例如，三羧酸循环的中间产物琥珀酰 CoA 与甘氨酸可合成叶绿素、血红素、细胞色素。表 13-5 所示是一些由氨基酸衍生的含氮化合物。

表 13-5   一些由氨基酸衍生的含氮化合物

氨基酸	衍生物	衍生物种类
甘氨酸	嘌呤	
天冬氨酸	嘌呤、嘧啶	RNA、DNA 及核苷酸（辅酶）的成分
谷氨酰胺	嘌呤	
丝氨酸	乙醇胺、胆碱	磷脂
天冬氨酸	β-丙氨酸	泛酸及辅酶 A
半胱氨酸	巯基乙胺	辅酶
酪氨酸	泛醌、质醌	
色氨酸	烟酸	维生素
甲硫氨酸	乙烯	
色氨酸	吲哚乙酸	激素
亮氨酸	脱落酸、赤霉素	
缬氨酸	青霉素	抗生素
半胱氨酸		
甘氨酸	叶绿素、血红素、细胞色素	色素
酪氨酸	黑色素	
谷氨酸	烟碱	生物碱
酪氨酸	吗啡、可卡因	
色氨酸	奎宁、马钱子碱	
苯丙氨酸	苦杏仁苷	糖苷
缬氨酸	亚麻苦苷	
酪氨酸	蜀黍苷	
精氨酸	鲱精胺、腐胺、亚精胺、精胺	胺类
赖氨酸	尸胺	

第三节   氨基酸的合成

氨基酸是组成蛋白质的基本单位，氮是构成氨基酸的重要元素。此外，核酸、某些激素和维生素、叶绿体和血红素等均含有氮，因此氮也是组成生物体的重要元素。

一、氨的同化

地球表面的氮分布在大气、陆地和海洋中。空气中除含 79% 的分子态氮气（N_2）外，还含有微量的气态氮化物，如 NO、NO_2、NH_3 等。自然界中不同氮化物（包括无机氮化合物和有机氮化合物）经常发生互相转化，形成一个氮循环（nitrogen cycle）（图 13-5）。大气中的氮气，通过生物固氮、工业固氮、大气固氮（如闪电）转变为氨或硝酸盐，进入土壤中。土壤

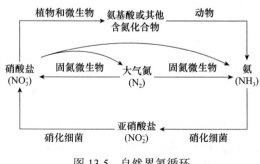

图 13-5   自然界氮循环

中的氨在硝化细菌（包括亚硝酸细菌和硝酸细菌）的作用下，发生硝化作用而氧化为硝酸盐。土壤中的氨和硝酸盐被植物吸收后，用以构成植物体内的蛋白质及其他氮化物，这个过程就是氨的同化。植物吸收铵后（或由硝酸盐还原形成的铵）立即将其同化，转变成氨基酸，进而合成蛋白质。氨同化的方式主要有谷氨酸合成途径和氨甲酰磷酸形成途径。

（一）谷氨酸合成途径

在生物体内，氨基酸和蛋白质是主要的含氮化合物，许多氮化物也由氨基酸转变而成。虽然已发现有许多由氨形成氨基酸的反应，但由无机态氨转变为氨基酸则主要是通过谷氨酸合成途径，由谷氨酸脱氢酶（glutamate dehydrogenase）催化。谷氨酸脱氢酶存在于线粒体中，还原剂为 NADH。NH_3 的受体 α-酮戊二酸是在 TCA 循环中产生的。谷氨酸脱氢酶对 NH_4^+ 的 K_m 很高，当 NH_4^+ 在植物体内以正常浓度存在时，该酶就不能达到饱和，因此，该途径并不是氨同化的主要途径。谷氨酸脱氢酶催化还原氨基化的反应如下：

$$
\begin{array}{c}
\text{COOH} \\
| \\
\text{C}=\text{O} + NH_3 + NADH \\
| \\
\text{CH}_2 \\
| \\
\text{CH}_2 \\
| \\
\text{COOH}
\end{array}
\xrightleftharpoons{\text{谷氨酸脱氢酶}}
\begin{array}{c}
\text{COOH} \\
| \\
\text{CHNH}_2 + NAD^+ + H_2O \\
| \\
\text{CH}_2 \\
| \\
\text{CH}_2 \\
| \\
\text{COOH}
\end{array}
$$

α-酮戊二酸　　　　　　　　　　　谷氨酸

在植物体内还存在谷氨酰胺合成酶（glutamine synthetase），可将 NH_3 贮存在谷氨酰胺的酰胺基内作为氨基供体，经谷氨酸合成酶催化把酰胺上的氨基转移给 α-酮戊二酸，生成 2 分子谷氨酸，具体反应为：

$$
\begin{array}{c}
\text{COOH} \\
| \\
\text{CHNH}_2 + NH_3 + ATP \\
| \\
\text{CH}_2 \\
| \\
\text{CH}_2 \\
| \\
\text{COOH}
\end{array}
\xrightleftharpoons{\text{谷氨酰胺合成酶}}
\begin{array}{c}
\text{COOH} \\
| \\
\text{CH}-\text{NH}_2 + ADP + Pi \\
| \\
\text{CH}_2 \\
| \\
\text{CH}_2 \\
| \\
\text{CONH}_2
\end{array}
$$

谷氨酸　　　　　　　　　　　　谷氨酰胺

$$
\begin{array}{c}
\text{COOH} \\
| \\
\text{CH}-\text{NH}_2 \\
| \\
\text{CH}_2 \\
| \\
\text{CH}_2 \\
| \\
\text{CONH}_2
\end{array}
+
\begin{array}{c}
\text{COOH} \\
| \\
\text{C}=\text{O} + 2H^+ \\
| \\
\text{CH}_2 \\
| \\
\text{CH}_2 \\
| \\
\text{COOH}
\end{array}
\xrightleftharpoons{\text{谷氨酰胺合成酶}}
2
\begin{array}{c}
\text{COOH} \\
| \\
\text{CHNH}_2 \\
| \\
\text{CH}_2 \\
| \\
\text{CH}_2 \\
| \\
\text{COOH}
\end{array}
$$

谷氨酰胺　　　　α-酮戊二酸　　　　　　　　　谷氨酸

该反应需要 NADH、NADPH 或还原型铁氧还蛋白作为还原剂。谷氨酰胺合成酶对 NH_4^+ 有很强的亲和力。现有的试验证据认为，在高等绿色植物体内这可能是氨同化的主要途径。但在异养真核生物（如真菌）内，则以谷氨酸脱氢酶催化的反应为主要的氨同化途径。

（二）氨甲酰磷酸形成途径

氨同化的另一途径是氨甲酰磷酸的形成，主要有两个反应：一个是由氨甲酰激酶（carbamyl

kinase）催化；另一个是由氨甲酰磷酸合成酶（carbamyl phosphate synthetase）催化。氨甲酰激酶可催化 NH_3 与 CO_2 生成氨甲酰磷酸，反应需要消耗 ATP，具体过程为：

$$NH_3 + CO_2 + ATP \underset{Mg^{2+}}{\overset{\text{氨甲酰激酶}}{\rightleftharpoons}} H_2N-\overset{O}{\overset{\|}{C}}-O-\overset{O}{\overset{\|}{\underset{OH}{P}}}-OH + ADP$$

氨甲酰磷酸

氨甲酰磷酸合成酶催化氨甲酰磷酸的合成反应要求有辅因子参与（反应如下），在动物的肝及大肠杆菌中，N-乙酰谷氨酸作为辅因子。植物中也有氨甲酰磷酸形成，但氨甲酰磷酸中的氮来自谷氨酰胺。

$$NH_3 + CO_2 + 2ATP \overset{\text{辅因子，}Mg^{2+}}{\rightleftharpoons} H_2N-\overset{O}{\overset{\|}{C}}-O-\overset{O}{\overset{\|}{\underset{OH}{P}}}-OH + 2ADP$$

氨甲酰磷酸

二、转氨基作用与氨基酸的合成

不同生物合成氨基酸的能力不同，植物和大部分细菌能合成全部 22 种氨基酸，而人和其他哺乳类动物只能合成部分氨基酸，所以氨基酸分为必需氨基酸、半必需氨基酸和非必需氨基酸。氨基酸的合成需要有氨基和碳架，氨基由已有的氨基酸通过转氨基作用提供，碳架则来自糖代谢（包括糖酵解、三羧酸循环或戊糖磷酸途径）的中间产物。

（一）转氨基作用

转氨基作用是在转氨酶的作用下，由一种氨基酸把其分子上的氨基转移到其他 α-酮酸上，以形成另一种氨基酸。转氨酶需要磷酸吡哆醛作为辅酶。除苏氨酸和赖氨酸外，其他氨基酸的氨基都可通过转氨作用得到，许多氨基酸可作为氨基的供体，其中最主要的是谷氨酸。转氨酶分布在细胞质、叶绿体、线粒体和微粒体中。叶绿体在进行光合作用时，在转氨酶的作用下，便可生成各种氨基酸，反应如下：

谷氨酸   α-酮酸   α-酮戊二酸   α-氨基酸

（二）各族氨基酸的合成

氨基酸碳骨架来自糖酵解、三羧酸循环、乙醇酸途径和戊糖磷酸途径的 α-酮酸，如 α-酮戊二酸、草酰乙酸、丙酮酸和乙醛酸。根据合成氨基酸的碳骨架来源不同，可将氨基酸分成 6 族。在同一族内的几种氨基酸有共同的碳骨架来源。

1. 丙氨酸族   丙氨酸族包括丙氨酸、缬氨酸和亮氨酸，糖酵解产物丙酮酸是它们共同的碳骨架。丙酮酸经转氨、缩合等作用生成丙氨酸。

$$
\begin{array}{ccccccc}
\text{COOH} & & \text{CH}_3 & & \text{COOH} & & \text{CH}_3\\
| & & | & & | & & |\\
\text{CHNH}_2 & + & \text{C}=\text{O} & \xrightarrow{\ \text{转氨酶}\ } & \text{C}=\text{O} & + & \text{CHNH}_2\\
| & & | & \rightleftharpoons & | & & |\\
\text{CH}_2 & & \text{COOH} & & \text{CH}_2 & & \text{COOH}\\
| & & & & |\\
\text{CH}_2 & & & & \text{CH}_2\\
| & & & & |\\
\text{COOH} & & & & \text{COOH}
\end{array}
$$

谷氨酸　　　丙酮酸　　　　　　α-酮戊二酸　　丙氨酸

丙酮酸还可以转变为 α-酮异戊二酸和 α-酮异己酸。由 2 分子丙酮酸缩合并放出 1 分子 CO_2，再经几步反应，便可生成 α-酮异戊二酸，并以此作为碳架经转氨反应生成缬氨酸；α-酮异戊二酸也可生成 α-酮异己酸，以此作为碳架，从谷氨酸处获得氨基即生成亮氨酸。上述 3 种氨基酸的合成关系如下：

$$
\text{丙酮酸}
\begin{cases}
\longrightarrow \text{丙氨酸}\\[2pt]
\longrightarrow \text{α-酮异戊二酸} \longrightarrow \text{α-酮异己酸} \longrightarrow \text{亮氨酸}
\end{cases}
$$
（缬氨酸）

2. 丝氨酸族　　丝氨酸族包括丝氨酸、甘氨酸和半胱氨酸，共同的碳骨架是糖酵解中间产物甘油酸-3-磷酸。甘油酸-3-磷酸首先被氧化成羟基丙酮酸-3-磷酸，然后经转氨基作用生成丝氨酸-3-磷酸，水解后产生丝氨酸。

丝氨酸也可经另一条途径生成，即甘油酸-3-磷酸的磷酸基首先发生水解，再经氧化和转氨作用生成丝氨酸，反应过程如下：

$$\text{甘油酸-3-磷酸} \longrightarrow \text{甘油酸} \longrightarrow \text{羟基丙酮酸} \rightleftharpoons \text{丝氨酸}$$

由丝氨酸可以形成甘氨酸，催化反应的酶为丝氨酸转羟甲基酶。此酶催化丝氨酸侧链的 β-碳原子转移给四氢叶酸，进而生成甘氨酸，反应过程如下：

$$\text{丝氨酸} + \text{四氢叶酸} \xrightarrow[\ ]{\ \text{丝氨酸转羟甲基酶}\ } \text{甘氨酸} + \text{亚甲四氢叶酸} + H_2O$$

丝氨酸也可作为半胱氨酸的前体，经几步反应生成半胱氨酸，反应过程如下：

$$\text{丝氨酸} \xrightarrow{\ \text{乙酰CoA}\ } O\text{-乙酰丝氨酸} \longrightarrow \text{半胱氨酸} + \text{乙酸}$$

丝氨酸族氨基酸合成关系如下：

$$
\text{甘油酸-3-磷酸} \longrightarrow \longrightarrow \text{丝氨酸-3-磷酸} \longrightarrow \text{丝氨酸}
\begin{cases}
\longrightarrow \text{甘氨酸}\\[2pt]
\longrightarrow \text{半胱氨酸}
\end{cases}
$$

3. 天冬氨酸族 天冬氨酸族包括天冬氨酸、天冬酰胺、甲硫氨酸、苏氨酸、赖氨酸和异亮氨酸，共同的碳骨架是三羧酸循环中的草酰乙酸，草酰乙酸经转氨基作用生成天冬氨酸，然后天冬氨酸再经天冬酰胺合成酶催化生成天冬酰胺。

$$\text{草酰乙酸}+\text{谷氨酸}\xrightarrow{\text{转氨酶}}\text{天冬氨酸}+\alpha\text{-酮戊二酸}$$

天冬酰胺合成酶催化天冬氨酸生成天冬酰胺，不同生物在形成天冬酰胺时，其氨基来源不同：在植物和细菌内，天冬氨酸和氨基在天冬酰胺合成酶催化下合成天冬酰胺；而在动物体内，天冬氨酸是和谷氨酰胺在天冬酰胺合成酶催化下合成天冬酰胺。这两个过程均需要 Mg^{2+}参与。

$$\text{植物和细菌中：天冬氨酸}+NH_4^+ +ATP\xrightarrow[Mg^{2+}]{\text{天冬酰胺合成酶}}\text{天冬酰胺}+AMP+PPi+H_2O$$

$$\text{动物体内：天冬氨酸}+\text{谷氨酰胺}+ATP\xrightarrow[Mg^{2+}]{\text{天冬酰胺合成酶}}\text{天冬酰胺}+\text{谷氨酸}+AMP+PPi$$

天冬氨酸可以合成动物最重要的必需氨基酸赖氨酸，还可转变为甲硫氨酸、苏氨酸，苏氨酸又可转变为异亮氨酸。在天冬氨酸激酶催化下，由 ATP 和 NADPH 提供能量，生成的中间产物是β-天冬氨酸半醛。

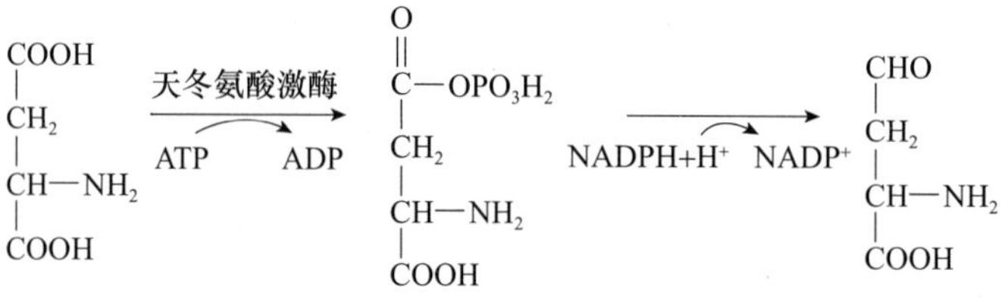

天冬氨酸　　天冬氨酰磷酸　　β-天冬氨酸半醛

β-天冬氨酸半醛经一系列反应生成α,ε-二氨基庚二酸，通过脱羧酶催化形成赖氨酸。天冬氨酸族氨基酸的合成关系为：

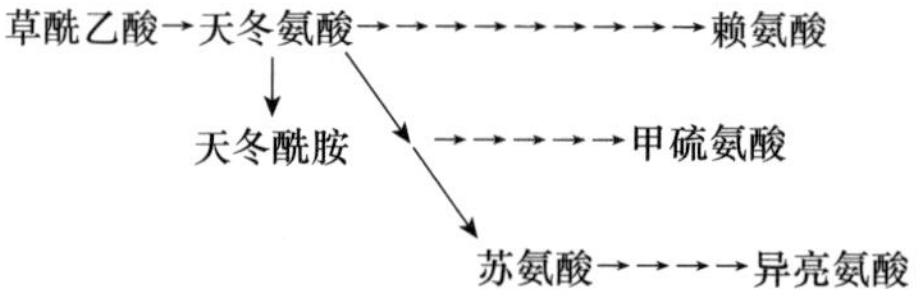

4. 谷氨酸族 谷氨酸族包括谷氨酸、谷氨酰胺、脯氨酸和精氨酸，共同的碳骨架是三羧酸循环的中间产物α-酮戊二酸，可直接生成谷氨酸并进一步生成谷氨酰胺。谷氨酸还可作为前体生成脯氨酸。谷氨酸在 ATP、NAD（P）H 和 Mg^{2+}的作用下先被还原为*N*-乙酰谷氨酸半醛，随后γ-酰基和α-氨基自发可逆地形成环式Δ′-二氢吡咯-5-羧酸，后者被还原为脯氨酸。谷氨酸也可转变为精氨酸，中间生成鸟氨酸和瓜氨酸，再通过尿素循环生成精氨酸。

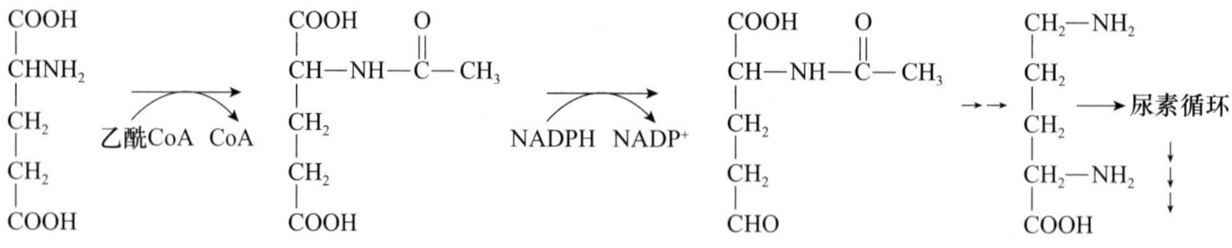

谷氨酸　　N-乙酰谷氨酸　　N-乙酰谷氨酸半醛　　鸟氨酸　　精氨酸

谷氨酸的合成过程关系如下，但脯氨酸进入肽链后被羟基化，形成羟脯氨酸，这个反应要求氧的参与。

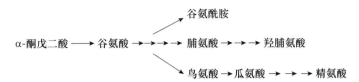

5. 芳香族氨基酸　芳香族氨基酸包括苯丙氨酸、酪氨酸和色氨酸，共同的碳骨架是来自糖酵解的中间产物磷酸烯醇丙酮酸（PEP）和戊糖磷酸途径中的赤藓糖-4-磷酸。首先，这两种糖代谢中间产物缩合形成的七碳糖失去磷酰基，再经环化、脱水等作用产生莽草酸（shikimic acid）。莽草酸经磷酸化后再与 PEP 反应，继而生成分支酸（chorismic acid）。分支酸之后分为两条途径：一个可以生成色氨酸；另一个可生成预苯酸，由预苯酸可转变成苯丙氨酸和酪氨酸，这条途径被称为莽草酸途径（shikimic acid pathway）。芳香族氨基酸合成关系如下：

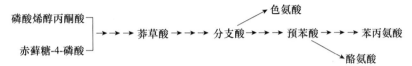

6. 组氨酸　组氨酸合成途径最初在微生物中发现，合成过程较复杂，由 ATP、磷酸核糖焦磷酸（PRPP）、谷氨酸和谷氨酰胺共同作用而成。PRPP 与 ATP 缩合成磷酸核糖 ATP（PR-ATP），再进一步转化为咪唑甘油磷酸，然后形成组氨醇，由组氨醇再转化为组氨酸，原子来源如右侧所示。

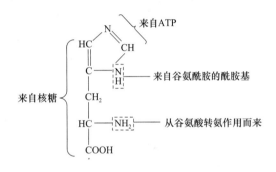

上文简要介绍了各种氨基酸的合成过程，它们的碳骨架均来自呼吸作用或光合作用的中间产物，经一系列不同反应生成相应酮酸，再经转氨作用形成相应的氨基酸。各氨基酸合成途径及其相互关系如图 13-6 所示。

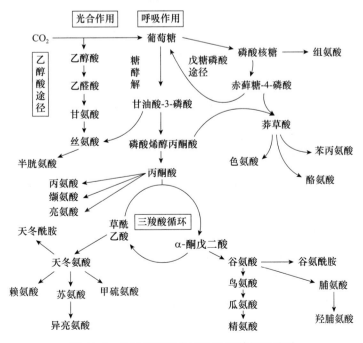

图 13-6　各种氨基酸合成途径及其相互关系

（三）半胱氨酸的合成

半胱氨酸的合成需要硫化物的参与，此硫化物是由硫酸还原形成。含硫氨基酸都含有负二价的硫（S^{2-}），而植物从外界吸收的硫酸根离子（SO_4^{2-}）中的 S 是正六价的，所以植物体内一定要进行硫酸盐的还原，才能被转化成氨基酸中的硫，其总反应需要 8 个电子：

$$SO_4^{2-} + 8e + 8H^+ \longrightarrow S^{2-} + 4H_2O$$

硫酸被还原之前先被激活，硫酸的激活分两步进行：首先形成腺苷酰硫酸（APS），催化此反应的酶为 ATP 硫酸化酶；然后进一步形成磷酸腺苷酰硫酸（PAPS），催化该反应的酶为 APS 激酶。第一步反应平衡极不利于 APS 的形成，但由于生成的焦磷酸进一步水解为无机磷酸，且催化第二步反应的 APS 激酶对 APS 的亲和力大，所以使反应有利于形成 PAPS。

① SO_4^{2-} + ATP $\xrightarrow{\text{ATP硫酸化酶}}$ APS + PPi

② APS + ATP $\xrightarrow{\text{APS激酶}}$ PAPS + ADP

硫酸被激活后还要被进一步还原。首先，硫酸从 APS（或 PAPS，视不同生物而异）转移到一种含有一个或多个巯基的载体分子上，反应如下：

$$\text{载体—SH} + \text{AMP—O—S—OH} \longrightarrow \text{载体—S—S—OH} + \text{AMP}$$

(APS)

对于小球藻和高等植物来说，生成的载体-硫代硫酸加合物可被铁氧还蛋白（Fd）进一步还原，生成载体硫代硫酸化合物（载体—S—SH），进一步催化合成半胱氨酸。半胱氨酸可以进一步转变为甲硫氨酸。

$$\text{载体—S—S—OH} \xrightarrow[\text{6Fd (还原态) 6Fd (氧化态)}]{\text{还原酶}} \text{载体—S—SH}$$

载体—S—SH + O-乙酰丝氨酸 $\longrightarrow$ 载体—SH + 半胱氨酸 + 乙酸

第四节　蛋白质的合成

蛋白质的生物合成在细胞代谢中占有十分重要的地位，这个过程在细胞质中的核糖体上完成，其以 mRNA 为模板，以氨基酸为原料，在 tRNA 和多种蛋白因子的共同作用下完成。其间遗传信息的传递犹如电报的翻译过程，因此又将以 mRNA 为模板合成蛋白质的过程称为翻译或转译（translation）。

一、蛋白质翻译体系

除了 22 种氨基酸作为蛋白质生物合成的原料外，蛋白质的翻译还需要 mRNA、tRNA、核糖体、氨酰 tRNA 合成酶和多种翻译因子的参与，如翻译起始因子（IF）、延伸因子（EF）和释放因子（RF）等，所有这些组成了蛋白质的翻译系统。

（一）mRNA 的结构和功能

Jacob 和 Monod 在 1961 年提出 mRNA 的概念，认为蛋白质是在细胞质中合成的，而编码蛋白质的信息载体 DNA 却在细胞核内，因此应有一种中间物质来传递 DNA 上的信息，后来证明是 mRNA。mRNA 由 A、U、G、C 4 种核糖核苷酸组成，其排列顺序与 DNA 编码链的核苷酸顺序一致，但是 DNA 编码链中的胸腺嘧啶（T）在 mRNA 中被尿嘧啶（U）替代，脱氧核糖被核糖取代。mRNA 在蛋白质翻译过程中起着模板或者"蓝图"的作用，其以核苷酸序列的方式携带遗传信息，通过这些信息来指导合成多肽链中的氨基酸的序列。每一个氨基酸可通过 mRNA 上 3 个核苷酸序列组成的遗传密码来决定，这些密码以连续的方式连接，组成阅读框。

1. 遗传密码的概念　遗传密码是指 DNA 或 mRNA 中的核苷酸顺序与其所编码的蛋白质多肽链中氨基酸顺序之间的对应关系。俄罗斯科学家 Gamow 用数学方法推算，如果 mRNA 分子中的一种碱基编码一种氨基酸，那么 4 种碱基只能决定 4 种氨基酸，而蛋白质分子中的氨基酸有 22 种，显然不行；如果由 mRNA 分子中每 2 个相邻的碱基编码一种氨基酸，也只能编码 $4^2=16$ 种氨基酸，仍然不够；如果采用每 3 个相邻的碱基为一个氨基酸编码，则能编码 $4^3=64$ 种氨基酸，可以满足编码 22 种氨基酸的需要，所以这种编码方式的可能性最大。后来科学家通过生物化学和遗传学的研究技术证明了这一推测，因此遗传密码又称作三联体密码或密码子（codon）。20 世纪 60 年代，生物化学家 Nirenberg 和 Ochoa 等通过大肠杆菌无细胞蛋白合成体系破译了整套密码子，除 UAA、UAG 和 UGA 提供终止信号外，另外 61 个密码子翻译为 22 个氨基酸。近几年随着硒半胱氨酸和吡咯赖氨酸的发现，遗传密码表被重新定义。硒半胱氨酸存在于少数酶中，如谷胱甘肽过氧化酶、硫氧还蛋白还原酶等，在遗传密码中，其编码是原来的终止密码子 UGA。吡咯赖氨酸在产甲烷菌的甲胺甲基转移酶中发现，是已知第 22 种参与蛋白质生物合成的氨基酸，其编码是琥珀密码子 UAG。表 13-6 是通用遗传密码表。

表 13-6　通用遗传密码表

5′-磷酸端的碱基	中间的碱基				3′-OH 端的碱基
	U	C	A	G	
U	苯丙氨酸	丝氨酸	酪氨酸	半胱氨酸	U
	苯丙氨酸	丝氨酸	酪氨酸	半胱氨酸	C
	亮氨酸	丝氨酸	终止信号	终止信号（硒半胱氨酸）	A
	亮氨酸	丝氨酸	终止信号（吡咯赖氨酸）	色氨酸	G
C	亮氨酸	脯氨酸	组氨酸	精氨酸	U
	亮氨酸	脯氨酸	组氨酸	精氨酸	C
	亮氨酸	脯氨酸	谷酰胺	精氨酸	A
	亮氨酸	脯氨酸	谷酰胺	精氨酸	G
A	异亮氨酸	苏氨酸	天冬酰胺	丝氨酸	U
	异亮氨酸	苏氨酸	天冬酰胺	丝氨酸	C
	异亮氨酸	苏氨酸	赖氨酸	精氨酸	A
	甲硫氨酸	苏氨酸	赖氨酸	精氨酸	G
G	缬氨酸	丙氨酸	天冬氨酸	甘氨酸	U
	缬氨酸	丙氨酸	天冬氨酸	甘氨酸	C
	缬氨酸	丙氨酸	谷氨酸	甘氨酸	A
	缬氨酸	丙氨酸	谷氨酸	甘氨酸	G

2. 遗传密码的基本特性

（1）连续性   两个密码子之间没有任何标点符号，因此要正确阅读密码必须按一定的阅读框从一个正确的起点开始，一个不漏地挨着读下去，直至碰到终止信号为止。若插入或删去一个碱基，就会使这以后的读码发生错误，这称为移码。由移码引起的突变称为移码突变。

（2）不重叠性   假设 mRNA 上的核苷酸序列为 ABCDEFGHIJKL…按不重叠规则读码时应读为 ABC、DEF、GHI、JKL 等，每 3 个碱基编码一个氨基酸，碱基的使用不发生重复。如果按完全重叠规则读码，则应该是 ABC 编码 aa_1，BCD 编码 aa_2，CDE 编码 aa_3…目前已经证明，在绝大多数生物中，读码规则是不重叠的。

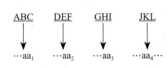

（3）简并性   大多数氨基酸都具有几组不同的密码子，如 UUA、UUG、CUU、CUC、CUA 及 CUG，这 6 组密码子都编码亮氨酸，这个现象称为密码的简并（degeneracy）。如表 13-7 所示，只有色氨酸与甲硫氨酸只有一个密码子，其余密码子都具有简并性。可以编码相同氨基酸的密码子称为同义密码子（synonymous codon）。密码子的简并性在生物物种的稳定性上具有一定意义。

表 13-7　氨基酸密码子的简并

氨基酸	密码子数目	氨基酸	密码子数目
丙氨酸	4	亮氨酸	6
精氨酸	6	赖氨酸	2
天冬酰胺	2	甲硫氨酸	1
天冬氨酸	2	苯丙氨酸	2
半胱氨酸	2	脯氨酸	4
谷酰胺	2	丝氨酸	6
谷氨酸	2	苏氨酸	4
甘氨酸	4	色氨酸	1
组氨酸	2	酪氨酸	2
异亮氨酸	3	缬氨酸	4

（4）摆动性   密码子的简并性往往表现在第 3 位碱基上，该碱基具有较小的专一性，如丙氨酸有 4 组密码子：GCU、GCC、GCA、GCG，前 2 位碱基都相同，均为 GC，只是第 3 位不同。已经证明，密码子的专一性主要由前 2 位碱基决定，第 3 位碱基的重要性相对较低。Crick 对第 3 位碱基的这一特性给予一个专门的术语——摆动性（wobble）。当第 3 位碱基发生突变时，仍能翻译出正确的氨基酸，从而使合成的多肽仍具有生物学活力。特别应该指出的是：tRNA 的反密码子中，除 A、U、G、C 这 4 种碱基外，还经常出现次黄嘌呤。次黄嘌呤与 U、A、C 都可配对，这就使得凡带有次黄嘌呤的反密码子都具有阅读 mRNA 上密码子的非凡能力，从而减少了由于遗传密码突变而引起的误差。

（5）相对通用性   密码子的通用性是指各种高等和低等生物（包括病毒、细菌及真核生物等）在多大程度上可共用同一套密码。较早时，曾认为密码是完全通用的。用兔网织红细胞的核糖体与大肠杆菌的氨酰 tRNA 及其他蛋白质合成因子一起进行反应时，合成的是血红蛋白，说明大肠杆菌 tRNA 上的反密码子可以正确阅读血红蛋白 mRNA 上的信息。这样的交叉试验也在豚鼠和南非爪蛙等其他生物中进行过，都证明了密码子的通用性。但最近的一些发现对密码子的通用性提出了质疑。线粒体 DNA 中的编码情形显然违背了遗传密码的通用性，如人线粒体中 UGA 不再是终止密码子，而是可以编码色氨酸。表 13-8 列出了人线粒体 DNA 中密码编制的特点。酵母线粒体、原生动物纤毛虫也有类似情形。所以遗传密码并非绝对通用，而是近于完全通用。

表 13-8 人线粒体 DNA 中密码编制特点

密码子	细胞核 DNA 所编码	线粒体 DNA 所编码
UGA	终止信号	色氨酸
AUA	异亮氨酸	甲硫氨酸
AGA	精氨酸	终止信号
AGG	精氨酸	终止信号
CUN（A/U/G/C）	亮氨酸	苏氨酸

（二）核糖体的结构和功能

核糖体

内质网

早在 1950 年就有人将放射性同位素标记的氨基酸注射到小鼠体内，短时间后取出肝制成匀浆并离心，分成核、线粒体、微粒体及上清等组分，结果发现微粒体中的放射性强度最高。再用去污剂处理微粒体，将核糖体从内质网中分离出来，发现核糖体放射性强度比微粒体高 7 倍，说明核糖体是合成蛋白质的部位。

核糖体是一个巨大的核糖核蛋白体。在原核细胞中以游离形式存在，也可与 mRNA 结合形成串状的多核糖体，平均每个原核细胞有 2000 个核糖体。真核细胞中的核糖体既可以游离状态存在，也可与细胞内质网相结合形成粗面内质网。每个真核细胞所含核糖体的数目比原核生物多得多，为 $10^6 \sim 10^7$ 个。此外，线粒体、叶绿体及细胞核内也有自己的核糖体。核糖体主要由核糖体 RNA（rRNA）和数十种不同的核糖体蛋白质组成，不同物种的确切数量不同。原核生物的核糖体直径约为 20nm，由 65% 的 rRNA 和 35% 的核糖体蛋白组成。真核生物的核糖体直径较大，在 25～30nm，rRNA 与核糖体蛋白的含量比约为 1∶1。细菌和真核生物核糖体的结构非常相似，都是由大、小两个亚基构成（图 13-7）。

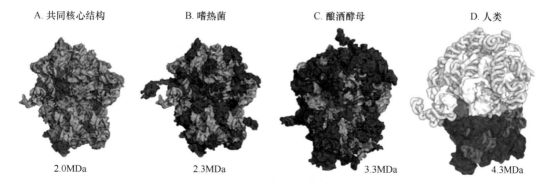

图 13-7 来自不同生物的核糖体的结构（Yusupova and Yusupov，2014）
A. 共同核心结构中浅蓝色表示 RNA，粉红色表示蛋白质；B 图嗜热菌（*Thermus thermophilus*）和 C 图酿酒酵母（*Saccharomyces cerevisiae*）中深蓝色表示 RNA，深红色表示蛋白质；D. 人类（*Homo sapiens*）核糖体中绿色表示 tRNA 结合的 E 位点

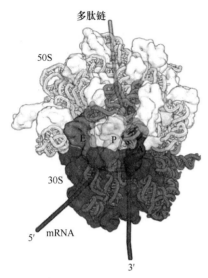

图 13-8 细菌核糖体的结构模型
（Korostelev et al., 2006）

沿着大、小亚基之间的界面观察。深灰色部分代表小亚基，浅灰色代表大亚基，RNA为管状。核糖体的表面部分透明，显示了 tRNA 在 A、P 和 E 位点的位置，红色线条代表结合在小亚基上的 mRNA

描述核糖体亚基和 rRNA 片段的测量单位是 Svedberg（S），代表离心时亚基的沉降速率。原核生物的大、小亚基分别为 50S、30S，真核生物的大、小亚基分别是 60S、40S。原核生物的 30S 亚基中含有 21 种蛋白质和一分子 16S rRNA；50S 亚基中含 34 种蛋白及一分子 5S 和 23S rRNA。真核细胞核糖体的 40S 亚基中有 30 多种蛋白质及一分子 18S rRNA；60S 亚基中有 50 多种蛋白质及 5S、28S rRNA 各一分子。哺乳类核糖体的 60S 大亚基中还有一分子 5.8S rRNA。大、小亚基可以分离，研究表明当镁离子浓度为 10mmol/L 时，大、小亚基聚合，镁离子浓度下降至 0.1mmol/L 时又解聚。应用电镜及其他物理学方法，科学家模拟了大肠杆菌 30S、50S 及 70S 核糖体的结构模型（图 13-8），大、小亚基结合后为一椭圆球体（13.5nm×20.0nm×40.0nm）。核糖体的小亚基负责与 mRNA 结合，大肠杆菌的 30S 亚基能单独与 mRNA 结合形成 30S 核糖体-mRNA 复合体，后者又可与 tRNA 专一地结合。50S 亚基不能单独地与 mRNA 结合，但可非专一地与 tRNA 相结合，50S 亚基上有两个 tRNA 位点：氨酰基位点（A 位点）与肽酰基位点（P 位点）。这两个位点的位置可能是在 50S 亚基与 30S 亚基相结合的表面上。50S 亚基上还有一个在肽酰 tRNA 易位过程中使 GTP 水解的位点。在 50S 与 30S 亚基的接触面上有一个结合 mRNA 的位点。此外核糖体上还有许多与起始因子、延伸因子、释放因子及与各种酶相结合的位点。可见，核糖体是一个复杂的结构，称得上是一个功能齐全的蛋白质合成工厂。

采用温和的条件小心地从细胞中分离核糖体时可以得到 3 或 4 个成串的甚至上百个成串的核糖体，称为多核糖体（polyribosome）。多核糖体是由一个 mRNA 分子与一定数目的单个核糖体结合而成念珠状。两个核糖体之间有一段裸露的 mRNA。每个核糖体可以独立完成一条肽链的合成，所以在多核糖体上可以同时进行多条多肽链的合成，提高了蛋白质翻译效率。

（三）tRNA 的结构和功能

mRNA 中的三联体核苷酸代表一个氨基酸，但是 mRNA 分子与氨基酸分子之间并无直接的结构对应，那么每个密码子如何对应特定的氨基酸呢？这要归功于转运 RNA（transfer RNA，tRNA）。tRNA 由 76～90 个核苷酸组成，其 3′ 端可以在氨酰 tRNA 合成酶催化下，接附特定种类的氨基酸。转译的过程中，tRNA 可借由自身的反密码子识别 mRNA 上的密码子，将该密码子对应的氨基酸转运至核糖体合成中的多肽链上。每个 tRNA 分子理论上只能与一种氨基酸接附，但是遗传密码有简并性，使得有多于一个的 tRNA 可以跟一种氨基酸接附。tRNA 二级结构形似三叶草，三级结构形似倒 "L"，详见本书第二章。

（四）氨酰 tRNA 合成酶的结构和功能

氨酰 tRNA 合成酶（AARS）也称氨酰 tRNA 连接酶、氨基酸活化酶，是合成氨酰 tRNA 的酶。22 种氨基酸均有其相应的专一性的氨酰 tRNA 合成酶。蛋白质合成的真实性主要取决于 tRNA 能否把氨基酸放到新生多肽链的正确位置上，而这一步主要取决于氨酰 tRNA 合成酶是否能使氨基酸与对应的 tRNA 相结合。正是由于该酶能高度专一地辨认氨基酸的侧链和 tRNA，mRNA 的遗传信息才能准确无误地反映在蛋白质的氨基酸序列上。

氨酰 tRNA 合成酶是在 tRNA 倒 "L" 形的侧面，并有各自的氨基酸结合位点。氨酰 tRNA 合成酶催化的氨基酸与 tRNA 连接反应分为两个步骤（图 13-9）：第一步是氨酰 tRNA 合成酶识别它所催化的氨基酸及另一底物 ATP，在氨酰 tRNA 合成酶的催化下，氨基酸羧基与 AMP 上的磷酸之间形成一个酯键，并释放出一分子 PPi。该反应平衡常数约为 1，因此 ATP 分子中磷酸酐键断裂所释放的能量可以继续保存到氨酰-AMP 分子中，反应式为：氨基酸＋ATP——→氨酰-AMP＋PPi。第二步是氨酰基转移反应，通过形成酯键将氨基酸连接到 tRNA 的 3'-OH，反应式为：氨酰-AMP＋tRNA——→氨酰 tRNA＋AMP。

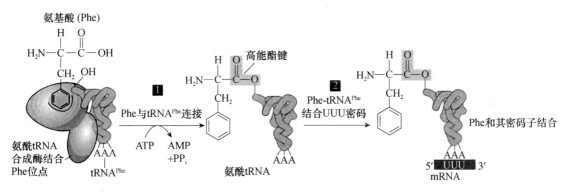

图 13-9　氨酰 tRNA 合成酶催化的氨基酸与 tRNA 连接反应（Klipcan et al., 2012）

尽管氨酰 tRNA 合成酶都是负责把氨基酸连接到相应的 tRNA 上，各合成酶却有很大的差异，其多肽链的长度从 334 个到 1000 多个氨基酸不等。氨酰 tRNA 合成酶分为两类，每类各 10 种。两类之间在结构和功能上都有差别，例如，Ⅰ类酶在 tRNA 的 2'-OH 上氨基酰化，而Ⅱ类酶通常在 3'-OH 上氨基酰化。

二、蛋白质的生物合成过程

（一）氨基酸的活化

氨基酸在合成多肽链之前必须先经过活化，然后再与其特异的 tRNA 结合，带到 mRNA 相应的位置上，这个过程靠氨酰 tRNA 合成酶催化。此酶催化特定的氨基酸与特异的 tRNA 相结合成各种氨酰 tRNA。每种氨基酸都靠其特有的合成酶催化，使之和相对应的 tRNA 结合，在氨酰 tRNA 合成酶催化下，利用 ATP 供蛋白质合成能，在氨基酸羧基上进行活化，形成氨酰 AMP，再与氨酰 tRNA 合成酶结合形成三联复合物。该三联复合物再与特异的 tRNA 作用，将氨酰转移到 tRNA 的氨基酸臂上。原核细胞中起始氨基酸活化后，还要甲酰化，形成甲酰甲硫氨酸 tRNA，由 N^{10}-甲酰四氢叶酸提供甲酰基。而真核细胞没有此过程。

（二）蛋白质合成的起始

蛋白质合成的起始需要核糖体大、小亚基，以及起始 tRNA 和多种蛋白质因子的参与，无论是原核生物还是真核生物，蛋白质合成的起始都需要在 mRNA 的编码区 5' 端生成起始复合物：核糖体＋mRNA＋起始 tRNA。

1. 起始 tRNA 与起始密码子的识别   蛋白质翻译的开始需在 mRNA 分子上选择合适位置的起始密码子 AUG（在细菌中偶尔也用 GUG），并通过核糖体小亚基与 mRNA 的结合来完成。因为 mRNA 的差异，原核生物与真核生物在识别合适的起始密码子上有所差别。真核生物 mRNA 通常只编码一个蛋白质，而原核生物 mRNA 通常可为多个蛋白质编码。在真核生物的 mRNA 中，最靠近 5′ 端的 AUG 序列通常是起始密码子。核糖体小亚基先结合在 mRNA 5′ 端，然后向 3′ 端移动，直到 AUG 序列被 tRNAiMet 上的反密码子识别。在除酵母以外的高等真核生物中，这种识别被类似 GCCGCCAUGG 或 GCCACCAUGG 这样的序列所加强，核糖体与它的识别过程尚不清楚，但可肯定的是如果没有类似序列，40S 小亚基将不识别 AUG，而是继续向 3′ 端移动，直到识别到有类似序列的 AUG 才开始翻译。

原核生物中，起始 AUG 可以在 mRNA 上的任何位置，并且一个 mRNA 上可以有多个起始位点，为多个蛋白质编码。原核细胞中的核糖体是如何对 mRNA 分子内如此众多的 AUG 起始位点进行识别的？ Shine 和 Dalgarno 在 20 世纪 70 年代初期解答了这个问题。他们发现，细菌的 mRNA 通常含有一段富含嘌呤碱基的序列，现被称作 SD 序列。它们通常在起始 AUG 序列上游 10 个碱基左右的位置，能与细菌 16S 核糖体 RNA 3′ 端的 7 个嘧啶碱基进行碱基互补性识别，以帮助从起始 AUG 处开始翻译，如表 13-9 所示。这种识别已被证实是细菌中识别起始密码子的主要机制，在 SD 序列上发生增强碱基配对的突变能够加强翻译；反之，发生减弱碱基配对的突变则会减弱翻译的效率。

表 13-9   大肠杆菌 16S rRNA 与 SD 序列的识别

含 SD 序列的 mRNA	与 SD 序列互补的嘧啶碱基富含区
16S rRNA	3′…AUUCCUCCACUA…5′
lacZ mRNA	5′…ACAC<u>AGGA</u>AACAGCU<u>AUG</u>…3′
trpA mRNA	5′…ACG<u>AGGGG</u>AAAUCUG<u>AUG</u>…3′
RNA 聚合酶 βmRNA	5′…GAGCU<u>AGG</u>AACCCU<u>AUG</u>…3′
r-蛋白 L10 mRNA	5′…CC<u>AGGAG</u>CAAAGCUA<u>AUG</u>…3′

蛋白质
合成

2. 翻译起始   在核糖体上的蛋白质合成可分成起始、延长及终止 3 个不同阶段，每一阶段都涉及一组不同的蛋白质因子。虽然原核生物与真核生物在蛋白质合成的起始上有差异，但也有的地方相同：①核糖体小亚基结合起始 tRNA；②在 mRNA 上要找到合适的起始密码子；③大亚基须与已形成复合物的小亚基、起始 tRNA、mRNA 结合。一些被称作起始因子（IF）的非核糖体蛋白质参与了上述 3 个过程。这些起始因子不同于核糖体蛋白质，它们仅是临时性地与核糖体发生作用参与蛋白质的起始，之后会从核糖体复合物上解离下来，而核糖体蛋白质则是一直结合在同一核糖体上。

（1）原核生物翻译的起始   大肠杆菌有 3 个起始因子与 30S 小亚基结合，其中 IF-3 的功能是使前面已结束蛋白质合成的核糖体的 30S 和 50S 亚基分开，其他两个起始因子 IF-1 及 IF-2 的功能则是促进 fMet-tRNAiMet 及 mRNA 与 30S 小亚基的结合。正如前面已谈到的，mRNA 上的 SD 序列可与小亚基上 16S rRNA 的 3′ 端进行碱基配对，起始密码子 AUG 可与起始 tRNA 上的反密码子进行配对。当 30S 小亚基结合上 fMet-tRNAiMet 及 mRNA 形成复合物后，IF-3 就解离开来，以便 50S 大亚基与复合物结合。这一结合使得 IF-1 及 IF-2 离开核糖体，同时使结合在 IF-2 上的 GTP 发生水解。原核生物的起始过程需要一分子的 GTP 水解成 GDP 及磷酸以提供能量。

（2）真核生物翻译的起始 真核生物的翻译起始比原核生物更复杂，因为：①真核mRNA 的二级结构更复杂多样。真核 mRNA 是经过多重加工的，它被转录后首先要经过各种加工才能从细胞核进入细胞质中，并形成各种各样的二级结构。一些 mRNA 与几种类型的蛋白质结合在一起形成一种复杂的颗粒状物，有时称核糖核蛋白粒（ribonucleoprotein particle），在翻译之前，它的二级结构必须改变，其中的蛋白质必须被去掉。②核糖体需要扫描 mRNA以寻找翻译起始位点。真核 mRNA 没有 SD 序列来帮助识别翻译起点，因此核糖体结合到mRNA 的 5′ 端的帽子结构并向 3′ 端移动寻找翻译起点。这种扫描过程很复杂，现在对其机制了解还非常少。

真核翻译起始用到的起始因子（eIF）至少有 9 种，多数的功能仍需进一步研究。eIF3 的功能类似 IF3，可防止核糖体大、小亚基过早结合；eIF2-GTP 类似 IF2-GTP，可促进起始 aa-tRNA、mRNA 与小亚基的结合；eIF4 能识别并结合在 mRNA 的帽子结构上。真核生物翻译起始复合物的形成过程如图 13-10 所示。

1）40S 前起始复合物形成：40S 小亚基-（eIF3）结合到（eIF2-GTP）-Met-tRNA$_i^{Met}$ 复合物上形成 40S 前起始复合物。eIF2-GTP 介导了起始 tRNA 与 40S 小亚基的结合，然后 eIF2-GDP通过 eIF2B（鸟苷酸释放蛋白）再生。此时，由于 eIF2 和 40S 小亚基相结合形成 43S 核糖体复合物，eIF6 和 60S 大亚基相结合，所以小亚基暂时还不能与大亚基相结合。

2）43S 前起始复合物结合到 mRNA 5′ 端形成 48S 起始复合物：该过程需要 ATP 提供能量，另外还需要一些起始因子，如 eIF4A、eIF4B、eIF4F、eIF1 等。其中 eIF4F 能识别并结合在mRNA 5′ 端的帽子结构上，eIF4A 实际上是一种 ATPase，eIF4B 的本质是一种解旋酶（helicase），二者共同作用改变 mRNA 的二级结构，使翻译顺利起始。

3）48S 起始复合物向 3′ 端移动扫描 mRNA 寻找适当的起始密码子：这一过程中，起始复合物寻找的通常是 5′ 端附近的 AUG，直到 Met-tRNA$_i^{Met}$ 与之配对。

4）60S 大亚基与 40S 复合物结合形成 80S 起始复合物：60S 大亚基上的 eIF6 被释放后，eIF2-GDP、eIF3 相继离开。在形成复合物过程中，在 eIF5 参与下，eIF2-GTP 水解成 eIF2-GDP。eIF2、eIF3、eIF4A、eIF4B、eIF4F、eIF1 从起始复合物上释放。至此翻译进入延伸阶段。

（三）肽链的延伸

当起始过程结束时，核糖体的 P 部位被 Met-tRNA$_i^{Met}$ 占据，肽链合成进入延伸阶段。正确定位的核糖体-Met-tRNA$_i^{Met}$ 复合物可以通过 mRNA 框内翻译开始逐步添加氨基酸的工作。原核和真核生物蛋白质合成的延伸过程十分相似，所涉及的因子和机制也大体相同，需要非核糖体蛋白的延伸因子（EF）参与。这个过程包括延伸氨酰 tRNA 进入核糖体的 A 位、肽键的生成和易位反应，即进位（entry）、转肽（transpeptidation）和核糖体易位（translocation）3 个步骤循环完成肽链的延伸（图 13-11）。值得指出的是，肽键的形成并不需要任何蛋白质因子的参与，而是靠核糖体自身催化完成的，这也是蛋白质合成过程中核糖体参与催化的唯一反应。

1. 进位 进位是指正确的氨酰 tRNA 进入 A 位。原核生物进位在 EF-Tu 因子催化下完成，EF-Tu 是一种小分子 G 蛋白。如果没有 EF-Tu，氨酰 tRNA 也能进入 A 部位，但效率很低。这个过程包括 3 个步骤：①氨酰 tRNA 与 EF-Tu·GTP 形成三元复合物后进入 A 位；②tRNA 上的反密码子与 mRNA 上的密码子在 A 位发生相互作用，以识别进入的氨酰 tRNA 是否正确；③正确的氨酰 tRNA 被保留并进入转肽反应，误入的氨酰 tRNA 则离开核糖体。真核生物进位需要的延伸因子为 eEF-1，它是多亚基蛋白，也具有原核生物延伸因子 EF-Tu、EF-Ts

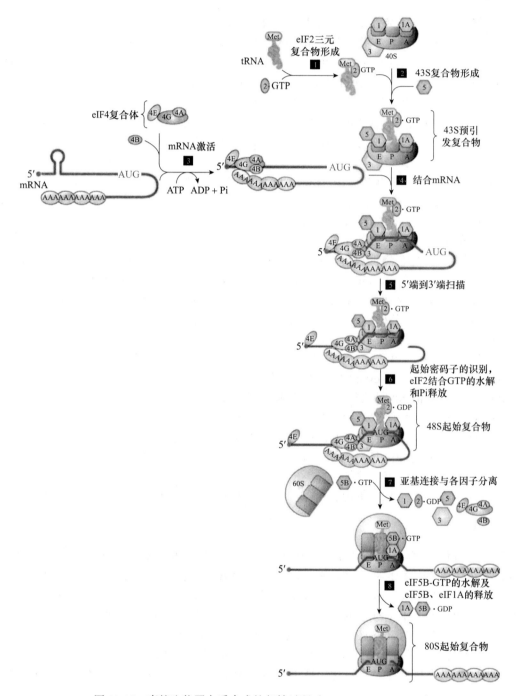

图 13-10　真核生物蛋白质合成的起始过程（Jackson et al.，2010）

的功能。50kDa 的延伸因子 eEF-1α·GTP 与氨酰 tRNA 结合，引导氨酰 tRNA 进入 A 位，eEF-1α·GTP 水解后，eEF-1α·GDP 离开核糖体，在 eEF-1β、eEF-1γ 帮助下，eEF-1α·GDP 再生为 eEF-1α·GTP（图 13-11）。在真菌（如酵母）中需要另一个延伸因子 eEF-3 与 eEF-1α 共同引导氨酰 tRNA 的入位。

2. 成肽　成肽是指核糖体大亚基的肽酰转移酶活性催化 A 位 α-氨基亲核攻击 P 位点氨

基酸的羧基，在 A 位形成一个新的肽键。肽酰转移酶是一种核酶，核糖体的三维结构显示其活性中心由 RNA 组成，且人工筛选到的核酶能催化肽键的形成。肽键的形成与 A 位上的 tRNA 受体茎的旋转是偶联的，这使得新生肽链能通过 P 位进入 50S 亚基上的离开通道。同时，P 位上卸载的 tRNA 从核糖体上离开。

3. 核糖体易位 转肽反应完成后，A 位上是肽酰 tRNA，P 位上是空载的 tRNA。空载的 tRNA 随后进入 E 位。此时，原核生物中在易位因子 EF-G 的催化下发生易位反应，A 位上的肽酰 tRNA 与 mRNA 一起移动一个密码子的距离。在易位过程中，密码子与反密码子的相互作用保证了易位反应的精确性，防止开放阅读框（open reading frame，ORF）偏移。EF-G 是一类小分子 G 蛋白，其形状、大小和电荷分布与 EF-Tu 相似，两者在与核糖体结合部位的部分重叠导致它们无法与核糖体同时结合。EF-G 在 A 位附近与核糖体结合，EF-G 与 EF-Tu 只能交替与核糖体结合，循环催化进位和易位反应。EF-G 催化易位反应需要 GTP 提供能量，EF-G 与 GTP 的亲和能力较强，二者结合成 EF-G·GTP 后催化核糖体易位。一旦 GTP 水解成 GDP，GDP 与 EF-G 的结合能力就会下降，因此 EF-G 被迅速释放游离，可以结合另一个 GTP 分子。

真核生物中易位需要一个 100kDa 的延伸因子 eEF-2 的协助，eEF-2 结合 GTP 后赋能。eEF-2-GTP 结合在核糖体未知的位置上，GTP 水解成释放的能量使核糖体沿 mRNA 移动一个密码子的位置，然后 eEF-2·GDP 离开核糖体。

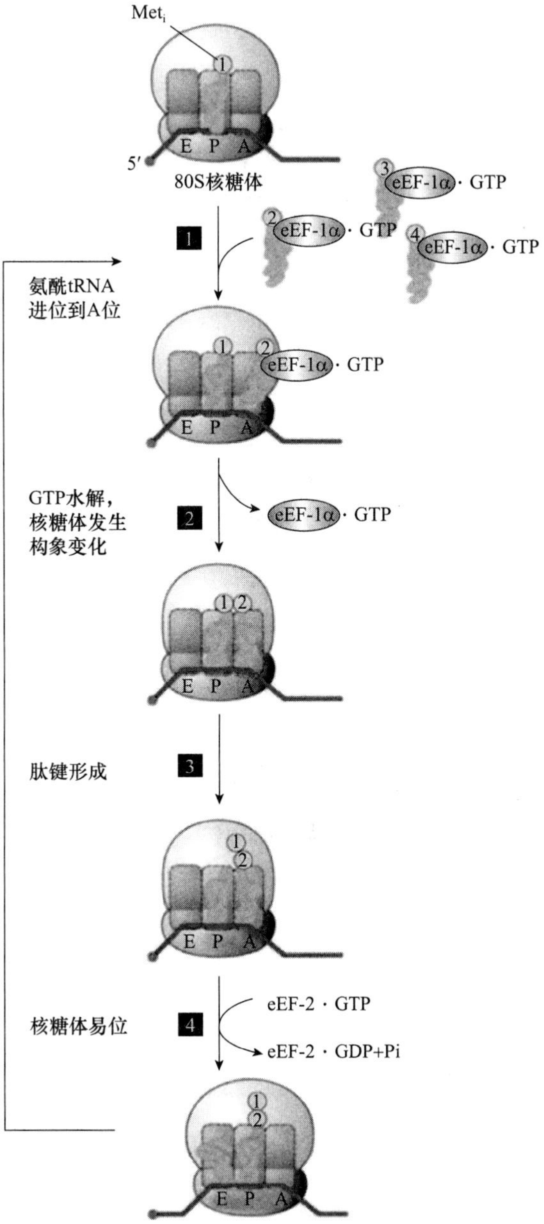

图 13-11 蛋白质合成的延伸过程
（Jackson et al.，2010）
Met$_i$. 甲酰甲硫氨酸

（四）肽链合成的终止和释放

翻译的最后一步是合成好的肽酰 tRNA 中连接 tRNA 和 C 端氨基酸的酯键切开，这一过程除了需要终止密码子外，还需要释放因子（RF）的参加，核糖体与 mRNA 的解离则需要核糖体释放因子（ribosome releasing factor，RRF）的参与。

细胞通常不含能识别 3 个终止密码子的 tRNA。在大肠杆菌中，当终止密码子进入核糖体 A 位后就被释放因子所识别。RF-1 识别 UAA 和 UAG，RF-2 识别 UAA 和 UGA，RF-3 不识别

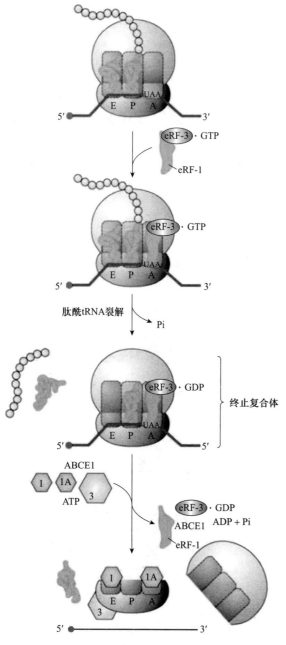

图 13-12　真核生物蛋白质合成的终止过程
（Jackson et al., 2010）

终止密码子，但能刺激另外两个因子的活性。当释放因子识别 A 位上的终止密码子后，将改变在大亚基上的肽酰转移酶的专一性，使其能结合水用于亲核攻击，而不是识别通常的底物氨酰 tRNA。也就是说，终止反应实际上是将肽酰转移酶活性转变成酯酶活性，从而在末端生成一个 COOH 基团。真核细胞中有两个释放因子 eRF-1 和 eRF-3（GTP 结合蛋白）。当 GTP 结合到 eRF-3 后它的 GTPase 活性就被激活，eRF-1 和 eRF-3-GTP 形成一个复合物，当 UAG、UGA、UAA 进入 A 位时，该复合物就结合到 A 位上，接着 GTP 水解促使释放因子离开核糖体。mRNA 被释放，核糖体解体成大、小亚基，新生肽在肽酰转移酶催化下被释放（图 13-12）。

核糖核酸酶 L 抑制因子又称为 ABCE1 蛋白，分子质量为 68kDa，属于 ATP 结合盒多基因家族成员之一。该基因定位于常染色体上，全长 3508bp。近年来发现，ABCE1 在真核生物蛋白质合成过程中扮演着重要角色。ABCE1 不仅在真核生物蛋白质翻译的起始、终止中发挥作用，还通过其他方式参与蛋白质的合成过程。在酵母中，ABCE1 能够与翻译起始因子 eIF-2α 和 eIF-5 结合参与形成蛋白质的翻译起始复合物。Khoshnevos 等在酵母中发现，抑制 ABCE1 的表达，可使终止密码子的通读概率增加，降低翻译终止的概率。同时，ABCE1 蛋白能加快后转录复合物的解离，促进核糖体的再循环。

（五）蛋白质的后修饰和靶向输送

在核糖体上新合成的多肽被送往细胞的各个部分，以行使各自的生物功能，大肠杆菌新合成的多肽，一部分仍停留在细胞质之中，另一部分则被送到质膜、外膜或质膜与外膜之间的空隙，有的也可分泌到胞外。真核细胞中新合成的多肽被送往溶酶体、线粒体、叶绿体、细胞核等细胞器。所以新合成的多肽的输送是有目的、定向进行的。尽管蛋白质生物合成中遗传密码只指导 22 种氨基酸的掺入，但对成熟蛋白质的分析发现有上百种氨基酸的存在，它们是在 22 种氨基酸基础上衍生出来的。这种翻译后加工过程使蛋白质组成更加多样，蛋白质结构上也更加复杂。

第五节 蛋白质代谢的应用

氨基酸是构成蛋白质的成分，有着不可替代的生物学功能。同时，氨基酸具有多种特殊官能基团和多样的结构，在医药、食品、饲料和农业生产中有着广泛的应用。

一、医药领域

（一）氨基酸制剂类药物

氨基酸是合成人体蛋白质、激素、酶及抗体的原料，在人体内参与正常的代谢和生理活动。氨基酸及其衍生物可治疗各种疾病，如作为营养剂、代谢改良剂等，具有抗溃疡、防辐射、抗菌、催眠、镇痛及可作为特殊病人特殊膳食的功效和作用。由多种氨基酸组成的复方制剂在静脉营养输液及"要素饮食"疗法中占重要地位。氨基酸输液除了能维持危重病人的营养状况外，还能协助人体抵抗多种病原菌和病毒感染。

常用的氨基酸药物有：①治疗消化道疾病的氨基酸及其衍生物，如谷氨酸及其盐酸盐、谷氨酰胺、乙酰谷氨酰胺铝、甘氨酸及其铝盐、硫酸甘氨酸铁、维生素 U 及组氨酸盐酸盐等；②治疗肝病的氨基酸及其衍生物，如精氨酸盐酸盐、谷氨酸钠、甲硫氨酸、瓜氨酸、赖氨酸盐酸盐及天冬氨酸等；③治疗脑及神经系统疾病的氨基酸及其衍生物，如谷氨酸钙盐、色氨酸、5-羟色氨酸、氢溴酸谷氨酸等；④治疗肿瘤的氨基酸及其衍生物，如氯苯丙氨酸、磷天冬氨酸、偶氮丝氨酸及重氮氧代正亮氨酸等。

（二）多肽类药物

由氨基酸构成的激素、抗生素等生物活性多肽日益增加，如谷胱甘肽、促胃激素、催产素等已实现工业化生产。多肽在临床上使用非常广泛，对肿瘤、神经系统疾病、免疫系统疾病等有良好疗效。例如，①谷胱甘肽是一种低分子质量的非蛋白巯基化合物，具有独特的抗氧化、抗衰老特性。目前国外已将谷胱甘肽广泛用于中毒性疾病和肝病治疗。最新研究发现谷胱甘肽及衍生物可抑制艾滋病毒，还可抑制黑色素生成酶而预防老年斑的生成。②促红细胞生成素又称红细胞刺激因子、促红素，是一种人体内源性糖蛋白激素，可刺激红细胞生成。临床上使用的促红素主要用于治疗肾功能不全、获得性免疫缺陷综合征，或由治疗引起的贫血、恶性肿瘤伴发的贫血及风湿病贫血等多种贫血。③红细胞生长素可作用于骨髓红系造血祖细胞，促进其增殖和分化，对慢性肾功能衰竭性贫血有明显的治疗作用。④白细胞介素简称白介素，是在白细胞或免疫细胞间相互作用的淋巴因子，它和血细胞生长因子同属细胞因子，二者相互协调、相互作用，共同完成造血和免疫调节功能。注射用重组人白介素主要用于癌性胸腔积液及黑色素瘤、肾癌等恶性肿瘤的治疗。

此外，目前畅销的脑蛋白水解物是从新鲜的猪脑组织中提取制备蛋白粉后进行酶水解，分离纯化制作成的无菌制剂。该制剂含有 16 种游离氨基酸和少量多肽，可通过血脑屏障，调节和改善神经元代谢，改善脑内能量代谢，提供神经递质、肽类激素及辅酶前体，促进脑内蛋白质和相关激素的合成。临床上主要用于颅脑外伤、脑血管疾病后遗症等。

二、食品领域

谷氨酸是人类应用的第一种氨基酸，也是世界上应用范围最广、产销量最大的一种氨基酸。从 1908 年至今，人们陆续发现甘氨酸、丙氨酸、脯氨酸、天冬氨酸也具有调味作用。其中谷氨酸与谷氨酸盐等 8 种氨基酸呈鲜味，甘氨酸等 11 种氨基酸呈甜味，天冬氨酸等 4 种氨基酸呈酸味，亮氨酸等 11 种氨基酸呈苦味，还有天冬酰胺等 3 种氨基酸呈咸味。

赖氨酸是人体必需氨基酸之一，也是蛋白质的第一限制氨基酸，可增强胃液分泌和造血机能。人体缺乏赖氨酸，就会发生蛋白质代谢障碍和机能障碍。在谷类食品中添加适量的赖氨酸，可大幅增加蛋白质的营养价值，提高粮食中蛋白质的利用率，所以赖氨酸又被称为营养强化剂。通常在谷类作物食品中添加 0.1%～0.3% 赖氨酸，在小麦淀粉中加 0.2% 赖氨酸，就可使蛋白质的营养价值由 50% 提高到 70%。

天冬氨酸与苯丙氨酸、甘氨酸与赖氨酸合成的甜味二肽，甜度为蔗糖的 150 倍左右，甜味纯正、热值低，其分解产物能被人体吸收利用，因此可用于汽水、咖啡、乳制品等。甘氨酸具有抑制生长、螯合、缓冲及抑制氧化等作用，可用作食品添加剂，如调味剂、营养强化剂及保鲜剂等；甘氨酸与纯碱生产出的甘氨酸钠可用作营养添加剂；甘氨酸溶液与碱式碳酸钠的反应产物甘氨酸铜可用于治疗铜缺乏症等。

此外，赖氨酸可作食品除臭剂和食品发色剂，甘氨酸可作抗菌剂和膨化食品添加剂，赖氨酸聚合物可作食品防腐剂，甘氨酸、L-谷氨酸等可作食品香料，赖氨酸、精氨酸可作食品发色剂等。

三、饲料领域

动物产品中的蛋白质来源于饲料中的蛋白质，饲料原料缺乏，特别是蛋白质饲料的缺乏是制约畜牧业发展的重要因素。目前饲料行业中应用最多的氨基酸品种为赖氨酸、甲硫氨酸及色氨酸与苏氨酸等。

甲硫氨酸作为必需氨基酸之一，参与动物体内 80 多种代谢过程，在机体中发挥极其重要的生理作用。甲硫氨酸缺乏会导致蛋白质合成受阻，引起机体损害。由于甲硫氨酸无法在动物体内合成，需从食物中摄入，因此将它加入饲料中可以促进禽畜生长、增加瘦肉量和缩短饲养周期，并有效提高蛋白质的利用率。当畜禽缺少甲硫氨酸时就会表现为发育不良、体重减轻、肝和肾机能受到破坏，出现肌肉萎缩和毛质变坏等现象。

在家禽饲料配方中添加甲硫氨酸不仅满足营养所需，还可以大大抑制各种霉毒素如黄曲霉毒素的生长，因而对家禽有防病保健作用。试验表明，长期对家禽饲喂不含甲硫氨酸的饲料，家禽的患病感染率达 85%；而同样的环境条件下饲喂含有甲硫氨酸添加剂的饲料，家禽的患病感染率仅为 8% 左右。甲硫氨酸在禽用配合饲料中的添加量一般为 0.5～2.5 kg/t，猪用配合饲料中为 0.5～1.0 kg/t。若在肉鸡日粮中增加 0.075%～0.25% 的甲硫氨酸，可使肉鸡体重增加 11.8%～15.9%；在羊日粮中同时添加甲硫氨酸和'密勃隆'，可使羊产毛量提高 25%，产奶量提高 42%，产肉量提高 12%。

四、农业领域

氨基酸是最近几年普遍用于农业生产中的"新兴"产品，有的被冠以"植物激活素"一类的称号，在实际应用中氨基酸类产品表现优异。植物生长所必需的氨基酸只有 18 种，且只有高活性的酶解左旋氨基酸（L-型氨基酸）才能被植物吸收利用。

丙氨酸、精氨酸、谷氨酸、甘氨酸、赖氨酸是合成植物叶绿素的主要氨基酸，有助于增加植物叶绿素浓度，保证更高程度的光合作用。色氨酸是吲哚乙酸合成的前体，精氨酸是多巴胺的前体，在植物外部喷洒该类氨基酸，能够促进植物自身生长激素的形成，促进芽和根的生长发育。天冬氨酸、缬氨酸可以促进种子萌发和幼苗发育，与拌种剂复配会收到很好的效果。脯氨酸有利于花粉繁殖，对授粉至关重要，而赖氨酸、甲硫氨酸、谷氨酸是传粉的必需氨基酸，能够促进花粉的萌发和花粉管的长度，提高坐果率。组氨酸、亮氨酸、异亮氨酸、缬氨酸可以改善果实风味。苯丙氨酸、酪氨酸是合成花青素的前体物质，能有效促进果实均匀转色。天冬氨酸、半胱氨酸可以减少植物根部对重金属的吸收，有效降低重金属含量，提高作物的商品价值。赖氨酸、脯氨酸可以有效提高作物对干旱的抵抗能力。天冬氨酸、半胱氨酸、甘氨酸、脯氨酸能有效提高植物细胞活力，抵御紫外光伤害，提高酶的活性。精氨酸、缬氨酸、半胱氨酸可增强植物的抗逆性，如对高温、低温、寡照及盐害等的抗性。

知识拓展

脑子越用越灵活

近日，约翰·霍普金斯大学医学院的研究人员 Li 等在 *Nature Communications* 发表题为 "Asynchronous Release Sites Align with NMDA Receptors in Mouse Hippocampal Synapses" 的论文，证明了"脑子越用越灵活"的科学原理。

谷氨酸是一种酸性氨基酸，大量存在于谷类蛋白质中，动物脑中含量也较多。谷氨酸是生物机体内氮代谢的基本氨基酸之一，在代谢上具有重要意义。人脑中最有效的神经交流物质就是谷氨酸。大脑是随着运作而变化的，随着学习的不断进行，神经细胞之间的连接也会增加。由于学习和记忆获取而导致神经网络缓慢重组，这个过程被称为突触可塑性。大脑突触前束释放的谷氨酸激活突触后膜上的受体成为中枢神经系统的兴奋性信号。其中有两种离子受体——α-氨基-3-羟基-5-甲基-4-异恶唑丙酸（AMPA）受体和 N-甲基-d-天冬氨酸（NMDA）受体是关键性的。Li 等证明谷氨酸首先在 AMPA 型谷氨酸受体附近被释放，将信号从一个神经元传递到下一个神经元，然后在第一个信号激活后立即激活 NMDA 型受体，从而激活突触可塑性开关，提高神经可塑性。在重建的神经突触中，AMPA 和 NMDA 受体都聚集在一起，AMPA 受体簇紧紧围绕在位于功率谱密度（power spectral density，PSD）中心附近的 NMDA 受体簇旁。这样的排布有利于使兴奋性突触上释放位点和受体同步，增加受体附近谷氨酸浓度，从而增强受体功能、使神经元沟通成为可能。因此脑子越用神经突触越同步化，从而反应就越灵敏。

思考题

1. 请简述生物体内蛋白质是如何分解的。
2. 氨基酸脱氨基反应的产物各有哪些主要的去路？
3. 氨基酸脱氨基为什么是生物体内脱去氨基的主要方式？
4. 简述谷氨酸及维生素 B_6 在氨基酸代谢中的作用。
5. 氨基酸脱下的氨是有毒的，生物体是如何把有毒的氨进行及时转化的？
6. 简述尿素循环的主要反应过程，生成 1 分子的尿素需要多少 ATP？
7. 简述各族氨基酸合成的碳骨架来源。
8. 蛋白质翻译体系包括哪些必要元素？
9. 原核生物与真核生物在识别起始密码子的机制上有何不同？
10. 蛋白质肽链合成是如何延伸的？参与这个过程的酶有哪些？
11. 蛋白质合成是如何终止的？

第十四章　次生代谢

第一节　概　　述

初生代谢是指所有生物的共同代谢途径，如糖类、氨基酸、脂类和核酸类的代谢。而次生代谢是在一定的生长时期（一般是稳定生长期），生物体以初生代谢产物为前体合成的对生物体本身生命活动没有明确功能的物质的过程。次生代谢广泛存在于动物、植物和微生物中，且因生物的不同而不同。同一种生物体在不同的培养条件下次生代谢也有所不同，使得自然界中次生代谢产物呈现多样性。

在次生代谢产物的合成过程中，初生代谢产物占据着重要地位。自然界中广泛存在的次生代谢产物多数由初生代谢产物转化而来，以绿色植物为例，一些重要的初生代谢产物，如乙酰辅酶 A、丙二酸单酰辅酶 A、莽草酸及一些氨基酸等，可以作为原料或者前体，经历不同的代谢过程，生成生物碱、萜类等化合物。由于这一过程并非在所有生物体中都能发生，对维持正常生命活动不起重要作用，因此，该代谢过程也称为二次代谢过程，即次生代谢。次生代谢是在长期进化过程中产生的，在生长和逆境应答等生理过程中都有重要作用，如植物对病虫害的抗性在很大程度上取决于细胞内植保素（phytoalexin）的合成调控。由此可见，这些天然产物在功能上并不一定处于次要地位。许多物种的生存都与次生代谢产物相关，例如，植物与昆虫的关系，虽然虫媒植物本身的生长并不需要昆虫，但如果离开了昆虫传粉则无法完成世代交替。而吸引昆虫的往往就是这些次生代谢产物——具有气味的挥发性萜类，或表现出颜色的胡萝卜素类和花色苷类。从代谢途径上看，结构相似的次生代谢产物通常来自共同的生物合成途径。次生代谢产物的一个重要特点是，特定的天然产物通常只分布在很有限的类群中，而且其产生和积累往往受到内部和外部因素的共同影响。

第二节　次生代谢的主要类型

一、植物来源的次生代谢产物

植物次生代谢产物在 10 万种以上，它们结构迥异，丰富多样，包括酚类、黄酮类、木质素、萜类和甾类等，下文主要介绍萜类、黄酮类和生物碱三大类。

（一）萜类

在各种天然产物中，萜类是最受关注的一类。从结构上看，绝大多数萜类都以异戊二烯五碳结构为基本单元。按照含有五碳单元数量的不同，萜类可以划分为：①最简单的半萜，如由光合作用活跃组织释放的异戊二烯。②由 2 个异戊二烯组成的单萜，它们往往是植物气味的主要成分，可以作为香料和调味品。③由 3 个异戊二烯组成的倍半萜，倍半萜是萜类中结构变化最多的一类，是植物挥发油的成分，也可作为植保素参与植物的抗病反应，植物可通过倍半萜对昆虫起到拒食作用。④由 4 个异戊二烯组成的二萜，如植醇、赤霉素等。一些二萜也是植保素。脱落酸虽然只含有 15 个碳，但却是从二萜化合物衍生而来的。⑤萜类还包括由 2 个倍半萜形成的三萜（如油菜素内酯、皂苷和甾类等），由 2 个二萜形成的四萜（如类胡萝卜素），以及由更多异戊二烯基本结构形成的多萜，如作为电子载体的质醌、泛醌等（图 14-1）。

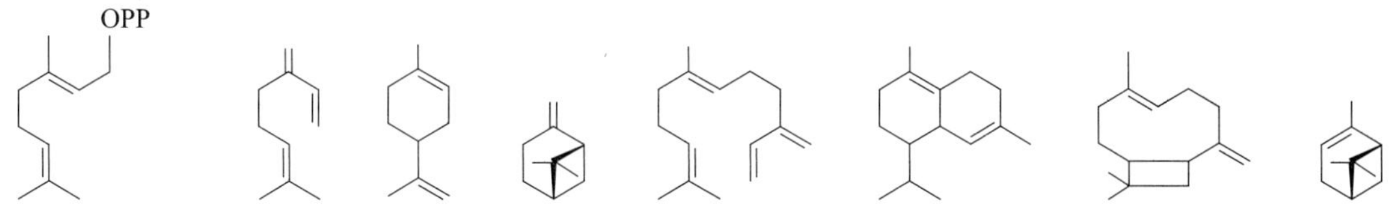

牻牛儿基焦磷酸　　肉桂烯　　柠檬烯　　β-蒎烯　　β-法尼烯　　δ-杜松烯　　β-石竹烯　　α-蒎烯

图 14-1　一些单帖和倍半萜化合物

（二）黄酮类

黄酮类化合物在植物中普遍分布，主要富集于花、果实和叶片组织。其特征为具有 2 个苯环（A 和 B），通过一个 C_3 桥（查尔酮）或吡喃（C 环）相连。黄酮类化合物生物合成的前体是苯丙氨酸和马龙基辅酶 A。根据 B 环的连接位置不同可以分为 2-苯基衍生物（黄酮、黄酮醇等）、3-苯基衍生物（异黄酮）和 4-苯基衍生物（新黄酮）。而根据其三碳结构的氧化程度则可以分为花色苷类、黄酮类、黄酮醇类和黄烷酮类等（图 14-2）。很多黄酮类化合物可用于心血管疾病的治疗，如槐米中的芦丁用于毛细血管脆性引起的出血症及高血压的辅助治疗；从银杏中提取的黄酮糖苷则被认为具有改善大脑供血等作用。

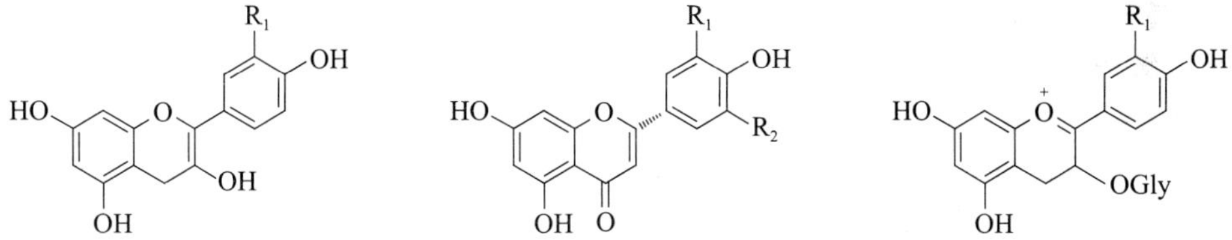

黄烷三醇　　　　　黄烷酮类　　　　　花青素

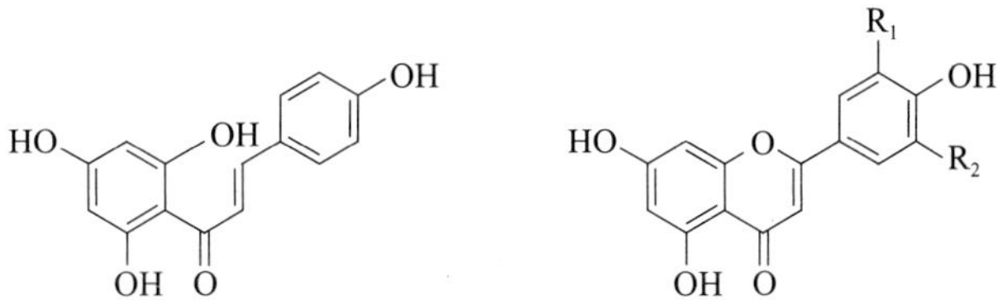

查尔酮　　　　　黄酮

图 14-2　黄酮类化合物的基本结构

（三）生物碱

生物碱是一类存在于自然界（主要为植物，但有的也存在于动物）的含氮碱性有机化合物，有似碱的性质，所以过去又称为赝碱。大多数有复杂的环状结构，氮多包含在环内（图 14-3），

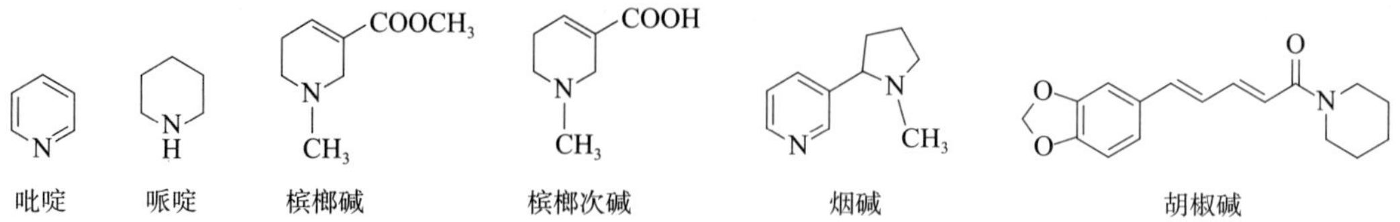

图 14-3 一些生物碱类化合物结构

吡啶　哌啶　槟榔碱　槟榔次碱　烟碱　胡椒碱

有显著的生物活性，是中草药重要的有效成分之一，如黄连中的小檗碱、麻黄中的威黄碱、喜树中的喜树碱、长春花中的长春新碱等。

　　生物碱约有 12 000 种，其分类方法有多种，较常用且较合理的分类方法是根据生物碱的化学结构进行分类。例如，麻黄碱属有机胺类，一叶萩碱、苦参碱属吡啶衍生物类，莨菪碱属莨菪烷衍生物类，喜树碱属喹啉衍生物类，常山碱属喹唑酮衍生物类，茶碱属嘌呤衍生物类，小檗碱属异喹啉衍生物类，利血平、长春新碱属吲哚衍生物类等。生物碱多根据其所来源的植物命名，如麻黄碱是从麻黄中提取得到而得名，烟碱是从烟草中提取得到而得名。

二、动物来源的次生代谢产物

（一）激素

　　激素分为内激素和外激素。在特定条件下，动物通过内分泌腺分泌的激素（如胰岛激素、甲状腺激素、生长激素等）直接进入血液，并随着血液循环到达一定的器官或组织发生作用，协调动物机体新陈代谢、生长、发育、生殖及其他生理功能，从而维持细胞代谢平衡。外激素也称为信息素，是由个体分泌到体外，被同物种的其他个体通过嗅觉器官（如副嗅球、犁鼻器）察觉，使后者表现出某种行为、情绪、心理或生理机制改变的物质。几乎所有的动物体内都存在信息素。常见的外激素主要有雄二烯酮、雌四烯醇等。

　　生长激素是由人体脑垂体前叶分泌的一种肽类激素，由 199 个氨基酸组成，能促进骨骼、内脏和全身生长，促进蛋白质合成，影响脂肪和矿物质代谢，在人体生长发育中起关键性作用。胰岛素是人体胰岛 β 细胞受内源性或者外源性物质如葡萄糖、乳糖、核糖、胰高血糖素等物质的刺激而分泌的一种蛋白质激素，主要通过氨基酸途径合成含 51 个氨基酸的蛋白质复合体，其主要功能是维持机体血糖平衡，同时促进糖原、脂肪和蛋白质的合成。

（二）毒素

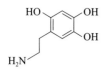

图 14-4　6-羟多巴胺

　　源于动物的毒素大多是有毒动物毒腺产生并以毒液形式注入其他动物体内的蛋白质类化合物，如蛇毒素、蜂毒素、章鱼毒素、扇贝毒素、海兔毒素等。根据毒素的生物效应，动物毒素可以分为神经毒素、细胞毒素、心脏毒素等。以神经毒素 6-羟多巴胺（图 14-4）为例，该毒素主要通过莽草酸途径合成而来，能够选择性地破坏多巴胺、去甲肾上腺素和肾上腺素神经元。

（三）酰胺类化合物

　　酰胺类化合物是一类含氮的羧酸衍生物，其酰基与氮原子相连。在化学结构上，酰胺可看作是羧酸分子中羧基的羟基被氨基或者烃氨基取代而成的化合物。以源于海绵动物体内的内酰胺 cylindramide A（图 14-5）为例，该化合物具有抗肿瘤活性，在防治肿瘤方面治疗效果较好。

（四）醌类化合物

醌类化合物是一类含有 2 个双键六碳原子环状二酮结构的芳香族有机化合物。以蒽醌类化合物（图 14-6）为例，该化合物主要由乙酸-丙二酸（AA-MA 途径）途径合成而来。在生物体中，常见的蒽醌类化合物有蒽酚、氧化蒽酚、蒽酮等。

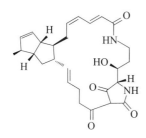

图 14-5　cylindramide A

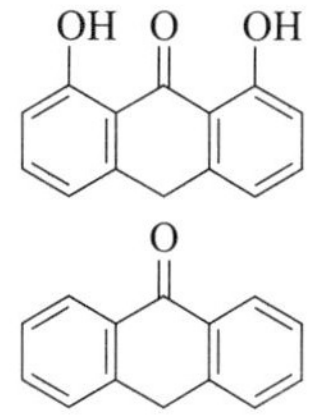

图 14-6　地蒽酚（上）和 9,10-二氢-9-氧蒽（下）

三、微生物来源的次生代谢产物

（一）聚酮

聚酮（PKS）广泛存在于细菌和真菌中，该物质对微生物的生长发育并非必要，但是往往参与防卫或细胞间的沟通。聚酮以乙酰辅酶 A 和丙二酰辅酶 A 为底物，利用乙酰基与丙酰基的聚合，并通过其他基团的修饰而合成。目前发现的大多数聚酮已被开发成抗生素、抗真菌素、细胞稳定剂或天然杀虫剂等。常见的聚酮类药物有利福霉素 B（抗细菌作用）、两性霉素 B（抗真菌作用）、雷帕霉素（免疫抑制剂）、阿维菌素 B1b（杀虫作用）等（图 14-7）。

（二）多肽

生物体利用 EMP 和 TCA 循环产生的氨基酸也可以通过其他途径参与合成多肽类次级代谢物，如非核糖体多肽（NRPS，图 14-8）和核糖体翻译后修饰肽（RiPP，图 14-9）。NRPS 通常不是由核糖体合成，不需要 mRNA 作为模板，而是由复杂的多酶复合体（即非核糖体多肽合成酶）合成。在自然界中已经发现一千多种非核糖体多肽化合物，包含多种抗生素、毒素、免疫抑制剂、抗肿瘤物质、激素等，如达托霉素、黏菌素、万古霉素和异青霉素 N 等。RiPP 是由核糖体合成的多肽经过翻译后修饰而得到的一大类次级代谢产物，其中以羊毛硫肽类最具有代表性，它具有广泛的结构和生物活性多样性，来源也非常广泛，如乳酸链球菌素（nisin）、发育成形素（SapB）等。

（三）膦酸天然产物

膦酸天然产物是指生物体产生的结构中含有碳磷键的小分子化合物，它因为与细胞中的羧酸和磷酸化的化合物结构相似，常作为某些生命活动必需的酶抑制剂，表现出良好的生物抑制活性。已知的膦酸天然产物碳磷键合成机制主要分为 4 类：①磷酸烯醇丙酮酸变位酶（PepM）催化类；②磷甲基转移酶（PhpK）催化类；③ S-2-羟基丙基膦酸环氧化酶（HppE）催化类；④一种未知的碳磷键合成机制。在微生物中存在最广泛的是第一类催化机制。磷酸烯醇丙酮酸变位酶能够催化磷酸烯醇丙酮酸（PEP）中的 O—P 化学键转变成 C—P 键，因此 PEP 是合成

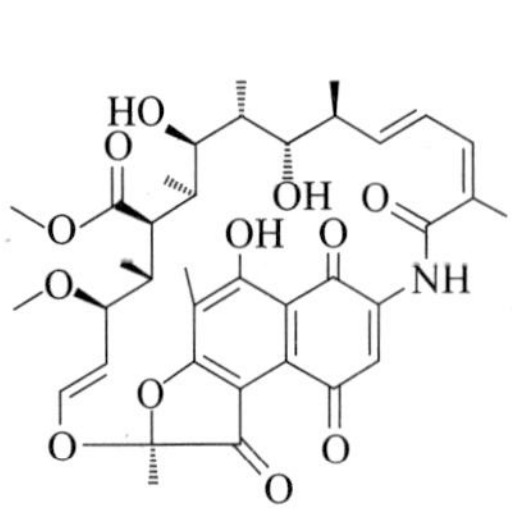

图 14-7 常见的聚酮类药物

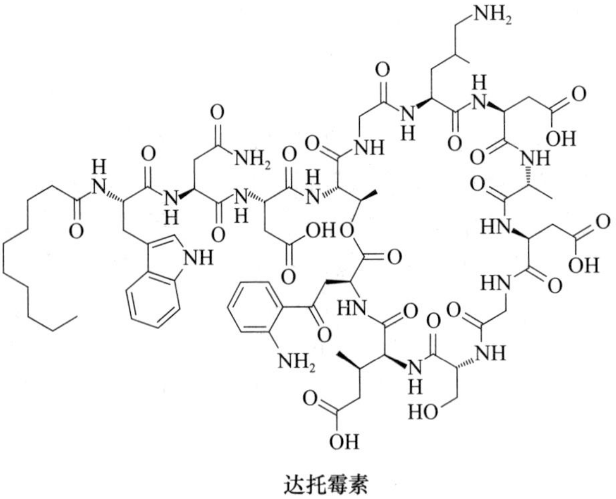

利福霉素B

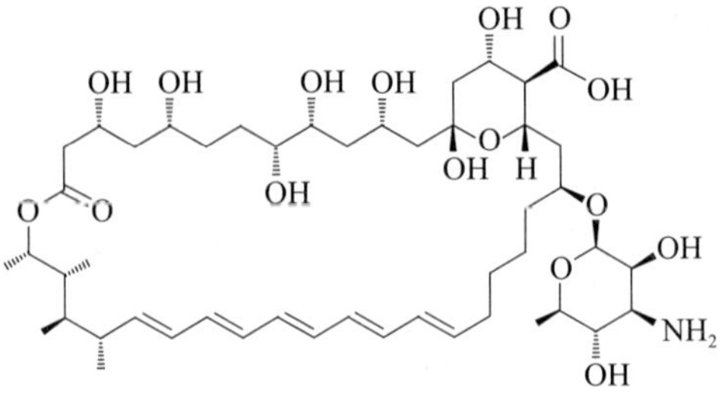

两性霉素B

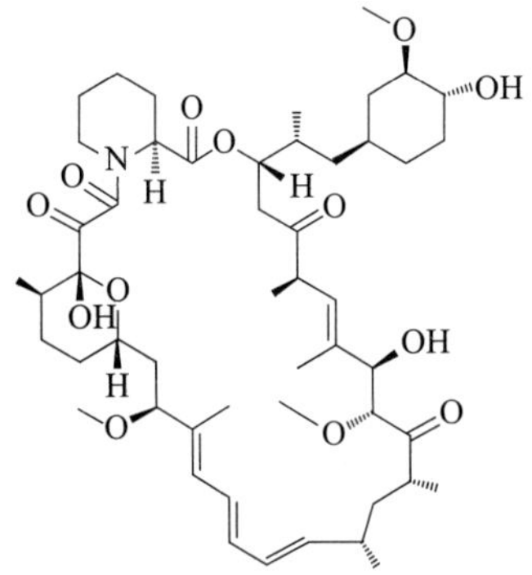

雷帕霉素

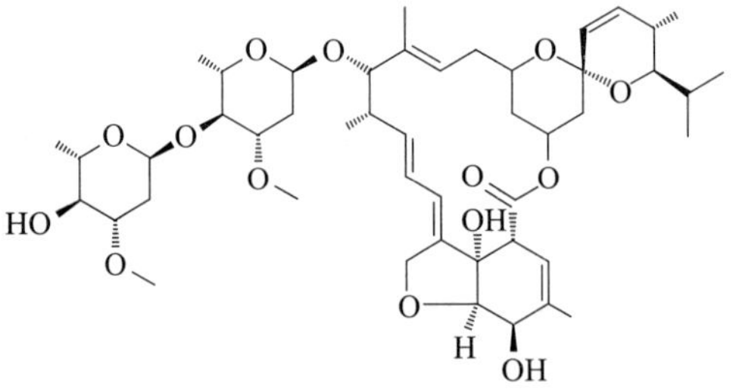

阿维菌素B1b

达托霉素

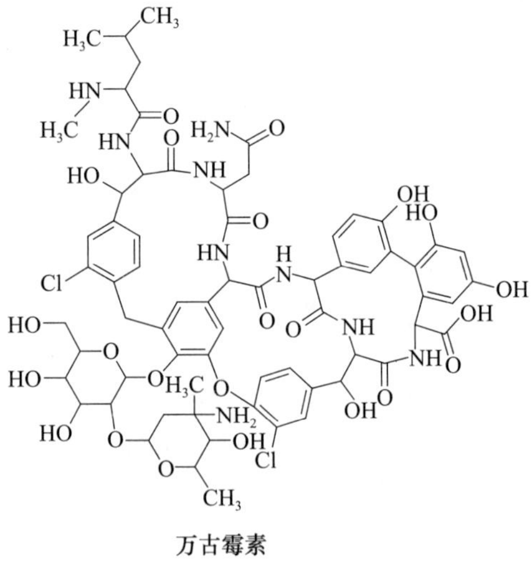

万古霉素

图 14-8 NRPS

膦酸天然产物的重要底物，具体途径见图 14-10。目前报道最多的膦酸天然产物主要来源于放线菌链霉菌，如磷霉素（fosfomycin）、双丙氨膦（bialaphos）、磷连氮霉素（fosfazinomycin）等，这些化合物都具有很好的抗真菌、抗肿瘤活性，因此也被开发成抗生素广泛应用于医学、农学等领域。

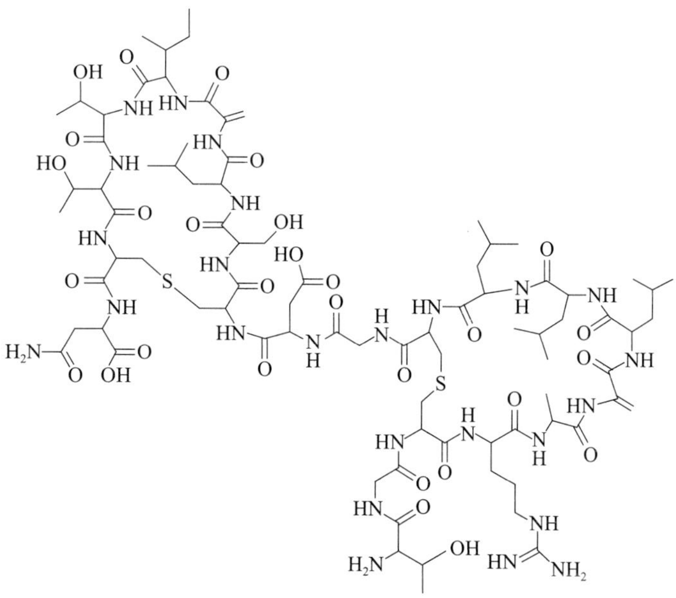

发育成形素

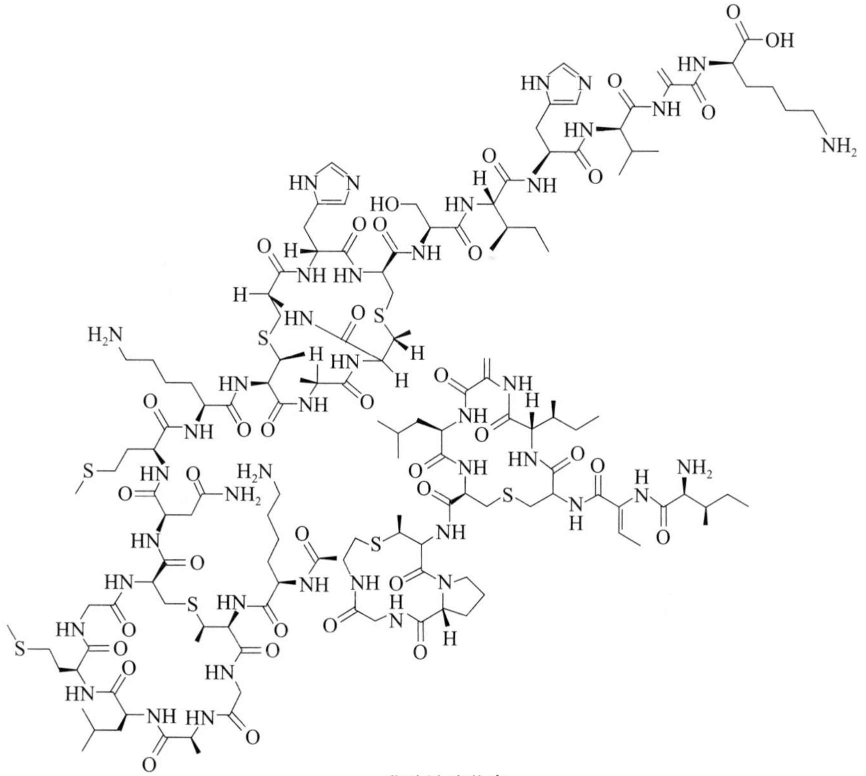

乳酸链球菌素

图 14-9 RiPP

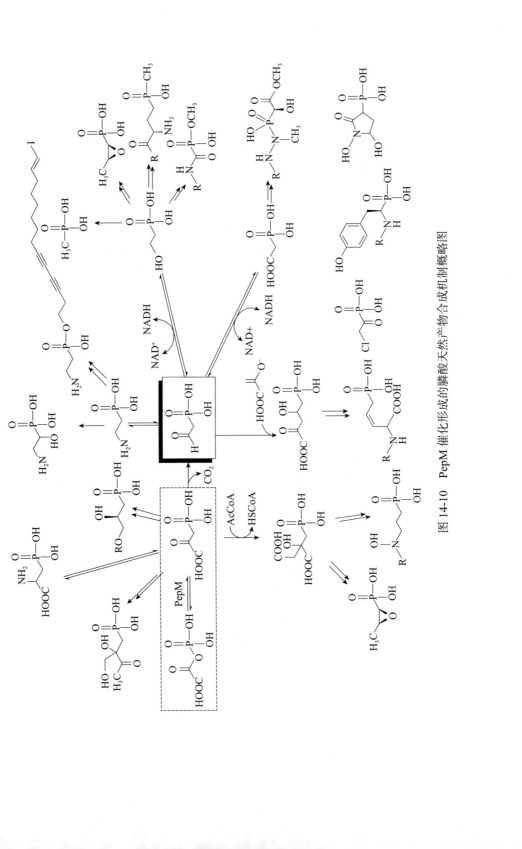

图 14-10 PepM 催化形成的膦酸天然产物合成机制概略图

第三节 次生代谢的主要途径

一、乙酸-丙二酸途径

乙酸-丙二酸途径（AA-MA 途径）以乙酰辅酶 A 和丙二酰辅酶 A 为起始底物合成若干酮酰化合物结构，并在酶的催化作用下自我环化形成，主要参与合成脂肪酸类、酚类、蒽醌类等化合物。以酚类物质为例，1 分子乙酰辅酶 A 和 3 分子丙二酰辅酶 A 在不同酶催化下，由于环化机制的不同，形成了不同类型的类似苯二酚结构物。如图 14-11 所示，C_2 与 C_7 之间能够环化形成苔色酸，C_1 与 C_6 之间环化能够形成乙酰间苯三酚结构，而 C_1 与 C_5 之间环化形成四乙酸内酯结构。

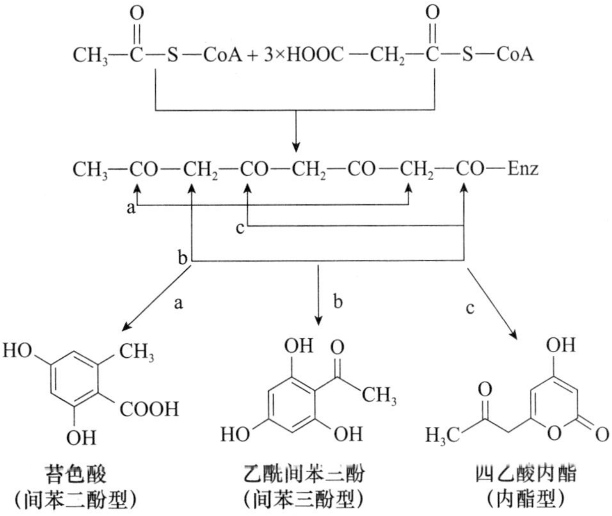

图 14-11 酚类的生物合成途径
a~c 表示 3 种同分异构体

二、甲羟戊酸途径

甲羟戊酸途径（MVA 途径）是以乙酰辅酶 A 为原料合成异戊二烯焦磷酸和二甲烯丙基焦磷酸的一条代谢途径（图 11-30 和图 11-31），存在于所有高等真核生物和很多病毒中，主要参与合成萜类、甾体类化合物等。其中最典型的萜类物质有薄荷醇、视黄醛、青蒿素、皂苷、番茄红素等（图 14-12）。β-羟-β-甲戊二酸单酰辅酶 A 还原酶（HMGR）催化 β-羟-β-甲戊二酸单酰辅酶 A 转化为 MVA，过程不可逆，被认为是 MVA 途径的第一个限速酶。

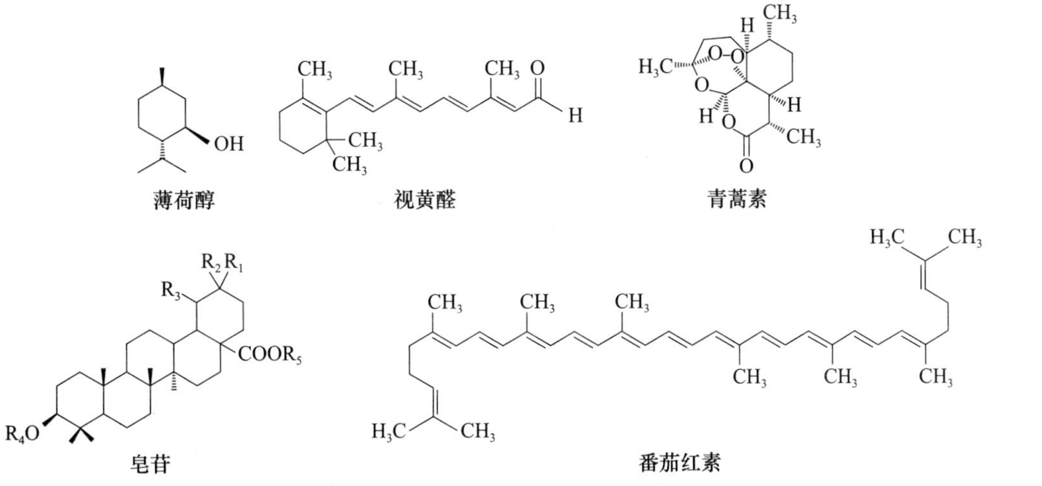

图 14-12 几种典型的萜类化合物结构

三、莽草酸途径

莽草酸途径是以赤藓糖-4-磷酸和磷酸烯醇丙酮酸缩合后经几步反应生成莽草酸，再由莽草酸生成芳香氨基酸和其他多种芳香族化合物的途径，参与合成 C_6-C_3 骨架化合物，如香豆素、木脂素、黄酮等（图 14-13）。莽草酸通过苯丙氨酸生成桂皮酸，是桂皮酸的前体物质，所以过去一直把莽草酸途径命名为桂皮酸途径。但由于莽草酸同时又是酪氨酸、色氨酸等芳香族氨基酸类的前体，它们与生物碱的生物合成密切相关，所以现在已重新更名为莽草酸途径。由于莽草酸途径在哺乳动物中不存在，人类必须依靠食物来获取必需的芳香族氨基酸。该途径是植物、真菌和微生物的一条重要的代谢途径，有 7 个酶化过程。脱氢奎尼酸（DHQ）和莽草酸脱氢酶（SDH）促进了莽草酸途径中的第 3、4 个阶段。在大多数微生物中，DHQ 和 SDH 是单功能的，但在植物中 DHQ 和 SDH 可融合形成具有 2 种功能的酶。DHQ-SDH 双功能酶的优点是在莽草酸途径中通过限制中间物在竞争途径中的质量而增加代谢物流通的效率。

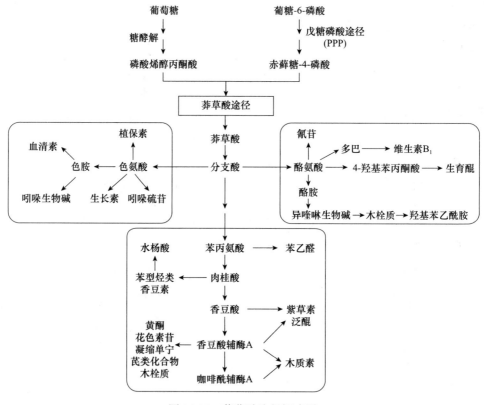

图 14-13 莽草酸途径概略图

四、氨基酸途径

氨基酸脱羧成胺类，再经甲基化、氧化、还原、重排等系列催化反应得到生物碱的过程，称为氨基酸途径（amino acid pathway）。该途径仅存在于植物和微生物中，也是其特有的氮代谢方式，目前常见的生物碱有吡啶、槟榔碱、胡椒碱、烟碱等。

五、复合途径

除了上述生物合成途径外，生物体内还存在其他 5 种复合途径参与次级代谢产物的合成：乙酸-丙二酸-莽草酸途径、乙酸-丙二酸-甲羟戊酸途径、氨基酸-甲羟戊酸途径、氨基酸-乙酸-丙二酸途径、氨基酸-莽草酸途径。其中，最为典型的是缩合型单宁，需要经过乙酸-丙二酸和莽草酸途径共同参与合成，且对病虫害防御效果较好。此外，单宁也表现出抗氧化、捕捉自由基、抑菌等活性，在食品加工、贮藏、医药等领域被广泛应用。

第四节　次生代谢的应用

一、植物领域

在农业生产中，植物分泌的次生代谢产物可以作为重要的信号分子、营养元素或毒素等对土壤中的微生物群落产生广泛影响。以硫代葡萄糖苷为例，可通过代谢产生异硫氰酸盐、腈或其他有毒物质增强植物对病原真菌的防御能力，因此可作为根系分泌物中抗真菌物质的重要成分。植保素也是植物体内重要的抗毒素之一，在植物叶片抗病过程中发挥重要作用。苯并噁唑嗪酮类化合物是吲哚衍生的化合物，主要在植物抗虫中发挥功能，但也可从根系分泌并作为化感物质抑制病原菌繁殖。香豆素也是植物重要的次生代谢物之一，通过还原和螯合的方式增加根系对铁的生物利用度，同时还兼具抗菌功能，并且香豆素的分泌也会影响微生物群落组成。因此，通过香豆素介导的根际微生物组增强植物铁营养吸收对于植物栽培具有重要的应用指导意义。

二、医药和动物领域

目前广泛使用的抗生素对于维护人类的生命健康发挥了重要作用，如青霉素、氯霉素、磺胺类等。这些抗生素已经被开发成抗肿瘤、免疫抑制剂等药物广泛应用于临床医学。另外，次生代谢产物对于维持生态平衡起着重要作用。以动物毒素为例，有些动物在自然界存在生存竞争时，会分泌毒素抵抗其他动物的侵害，如河豚毒是一种典型的神经毒素，可对天敌的生命造成很大威胁。

三、微生物领域

细菌、真菌等微生物在农业生产中占据重要地位。以真菌为例，病原真菌和生防真菌作为两类典型的代表在作物生长发育过程中发挥重要的作用。例如，稻瘟病菌是水稻第一大病害——稻瘟病的致病菌，受到科学家的广泛关注。该菌在侵染水稻叶片过程中会产生黑化和加压呈拱形的侵染细胞（附着胞）附着在水稻叶片表面，巨大的内部膨压作用于侵入钉来帮助病菌菌丝穿过水稻叶片表皮，从而进入叶片细胞内部进行扩展。在侵染过程中，稻瘟病菌分泌的精胺和黑色素代谢物能够加强病菌附着胞的黏附和细胞入侵，对于病菌侵染宿主非常重要。此外，与病原真菌相对应的生防菌也可通过次生代谢产物的分泌来抑制病菌在宿主植物内的扩展。以核盘菌-盾壳霉互作为例，核盘菌是油菜作物的第一大病原菌，能导致油菜大面积减产。盾壳霉作为专一性寄生核盘菌的重要生防菌代表，除了产生草酸脱羧酶以降解核盘菌分泌的草酸和细胞壁降解酶以降解核盘菌细胞壁外，还可分泌一些次生代谢产物抑制核盘菌的正常生长。这类次生代谢产物抗真菌活性效果好，以大环内酯类物质最具有代表性。

知识拓展

青霉素的发现

1928年，英国细菌学家Alexander Fleming发现青霉菌能分泌一种可杀死细菌的物质，他将这种物质命名为青霉素，但他未能将其提纯用于临床。1929年Fleming发表了他的研究成果，遗憾的是这篇论文发表后一直没有受到科学界的重视，10年后，德国化学家Ernst Boris Chain在旧书堆里看到了这篇论文，于是开始做提纯实验。1940年冬，Chain提炼出了一点青霉素，这虽然是一个重大突破，但离临床应用还差得很远。

1941年，青霉素提纯的接力棒传到了澳大利亚病理学家Howard Walter Florey手中。在美国军方的协助下，Florey在飞行员外出执行任务时从各国机场带回来的泥土中分离出菌种，使青霉素的产量从每立方厘米2单位提高到了40单位。虽然这离生产青霉素还差得很远，但Florey还是非常高兴。一天，Florey下班后在实验室大门外的街上散步，见路边水果店里摆满了西瓜，"这段时间工作进展不错，买几个西瓜慰劳一下同事们吧！"他走进了水果店，随手抱起几个西瓜，交了钱后刚要走，忽然瞥见柜台上放着一个被挤破了的西瓜。这个西瓜有几处瓜皮已经溃烂，上面长了一层绿色的霉斑。Florey盯着这个烂瓜看了好久，又皱着眉头想了一会，忽然对老板说："我要这一个。""先生，那是我们刚选出的坏瓜，正准备扔掉呢？吃了要坏肚子的。"老板提醒道。"我就要这一个。"说着，Florey已放下怀里的西瓜，捧着那个烂瓜走出了水果店。Florey捧着这个烂西瓜回到实验室后，立即从瓜上取下一点绿霉，开始培养菌种。不久，实验结果出来了，让Florey兴奋的是，从烂西瓜里得到的青霉素竟从每立方厘米40单位一下子猛增到200单位。1943年10月，Florey和美国军方签订了首批青霉素生产合同。青霉素在二战末期横空出世，战后更得到了广泛应用，拯救了千万人的生命。因这项伟大发明，Florey、Fleming和Chain分享了1945年的诺贝尔生理学或医学奖。

这个故事告诉我们，科学发明需要锲而不舍的精神，需要坚强的毅力和坚定的信心，更需要长期细致的观察、发现，并要勤于思考，最重要的是科学发明要有坚定的目标，并为目标而不懈努力。

思考题

1. 次生代谢的生态学意义有哪些？
2. 次生代谢产物的生物合成途径有哪些？
3. 源于微生物的次生代谢产物的主要类型有哪些？
4. 请简述初级代谢和次生代谢之间的关系。

第十五章 代 谢 调 控

第一节 概 述

新陈代谢（metabolism）是生命活动的基础，包括物质代谢、能量代谢和信息代谢3个方面。生命活动中的物质变化总是伴随着能量变化，能量变化也总是偶联着物质结构的变化，而信息则是表征整个生命活动组织程度的度量。生物体的细胞形态各异，功能也各不相同，组成这些细胞的生物大分子也成千上万。然而它们的新陈代谢有着共同的规律。生物体内各代谢途径之间相互联系、互相作用，在各种环境下始终有条不紊地进行。这些过程都依赖于机体精细的调控机制不断调节各种物质代谢的强度、方向和速度，以适应内外环境的变化，被称为代谢调控（metabolic regulation）。

第二节 代 谢 网 络

核糖、蛋白质、糖类和脂类等生物大分子的代谢通路已经在前几章有较为详细的讲解。细胞中的各种物质都是通过这些代谢通路参与到生命活动中。多个代谢通路之间相互连接，通过关键的中间代谢物，如葡糖-6-磷酸、丙酮酸和乙酰辅酶A等，使各个代谢途径得以沟通，形成经济有效、运转有序的代谢网络（metabolic network）。此外，磷酸二羟丙酮、磷酸烯醇丙酮酸、草酰乙酸、α-酮戊二酸、磷酸核糖等也参与不同的代谢通路，在连接和整合代谢网络的过程中发挥着重要的作用。

一、糖类代谢与蛋白质代谢的相互关系

一方面，糖类是重要的碳源和能量，可以为各种生物大分子的合成提供前体，分解时可以释放能量，供给生命活动的需要。在蛋白质的合成过程中，糖类可以转化成各种氨基酸的碳链结构，经过氨基化或者转氨反应后，生成相应的氨基酸。例如，丙酮酸是糖类代谢过程中的重要中间产物，能进入三羧酸循环转变成α-酮戊二酸和草酰乙酸，这3种酮酸可通过加氨基或氨基移换作用，分别形成丙氨酸、谷氨酸和天冬氨酸。而糖类代谢过程中一些其他组分转化成α-酮酸后为各种氨基酸的加工合成提供碳骨架；戊糖磷酸途径的中间产物如赤藓糖-4-磷酸是芳香族氨基酸的前体，核糖-5-磷酸是组氨酸的合成前体；乙醛酸途径或光呼吸乙醇酸途径形成的乙醛酸是丝氨酸族氨基酸的前体。此外，糖分解过程中产生的能量可供给氨基酸与蛋白质合成。

另一方面，蛋白质同样可以转化为糖类。除了亮氨酸与赖氨酸之外，多种氨基酸在脱氨基作用后转变为α-酮酸，并转化成糖异生途径的中间产物，最终生成糖类。根据这一特性，这类氨基酸被称为生糖氨基酸（glycogenic amino acid）。生糖氨基酸可通过丙酮酸（丙氨酸、谷氨酸、半胱氨酸、丝氨酸、甘氨酸和色氨酸）、α-酮戊二酸（精氨酸、谷氨酰胺、组氨酸和脯氨酸）、琥珀酰辅酶A（甲硫氨酸、异亮氨酸、苏氨酸和缬氨酸）、延胡索酸（苯丙氨酸和酪氨酸）和草酰乙酸（天冬氨酸和天冬酰胺），转化成葡萄糖或糖原等糖类物质。通过分解代谢生成乙酰辅酶A或乙酰乙酸，并在体内转化为酮体的氨基酸被称为生酮氨基酸（ketogenic amino acid）。生酮氨基酸在动物体内不能直接转化为糖类。但在一些细菌、藻类和油料植物种子中，存在乙

醛酸循环（glyoxylate cycle），可以将乙酰辅酶 A 转化为琥珀酸，并经糖异生转化为糖。

二、糖类代谢与脂类代谢的相互关系

糖类和脂类物质也能相互转变。一方面，糖类物质通过酵解生成磷酸二羟丙酮和丙酮酸。磷酸二羟丙酮可以通过还原反应合成甘油。丙酮酸经过氧化脱羧后转变成乙酰辅酶 A，再经过丙二酸单酰辅酶 A 途径合成脂肪酸，最终形成脂肪物质。糖类分解过程中产生能量，可以供给脂肪合成。另一方面，脂类也可以形成糖类物质。脂类分解产生甘油和脂肪酸。其中，甘油可以经过磷酸化形成 α-磷酸甘油，再转变为磷酸二羟丙酮通过糖异生途径生成糖类物质。脂肪酸则通过 β-氧化生成乙酰辅酶 A 转化成为糖类。脂肪酸向糖类的转化主要发生在植物或者微生物体内，通过乙醛酸循环将两分子乙酰辅酶 A 合成一分子琥珀酸，然后通过三羧酸循环转化成为草酰乙酸，再由草酰乙酸脱羧生成丙酮酸并最终转变成为糖类。脂肪酸在动物体内也可以转变成为糖类，但是由于缺少乙醛酸循环，需要有其他来源来补充三羧酸循环中消耗的有机酸。通常情况下，在动物体内乙酰辅酶 A 都是经过三羧酸循环氧化成为二氧化碳和水并产生能量，生成糖类的机会很少。动物脂肪产生的能量虽然较多，但是一般不作为主要的能源物质，通常是在糖饥饿的紧急情况或者糖类代谢受阻时启动，但是会造成代谢紊乱，如酮体过多等。

三、脂类代谢与蛋白质代谢的相互关系

脂类和蛋白质间也可以相互转化。一方面，脂肪分子可水解形成甘油和脂肪酸。类似于糖类，甘油分子先转化为丙酮酸，形成草酰乙酸及 α-酮戊二酸，然后接受氨基而变成丙氨酸、天冬氨酸和谷氨酸等。脂肪酸可以通过 β-氧化生成乙酰辅酶 A，乙酰辅酶 A 与草酰乙酸缩合进入三羧酸循环，转变为天冬氨酸和谷氨酸。但是，这种由脂肪酸合成氨基酸碳链结构的转化是受到限制的。当乙酰辅酶 A 进入三羧酸循环转化为 α-酮戊二酸并转化为氨基酸时，需要消耗三羧酸循环中的有机酸。当细胞中没有其他来源的有机酸补充时，这类反应将不能进行。动物体内不存在乙醛酸循环，不易利用脂肪酸合成氨基酸；在植物和微生物中存在乙醛酸循环，乙酰辅酶 A 合成琥珀酸用以增加三羧酸循环中的有机酸，从而促进脂肪酸转变成氨基酸。例如，含有大量油脂的大豆和花生种子等，萌发时乙醛酸循环体（glyoxysome）中大量脂肪酸形成氨基酸并释放能量用于生长。一些石油微生物或者酵母等可以利用石油烃类物质发酵形成氨基酸。

另一方面，蛋白质也可以向脂类转变。生酮氨基酸，如亮氨酸、异亮氨酸、苯丙氨酸、酪氨酸和色氨酸等，在代谢过程中生成乙酰乙酸，并缩合形成脂肪酸（图 15-1）。上文提到的生糖

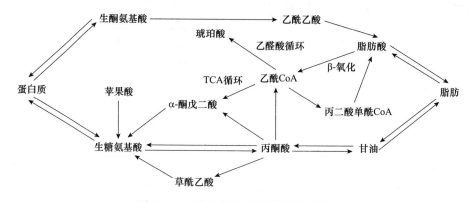

图 15-1　蛋白质与脂肪之间的相互转化

红色箭头表示向氨基酸及蛋白质的转化，蓝色箭头表示向脂肪的转化

氨基酸，既可以通过产生丙酮酸形成甘油，也可以在氧化脱羧后转变为乙酰辅酶A，再经过丙二酸单酰辅酶A途径合成脂肪酸，最终形成脂类。此外，丝氨酸参与了脑磷脂和卵磷脂中胆胺及胆碱的合成。丝氨酸在脱去羧基后形成胆胺，胆胺在接受甲基后，形成胆碱。

四、核酸与糖类、脂类和蛋白质代谢的关系

一方面，核酸作为遗传物质的载体，可转录出 RNA 并翻译各种蛋白质，包括代谢反应的执行者——酶，调控细胞中的各个代谢过程。核酸的组成分子核苷酸及其衍生物参与多个代谢通路。例如，ATP 是能量和磷酸基团转移的重要物质，是生命活动中主要的能量货币。UTP 参与糖类代谢中单糖的转变和多糖的合成，CTP 参与脂类代谢中卵磷脂的合成，而 GTP 供给合成蛋白质肽链时所需要的能量。腺嘌呤核苷酸是组氨酸前体物质。此外，腺嘌呤核苷酸还是多种辅酶的前体物质，如辅酶 A、烟酰胺核苷酸、异咯嗪酰嘌呤二核苷酸等。核酸的代谢产物最终进入糖类代谢通路彻底氧化分解。在生物体内，核酸不是重要的碳源、氮源或能源物质。

另一方面，蛋白质代谢过程中的多种氨基酸是核酸合成的前体物质，如甘氨酸、天冬氨酸、谷氨酰胺参与嘌呤和嘧啶环的合成。糖类代谢中的戊糖磷酸途径提供了核酸中的核糖。作为遗传物质，核酸的合成也受到其他物质代谢和能量代谢的控制。

五、代谢网络的基本特征

（一）代谢通路具有单向性

生物大分子的分解代谢和合成代谢各有途径，单向、有条不紊地进行。通常来说，在一条代谢通路中大量生化反应都能可逆进行。只有某些关键步骤的正反应和逆反应由不同的酶分别催化，这样可以使合成途径和降解途径分别处于热力学的有利状态。例如，糖原的合成和降解也分别由不同的反应进行；脂肪酸的合成沿丙二酸单酰辅酶A途径进行，而脂肪酸降解则沿着β-氧化途径进行。

（二）ATP 是生命活动中主要的能量分子

无论是葡萄糖、脂肪分解代谢所产生的化学能还是绿色植物或光合细菌直接固定的太阳能，如果不能被迅速利用或者贮存起来，将以热能方式散失。因此，这些释放出来的自由能通过腺苷三磷酸（ATP）中末端高能磷酸键的合成偶联而被贮存。在需能反应中，ATP 将能量传递给需能过程并转变为 ADP，同时末端的磷酸基团水解脱落。

（三）NADPH 是合成代谢中主要的还原力

通常来说，合成代谢是一个还原性的反应过程。光合作用中由二氧化碳合成葡萄糖或是由乙酰辅酶A合成长链脂肪酸，均需要氢原子或电子形式的还原力。还原型烟酰胺腺嘌呤二核苷酸磷酸（NADPH）是还原力的主要形式，专一作用于还原性生物合成。与其相似的还原型烟酰胺腺嘌呤二核苷酸（NADH）和还原型黄素二核苷酸（$FADH_2$），则是生物氧化过程中的氢和电子携带者。

（四）TCA 是生物大分子彻底降解的枢纽

三羧酸（TCA）循环是乙酰 CoA 中的乙酰基被氧化为 CO_2 和水的酶促反应循环系统。糖类、脂类和大多数蛋白质的碳链经过各自的降解路线都可以生成乙酰 CoA，进入 TCA 循环被彻底降解。奇数碳脂肪酸链 β-氧化产物丙酰 CoA 通过转化为琥珀酰 CoA 进入 TCA 循环。核酸降

解过程中，胞嘧啶和尿嘧啶的分解产物丙氨酸可用于合成辅酶 A，也可经转氨反应生成甲酰乙酸再转化成乙酸或者形成丙酮酸，进入 TCA 循环（图 15-2）。

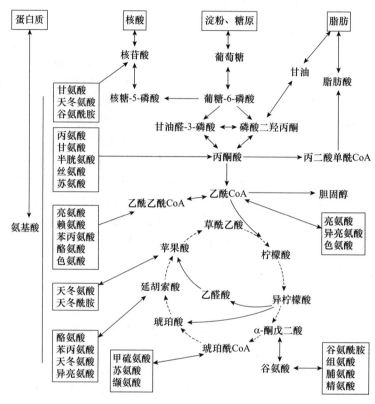

图 15-2 主要代谢通路的相互关系示意图

综上所述，糖类、脂类、蛋白质和核酸在代谢过程中都是彼此影响、相互转化和密切相关的。三羧酸循环不仅是各类物质共同的代谢途径，而且也是它们之间相互联系的渠道。不同代谢途径之间相互沟通、相互影响，但它们也各自存在调控和调节，相对独立。

第三节 代 谢 调 节

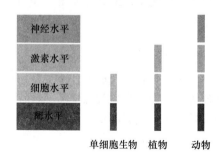

图 15-3 代谢调节的四级水平示意图

代谢调节是生物体新陈代谢的重要特征。就整个生物界来说代谢的调节主要在 4 个不同水平上进行：酶水平、细胞水平、激素水平和神经水平（图 15-3）。酶水平调节是最基础的调节方式，直接通过酶作用于代谢反应。细胞水平是所有生物界共有的基本调节方式。激素水平随着生物进化，主要存在于植物和动物中。神经水平的调节主要存在于动物中。

一、酶水平的调节

生物体内的代谢过程是由一系列生物化学反应组成的，绝大多数生化反应需要酶的参与。酶水平的调节是代谢中最直接、最基础的调节，可分为两大类：酶含量调节和酶活性调节。绝大多数酶本质上是蛋白质，细胞中酶的含量主要受到其合成速率和降解速率的影响。

酶的合成（biosynthesis）主要受基因表达的调控，其降解（degradation）则受到复杂而精细的调控。基因的表达调控可以发生在不同的水平上，包括表观、转录、转录后、翻译和翻译后水平。原核生物细胞的结构比较简单，转录翻译可以在同一时空上进行，且调节主要在转录水平上。原核生物中有操纵子（operon）结构来调控基因的表达。真核生物的细胞结构复杂、种类多种多样，表达调控也更加复杂。真核生物的表达调控主要在：表观遗传水平（染色体构象和结构变化、DNA 和组蛋白的修饰等），转录水平，转录后水平（RNA 前体加工、降解等），翻译水平，翻译后水平（蛋白质前体的加工、靶向定位等）。与原核生物中的操作子结构不同，真核生物主要是通过顺式作用元件与反式作用因子来调控转录的。

酶活性的调节是指不改变酶的含量，而通过改变酶的分子结构来影响酶的活性，使酶的催化能力增高或者减低。增高酶活性的被称为酶的激活作用，减低酶活性的被称为酶的抑制作用。酶活性的调节主要包括酶原激活（zymogen activation）、别构调节（allosteric regulation）、共价修饰（covalent modification）等。

（一）酶原激活

某些代谢酶在细胞内合成或初分泌时只是酶的无活性前体，被称为酶原（zymogen）。细胞处于特定状态或环境下，使酶原转变为活性状态的过程称为酶原激活。其中，动物消化系统分泌的多种酶存在酶原激活。例如，胃蛋白酶原（pepsinogen）在胃液低 pH 的环境下或者已经有活性的胃蛋白酶（pepsin）的作用下，在 N 端切下 12 个寡肽片段，引发构象重排而形成有活性的胃蛋白酶。

（二）别构调节

酶分子活性中心以外的特定部位能够被小分子物质特异结合，引起蛋白质构象变化，从而改变酶的活性，这种调节作用被称为别构调节，又叫作变构调节。这些能够特异结合并调控酶活性的小分子物质被称为别构效应物。别构效应物主要有以下几类：底物、直接反应产物或者代谢通路的最终产物；辅酶或者核酸类似化合物；人工合成的特异效应物。别构效应物结合的位置被称为别构部位或者调解部位。有些别构效应物可使酶活性增加，被称为别构激活（allosteric activation），这些效应物称为别构激活剂（allosteric activator）；相反，有些别构效应物可使酶活性减弱，称为别构抑制（allosteric inhibition），相应的效应物则称为别构抑制剂（allosteric inhibitor）。

具有别构调节作用的酶绝大多数为寡聚酶，由两个以上的多亚基组成，单亚基酶极为少见。

底物与代谢产物对代谢反应和代谢途径有重要影响，底物对代谢过程的作用称为前馈（feedforward），产物对代谢过程的作用称为反馈（feedback）。这两种作用又分别对代谢过程产生激活与抑制两种作用，相应地被称为前馈激活、前馈抑制、反馈激活、反馈抑制。其中，前馈激活与反馈抑制（图 15-4）作用较为普遍，通过调控催化反应的别构酶活性来实现。

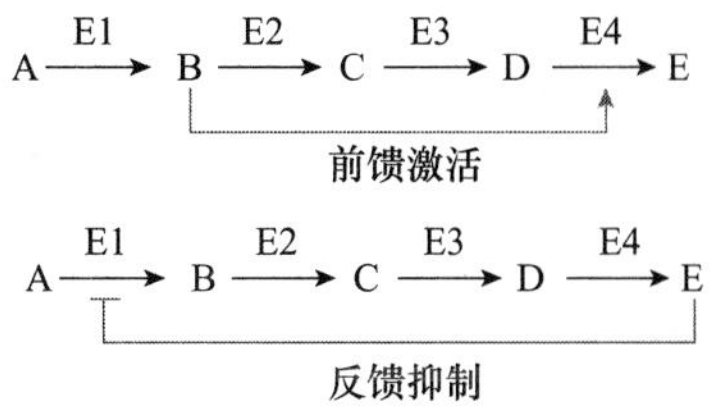

图 15-4 前馈激活与反馈抑制的示意图
A～E 代表代谢过程中的底物和产物，黑色箭头代表代谢过程中的一系列反应，E1～E4 代表催化各个反应的酶，红色箭头表示前馈激活，蓝色横线表示反馈抑制

1. 前馈激活 前馈激活（feedforward activation）表现为反应过程中的代谢物可以激活反应过程的后续酶，为后续反应的顺利进行提供便利。例如，糖原合成过程中，葡糖-6-磷酸不仅

是合成 UDP-葡萄糖的前体，还是糖原合成酶的别构激活剂。

2. 反馈抑制　　如前面章节的介绍，代谢过程存在限速反应和限速酶的现象。然而限速酶不是固定不变的，会随着内外环境和代谢过程的变化而动态变化。限速酶通常为别构酶。当反应过程中终产物对反应序列相对靠前的限速酶发生抑制作用时可调控整个反应的速率，这个过程称反馈抑制（feedback inhibition）。当代谢过程为单一的无分支线性反应过程时，终产物直接反馈抑制限速酶，称为单价反馈抑制。当代谢途径存在分支时，限速酶活性可能受到分支终产物的抑制，称为二价反馈抑制或者多价反馈抑制。

（三）共价修饰

酶在细胞中组装完毕后，通过对肽链上某些基团的共价修饰来动态改变酶的活性，这种调节方式称为共价修饰调节。可逆的共价修饰主要有 7 种类型：磷酸化修饰 / 去磷酸化修饰、乙酰化 / 去乙酰化、甲基化 / 去甲基化、腺苷酰化 / 去腺苷酰化、尿苷酰化 / 去尿苷酰化、糖基化修饰 / 去糖基化修饰、巯基-二硫键交换反应（S-S/SH 交换反应）。

蛋白激酶和磷酸酶分别催化的磷酸化和去磷酸化反应是最普遍、最基本的一种细胞代谢调节，广泛存在于原核生物和真核生物的信号转导通路和代谢调控反应中。磷酸化修饰具有级联放大的作用，一个蛋白激酶可在短时间内催化激活多个下游蛋白激酶的磷酸化，而这些激活的激酶又可以激活下游更多的蛋白激酶，从而引起信号的指数级别的级联放大。腺苷酰化修饰在原核生物与真核生物中都存在，并且是细菌的一种重要共价修饰方式。大肠杆菌中谷氨酰胺合成酶的腺苷酰化和去腺苷酰化修饰都由腺苷酰转移酶催化，这两种可逆的反应受腺苷酰转移酶调节蛋白 P 的不同状态所控制（图 15-5）。P 蛋白有 P_A 和 P_D 两种状态：P_A 状态的调节蛋白与腺苷酰转移酶结合后，催化谷氨酰胺合成酶的腺苷酰化反应；P_D 状态的调节蛋白与腺苷酰转移酶结合后，催化谷氨酰胺合成酶的去腺苷酰转移酶介导的酰化反应。

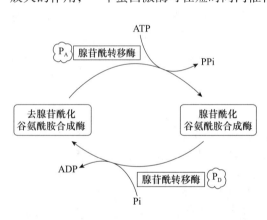

图 15-5　谷氨酰胺合成酶的腺苷酰化调控

尿苷酰化修饰参与调控上述调节蛋白 P_A 和 P_D 两种状态之间的相互转化（图 15-6）。在尿苷酰转移酶作用下，P_D 状态的调节蛋白尿苷酰化，转化为 P_A 状态与腺苷酰转移酶结合，腺苷酰化并激活谷氨酰胺合成酶。而在尿苷酰水解酶的作用下，P_A 状态的调节蛋白尿苷酰修饰水解去除转化为 P_D 状态。

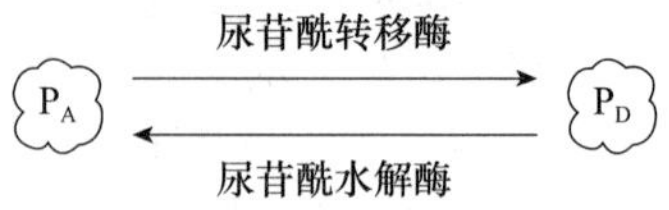

图 15-6　腺苷酰转移酶的调节蛋白 P 的尿苷酰状态

二、细胞水平的调节

代谢网络中的代谢反应较复杂，不同代谢反应需要不同的环境和酶来催化。细胞为这些纷繁复杂的代谢活动提供了发生场所，形成了精细的内膜系统和细胞器。各类代谢反应发生于不同的细胞区域或者细胞器，彼此分割、互不干扰。细胞中的膜结构是内部区域化的关键。同时代谢通路中的代谢物不能自由通过细胞膜，需要膜上的运输系统才能可控地调节代谢在不同区域的分布。不同区域的各种代谢物不是均匀一致的。

（一）原核细胞

如前所述，原核细胞没有明显的细胞核，除了核糖体外也没有明显的细胞器，原核细胞的蛋白质合成发生在细胞质内。因此，各种代谢通路的酶嵌入或者锚定在细胞膜上开展调控，如参与呼吸链、氧化磷酸化和脂类代谢等各种酶类的调控方式。

（二）真核细胞

细胞器

真核细胞中，细胞核是基因复制和转录的场所，通过调控基因表达控制整个代谢网络。细胞核的主要结构有核膜、核仁、染色质等。在核膜上存在大量核酸代谢相关的酶，如 DNA 复制、RNA 转录、加工与修饰等的酶，同时也有糖类、脂类、蛋白质代谢相关的酶。核仁是由 RNA、DNA 和相关的蛋白质组成的相对致密的结构，是核糖体 RNA 转录和加工及核糖体亚基组装的地方。核仁还有输出和降解 mRNA 的功能。真核细胞的结构相对原核细胞更加复杂和精细，除了具有明显的细胞核（nucleus）之外，还有线粒体（mitochondrion）、叶绿体（chloroplast）、核糖体（ribosome）、高尔基体（golgi apparatus）、溶酶体（lysosome）和乙醛酸循环体（glyoxysome）等。

细胞质（cytoplasm）指细胞质的连续液相成分，很多代谢反应发生在细胞质中，包括糖类代谢中的糖酵解、戊糖磷酸途径等，脂肪酸、氨基酸和核苷酸的合成通路等。细胞质中分布的大量核糖体是蛋白质合成的主要场所。

线粒体是细胞质中一种双层膜结构的细胞器，是细胞的能量工厂。线粒体的结构包括外膜、内膜、嵴和基质等部分。这些精细的结构将线粒体分割为空间上不同的分室，不同分室中代谢物浓度、能量分子 ATP/ADP 比例、NAD$^+$/NADH 比例、NADP$^+$/NADPH 比例、酶浓度等各不相同。外膜将线粒体与细胞质分隔开，并有脂肪酸氧化和脂肪酸合成等酶结合其上。内膜包围内腔，充满了半流动的基质，包含三羧酸循环酶类、脂肪酸氧化相关酶类、氨基酸分解代谢酶类等。内膜向内凹陷形成的嵴大幅度增加了内膜面积。内膜上含有与电子传递链和氧化磷酸化相关的酶。线粒体各个区域化分割及酶的不均匀分布，为不同的代谢反应提供了环境基础和物质基础。

叶绿体是植物绿色细胞所特有的能量转换细胞器。叶绿体也是具有双层膜结构的细胞器，主要分为外膜、内膜、类囊体、基质。外膜为离子扩散膜，而内膜是半透性膜。内膜包裹着基质，基质中充满大量的亲水蛋白质酶和复杂的层膜系统构成的类囊体。类囊体是光合作用的光化学反应场所。类囊体膜嵌着或锚定着色素蛋白复合体及其他光合相关酶类，如光合系统反应中心复合体等。

内质网由细胞内膜和膜围成的腔组成，分为粗面内质网（rough endoplasmic reticulum）和光面内质网（smooth endoplasmic reticulum）。粗面内质网表面附着大量核糖体，是分泌蛋白质和跨膜蛋白合成的重要场所。光面内质网表面光滑，无核糖体附着，负责糖类及脂类的合成。高尔基体是由一系列排列整齐的扁囊和大量囊泡聚合而成，参与细胞合成物或吸收物加工、浓缩、包装和运输的功能。内质网合成的糖基化蛋白质在这里进行进一步修饰。

三、激素水平的调节

激素（hormone）又称为生长调节物质，是在动植物的特定细胞合成并运输到作用部位，调节代谢过程及生理生化活性，并最终影响生长发育及环境响应的微量化学信号物质。一种激素可以影响多种代谢通路，而一种代谢过程常受到多种激素作用。激素调控的信号转导通路也相互影响、相互交叉、彼此调控，形成一个激素调控网络。激素分子到达作用部位后，被目标细胞的受体特异结合并感知，将激素信号转化为细胞内部的信号，并激活下游一系列的生化反应，最终表现出相对应的生物学效应。其中，受体可能分布在细胞膜上，也可能在细胞内部。

（一）动物激素

动物激素主要分为 4 类，包括固醇类、多萜类、多肽类及氨基酸或脂肪酸类衍生物（表 15-1）。蛋白质衍生物激素和多肽等激素通常由特定的内分泌腺体分泌，并通过体液运输系统运输到目标细胞。这一类激素的受体主要分布在细胞膜上。激素和分子与膜受体结合，激活膜上的效应蛋白并转化为胞内信号，经过一系列的信号级联放大（如磷酸化反应）调控代谢反应。固醇类激素和甲状腺激素的接收和作用机制则不同，这类激素分泌后经由血液系统运送到目的细胞，直接传过质膜进入靶细胞与细胞内受体或者核受体结合，最终影响核内下游基因的表达调控。

表 15-1　主要动物激素

名称	化学本质	生理作用
甲状腺激素	酪氨酸衍生物	促进新陈代谢、促进生长发育
肾上腺激素	酪氨酸衍生物	促进糖原分解、升高血糖、促进毛细血管收缩
生长激素	多肽	促进 RNA 与蛋白质合成，促进生长和发育
胰高血糖素	多肽	促进糖原、脂肪蛋白分解，升高血糖
胰岛素	蛋白质	降低血糖，调节糖类代谢
雌激素	类固醇	促进雌性生殖器官发育，维护雌性第二性征
雄激素	类固醇	促进雄性生殖器官发育，维护雄性第二性征
蜕皮激素	类固醇	促进昆虫、甲壳类蜕皮
保幼激素	多萜类物质	保持昆虫幼虫状态

（二）植物激素

植物激素主要包括多萜类、固醇类、多肽类、有机酸和脂肪酸类衍生物等，包括生长素、赤霉素、脱落酸、细胞分裂素、乙烯、油菜素类酯、水杨酸、茉莉酸、独角金内酯、多肽类激素等（表 15-2）。植物激素的作用机制与动物类似，也是和质膜上或者细胞内的受体结合来影响基因表达调控、蛋白质功能、酶活力、生理变化等。有趣的是，植物中的固醇类激素与动物的固醇类激素不同，其并不是进入细胞内部与受体结合，而是与细胞膜表面的受体样激酶（receptor-like kinase）结合，将激素信号转变为胞内的磷酸化/去磷酸化的信号，最终传递到核内调控下游基因表达。

表 15-2　主要植物激素

名称	化学本质	生理作用
生长素	吲哚乙酸	促进生长、侧根发育、顶端优势
赤霉素	双萜	促进生长、打破种子休眠、调控开花
细胞分裂素	嘌呤衍生物	促进细胞分裂，组织的分化与生长
脱落酸	环萜类衍生物	促进器官脱落、器官休眠，调控非生物胁迫响应
乙烯	乙烯	促进果实成熟、器官衰老、花器官性别决定
油菜素类酯	类固醇	细胞伸长、光形态调控
水杨酸	有机酸	生物及非生物胁迫响应
茉莉酸	酮酸	生物胁迫响应及器官发育
独角金内酯	萜类物质	种子萌发、植物侧枝发育
硫酸肽	多肽类	促进细胞分裂和分化

四、神经水平的调节

由于不像植物那样固着生长在相对稳定的环境中，高等动物发育出高度复杂与完善的神经系统，以便快速应对多变的内外环境。动物依靠其灵敏的感觉器官感知周边环境，通过神经信号快速高效地传递到神经中枢大脑，大脑在对这些信息进行综合分析处理后，发出指令到肌肉、腺体等器官，采取相应的措施以应对环境。神经水平的调节最终直接或者间接影响酶水平或者细胞水平的调节机制，也会通过激素水平调控相关代谢通路和反应。例如，动物在感知到附近有危险时，大脑发出指令到肌肉组织，改变肌肉细胞的膜电位，释放钙离子并促进其与肌钙蛋白结合，引起原肌球蛋白构象改变。肌动蛋白与肌球蛋白结合，水解产生 ATP，肌肉收缩，为动物逃离提供保障。不仅如此，神经系统还同时控制肾上腺素的分泌，引起血液中肾上腺素的升高，肝糖原分解以提升血糖，血管收缩、血压升高、呼吸加快等，多个层次、多个方面互相协调，为动物脱离险境提供多方位的保障。

知识拓展

植物类固醇激素——油菜素类酯

20世纪70年代初，美国农业部贝尔茨维尔农业研究中心（Beltsville Agricultural Research Center）的 Mitchell 和 Mandava 等从油菜花粉中提取了一种活性极高的物质，可以强烈促进菜豆第二节间的伸长，命名为油菜素。1979年，Grove 和 Mandava 从227kg油菜花粉中分离并提纯出一种类固醇物质，共计4mg，经过X线衍射和超微量分析，发现这是一种内酯类物质，于是命名为油菜素内酯。此后，油菜素内酯及其结构类似物被统称为油菜素类酯，而油菜素内酯是其中活性最高的天然物质。油菜素类酯被发现广泛存在于几乎所有植物中，如藻类、蕨类、裸子植物和被子植物等。

近年来，除了促进节间细胞伸长外，油菜素类酯还被发现在增强抗病性、提高非生物胁迫抗性、提高光合作用效率、延缓衰老等方面发挥着重要的作用。模式植物拟南芥中油菜素类酯的生物合成与信号转导通路已经基本上被解析。与动物中绝大部分固醇类激素由细胞核内的转录因子型受体直接感知不同，植物中的油菜素类酯是由细胞膜上的受体-共受体复合物感知，将信号转至胞内，并经由一系列的磷酸化/去磷酸化反应传递到相应的转录因子，并调控下游响应基因的表达。遗传及分子生物学的研究表明，油菜素类酯信号参与整个植物生长发育和胁迫响应过程，如种子萌发、气孔形成、维管分化、光与暗形态建成、开花、育性、衰老等。油菜素类酯信号与其他激素信号及外界环境响应信号存在广泛的交叉调控。

思考题

1. 连接代谢路之间的关键代谢中间产物有哪些？它们分别连接了哪些代谢通路？
2. 为什么说 TCA 循环是生物体内物质降解的枢纽？
3. 代谢调节在不同生物中各有哪些方式？
4. 动植物细胞中，各个代谢通路主要分布于哪些细胞区域或者细胞器？这些亚细胞区域为各个代谢通路的反应提供了什么基础？

主要参考文献

常雁红，陈月芳. 2012. 生物化学. 北京：冶金工业出版社.

陈钧辉，张冬梅. 2015. 普通生物化学（第5版）. 北京：高等教育出版社.

陈晓亚，汤章城. 植物生理与分子生物学（第3版）. 北京：高等教育出版社.

段娟，张松波. 2021. 维生素E在慢性病治疗中的研究进展. 临床合理用药杂志，14（28）：178-181.

浮吟梅. 2017. 食品营养与健康. 北京：中国轻工业出版社.

郭蔼光，范三红. 2018. 基础生物化学（第3版）. 北京：高等教育出版社.

韩英荣，展水，关荣华，等. 2003. 旋转分子马达的代表—ATP合成酶. 现代物理知识，15（3）：7-11.

黄卓烈，朱利泉. 2015. 生物化学（第3版）. 北京：中国农业出版社.

李冰玥，王梅. 2019. 维生素合理应用展. 临床合理用药杂志，12（5）：180-181.

李铮，孙士生. 2017. 糖组学：全面了解生命基础的重要一环. 生物化学与生物物理进展，44（10）：819-820.

李治龙，孟良玉. 2010. 发酵食品工艺. 北京：中国计量出版社.

刘国琴，杨海莲. 2019. 生物化学（第3版）. 北京：中国农业大学出版社.

刘立新，梁鸣早. 2018. 次生代谢在生态农业中的应用. 北京：中国农业大学出版社.

龙良启，孙中武，宋慧，等. 2005. 生物化学. 北京：科学出版社.

罗湘建，肖亚. 2011. 肿瘤能量代谢机制研究进展. 生物化学与生物物理进展，（7）：585-592.

毛自朝. 2017. 植物生理学. 武汉：华中科技大学出版社.

乔国平，王兴国，孙冀平，等. 2002. 脂质分析进展. 粮食与油脂，（4）：39-41.

权军娴. 2013. 萜类化合物在植物中的作用及其应用. 植物学研究，（2）：106-108.

任衍钢，樊广岳. 2010. ATP研究历程. 生物学通报，45（12）：56-58.

沈萍，陈向东. 2016. 微生物学（第8版）. 北京：高等教育出版社.

汤其群. 2015. 生物化学与分子生物学. 上海：复旦大学出版社.

唐奕，胡友财. 2020. 天然产物生物合成：化学原理与酶学机制. 北京：化学工业出版社.

田云娴. 2018. 生物化学. 郑州：河南科学技术出版社.

王金亭. 2017. 生物化学. 北京：北京理工大学出版社.

王镜岩，朱圣庚，徐长法. 2007. 生物化学（第3版）. 北京：高等教育出版社.

王艳萍. 2013. 生物化学. 北京：中国轻工业出版社.

王永敏，姜华. 2019. 生物化学. 北京：中国轻工业出版社，.

吴洪号，张慧，贾佳，等. 2021. 功能性多不饱和脂肪酸的生理功能及应用研究进展. 中国食品添加剂，（8）：134-140.

武临专，洪斌. 2013. 微生物药物合成生物学研究进展. 药学学报，48（2）：155-160.

谢建坤，王曼莹. 2013. 分子生物学（第2版）. 北京：科学出版社.

徐俊，代宇. 2012. 生物表面活性剂磷脂及其应用. 皮革与化工，29（2）：31-35.

杨荣武. 2018. 生物化学原理（第3版）. 北京：高等教育出版社.

杨荣武. 2017. 分子生物学. 南京：南京大学出版社.

易翠平，王立，姚惠源. 2003. 糖脂分类及其应用. 粮食与油脂，（5）：25-26.

尹恒，王文霞，赵小明，等. 2010. 植物糖生物学研究进展. 植物学报，45（5）：521-529.

俞喜娜，崔益玮，戴志远，等. 2020. 复合银离子络合技术在脂质分离分析中的应用. 中国食品学报，20（1）：311-318.

查锡良，周春燕. 2012. 生物化学（第7版）. 北京：人民卫生出版社.

张斌，赵航，吴永辉，等. 2014. 磷脂在猪饲料中的应用. 饲料与畜牧，（12）：14-16.

张楚富. 2011. 生物化学原理（第2版）. 北京：高等教育出版社.

张洪渊，万海清. 2014. 生物化学（第3版）. 北京：化学工业出版社.

张丽萍，杨建雄. 2015. 生物化学简明教程（第5版）. 北京：高等教育出版社.

赵阿可，赵建果. 2011. 纳米机器—分子马达的研究现状及前景. 科技创新导报，（21）：14，16.

赵武玲. 2013. 基础生物化学（第2版）. 北京：中国农业大学出版社，

郑建仙. 1995. 功能性食品（第1卷）. 北京：中国轻工业出版社.

周燮. 2010. 新发现的植物激素. 南京：江苏科技出版社.

朱圣庚，徐长法. 2017. 生物化学（第4版）. 北京：高等教育出版社.

Bellelli A., Brunori M. 2011. Hemoglobin allostery: variations on the theme. Bioenergetic, 1807: 1262-1272.

Chen J.L., Cheng M.P., Wang J.W., et al. 2021. The catalytic properties of DNA G-quadruplexes rely on their structural integrity. Chinese Journal of Catalysis, 42: 1102-1107.

Clark D.P., Pazdernik N. 2019. Molecular Biology. 3rd ed. Amsterdam: Elsevier.

David L.N., Michael M.C. 2017. Lehninger Principles of Biochemistry. 7th Edition. San Francisco: W. H. Freeman and Company.

Di M.A., Gelzo M., Stornaiuolo M. 2021. The evolving landscape of untargeted metabolomics. Nutr Metab Cardiovasc Dis, 31: 1645-1652.

Doerr A. 2016. Single-particle cryo-electron microscopy. Nature Methods, 13 (1): 23.

Drost J., van Jaarsveld R.H., Ponsioen B., et al. 2015. Sequential cancer mutations in cultured human intestinal stem cells. Nature, 521 (7550): 43.

Exarchou V., Godejohann M., van Beek T.A., et al. 2003. LC-UV-solid-phase extraction-NMR-MS combined with a cryogenic flow probe and its application to the identification of compounds present in Greek oregano. Analytical chemistry, 75(22): 6288-6294.

Faubert B, Li K.Y., Cai L. 2017. Lactate metabolism in human lung tumors. Cell, 171: 358-371.

Hui S., Ghergurovich J.M., Morscher R.J. 2017. Glucose feeds the TCA cycle via circulating lactate. Nature, 551: 115-118.

Huntington J.A., Read R.J., Carrell R.W. 2000. Structure of a serpin-protease complex shows inhibition by deformation. Nature, 407: 923-926.

Jackson R.J., Hellen C.U., Pestova T.V. 2010. The mechanism of eukaryotic translation initiation and principles of its regulation. Nat Rev Mol Cell Biol, 11(2): 113-127.

Klipcan L., Moor N., Finarov I., et al. 2012. Crystal structure of human mitochondrial PheRS complexed with tRNA(Phe) in the active "open" state. J Mol Biol, 415(3): 527-537.

Korostelev A., Trakhanov S., Laurberg M., et al. 2006. Crystal structure of a 70S ribosome-tRNA complex reveals functional interactions and rearrangements. Cell, 126(6): 1065-1077.

Kouzine F., Wojtowicz D., Baranello L., et al. 2017. Permanganate/S1 nuclease footprinting reveals non-B DNA structures with regulatory potential across a mammalian genome. Cell Systems, 4: 1-13.

Li J., Xu R., Zong L., et al. 2021. Dynamic evolution and correlation between metabolites and microorganisms during manufacturing process and storage of Fu Brick Tea. Metabolites, 11 (10): 703.

Lv S., Miao H., Luo M., et al. 2017. CAPPI: a cytoskeleton-based localization assay reports protein-protein interaction in living cells by fluorescence microscopy. Molecular Plant, 10 (11): 1473-1476.

Matera A.G., Terns R.M., Terns M.P., et al. 2007. Non-coding RNAs: lessons from the small nuclear and small nucleolar RNAs. Nat Rev Mol Cell Biol, 8 (3): 209-220.

Mccarthy A. 2010. Third generation DNA sequencing: pacific bioscience single molecule real time technology. Chemistry Biology, 17 (7): 675-676.

Mussolino C., Alzubi J., Fine E.J., et al. 2014. TALENs facilitate targeted genome editing in human cells with high specificity and low cytotoxicity. Nucleic Acids Res, 42 (10): 6762-6773.

Picotti P., Aebersold R. 2012. Selected reaction monitoring-based proteomics: workflows, potential, pitfalls and future directions. Nature Methods, 9: 555-566.

Richards M.P. 2013. Redox reactions of myoglobin. Antioxidants & Redox signaling, 18 (17): 2342-2351.

Robert H., Laurence A.M., David R., et al. 2011. Principles of Biochemistry. 5th Edition. San Antonio: Pearson Education Group.

Roessner-Tunali U., Hegemann B., Lytovchenko A., et al. 2003. Metabolic profiling of transgenic tomato plants overexpressing hexokinase reveals that the influence of hexose phosphorylation diminishes during fruit development. Plant Physiol, 133: 84-99.

Shalem O., Sanjana N.E., Zhang F. 2015. High-throughput functional genomics using CRISPR-Cas9. Nat Rev Genet, 16 (5): 299-311.

Suberu J., Gromski P.S., Nordon A., et al. 2016. Multivariate data analysis and metabolic profiling of artemisinin and related compounds in high yielding varieties of *Artemisia annua* field-grown in Madagascar. J Pharm Biomed Anal, 117: 522-531.

Taylor J., King R.D., Altmann T., et al. 2002. Application of metabolomics to plant genotype discrimination using statistics and machine learning. Bioinformatics, 18 (2): 241-248.

Vander Heiden M.G., Cantley L.C., Thompson C.B. 2009. Understanding the Warburg effect: the metabolic requirements of cell proliferation. Science, 324 (5930): 1029-1033.

Wang Z.Y., Bai M.Y., Oh E., et al. 2012. Brassinosteroid signaling network and regulation of photomorphogenesis. Annu. Rev. Genet, 46: 699-722.

Wei X.B., Ke H.H., Wen A., et al. 2021. Structural basis of microRNA processing by Dicer-like1. Nature Plants, 7:1389-1396.

Wijesundera C., Shen Z. 2014. Mimicking natural oil bodies for stabilising oil-in-water food emulsions. Lipid Technol, 26 (7): 151-153.

Wilkins M., Seeds W.E., Stokes A.R., et al. 1953. Helical structure of crystalline deoxypentose nucleic acid. Nature, 172(4382): 759-762.

Xu S., Can S., Zou B., et al. 2016. An alternative novel tool for DNA editing without target sequence limitation: the structure-guided nuclease. Genome Biol, 17 (1): 186.

Yang W.W., Xia Y., David H., et al. 2012. PKM2 phosphorylates histone H3 and promotes gene transcription and tumorigenesis. Cell, 150 (4): 685-696.

Yusupova G, Yusupov M. 2014. High-resolution structure of the eukaryotic 80S ribosome. Annu Rev Biochem, 83:467-486.

Zetsche B., Heidenreich M., Mohanraju P., et al. 2017. Multiplex gene editing by CRISPR-Cpf1 using a single crRNA array. Nature Biotechnol, 35: 31.

Zhang J., Dai L., Yang J., et al. 2016. Oxidation of cucurbitadienol catalyzed by CYP87D18 in the biosynthesis of mogrosides from *Siraitia grosvenorii*. Plant & cell physiology, 57(5): 1000-1007.